新时代新理念职业教育教材·工科专业平台基础课系列

工程制图与 CAD

主　编　冯淑珍　蒋　伟

副主编　赵楠楠

主　审　李爱惠

北京交通大学出版社

·北京·

内 容 简 介

本书根据高职高专人才培养目标、培养规格、培养模式的要求及有关国家标准编写而成。

本书共分四个教学模块，模块 1 为工程制图基础，主要介绍《道路工程制图标准》（GB 50162—1992）的相关内容。模块 2 为画法几何，主要介绍投影理论和制图方法；模块 3 为工程图，主要介绍道路和桥梁工程图的识图方法和技巧；模块 4 为 AutoCAD 绘图基础，主要介绍用计算机快速绘制工程图的技巧和方法。

本书可作为应用型本科院校、高等职业学校土木工程及其相关专业的教材，也可供相关工程项目的各级施工人员和技术人员在生产实践中参考。

图书在版编目（CIP）数据

工程制图与 CAD / 冯淑珍，蒋伟主编. —北京：北京交通大学出版社，2023. 11
ISBN 978 - 7 - 5121 - 4519 - 1

Ⅰ. ①工… Ⅱ. ①冯… ②蒋… Ⅲ. ①工程制图-AutoCAD 软件-高等职业教育-教材
Ⅳ. ①TB237

中国版本图书馆 CIP 数据核字（2021）第 139221 号

工程制图与 CAD
GONGCHENG ZHITU YU CAD

策划编辑：刘　辉　　责任编辑：刘　辉
出版发行：北京交通大学出版社　　电话：010-51686414　　http：//www. bjtup. com. cn
地　　址：北京市海淀区高梁桥斜街 44 号　　邮编：100044
印 刷 者：北京时代华都印刷有限公司
经　　销：全国新华书店
开　　本：185 mm×260 mm　　印张：17. 25　　字数：438 千字
版 印 次：2023 年 11 月第 1 版　　2023 年 11 月第 1 次印刷
定　　价：49. 80 元

本书如有质量问题，请向北京交通大学出版社质监组反映。对您的意见和批评，我们表示欢迎和感谢。
投诉电话：010 - 51686043，51686008；传真：010 - 62225406；E-mail：press@ bjtu.edu.cn。

前言

Preface

本书以培养复合型高素质技术技能型人才为目标，根据职业教育学生的特点和现状，以“必需、够用、实用”为原则，依据国家工程制图标准、规定编写而成。

“工程制图与 CAD”是一门实践性很强的专业基础课，在该课程教材的编写过程中，我们注重对学生分析问题与解决问题能力的培养，突出技能训练，强化实践应用，引导学生找到正确的识图、作图方法，从而培养学生绘图与读图的能力，进一步提高学生的空间思维能力。

本书以 AutoCAD 中文版软件为平台，以绘制图样为目标，以任务为导向，将 AutoCAD 的绘制、编辑、修改、标注等命令有效地融入典型工程实例，以配合理论与实践相结合的一体化教学模式。

本书共四大模块，实例均取自工程领域的典型工作任务。模块 1 为工程制图基础，介绍制图标准及常见几何图形的绘制；模块 2 为画法几何，主要介绍投影理论和制图方法；模块 3 为工程图，主要介绍工程图的识图方法；模块 4 为 AutoCAD 绘图基础，主要介绍用计算机快速绘制工程图的技巧和方法。

本书由南京铁道职业技术学院冯淑珍、蒋伟担任主编，哈尔滨铁道职业技术学院赵楠楠担任副主编。本书具体编写分工如下：项目 1~5 由南京铁道职业技术学院冯淑珍编写，项目 6~10 由南京铁道职业技术学院蒋伟编写，项目 11~14 由哈尔滨铁道职业技术学院赵楠楠编写，项目 15~16 由华能煤业有限公司陕西矿业分公司吴琼编写，项目 17 由中铁桥隧技术有限公司崔海编写。南京铁道职业技术学院李爱惠担任主审。

由于编者水平有限，书中难免存在不足之处，敬请广大读者批评指正。反馈意见、建议，索取相关教学资源，请与出版社编辑刘辉联系（邮箱：hliu3@bjtu.edu.cn；QQ：39116920）。

编 者

2023 年 11 月

目录

模块1　工程制图基础

模块2　画法几何

模块3　工　程　图

模块 4　AutoCAD 绘图基础

模块1　工程制图基础

能力目标：

（1）能熟练使用绘图板、丁字尺、三角尺、比例尺、圆规、分规等常用绘图工具。

（2）会恰当选择图幅，正确绘制图框、标题栏，能按照规定正确绘制图线、标注尺寸和比例、书写字体等。

（3）会使用绘图工具绘制正多边形、圆弧连接、椭圆等，能够对复杂的平面图形进行分析，确定合理的绘制顺序。

（4）具有徒手绘制几何图形的能力。

知识目标：

（1）了解绘图板、丁字尺、三角尺、比例尺、圆规、分规等常用绘图工具及其使用方法，了解制图的基本程序及其注意事项。

（2）了解国家制图标准中的图纸、图线、字体、比例等有关规定。

（3）掌握各类图线的绘制方法、尺寸的基本标注方法。

（4）掌握徒手作图的基本要领和作图方法。

素质目标：

（1）通过绘制基本图形，培养精益求精、坚持不懈的工匠精神。

（2）通过绘制常见几何图形，培养认真细致的工作习惯。

（3）通过运用制图标准，培养规则意识，学会遵守规则。

（4）培养团结协作、热爱本职工作的职业素养。

项目 1　制图工具及制图标准

【情境引入】

如图 1-1 所示，这是一张空心板梁构造及钢筋布置图，这样的一张图纸，要满足哪些规则才能让所有的工程技术人员都看懂呢？本项目学习工程制图的制图规则，包括图框、图幅、标题栏、尺寸标注等。

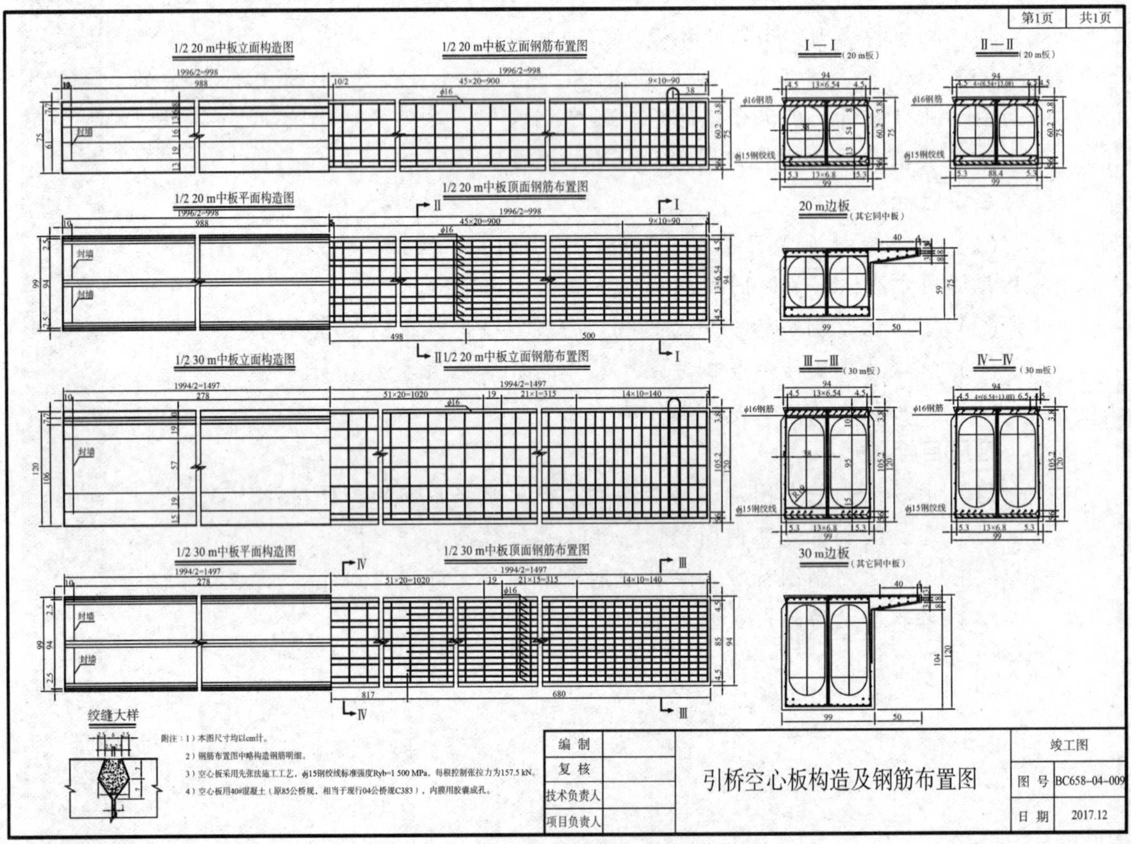

图 1-1　空心板梁构造及钢筋布置图

【知识链接】

任务 1.1　绘图工具及其使用方法

传统的绘图工具种类繁多，常用的有绘图板、铅笔、丁字尺、三角尺、比例尺（三棱尺）、圆规、分规、墨线笔等。常用绘图工具如图 1-2 所示。本任务将介绍主要绘图工具及其用途。

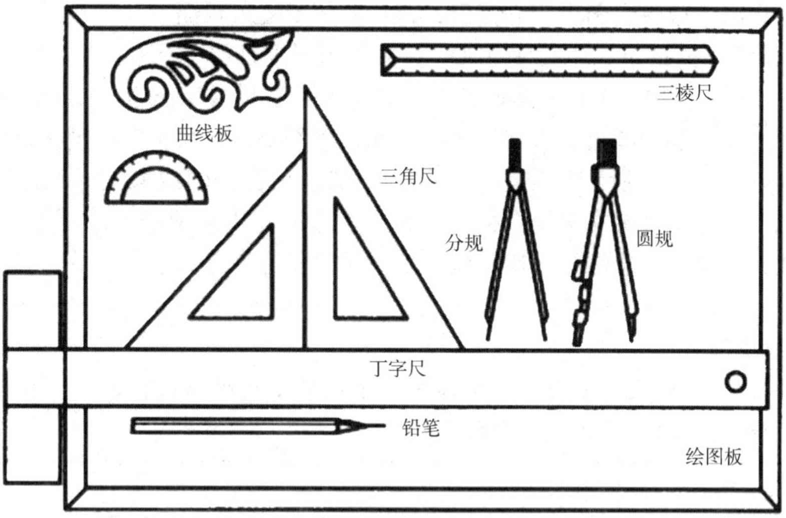

图 1-2　常用绘图工具

1.1.1　铅笔

绘图使用的铅笔，其铅芯硬度用字母 B 和 H 表示。B 表示铅芯软而浓，H 表示硬而淡，HB 表示软硬适中。画底图时常用 H 或 2H 的铅笔，书写汉字、数字和字母时常用 HB 或 H 的铅笔，描粗和加深图线时常用 B 或 2B 的铅笔。

铅笔应从没有商标的一端削开，以便使用过程中区分铅笔的型号。削好的铅笔应在 0 号砂纸上将铅芯磨成圆锥形，以保证所画图线粗细均匀。绘图铅笔的削法如图 1-3 所示［细线笔削法如图 1-3（a）所示，粗线笔削法如图 1-3（b）所示］。使用铅笔绘图时，从侧面看笔身要直，从正面看笔身倾斜约 60°左右，握笔要稳，画线时用力的大小要一致，速度要均匀，运笔要自如。握铅笔的姿势如图 1-4 所示。画长线时可转动铅笔，使图线粗细均匀。

单位：mm

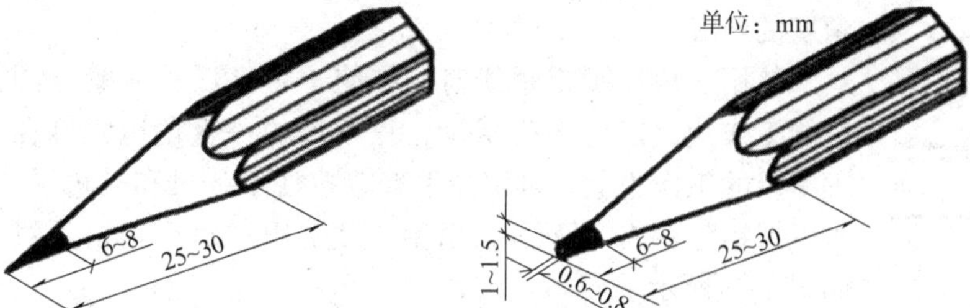

（a）细线笔削法　（b）粗线笔削法

图 1-3　绘图铅笔的削法

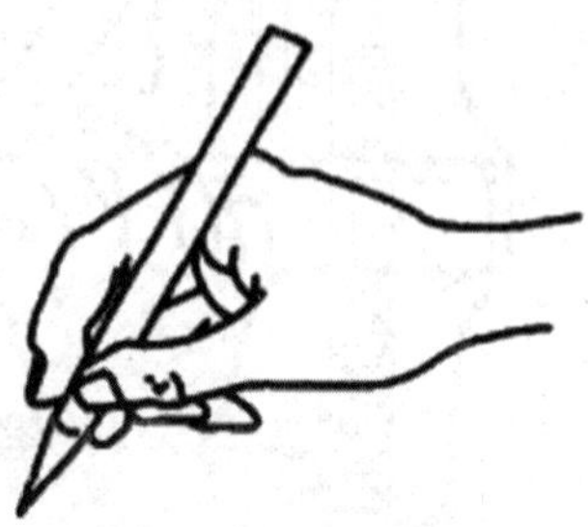

图 1-4　握铅笔的姿势

1.1.2　绘图板和丁字尺

绘图板是绘图时的垫板。通常由胶合板制成，为了防止翘曲，四周镶以硬木条。板面应平整光滑、软硬适中、有弹性、两端平整、边角垂直。绘图板有 0 号、1 号和 2 号三种规格，可根据所画图样的大小选定。使用时横放，左边为丁字尺的导边，必须平直光滑。平时应避免绘图板受潮或曝晒，以防变形，为保证板面平整光滑，贴图纸时宜用透明胶带，不宜使用图钉。不用时，应将绘图板竖立保管，避免碰撞或磕损板面。

丁字尺由相互垂直的尺头和尺身构成，丁字尺与绘图板配合主要用来画水平线。丁字尺与绘图板如图 1-5 所示。用丁字尺画水平线时，铅笔应沿着尺身工作边从左画到右。如水平线较多，则应由上而下逐条画出。丁字尺每次移动位置都要注意尺头是否紧靠绘图板，画线时应防止尺身移动。图 1-6 所示为移动丁字尺的手势。为保证图线准确，不允许用丁字尺的下边画线，也不允许把尺头靠在绘图板的上边、下边或右边来画铅垂线或水平线。不用时，应将丁字尺放在尺架上悬挂保管，避免碰撞丁字尺使尺身变形。

注意事项：

为保证图线的准确，不允许用丁字尺的下边缘画线，也不允许把尺头靠在绘图板的上边、下边或右边画线。

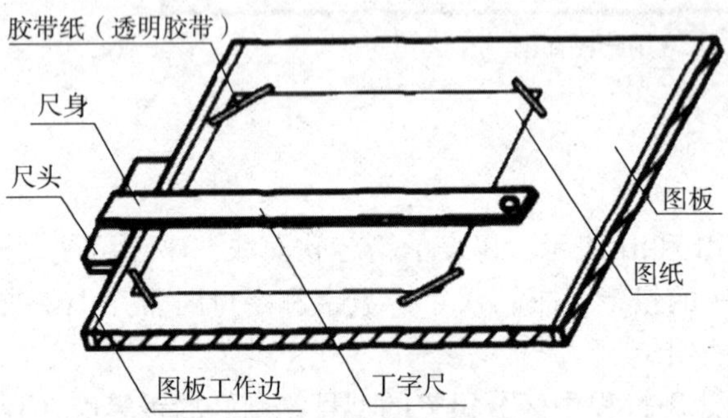

图 1-5　丁字尺与绘图板

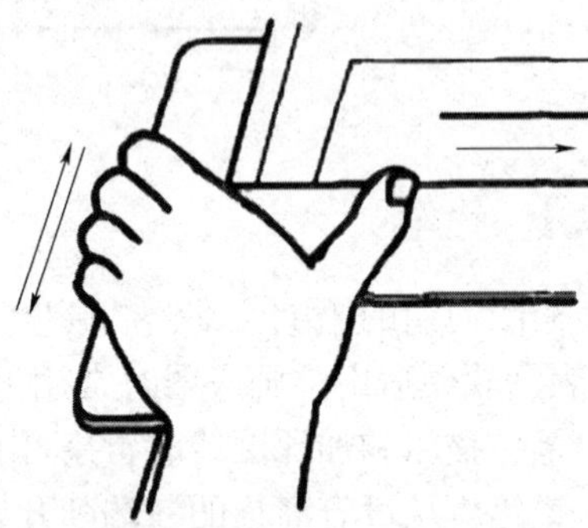
图 1-6　移动丁字尺的手势

1.1.3　三角尺

三角尺常与丁字尺配合，用于画铅垂线和某些特殊角度的斜线。

使用三角尺画铅垂线时，应使丁字尺尺头靠紧绘图板的工作边，以免产生滑动，三角尺的一直角边紧靠在丁字尺的工作边上，再用左手轻轻按住丁字尺和三角尺，右手持铅笔，自下而上画出铅垂线。用三角尺画铅垂线如图 1-7 所示。

如图 1-8 所示，用一副三角尺和丁字尺配合可画出与水平线成 15° 及其倍数角（30°，45°，60°，75°……）的斜线。

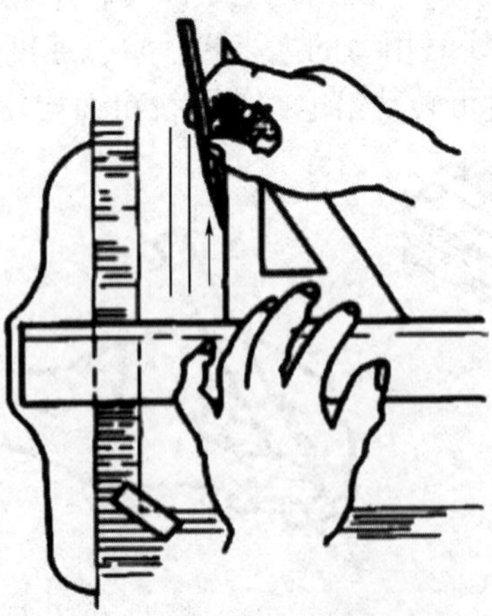
图 1-7　用三角尺画铅垂线

1.1.4　圆规和分规

1. 圆规

圆规是用来画圆或圆弧的仪器，在其一腿上附有插脚，换上不同的插脚可作不同的用

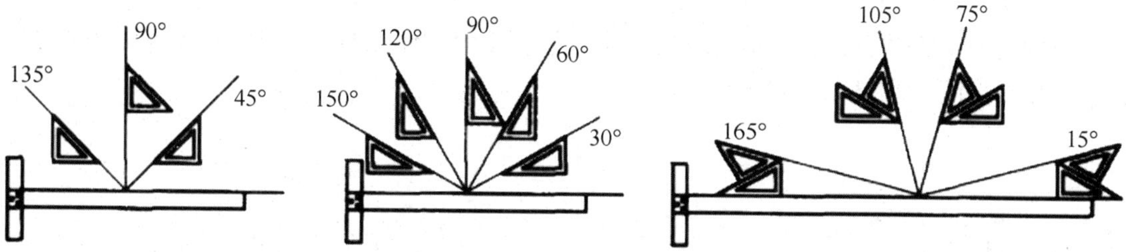

图 1-8　斜线的画法

途，其插脚有 3 种：钢针插脚、铅笔插脚和墨水笔插脚。圆规及其附件如图 1-9 所示。

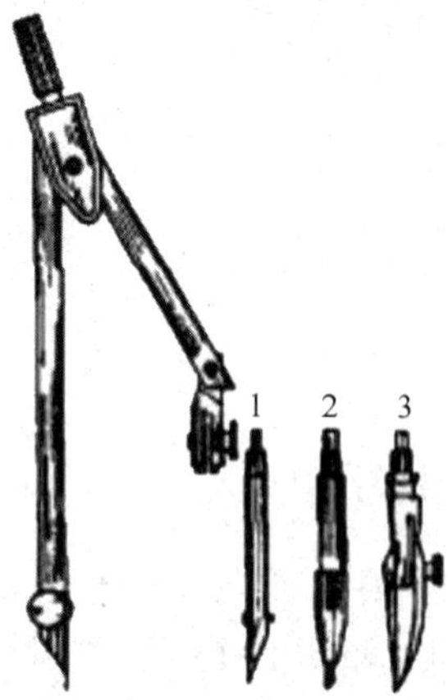

1—钢针插脚；2—铅笔插脚；3—墨水笔插脚。

图 1-9　圆规及其附件

圆规的用法如图 1-10 所示。

以使用铅笔插脚的圆规为例，画圆时，先调整针脚，使针尖略长于铅芯，圆规铅芯磨成楔形，并使斜面向外，其硬度应比所画同种直线的铅笔小一号，以保证图线颜色深浅一致。画圆时，先把圆规两脚分开，使铅芯与针尖的距离等于所画圆或圆弧的半径，再用左手食指来帮助针尖扎准圆心，从圆的中心线开始，顺时针方向转动圆规。转动时圆规可往前方稍微倾斜，整个圆或圆弧应一次画完。

画较大的圆弧时，应使圆规两脚与纸面垂直；画更大的圆弧时，如图 1-11 所示，要接上延长杆。

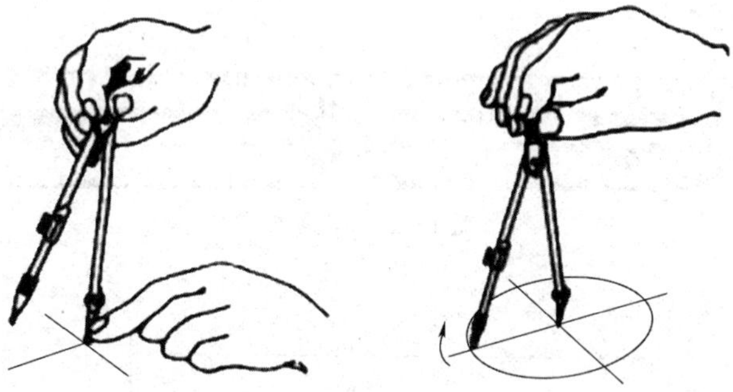

（a）　（b）

图 1-10　圆规的用法

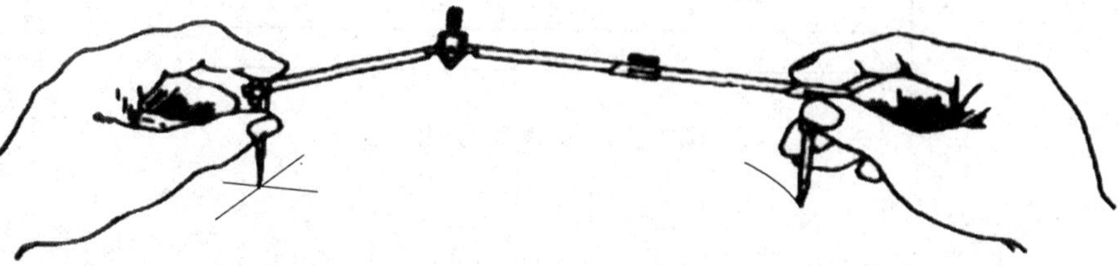

图 1-11　接上延长杆的圆规

2. 分规

分规的两脚都装有钢针，是量取长度和等分线段的主要工具，使用时应使两针尖对齐，分规的用法如图 1-12 所示。

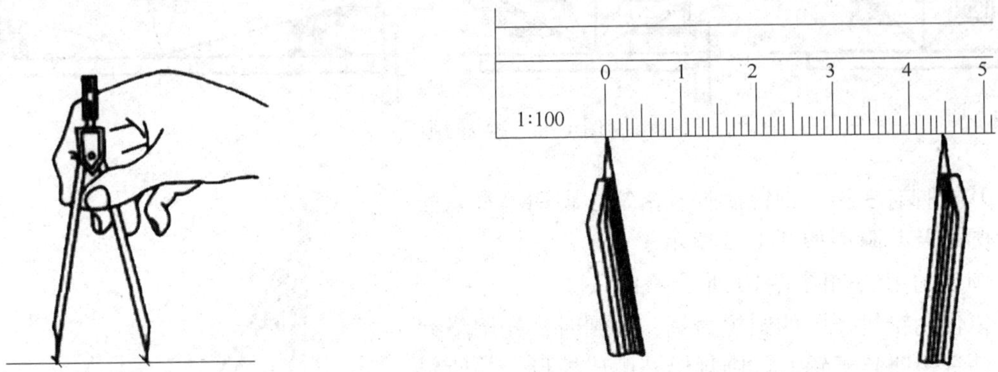

图 1-12　分规的用法

1.1.5　比例尺

在图样中图形与实物相应的线性尺寸之比，称为比例。刻有不同比例的直尺称为比例尺。比例尺如图 1-13 所示。比例尺的式样很多，常用的为三棱尺，在它的三个棱面上刻有六种不同的比例。比例尺有百分比例尺和千分比例尺两种。比例尺上刻度所注数字的单位为米（m）。值得注意的是图形上所注的尺寸是指物体实际的大小，它与图形的比例无关。绘图时不必通过计算，可直接将物体的实际长度，按所选的比例缩小或放大画在图纸上，比例尺的用法如图 1-14 所示。

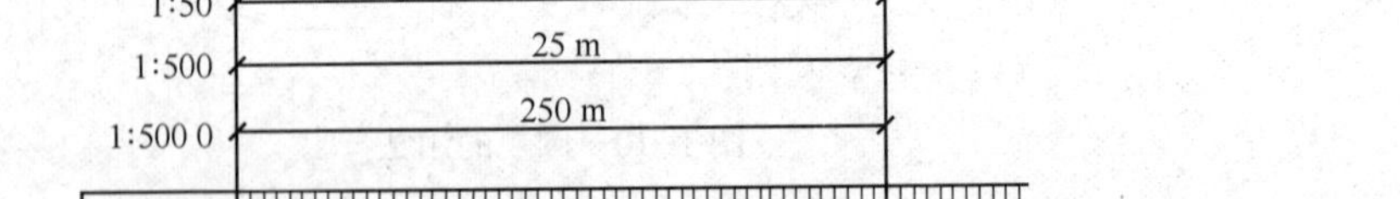

图 1-13　比例尺

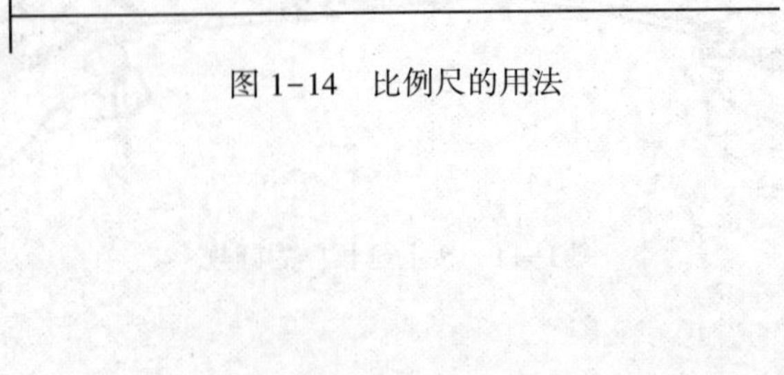

图 1-14　比例尺的用法

任务 1.2　道路工程制图标准的基本规定

工程图样是设计和施工过程中的重要技术资料和依据，是一种特殊的技术交流语言。为保证工程图样图形准确、图纸清晰，满足生产要求和便于技术交流，绘制工程图样时必须遵守统一的标准，即制图国家标准，本书所有图标采用《道路工程制图标准》（GB 50162—1992），该标准中对图幅大小、图线线型、尺寸标注、图例及字体等做了统一规定。

1.2.1　图幅

图幅是指图纸的幅面大小。对于一整套的图纸，为了便于装订、保存和合理使用，国家标准对图纸幅面进行了规定。图幅及图框尺寸见表 1-1，表中尺寸单位为 mm，图纸幅面尺寸代号如图 1-15 所示。在选用图幅时，应根据实际情况，以一种规格的图纸为主，尽量避免大小幅面混合使用。图纸幅面格式如图 1-16 所示。

表 1-1　图幅及图框尺寸　　单位：mm

尺寸代号	A0	A1	A2	A3	A4
$b\times l$	841×1189	594×841	420×594	297×420	210×297
a	35	35	35	30	25
c	10	10	10	10	10

图纸幅面的长边是短边$\sqrt{2}$倍，即 $l=\sqrt{2}b$，且 A0 幅面的面积为 1 m^2，A1 幅面是沿 A0 幅面的长边对裁，A2 幅面是沿 A1 幅面的长边对裁，其他幅面类推。必要时，可按规定加长幅面，图幅的短边不得加长。长边加长的长度，图幅 A0、A2、A4 应为 150 mm 的整数倍；图幅 A1、A3 应为 210 mm 的整数倍。

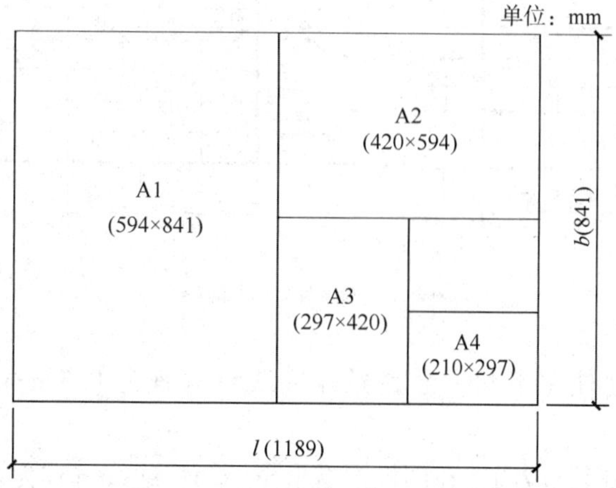

图 1-15　图纸幅面尺寸代号

对中标志应画在幅面线中点处，线宽应为 0.35 mm。伸入图框内约 5 mm。

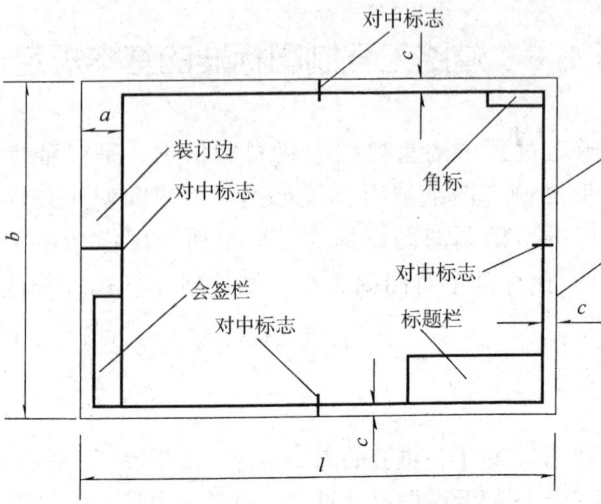

图 1-16　图纸幅面格式

图框内右下角应绘图纸标题栏，标题栏规定的格式有 3 种，标题栏的 3 种格式如图 1-17 所示。

标题栏外框线线宽宜为 0. 7 mm；标题栏内分格线线宽宜为 0. 25 mm。

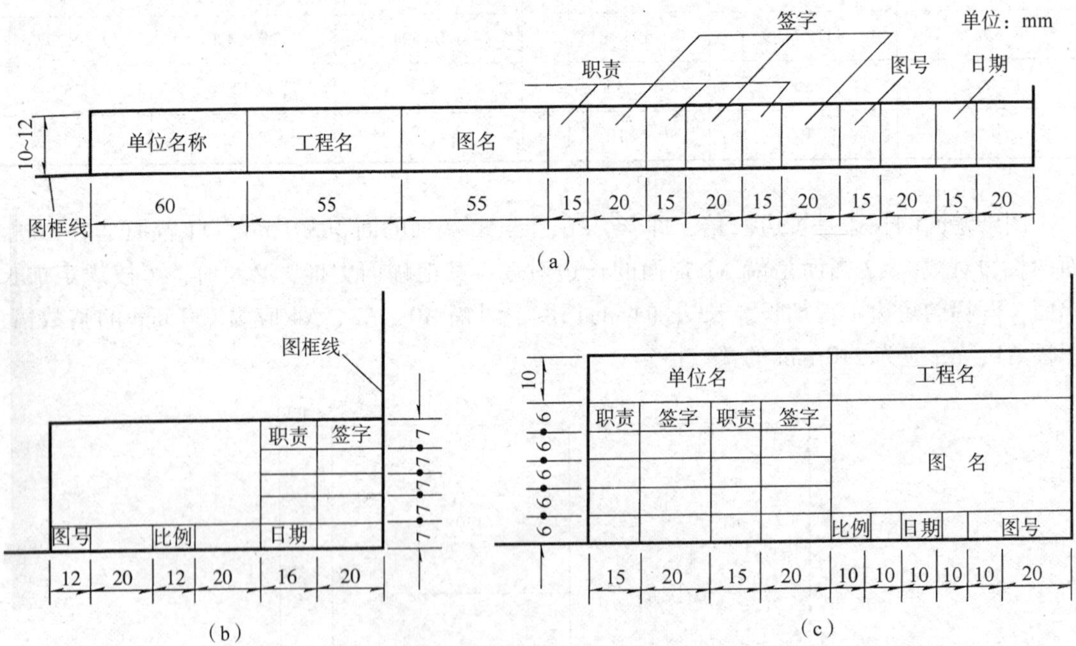

图 1-17　标题栏的 3 种格式

会签栏绘制在图框外左下角。会签栏外框线线宽宜为 0. 5 mm，内分格线线宽宜为 0. 25 mm。

当图纸要绘制角标时，应布置在图框内右上角。角标线线宽宜为 0. 25 mm。

标题栏的尺寸、格式根据不同的需要有不同的规格。学生作业可采用图 1-18 所示的学生用标题栏。

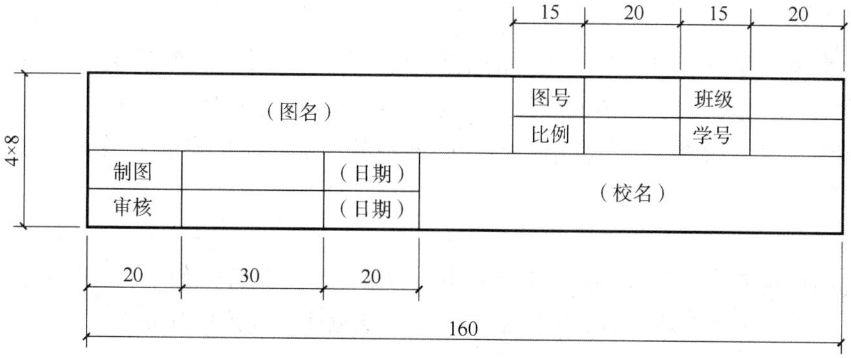

图 1-18　学生用标题栏

1.2.2　比例

绘图过程中，一般应遵循布局合理、均匀、美观的原则，以及图形大小和图形复杂程度来选择相应的比例，绘图所用的比例见表 1-2。

表 1-2　绘图所用的比例

常用比例	1：1，1：2，1：5，1：10，1：20，1：50 1：100，1：200，1：500，1：1 000 1：2 000，1：5 000，1：10 000，1：20 000 1：50 000，1：100 000，1：200 000
可用比例	1：3，1：15，1：25，1：30，1：40，1：60 1：150，1：250，1：300，1：400，1：600 1：1 500，1：2 500，1：3 000，1：4 000 1：6 000，1：15 000，1：30 000

如图 1-19（a）、（b）所示，比例应采用阿拉伯数字表示，且标注在视图图名的右侧或下方，字高应比图名字体小一号或两号。当一张图纸采用的比例相同时，可在标题栏中的比例一栏注明，也可以在图纸的适当位置标注；当同一张图纸中各图比例不同时，则应分别标注，其位置应在各图名的右侧或下方；如图 1-19（c）所示，当需要竖直方向与水平方向采用不同的比例时，V 表示竖直方向比例，H 表示水平方向比例。

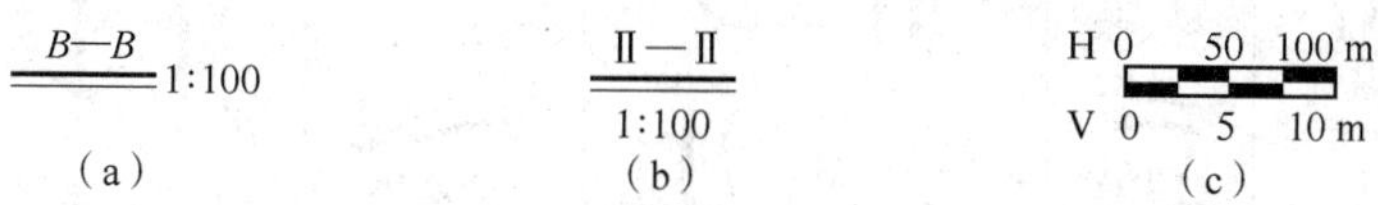

图 1-19　比例的标注

注意事项：

画图时，图样上标注的尺寸数字表示结构物的真实大小，即实际尺寸，与所绘制图形的尺寸和准确度无关。

1.2.3 字体

文字、数字、字母和符号是工程图的重要组成部分。若字体潦草，会影响图面的整洁和美观，导致辨认困难，或引起读图错误，造成工程事故，给国家和社会带来巨大损失。因此要求字体端正、笔画清晰、排列整齐、标点符号清楚正确，而且要求采用规定的字体、规定的大小。

1. 字体

国家标准规定道路工程图中的汉字应采用长仿宋体字（又称工程字），采用国家正式公布的简化字，除有特殊要求外，不得采用繁体字。汉字宽度与高度的比例为 2：3，汉字书写比例示例如图 1-20 所示。

图 1-20　汉字书写比例示例

字体的高度即字号，如 10、7、5 号字，说明它们的字高分别是 10 mm，7 mm 和5 mm，长仿宋体字的尺寸见表 1-3。汉字书写要求采用从左向右、横向书写的格式，且汉字高度最小不宜小于 3.5 mm。

表 1-3　长仿宋体字的尺寸　　单位：mm

字高（即字号）	20	14	10	7	5	3.5
字宽	14	10	7	5	3.5	2.5

初学者书写时可先按字号打好方格，然后再写，保证字体的大小一致和整齐美观。书写长仿宋体字的要领是：横平竖直、起落分明、排列匀称、填满方格。长仿宋体字基本笔画及运笔如图 1-21 所示。

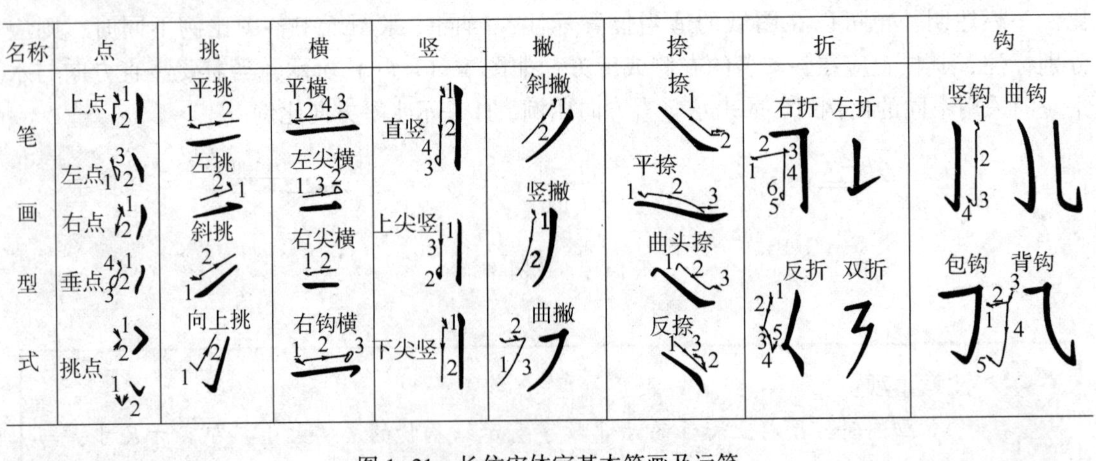

图 1-21　长仿宋体字基本笔画及运笔

2. 数字和字母

图纸中的阿拉伯数字、外文字母、汉语拼音字母笔划宽度宜为高度的1/10。大写字母的宽度宜为高度的2/3，小写字母的宽度宜为高度的1/2。

数字与字母的字体有直体和斜体2种形式。直体笔画的横与竖应为90°；斜体的字头向右倾斜，与水平线接近75°，字母不得采用手写体。同一册图纸中的数字和字母一般应保持一致，数字与字母若与汉字同行书写，其高度应比汉字的高度小一号。数字与字母示例如图1-22所示。

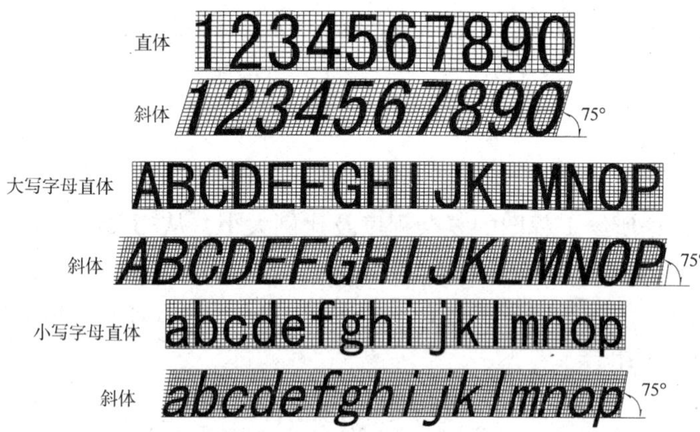

图1-22　数字与字母示例

当图纸中有需要说明的事项时，宜在每张图纸的右下角标题栏上方加以注释。该部分文字应采用“注”字标示，“注”写在叙述事项的左上角，每条注释的结尾应标句号。如果说明事项需要划分层次，第1、2、3层次的编号应分别用阿拉伯数字、带括号的阿拉伯数字及带圆圈的阿拉伯数字标注。当表示数量时，应采用阿拉伯数字书写，如七千零八十毫米应写成7 080 mm，四十九小时应写成49 h。分数不得用数字与汉字混合表示，如三分之一应写成1/3，不得写成3分之1。不够整数位的小数数字，小数点前应加0定位，零点三应写成0.3，而不是.3。

1.2.4　线型

工程图是由不同种类的线型所构成的，这些图线可表达图样的不同内容，以及分清图中的主次。相关国家标准对线型及线宽做了规定，工程图中图线的线型、线宽见表1-4。

表1-4　工程图中图线的线型、线宽

名称	线形	线宽
粗实线 中粗实线 细实线	———————— ———————— ————————	b $0.5b$ $0.25b$
粗虚线 中粗虚线 细虚线	- -	b $0.5b$ $0.25b$

续表

名称	线形	线宽
粗点划线		b
中粗点划线		0. 5b
细点划线		0. 25b
粗双点划线		b
中粗双点划线		0. 5b
细双点划线		0. 25b
折断线	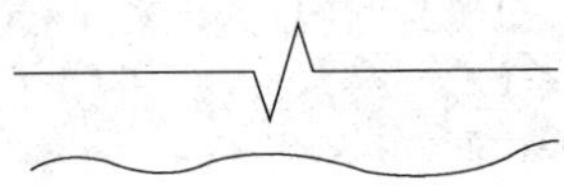	0. 25b
波浪线		0. 25b

图线的宽度应根据所绘工程图的复杂程度及比例大小，从相关国家标准规定的线宽系列中选取：0. 13，0. 18，0. 25，0. 35，0. 5，0. 7，1. 0，1. 4，2. 0 mm。每个图样一般使用 3 种线宽，粗线、中粗线、细线比例规定为 b ：0. 5b ：0. 25b。绘图时，应根据图样的不同情况，选用表 1–5 所示的线宽组合。

表 1–5　线宽组合　　单位：mm

线宽比	线宽组				
b	1. 4	1. 0	0. 7	0. 5	0. 35
0. 5b	0. 7	0. 5	0. 35	0. 25	0. 25
0. 25b	0. 35	0. 25	0. 18 (0. 2)	0. 13 (0. 15)	0. 13 (0. 15)

在同一张图纸内相同比例的各图形，应采用相同的线宽组合。图纸图框线和标题栏的宽度见表 1–6。

表 1–6　图纸图框线和标题栏的宽度　　单位：mm

幅面代号	图框线	标题栏外框线	标题栏分格线、会签栏
A0、A1	1. 4	0. 7	0. 25
A2、A3、A4	1. 0	0. 7	0. 25

图样中图线相交是常有的现象，而相交图线的绘制应符合下列规定。

① 线条相交时要求整齐、准确，不得随意延长或缩短。

② 如图 1–23（a）所示，当虚线与虚线或虚线与实线相交时，相交处不应留空隙。

③ 如图 1–23（b）所示，当实线的延长线为虚线时，应留空隙。

④ 如图 1–23（c）所示，当点划线与点划线或点划线与其他线相交时，交点应设在实线段处。

⑤ 图线不得与文字、数字和符号重叠、交叉，不可避免时应首先保证文字、数字和符号的清晰。

⑥ 图线间的净距不得小于 0. 7 mm。

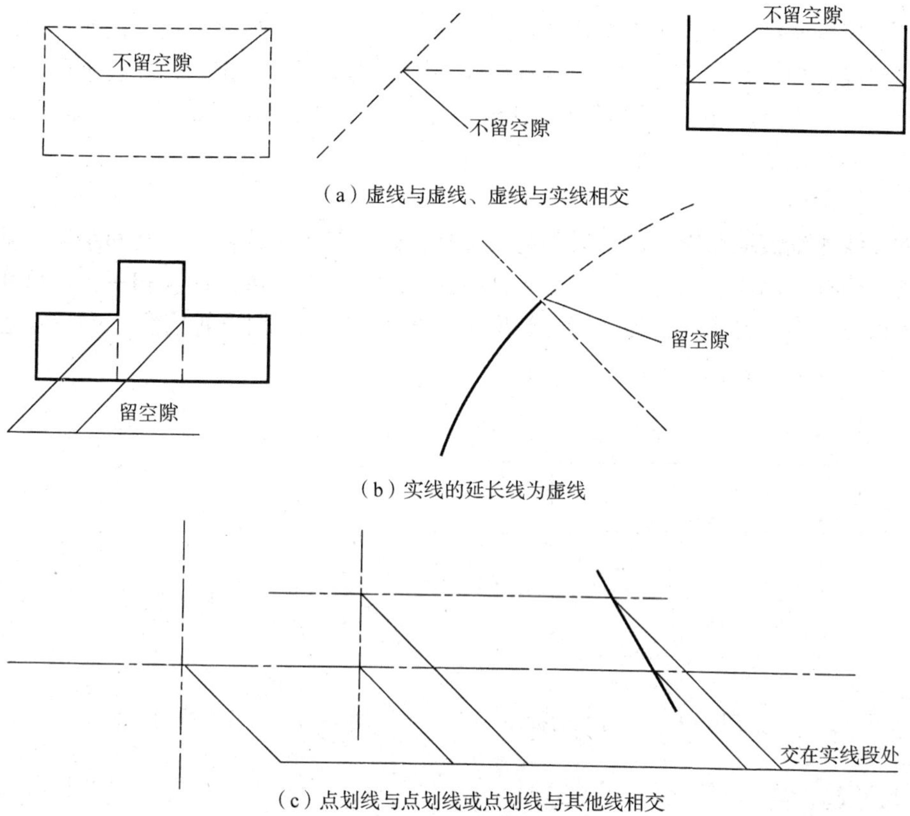

图 1-23　图线相交的画法

1.2.5　尺寸标注

工程图上除了要表达物体的结构形状外，还必须准确、完整、清晰地标注物体的实际大小，以作为施工依据。如果尺寸有遗漏和错误，就会给实际生产带来困难和损失，因此，尺寸标注是工程图必不可少的组成部分。

1. 尺寸的组成

尺寸由尺寸界线、尺寸线、尺寸起止符和尺寸数字四部分组成。尺寸要素如图 1-24 所示。

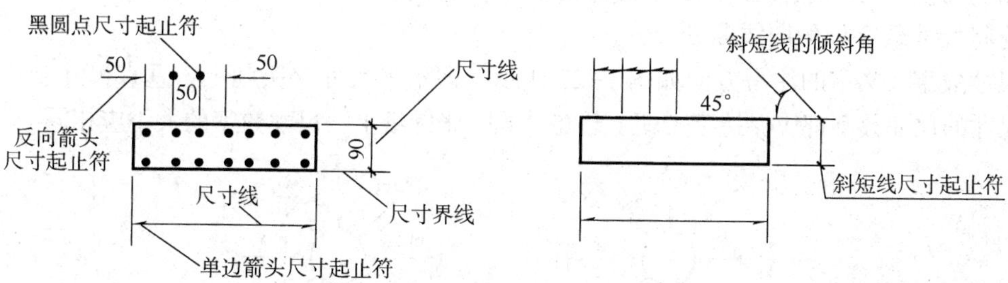

图 1-24　尺寸要素

1）尺寸线

尺寸线用细实线绘制，应与被标注长度平行，且不应超出尺寸界线。任何其他图线都不能作为尺寸线。相互平行的尺寸线应从被标注的轮廓线由近向远排列，并且小尺寸在内，大尺寸在外。所有平行尺寸线间的间距一般在 5 ~ 15 mm。同一张图纸上这种间距应当保持一致。尺寸线的标注如图 1-25 所示。

2）尺寸界线

尺寸界线用细实线绘制，由一对垂直于被标注长度的平行线组成，其间距等于被标注线段的长度；当标注困难时，也可不垂直于被标注长度，但尺寸界线应互相平行。尺寸界线一端应靠近被标注图形轮廓线，另一端应超出尺寸线 1 ~ 3 mm。图形轮廓线、中心线也可作为尺寸界线。尺寸界线的标注如图 1-26 所示。

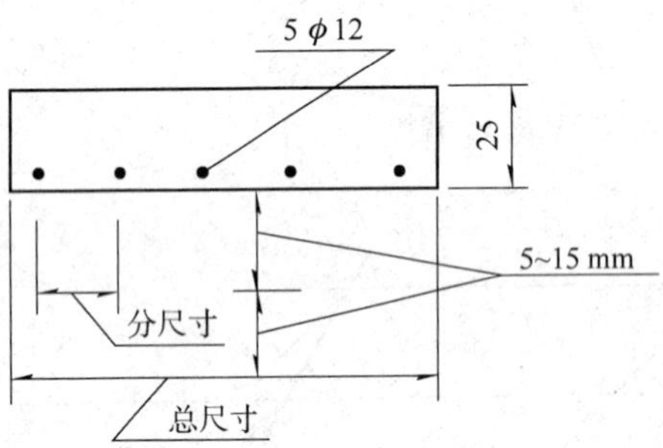

图 1-25　尺寸线的标注

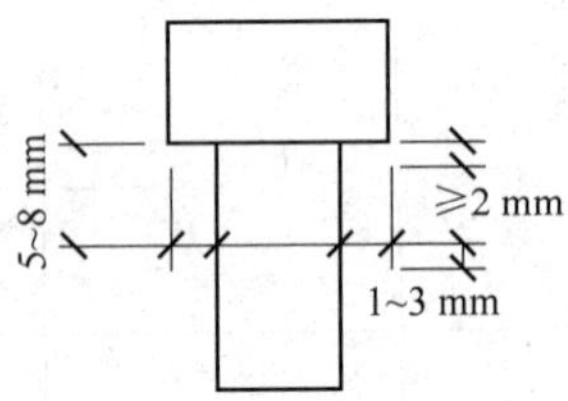

图 1-26　尺寸界线的标注

3）尺寸起止符

如图 1-24（a）所示，尺寸线与尺寸界线的相交点为尺寸的起止点，在起止点上应画尺寸起止符。尺寸起止符宜采用单边箭头表示，箭头在尺寸界线的右边时，应标注在尺寸线之上；反之，应标注在尺寸线之下。箭头大小可按绘图比例取值。尺寸起止符也可采用中粗斜短线表示，把尺寸界线顺时针转 45°，作为斜短线的倾斜方向，且长度为 2 ~ 3 mm。同一张图纸上应采用同一种尺寸起止符，道路工程制图中一般采用单边箭头。在连续标注的小尺寸中，也可在尺寸界线同一水平的位置，用黑圆点表示中间部分的尺寸起止符。

4）尺寸数字

尺寸数字应按规定的字体书写，字高一般是 3. 5 mm 或 2. 5 mm。尺寸数字一般标注在尺寸线上方中部，偏离尺寸线应不大于 1 mm。当没有足够的注写位置时，可采用反向箭头，最外边的尺寸数字可注写在尺寸界线外侧箭头的上方，中间相邻的尺寸数字可错开注写，也可引出注写。尺寸均应标注在图样轮廓线以外，任何图线不得穿过尺寸数字，当不可避免时，应将尺寸数字处的图线断开。

尺寸数字及文字的注写方向如图 1-27 所示，即水平尺寸字头朝上，垂直尺寸字头朝左，倾斜尺寸的尺寸数字都应保持字头朝上趋势。同一张图纸上，尺寸数字的大小应相同。

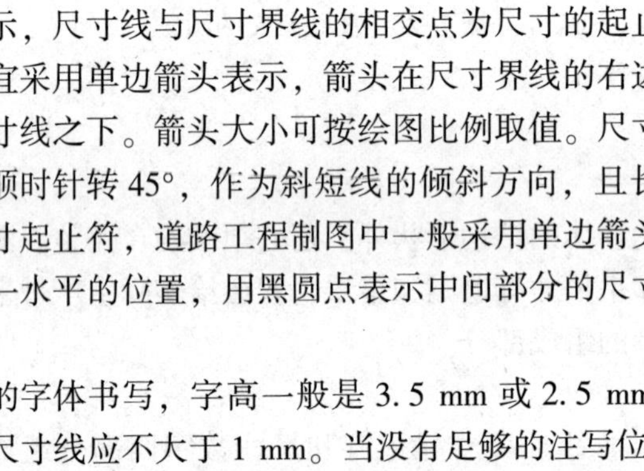

图 1-27　尺寸数字及文字的注写方向

2. 尺寸标注中的一些规定

① 图上所有尺寸数字反映的是物体的实际大小，与图的比例无关。

② 当采用大样图表示较小且复杂的图形时，其放大范围应在原图中采用细实线绘制圆形或用较规则的图形圈出，并用引出线标注。大样图范围的标注如图 1-28 所示。

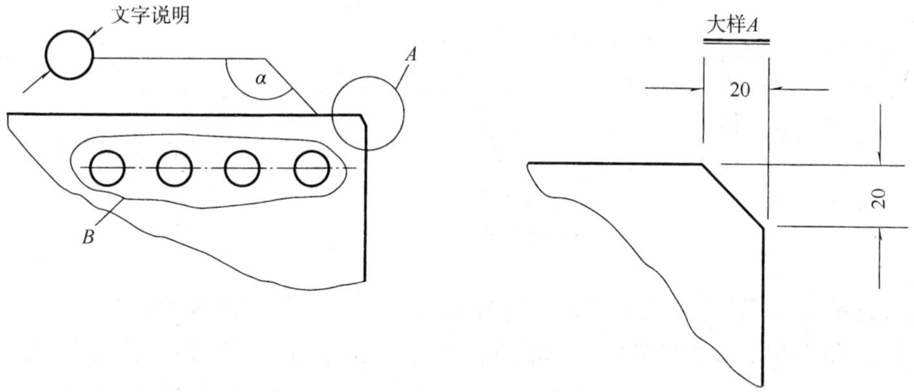

（a）原图　　（b）大样图

图 1-28　大样图范围的标注

③ 引出线的斜线与水平线应采用细实线绘制，其交角 α 可按 90°，120°，135°，150°绘制。当图形需要文字说明时，可将文字说明标注在引出线的水平线上。当斜线有一条以上时，各斜线宜平行或交于一点。引出线的标注如图 1-29 所示。

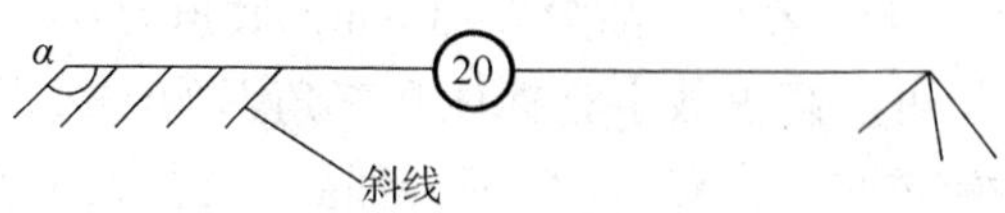

图 1-29　引出线的标注

④ 半径与直径的标注。标注圆的直径时，要在直径尺寸数字前加注符号“*D*”或“*d*、*ϕ*”；标注半径时，要在半径尺寸数字前加注符号“*r*（*R*）”；当圆的直径较小时，半径与直径可标注在圆外；当圆的直径较大时，半径尺寸的起点可不从圆心开始。半径与直径的标注如图 1-30 所示。

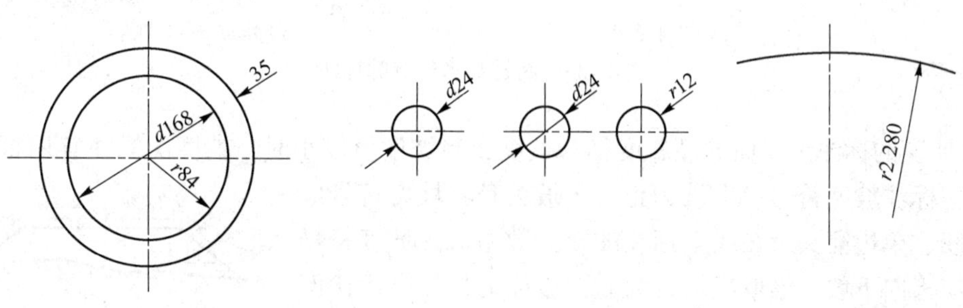

（a）　（b）　（c）

图 1-30　半径与直径的标注

⑤ 弧长与弦长的标注。弧长标注如图 1-31（a）所示。当弧长需要分段标注时，尺寸

界线也可沿径向引出，弧长分段标注如图 1-31（b）所示；对弧线的弦长进行标注时，弦长的尺寸界线应垂直于该圆弧的弦，弧线的弦长标注如图 1-31（c）所示。

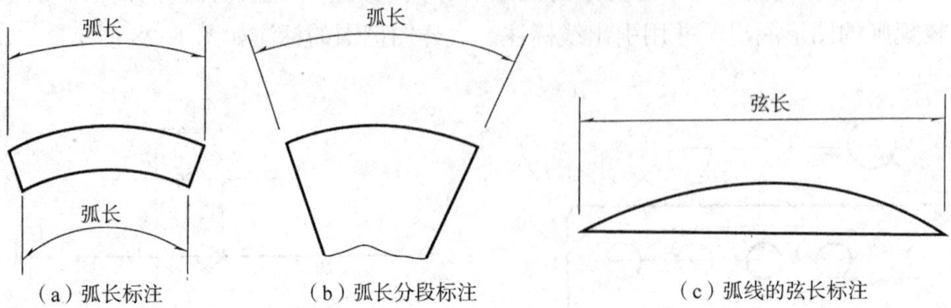

（a）弧长标注　（b）弧长分段标注　（c）弧线的弦长标注

图 1-31　圆弧与弦长的标注

⑥ 球的标注。标注球体的尺寸时，应在直径和半径符号前加 S，如“$S\phi$”“SR”。例如，$SR10$ 表示半径为 10 的球体。球体的直径和半径标注方法与圆的标注方法一致。

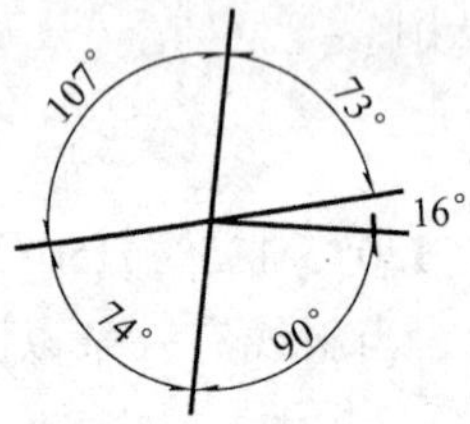

图 1-32　角度的标注

⑦ 角度的标注。角度标注应以角的顶点为圆心的圆弧为尺寸线，以角的两边为尺寸界线来表示，角度的起止符应以箭头表示，角度数值宜写在尺寸线上方中部。当角度太小不便于标注时，可将尺寸线标注在角的两条边的外侧，角度的标注如图 1-32 所示。

⑧ 高程与水位线的标注。高程符号应采用细实线绘制的等腰直角三角形表示。高为 2~3 mm，底角为 45°。顶角应指在需要标注的被标注点上，向上、向下均可。高程数字宜标注在三角形的右边。负高程应冠以“-”号，正高程（包括零高程）数字前可不冠以“+”号。如图 1-33（a）所示，当图形复杂时，也可采用引出线形式标注。水位线标注如图 1-33（b）所示。

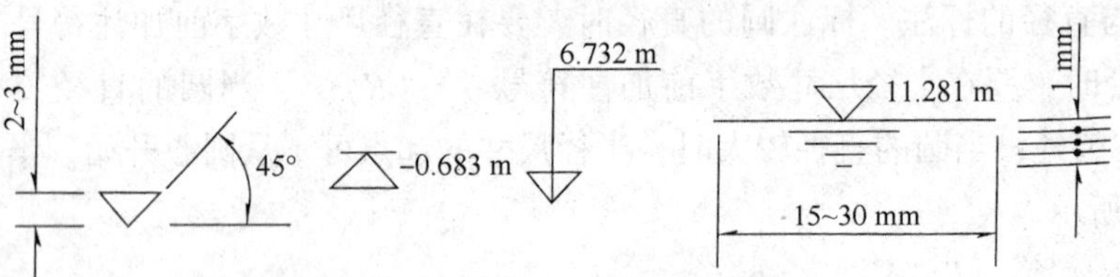

（a）高程的标注　（b）水位线的标注

图 1-33　高程与水位线的标注

⑨ 坡度的标注。斜面的倾斜度称为坡度，当坡度值较小时，坡度的标注宜用百分率表示，并应标注坡度符号。上坡为正，下坡为负。坡度符号应由细实线、单边箭头及在线上标注的百分数组成。坡度符号的箭头应指向下坡。当坡度值较大时，坡度的标注宜用比例的形式表示，例如 1：n。坡度的标注如图 1-34 所示。坡度可以用直角三角形的形式来表示，例如路基横断面坡度的表示。

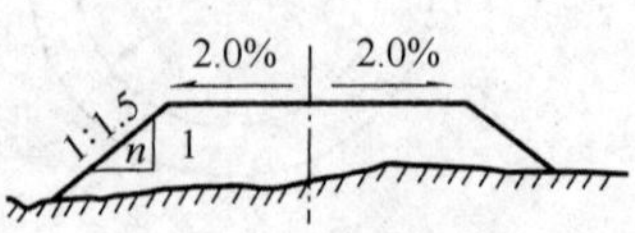

图 1-34　坡度的标注

⑩ 倒角尺寸可按图 1-35（a）标注，当倒角为 45°时，可以按照图 1-35（b）标注。

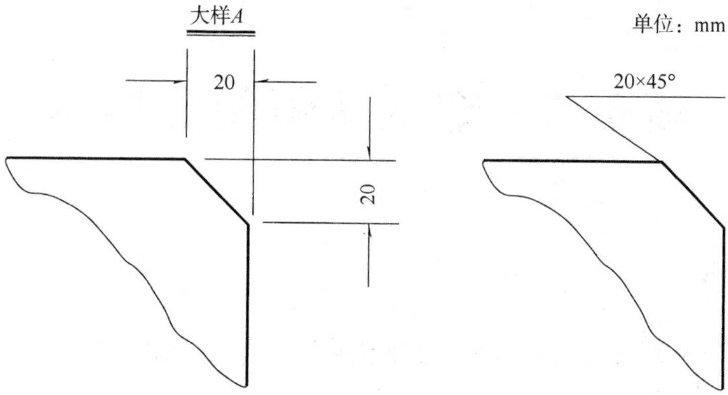

图 1-35　倒角的标注

⑪ 连续排列的等长尺寸可采用“间距数乘间距尺寸”的形式标注（相似图形的标注见图 1-36）。两个相似图形可仅绘制一个。未示出图形的尺寸数字可用括号表示。如有数个相似图形，当尺寸数值各不相同时，可用字母表示，其尺寸数值应在图中适当位置列表示出（相似图形的尺寸标注数值见表 1-7）。

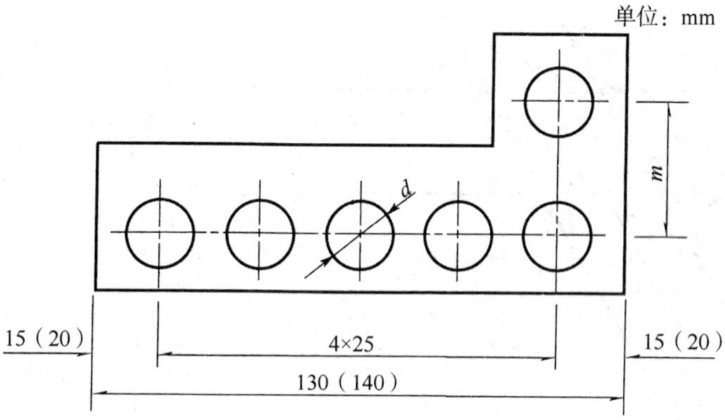

图 1-36　相似图形的标注

表 1-7　相似图形的尺寸标注数值

编　号	尺寸/mm	
	m	d
1	20	8
2	30	10
3	40	15

项目 2　常见几何图形绘制

【情境引入】

图 2-1 为道路平面交叉口平面图、图上包含了平行线绘制，圆弧连接等内容。那么，这些图形是如何绘制的呢？

本项目介绍一些基本的几何作图方法、多边形和椭圆的画法、等分直线画法、平面图形的线段分析与绘图步骤。通过学习与练习，要求能够熟练运用常用的绘图工具绘制较复杂的平面图形。

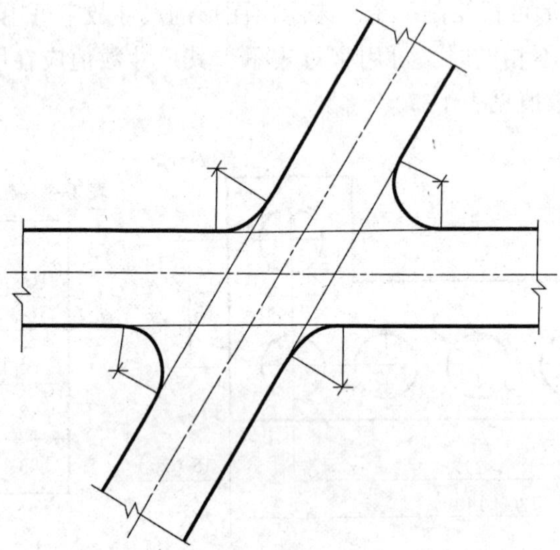

图 2-1　道路平面交叉口平面图

【知识链接】

任务 2.1　过已知点作直线

1. 过已知点作已知直线的平行线

（1）如图 2-2（a）所示，已知点 A 和直线 BC。

（2）如图 2-2（b）所示，用第 1 块三角尺的一边与 BC 重合，第 2 块三角尺与第 1 块三角尺的另一边紧靠。

（3）如图 2-2（c）所示，按住第 2 块三角尺不动，推动第 1 块三角尺至 A 点，画一直线，即为所求。

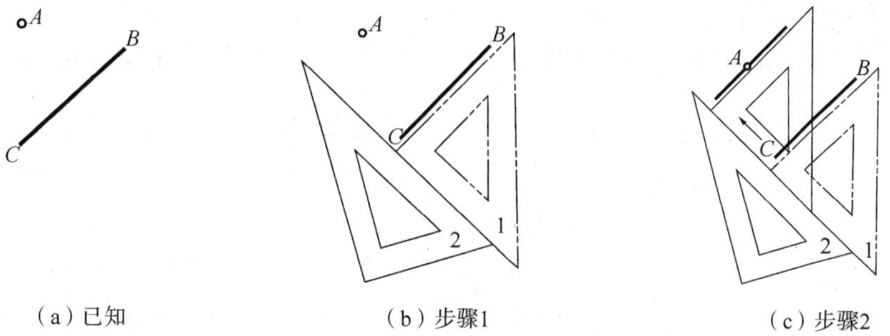

图 2-2　过已知点作已知直线的平行线

2. 过已知点作已知直线的垂直线

（1）如图 2-3（a）所示，已知点 *A* 和直线 *BC*。

（2）如图 2-3（b）所示，先使 45°三角尺的一直角边与 *BC* 重合，再使其斜边紧靠另一三角尺。

（3）如图 2-3（c）所示，按住 30°三角尺不动，推动 45°三角尺，使其另一直角边靠紧 *A* 点，画一直线，即为所求。

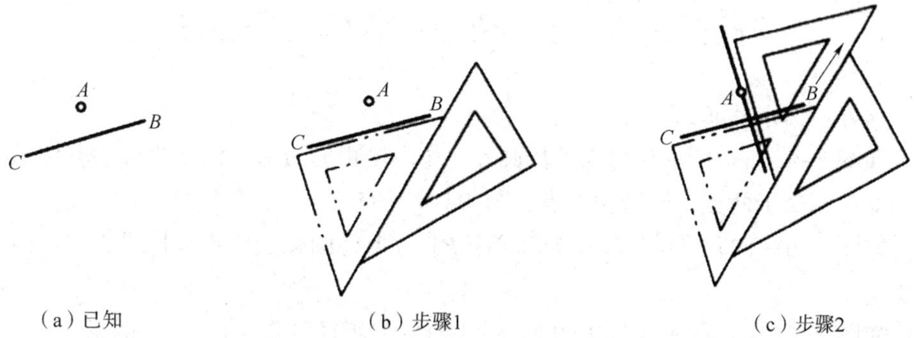

图 2-3　过已知点作已知直线的垂直线

任务 2.2　等分已知线段的画法

1. 作已知线段的任意等分

（1）如图 2-4（a）所示，已知直线 *AB*，分 *AB* 为 6 等分。

（2）如图 2-4（b）所示，过 *A* 点作任意射线 *AC*，任取一长度为单位长，在 *AC* 上依次截取单位长度得到 1、2、3、4、5、6 点，将 6 点与 *B* 相连；

（3）如图 2-4（c）所示，分别过 1、2、3、4、5 各点作 *B*6 的平行线交 *AB* 得 5 个等分点，即分 *AB* 为 6 等分。

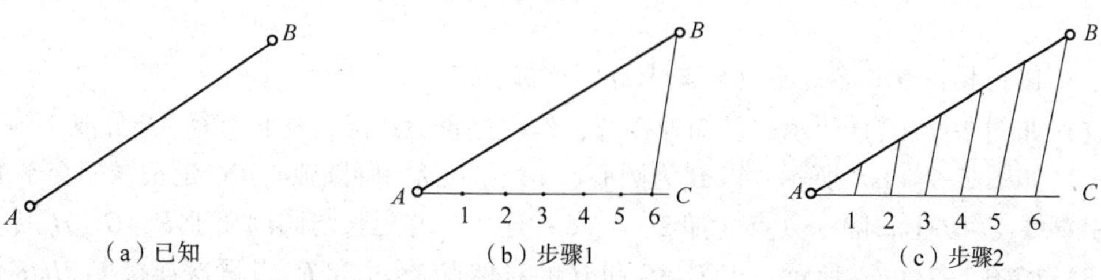

图 2-4　作已知线段为任意等分

2. 作两平行线间距离的任意等分

(1) 如图 2-5 (a) 所示，已知平行线 *AB* 和 *CD*，分其间距为 5 等分的 *AB* 的平行线。

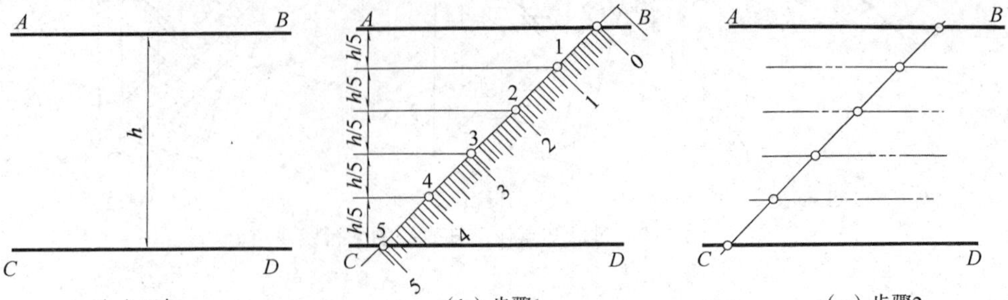

(a) 已知　(b) 步骤1　(c) 步骤2

图 2-5　作两平行线间距离的 5 等分

(2) 如图 2-5 (b) 所示，将直尺上刻度的 0 点固定在 *AB* 上，并以 0 为圆心摆动直尺，使刻度的 5 点落在 *CD* 上，在 1、2、3、4、5 各点处做标记。

(3) 如图 2-5 (c) 所示，过分点 1、2、3、4 作 *AB* 的平行线即为所求。

任务 2.3　已知外接圆求作正多边形

1. 已知外接圆求作正五边形

(1) 如图 2-6 (a) 所示，已知外接圆 *O*，作内接正五边形，以 *A* 为圆心，*OA* 为半径画弧与外接圆 *O* 相交于两点、连接两交点，与 *OA* 交于点 *B*。

(2) 如图 2-6 (b) 所示，以 *B* 为圆心，*B*1 为半径画弧交 *BO* 延长线于 *C*，*C*1 即为五边形的边长。

(3) 如图 2-6 (c) 所示，以 1 为圆心，以 *C*1 为半径画弧，得 2、5 两点。

(4) 如图 2-6 (d) 所示，分别以 2、5 点为圆心，以 *C*1 为半径在圆弧上截取 3、4 两点。顺次连接各点，即得正五边形。

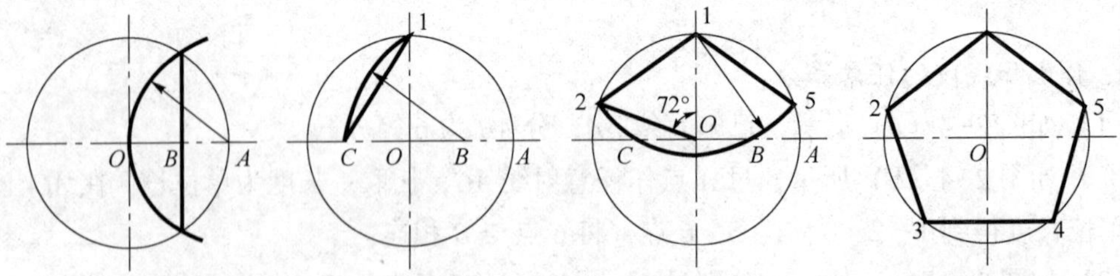

(a) 步骤1　(b) 步骤2　(c) 步骤3　(d) 步骤4

图 2-6　已知外接圆求作正五边形

2. 作圆内接任意正多边形 (以正七边形为例)

(1) 如图 2-7 (a) 所示，已知外接圆，作内接正七边形，先将直径 *AB* 分成 7 等分。

(2) 如图 2-7 (b) 所示，以 *B* 为圆心，*AB* 为半径，画圆弧与 *DC* 延长线相交于 *E*，再自 *E* 引直线与 *AB* 上每隔一分点 (如 2、4、6) 连接，并延长与圆周交于 *F*、*G*、*H* 点。

(3) 如图 2-7 (c) 所示，求 *F*、*G* 和 *H* 的对称点 *K*、*J* 和 *I*，并顺次连接 *FGHIJKA* 即得

正七边形。

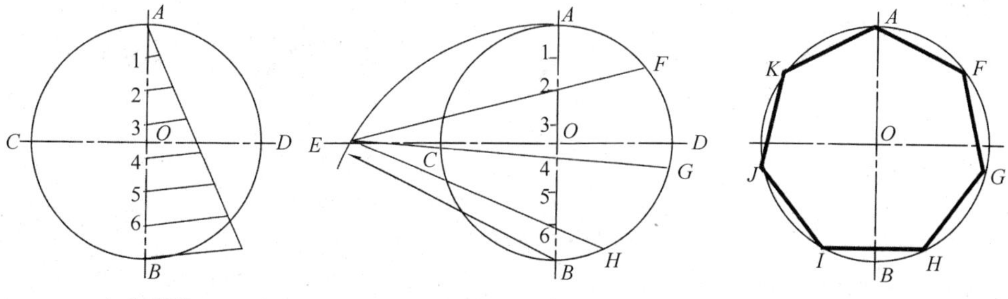

（a）步骤1　（b）步骤2　（c）步骤3

图 2-7　已知外接圆求作正七边形

任务2.4　圆弧连接

道路工程图中，圆弧连接的形式比较多，其关键是根据已知条件，确定连接圆弧的圆心和切点（即连接点）。以下是几种常用的作图方法。

1. 圆弧与两直线连接

（1）如图2-8（a)所示，已知直线Ⅰ、Ⅱ和连接圆弧的半径 R。

（2）如图2-8（b)所示，在Ⅰ、Ⅱ上各取任意点 a、b，过 a、b 分别作 $aa' \perp$ Ⅰ，$bb' \perp$ Ⅱ，并截取 $aa'=bb'=R$。

（3）如图2-8（c)所示，过 a'、b'分别作Ⅰ、Ⅱ的平行线相交于 O 点，即为连接圆弧的圆心。

（4）如图2-8（d)所示，过 O 分别作Ⅰ、Ⅱ的垂线，得垂足 A、B，即为所求的切点。以 O 为圆心，R 为半径，画出图示的 AB 弧即为所求。

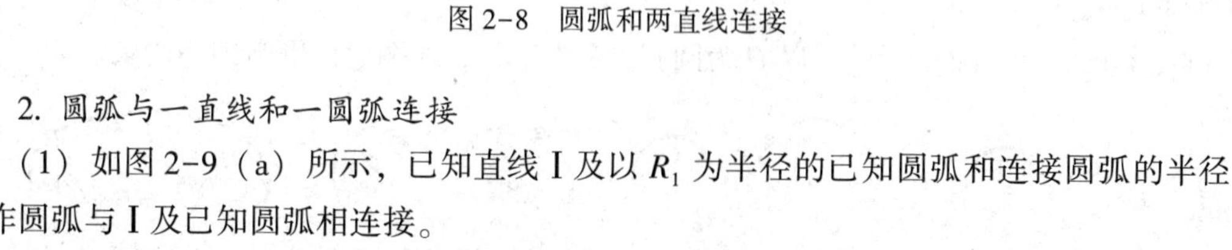

（a）已知　（b）步骤1　（c）步骤2　（d）步骤3

图 2-8　圆弧和两直线连接

2. 圆弧与一直线和一圆弧连接

（1）如图2-9（a）所示，已知直线Ⅰ及以 R_1 为半径的已知圆弧和连接圆弧的半径 R。求作圆弧与Ⅰ及已知圆弧相连接。

（2）如图2-9（b）所示，以 O_1 为圆心，R_1+R 为半径，作圆弧，并作Ⅰ的平行线Ⅱ，使其间距为 R，平行线Ⅱ与半径为 R_1+R 的圆弧交于 O 点。

（3）如图2-9（c）所示，OO_1 与已知半径 R_1 的圆弧交于 B 点，过 O 作Ⅰ的垂线得垂足 A，A、B 即为切点。

（4）如图2-9（d）所示，以 O 为圆心，R 为半径，画出图示的 AB 弧即为所求。

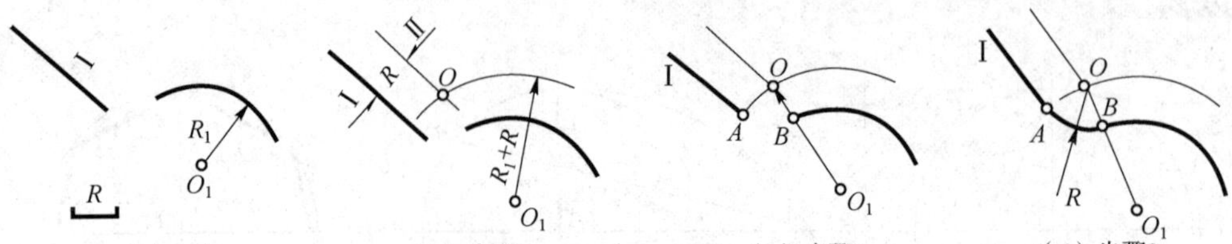

（a）已知　（b）步骤1　（c）步骤2　（d）步骤3

图 2-9　圆弧与一直线和一圆弧连接

3. 圆弧与两圆弧连接

1）外连接

（1）如图 2-10（a）所示，已知半径为 R_1 和 R_2 的两圆弧，外连接圆弧的半径为 R，求作圆弧与已知两圆弧外连接。

（2）如图 2-10（b）所示，以 O_1 为圆心，R_1+R 为半径作圆弧，以 O_2 为圆心，R_2+R 为半径作圆弧，两圆弧相交于 O，即为所求连接弧圆心。

（3）如图 2-10（c）所示，连 O_1O 和 O_2O，分别交两已知圆弧于 A，B 点，A，B 即为所求切点。

（4）如图 2-10（d）所示，以 O 为圆心，R 为半径，画出图示的 AB 弧即为所求。

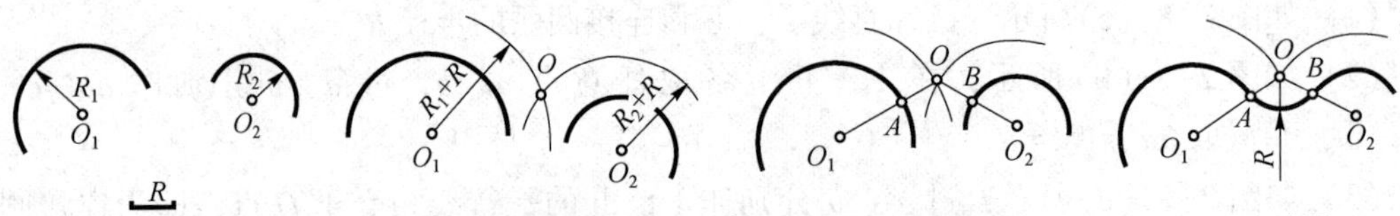

（a）已知　（b）步骤1　（c）步骤2　（d）步骤3

图 2-10　圆弧与两圆弧外连接

2）内连接

（1）如图 2-11（a）所示，已知半径为 R_1 和 R_2 的两圆弧，内连接圆弧的半径为 R，求作圆弧与已知两圆弧内连接。

（2）如图 2-11（b）所示，以 O_1 为圆心，$R-R_1$ 为半径，作圆弧；以 O_2 为圆心，$R-R_2$ 为半径，作圆弧。两圆弧相交于 O，O 即为所求圆心。

（3）如图 2-11（c）所示，连接 OO_1 和 OO_2，并延长交两已知圆弧于 A，B 两点。A，B 即为所求切点。

（4）如图 2-11（d）所示，以 O 为圆心，R 为半径，作图示的圆弧即为所求。

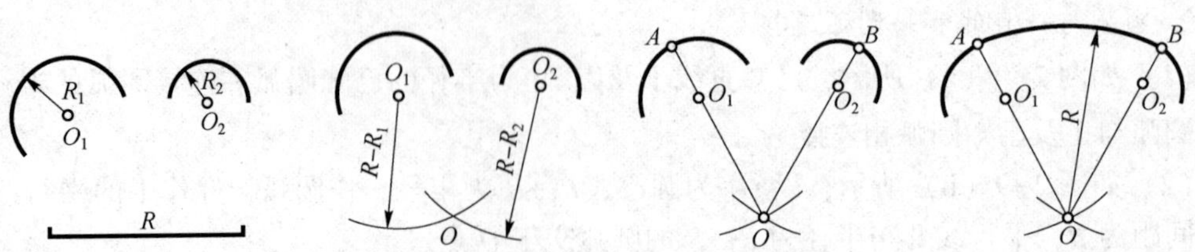

（a）已知　（b）步骤1　（c）步骤2　（d）步骤3

图 2-11　圆弧与圆弧内连接

3）混合连接

（1）如图2-12（a）所示，已知半径为 R_1 和 R_2 的两圆弧和连接圆弧的半径 R，求作圆弧与已知两圆弧混合连接。

（2）如图2-12（b）所示，以 O_1 为圆心，$R+R_1$ 为半径，作圆弧；以 O_2 为圆心，R_2-R 为半径，作圆弧，两圆弧相交于 O，O 即为所求圆心。

（3）如图2-12（c），连接 OO_1，与以 R_1 为半径的圆弧交于 A；连接 O_2O 并延长，与以 R_2 为半径的圆弧交于 B，A、B 即为所求切点。

（4）如图2-12（d）所示，以 O 为圆心，R 为半径，作图示的圆弧即为所求。

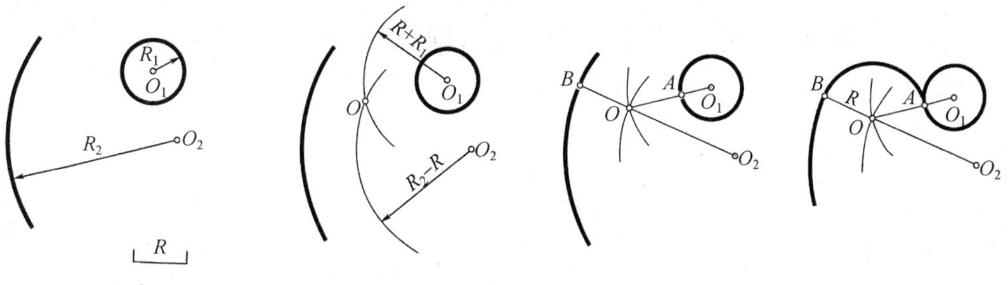

（a）已知　（b）步骤1　（c）步骤2　（d）步骤3

图2-12　圆弧与圆弧混合连接

注意事项：

圆弧连接的关键是找到圆弧连接的圆心和连接点。

1. 圆心轨迹为已知圆弧的同心圆，其半径为：外切时，连接圆弧与已知圆弧的半径之和；内切时，连接圆弧与已知圆弧的半径之差。

2. 连接点：外切时，圆心连线与已知圆弧的交点；内切时，圆心连线的延长线与已知圆弧的交点。

任务2.5　椭圆的画法

1. 用同心圆法画椭圆

（1）已知椭圆长轴 AB 和短轴 CD，求作椭圆。

（2）如图2-13（a）所示，以 O 为圆心，分别以 AB 和 CD 为直径画同心圆。

（3）如图2-13（b）所示，分圆为若干等分（如12等分），得点1，2，…，12和点1′，2′，…，12′。

（4）如图2-13（c）所示，过大圆上各点作 CD 的平行线，过小圆上各点作 AB 的平行线，各对应直线交于 E，F，G，H，I，J，K，L 点。

（5）如图2-13（d）所示，用平滑的曲线顺次连接 C，E，F，B，…，A，K，L，C 点，即为所求椭圆。

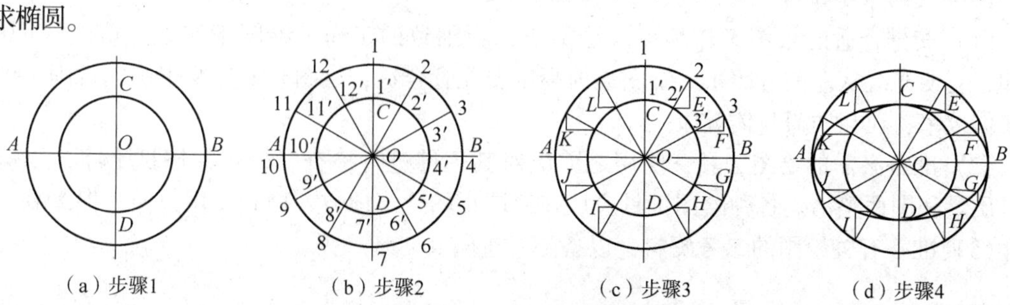

（a）步骤1　（b）步骤2　（c）步骤3　（d）步骤4

图2-13　同心圆法画椭圆

2. 用四心圆法画近似椭圆

(1) 如图2-14 (a) 所示，已知椭圆长轴AB、短轴CD，求作椭圆。

(2) 如图2-14 (b) 所示，以O为圆心，OA（或OB）为半径作圆弧，并交DC延长线于E，又以C为圆心，CE为半径，作圆弧交AC于F。

(3) 如图2-14 (c) 所示，作AF的垂直平分线，并交长轴AB于O_1，交短轴CD的延长线于O_4。

(4) 如图2-14 (d) 所示，作O_1和O_4的对称点O_2和O_3，并将O_1，O_2，O_3，O_4两两相连。

(5) 如图2-14 (e) 所示，分别以O_3，O_4为圆心，O_3D，O_4C为半径，作圆弧。

(6) 如图2-14 (f) 所示，分别以O_1，O_2为圆心，O_1A，O_2B为半径，作圆弧，即得所求的近似椭圆。

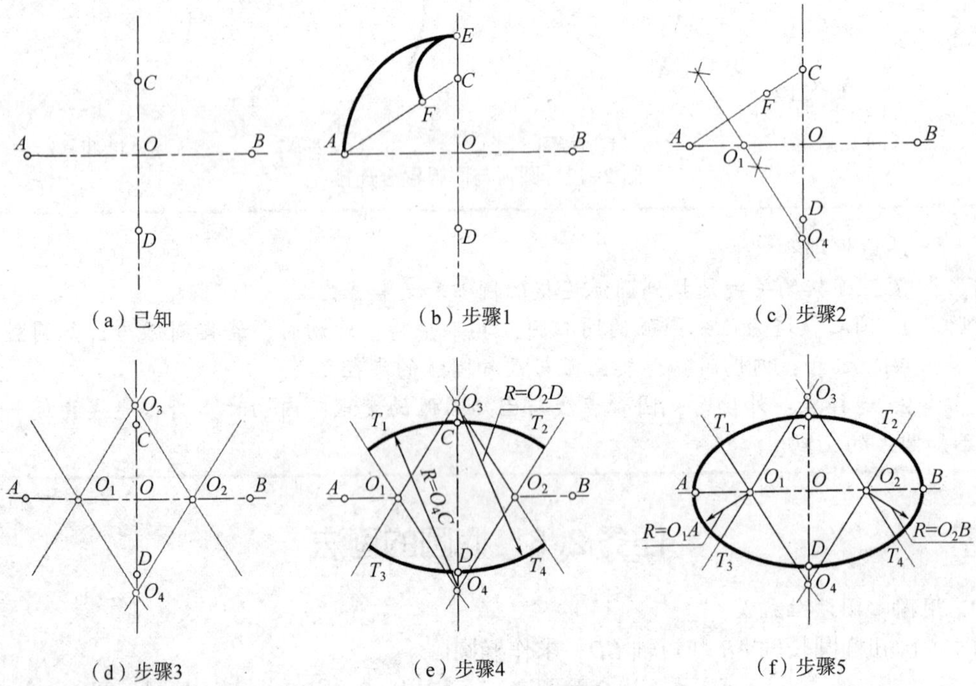

图2-14　四心圆法画椭圆

任务2.6　制图的步骤和方法

1. 绘图的准备工作

(1) 安排合适的绘图工作地点。绘图是一项细致的工作。绘图工作地点应光线明亮、柔和，应使光线从左前方照来。绘图桌椅高度要配置合适，绘图时姿势要正确，否则不仅影响工作效率，还会妨碍身体健康。

(2) 准备必需的绘图工具，使用之前应对其逐件进行检查、校正并擦拭干净，以保证工具质量和图面整洁。各种绘图工具应放在绘图桌的适当地方，做到使用方便、保管妥当。

(3) 准备有关绘图的参考资料，以备随时查阅。

根据所绘工程图的要求，按国家标准规定确定图幅大小。图纸在绘图板上粘贴的位置尽量靠近左边（离绘图板边缘3~5 cm）。图纸下边至绘图板边缘的距离略大于丁字尺的宽度。

（4）绘图前要先洗手，以免出汗污染图纸。画图时为了防止手污染图纸，可以在不画图的位置垫白纸覆盖。

（5）根据国家标准规定，画出图框和标题栏。

2. 绘制底图

（1）任何工程图的绘制，必须先画底图，再进行加深或描图。图面布置之后，根据选定的比例用H或2H铅笔轻轻画出底稿。底稿必须认真画出，以保证图样的正确性和精密度。如发现错误，不要立即擦掉，可用铅笔轻轻做上记号。待全图完成之后再一次性擦净，以保证图面整洁。

（2）画底图时尺寸应用分规从比例尺上量取。相同长度尺寸应一次量取，以保证尺寸的精确并提高画图速度。

（3）画完底图之后，必须认真逐项检查，看是否有遗漏和错误的地方，切不可匆忙加深。

3. 加深

在检查底图确定无误之后，即可加深。

（1）加深之前，应先确定标准实线的宽度，再根据其线型确定其他线型。同类图线应粗细一致，一般粗度在b以上的图线用B或2B铅笔加深；更细的图线和尺寸数字、注解等可用H或HB铅笔绘写。

（2）为使图线粗细均匀，色调一致，铅笔应该经常修磨。加深粗实线一次不够时，则应重复再画，切不可来回描粗。

（3）加深图线的步骤是：同类型的图线一次加深；先画细线，后画粗线；先画曲线，后画直线；先画图，后标注尺寸和注解；最后加深图框和标题栏。这样不仅加快了绘图速度，提高了精度，而且可减少丁字尺与三角尺在图纸上的摩擦，保持图面清洁。

全部加深之后，再仔细检查，若有错误应及时改正。

模块2 画法几何

能力目标：

（1）会分析点、线、面的投影特点；能绘制和识读基本形体的投影图。

（2）会画基本体和组合体的投影图，能用形体分析法和线面分析法快速识读组合体投影图。

（3）具有根据三面投影图准确、快速绘制轴测投影图的能力。

（4）具备绘制剖面图和断面图的能力。

（5）学会用高程投影知识解决工程实际问题。

知识目标：

（1）了解点、直线、平面的投影规律，掌握点的投影规律、作图方法，理解点、线、面的投影特性。

（2）熟悉基本体和组合体的投影图的画法及尺寸标注方法。

（3）掌握平面立体、曲面立体的投影图的画法及尺寸标注方法；掌握截交线和相贯线的画法；掌握组合体投影图的作图、识读方法及尺寸标注方法。

（4）了解轴测投影的形成；熟悉正等轴测、斜等轴测图的画法；掌握剖面图、断面图的画法。

（5）掌握点、线、平面、曲面的高程投影的表示方法。

素质目标：

（1）通过对点、线、面知识的学习，初步树立由空间到平面的思维方式，培养归纳、总结的思维能力。

（2）通过形体分析法分析组合体投影，培养空间想象能力、动手能力。

（3）根据工程施工和技术交流的需要，具备徒手快速绘制轴测投影图的工作能力。

（4）培养分析问题和解决问题的能力，养成善于分析的职业素养。

项目 3　投影基本知识

【情境引入】

对比图 3-1~3-3，可以发现三个图表达形体的方法不同，效果不同。图 3-1 能看到物体的形状，但没办法丈量大小；图 3-2 可以准确表达工程图的大小和尺寸，但不够直观；图 3-3 可以直观表达图形大小和尺寸，但不能表达形体内部构造。绘制这些工程图离不开投影的原理和方法。

本项目着重介绍正投影法的基本原理和三面正投影图的形成及其投影基本规律。

图 3-1　公路透视图

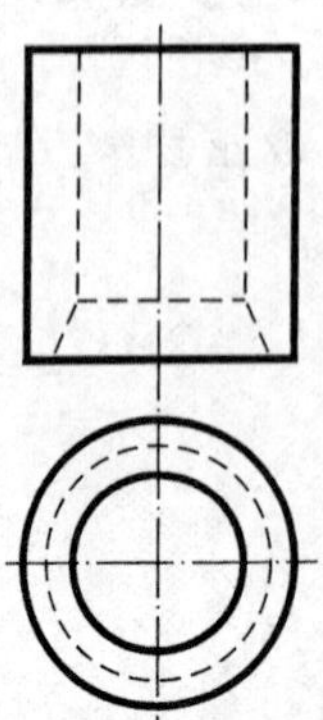

图 3-2　三面正投影图

图 3-3　轴测投影图

【知识链接】

任务 3.1 投影的概念

3.1.1 影子和投影

1. 投影的基本概念

日常生活中，物体被光线（灯光和阳光）照射，会在地面或墙面上产生影子，影子是一种自然现象。当光线照射的角度或距离改变时，影子的位置、大小及形状也随之改变。由此看来，光线、物体和影子三者之间，存在着一定的联系。

如图 3-4（a）所示，桥台模型在正上方的灯光照射下，产生了影子，随着光源、物体和投影面之间距离的变化，影子会发生相应的变化，这是光线从一点射出的情形。如图 3-4（b）所示，假如把光源移到无穷远处，即假设光线互相平行并垂直于地面时，影子的大小就和基础底板一样大了。

人们通过对这种现象进行几何抽象，把形体的所有内外轮廓和内外表面交线全部表示出来，且依投影方向，凡可见的轮廓线画粗实线，不可见的轮廓线画虚线。这样，形体的影子就发展成为能满足生产需要的投影图，简称投影，如图 3-4（c）所示。这种用二维图形表示三维形体的方法，称为投影法。我们把光线称为投射线，把承受投影的平面称为投影面。

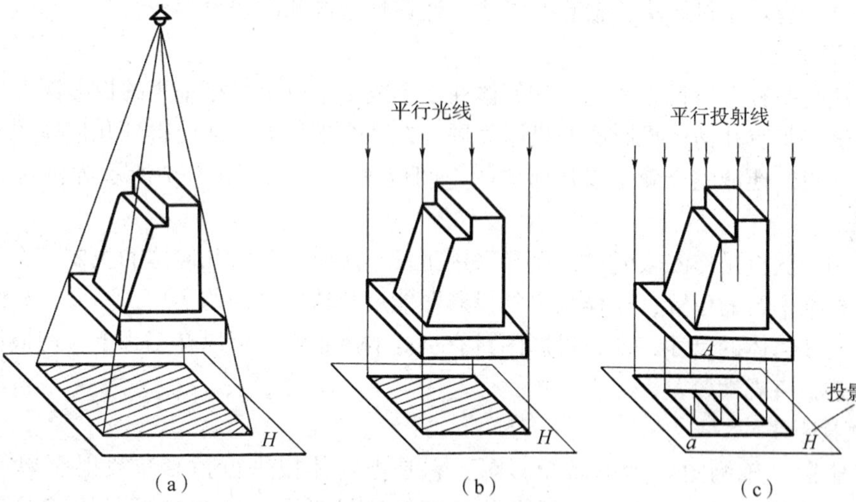

图 3-4 影子和投影

2. 投影的分类

按投射线的不同情况，投影可分为 2 大类。

1）中心投影

所有投射线都从一点（投影中心）发出的，称为中心投影。如图 3-5 所示，若投影中心为 S，把投射线与投影面 H 的各交点相连，即得三角尺的中心投影。

2）平行投影

所有投射线互相平行则称为平行投影。如图 3-6（a）所示，若投射线与投影面斜交，称为斜角投影或斜投影；如图 3-6（b）所示，若投射线与投影面垂直，则称为直角投影或正投影。

大多数的工程图，都是采用正投影法绘制的。正投影法是本课程的主要内容，本课程中凡未作特别说明的，都属正投影。

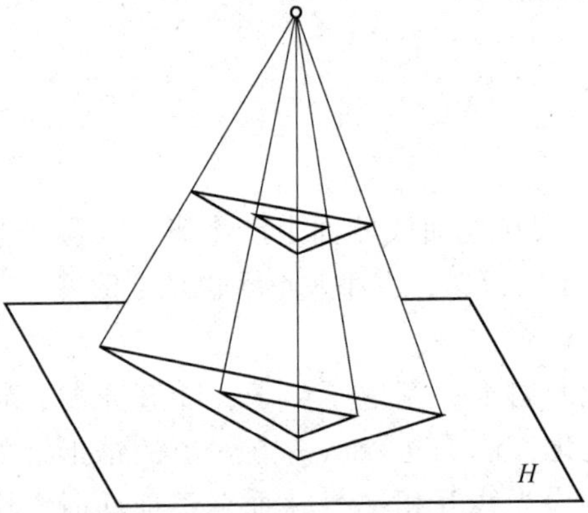

图 3-5　中心投影

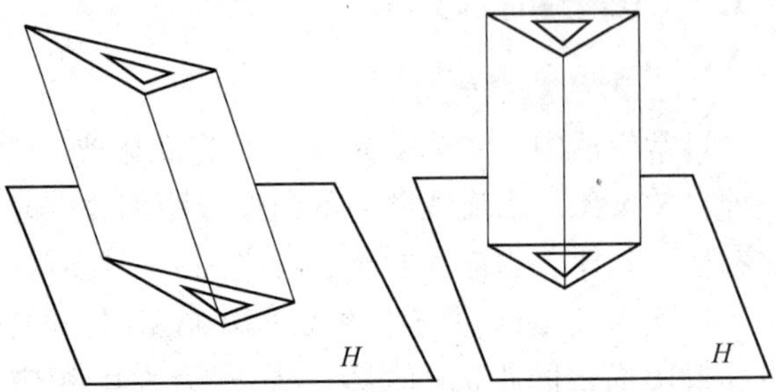

（a）斜投影　（b）正投影

图 3-6　平行投影

3.1.2　工程上常用的几种画法

图示工程结构物时，根据被表达对象的特征不同和实际需要，可采用不同的图示方法。常用的图示方法有：正投影法、轴测投影法、透视投影法和高程投影法。

1. 正投影法

正投影法是一种多面投影。空间几何体在 2 个或 2 个以上互相垂直的投影面上进行正投影，然后将这些带有几何体投影图的投影面展开在一个平面上，从而得到几何体的多面正投影图，由这些投影便能完全确定该几何体的空间位置和形状。图 3-7 所示为桥台的三面正投影。

正投影图的优点是作图较简便，而且采用正投影法时，常将几何体的主要平面放置成与相应投影面相互平行的位置，这样画出的投影图能反映这些平面的实形。因此，从图上可以直接量得空间几何体的尺寸，即正投影图具有良好的度量性，所以在工程上应用最广。其缺点是无立体感，直观性较差。

2. 轴测投影法

轴测投影图（轴测图）为单面投影图，它是把物体按平行投影法投射至单一投影面上所得到的投影图。图 3-8 所示为桥台的正等轴测投影图。轴测投影图的特点是在投影图上可以同时反映长、宽、高 3 个方向上的形状，所以投影富有立体感，直观性较好，但它不能完整地表达物体的形状，而且作图复杂、度量性差，一般只作为工程上的辅助图样。

3. 透视投影法

透视投影法即中心投影法。图 3-9 所示为按中心投影法画出的桥台透视图。由于透视图和照相原理相似。它符合人们的视觉习惯，投影效果逼真、悦目。透视图的直观性很强，常用于设计方案比较及展览等场合。其绘制较复杂，且不能直接反映物体的真实大小，不便度量。近年来透视图在工程设计中应用甚广，它是工程设计的依据之一。

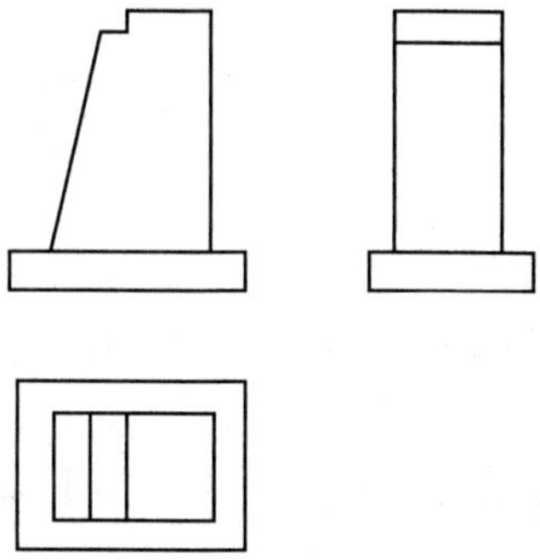

图 3-7　桥台的三面正投影

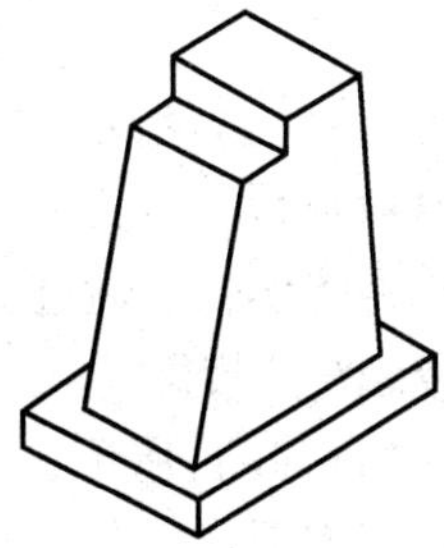

图 3-8　桥台的正等轴测投影图

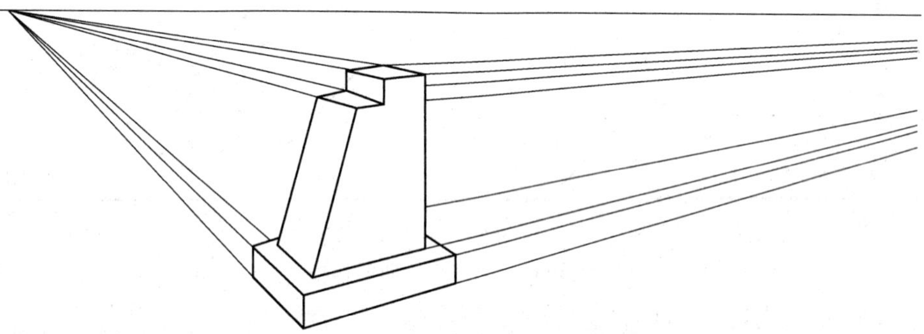

图 3-9　按中心投影法画出的桥台透视图

4. 高程投影法

高程投影是一种带有数字标记的单面正投影，常用来表示不规则曲面。如图 3-10 所示，假设某一山峰被一系列水平面所截，用标有高程数字的截交线（等高线）来表示地面的起伏，这就是高程投影法。它具有一般正投影的优缺点。用这种方法表达地形所画出的图称为地形图，其在工程中被广泛采用。

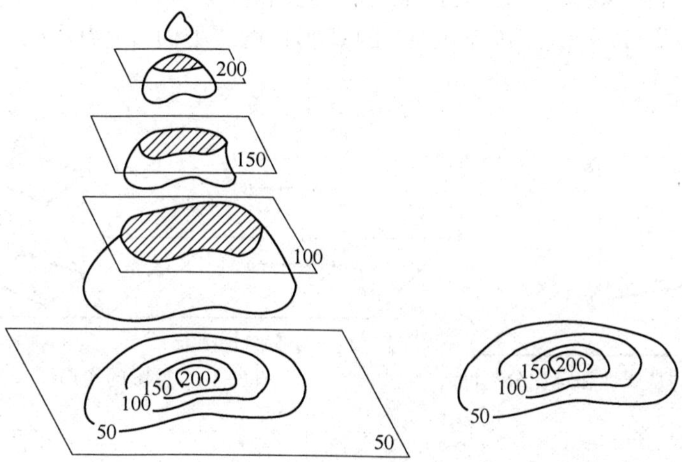

（a）　　（b）

图 3-10　山峰的高程投影

3.1.3 平行投影特性

1. 类似性

(1) 如图3-11 (a) 所示，点的投影仍是点。

(2) 如图3-11 (b) 所示，直线的投影在一般情况下仍为直线，当直线段倾斜于投影面时，其正投影短于实长。通过直线 *AB* 上各点的投射线，形成一平面 *ABba*，它与投影面 *P* 的交线 *ab*，即为 *AB* 的投影。

(3) 如图3-11 (c) 所示，平面的投影在一般情况下仍为平面，当平面倾斜于投影面时，其正投影小于实形。

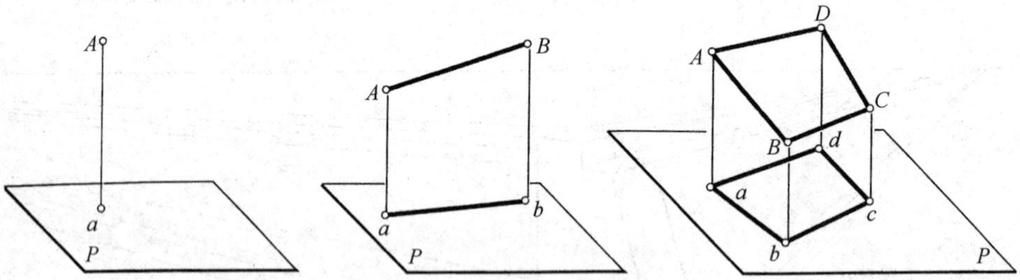

(a) 点的投影　　(b) 直线的投影　　(c) 平面的投影

图3-11　点、线、面的投影

2. 从属性

若点在直线上，则点的投影必在该直线的投影上。如图3-12所示，点 *K* 在直线 *AB* 上，投射线 *Kk* 必与 *Aa*、*Bb* 在同一平面上，因此点 *K* 的投影 *k* 一定在 *ab* 上。

3. 定比分割性

直线上一点把该直线分成两段，该两段之比，等于其投影之比。如图3-12所示，由于 $Aa // Kk // Bb$，所以 $AK : KB = ak : kb$。

4. 实形性

平行于投影面的直线和平面，其投影反映实长和实形。如图3-13所示，直线 *AB* 平行于投影面 *P*，其投影 $ab // AB$，*ab* 反映 *AB* 的真实长度。平面 $ABCD // P$，其投影 *abcd* 反映 *ABCD* 的真实大小。

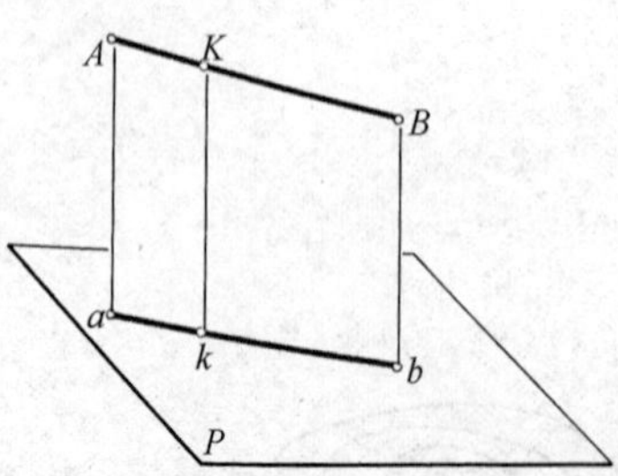

图3-12　直线的从属性和定比分割性

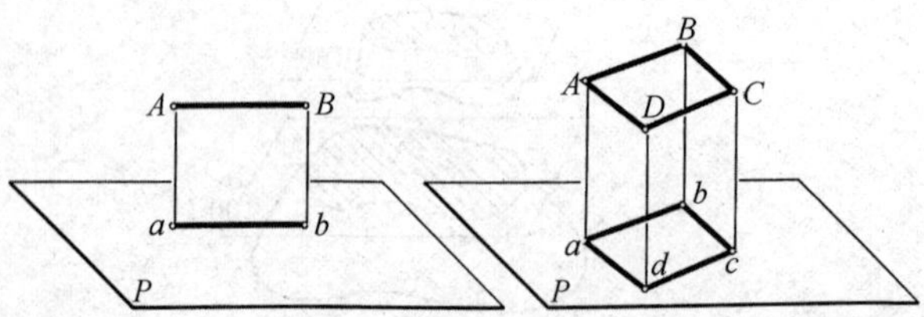

(a) 直线平行投影面　　(b) 平面平行投影面

图3-13　投影的实形性

5. 积聚性

垂直于投影面的直线，其投影积聚为一点；垂直于投影面的平面，其投影积聚为一条直线。如图3-14所示，直线 *AB* 垂直于投影面 *P*，其投影积聚成一点 *a* (*b*)。平面 *ABCD* 垂直于投影面 *P*，其投影积聚成一直线 *ab* (*dc*)。

6. 平行不变性

两平行直线的投影仍互相平行，且其投影长度之比等于两平行线段长度之比。如图3-15 所示，$AB /\!/ CD$，其投影 $ab /\!/ cd$，且 $ab : cd = AB : CD$。

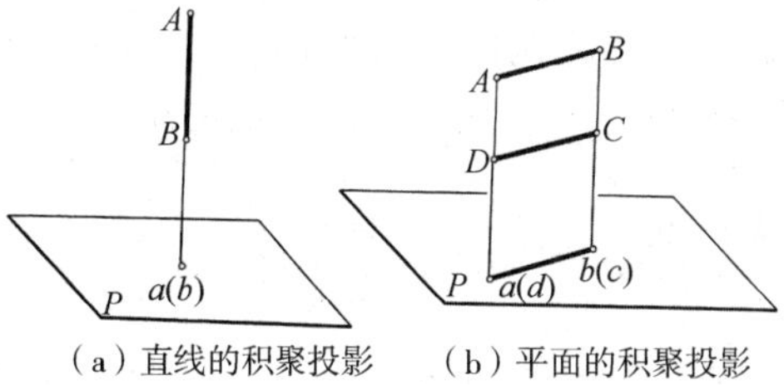

（a）直线的积聚投影　（b）平面的积聚投影

图 3-14　直线和平面的积聚性

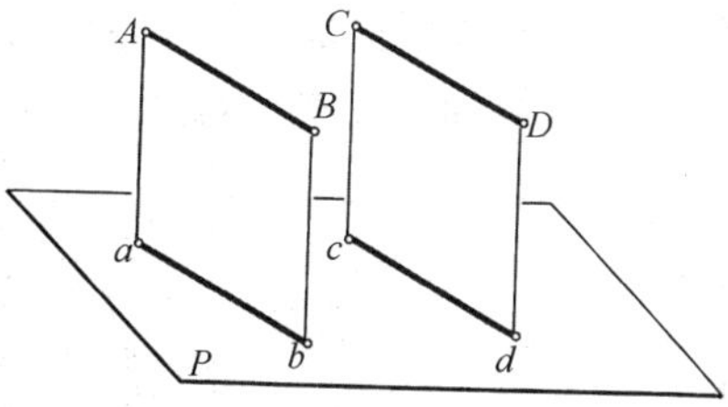

图 3-15　两平行直线的投影

任务 3.2　形体的三面正投影图形成

3.2.1　形体三面投影体系

如图 3-16 所示，根据平行投影，图中 3 个形状不同的形体，在同一投影面的投影却是相同的。这说明由形体的一个投影，不能准确地表示形体的形状，因此，需要多个投影面来反映形体的实形。如图 3-17 所示，一般把形体放在 3 个互相垂直的平面所组成的三面投影体系中进行投影，在三面投影体系中，水平放置的平面称为水平投影面，用字母“*H*”表示，简称为 *H* 面；正对观察者的平面称为正立投影面，用字母“*V*”表示，简称 *V* 面；观察者右侧的平面称为侧立投影面，用字母“*W*”表示，简称 *W* 面。三投影面两两相交，构成 3 条投影轴：*OX*、*OY* 和 *OZ* 投影轴，三个投影轴的交点 *O* 称为原点。只有在这个体系中，才能比较充分地表示形体的空间形状。

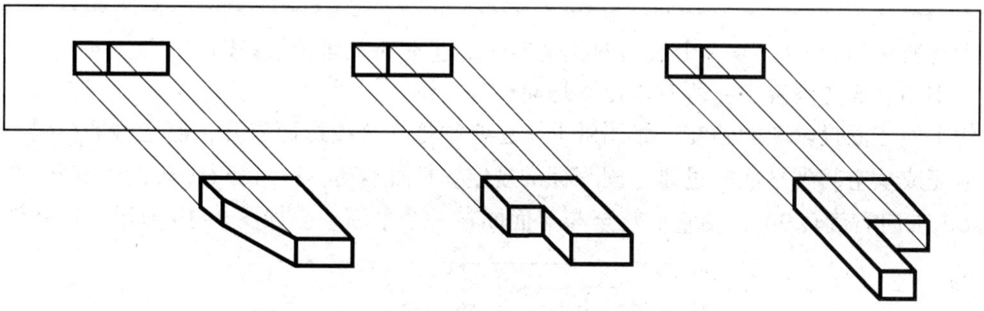
图 3-16　一个投影图不能确定形体的空间形状

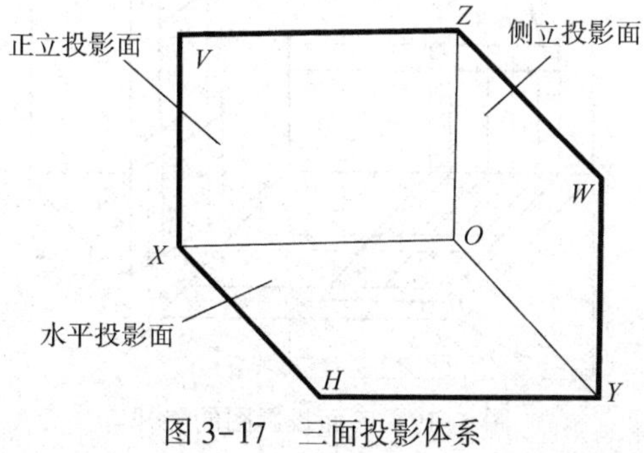

图 3-17　三面投影体系

3.2.2 三面正投影图的形成

将形体置于三面投影体系中，且形体在观察者和投影面之间。如图 3-18 所示，形体靠近观察者一面称为前面，反之称为后面。由观察者的角度出发，定出形体的左、右、上、下4 个面。可知，形体的前、后两面均与 V 面平行，上、下底两面则与 H 面平行。用 3 组分别垂直于 3 个投影面的投射线对形体进行投影，就得到该形体在 3 个投影面上的正投影。

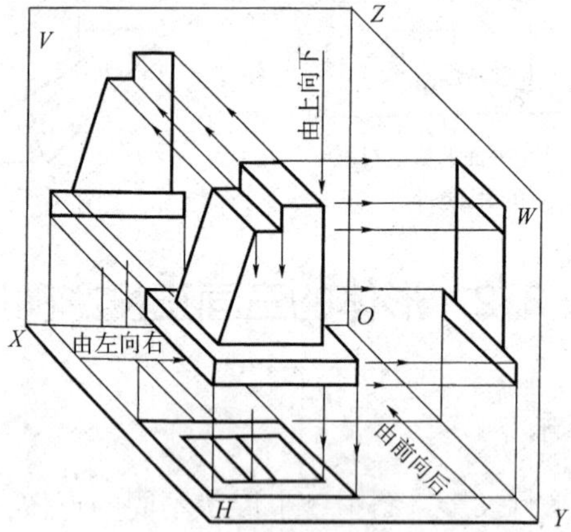

图 3-18　三面投影图的形成

> **注意事项：**
>
> 由上而下投影，在 H 面上所得的投影图，称为水平投影图，简称 H 面投影。
>
> 由前向后投影，在 V 面上所得的投影图，称为正立面投影图，简称 V 面投影。
>
> 由左向右投影，在 W 面上所得的投影图，称为（左）侧立面投影图，简称 W 面投影。

上述所得的 H，V，W 3 个投影图就是形体最基本的三面正投影图。

在本书后面的内容中，所有正投影均简称为投影。

为了使三面投影图能画在一张图纸上，还必须把 3 个投影面展开，使之摊平在同一个平面上，完成从空间到平面的过渡。国家标准规定：V 面不动，H 面绕 OX 轴向下旋转 90°，W 面绕 OZ 轴向右旋转 90°，使它们转至与 V 面同在一个平面上，如图 3-19 所示，这样就得到

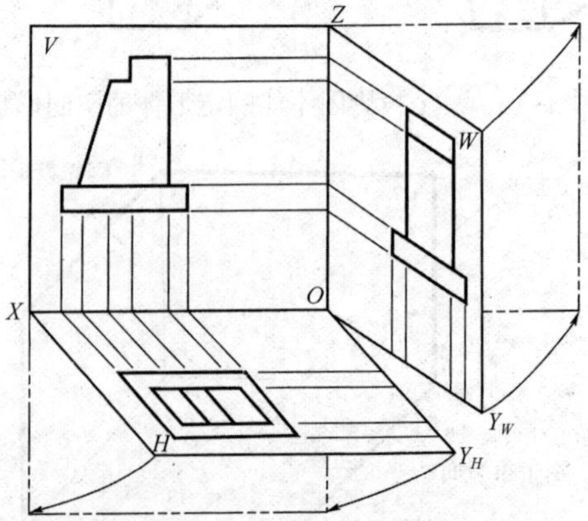

图 3-19　三面投影图的展开

在同一平面上的三面投影图。这时 Y 轴被分为 2 支：一支是随 H 面旋转至下方，与 Z 轴在同一铅垂线上，标以 Y_H；另一支随 W 面转至右方，与 X 轴在同一水平线上，标以 Y_W。摊平后的三面投影图如图 3-20（a）所示。

如图 3-20（b）所示，为了使作图简化，在三面投影图中不画投影图的边框线，投影图之间的距离可根据需要确定，3 条轴线也可省去。

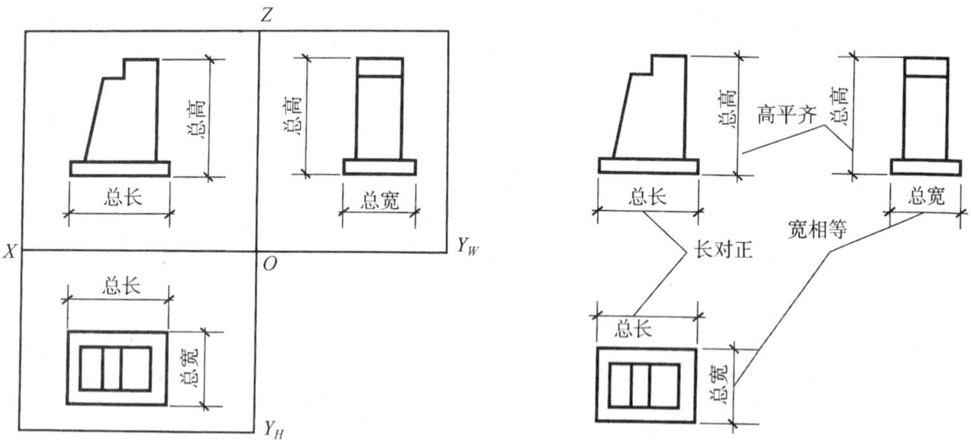

（a）展开后的三面投影图　　（b）简化后的三面投影图

图 3-20　三面投影图的表达和投影规律

任务 3.3　正投影的特性

三面投影图是从形体的 3 个方向投影得到的。3 个投影图之间是密切相关的，它们的关系主要表现在它们的度量和相互位置上的联系。

1. 投影形成相互的顺序关系

在三面投影体系中：从前向后，以人—物—图的顺序形成 V 面投影；从上向下，以人—物—图的顺序形成 H 面投影；从左向右，以人—物—图的顺序形成 W 面投影。所以，投影形成的顺序关系是人—物—图。

2. 投影中的长、宽、高和方位关系

如图 3-20 所示，每个形体都有长度、宽度、高度或左右、前后、上下 3 个方向的形状和大小。形体左右两点之间平行于 OX 轴的距离称为长度；上下两点之间平行于 OZ 轴的距离称为高度；前后两点之间平行于 OY 轴的距离称为宽度。

每个投影图能反映其中 2 个方向关系；H 面投影反映形体的长度和宽度，同时也反映左右、前后位置；V 面投影反映形体的长度和高度，同时也反映左右、上下位置；W 面投影反映形体的高度和宽度，同时也反映上下、前后位置。

3. 投影图的三等关系

三面投影图是在形体安放位置不变的情况下，从 3 个不同方向投影所得到的，它们共同表达同一形体，因此它们之间存在着紧密的关系：V，H 两面投影都反映形体的长度，展开后所反映形体的长度不变，因此画图时必须使它们左右对齐，有“长对正”的关系；同理，*H*，*W* 面投影都反映形体的宽度，有“宽相等”的关系；*V*，*W* 面投影都反映形体的高度，有“高平齐”的关系，总称为“三等关系”。

注意事项：

“长对正、宽相等、高平齐”是三面投影的最基本的投影规律，所有三视图都符合这一规律。

项目 4　点、直线和平面

【情境引入】

如图 4-1 所示，读图时经常要分析一些平面或直线的位置关系，图中 P 平面为一铅垂面，Q 平面为一般位置平面，如何直接从三视图中看出平面与投影面的位置关系呢？本项目学习点、线、面的投影方法。

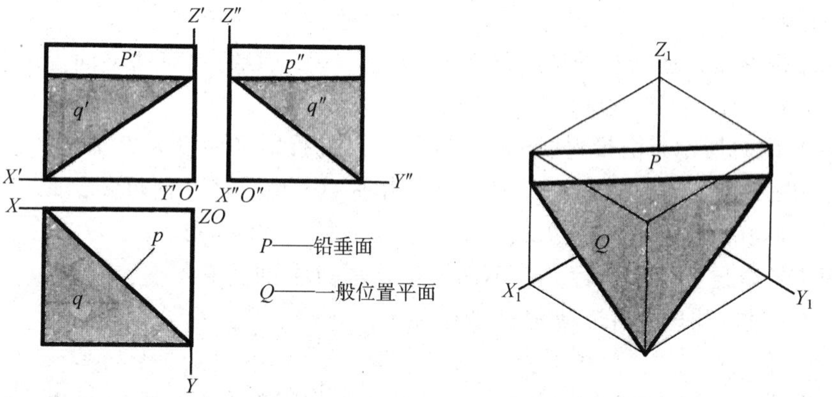

（a）　　　　　　　　（b）

图 4-1　点、线、面围成的体

【知识链接】

任务 4.1　点的投影

4.1.1　点的投影规律

1. 投影的形成

如图 4-2（a）所示，在三面投影体系中，有一个空间点 A，由 A 分别向 3 个投影面 V、H 和 W 作投射线（垂线），交得的 3 个垂足 a'，a，a''，即为空间点 A 的三面投影。空间点用大写字母表示，如 A，B，C 等；H 面投影用相应的小写字母表示，如 a，b，c 等；V 面投影用相应的小写字母加一撇表示，如 a'，b'，c'等；W 面投影用相应的小写字母加两撇表示，如 a''，b''，c''等。

如图 4-2（b）和图 4-2（c）所示，按投影体系的展开方法，将 3 个投影面展平在一个平面上，并去掉边框线后，即得到点的三面投影图。在投影图中，点用小圆圈表示。

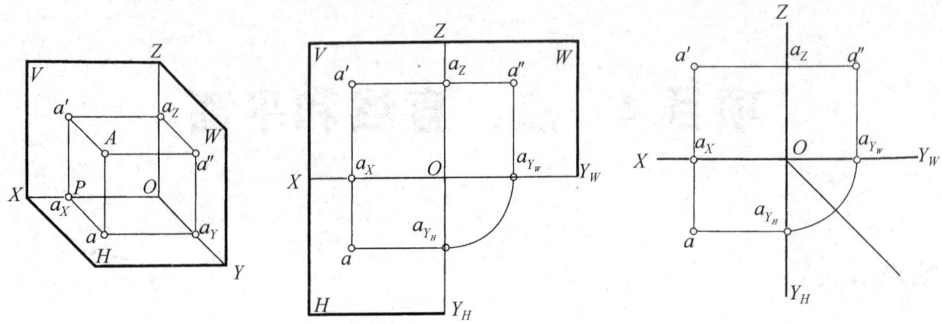

（a）立体图　　（b）投影图　　（c）去边框后的投影图

图 4-2　点的三面投影

2. 点的投影规律

1）垂直规律

点的 V 面投影和 H 面投影的连线垂直于 OX 轴（$a'a \perp OX$）；点的 V 面投影和 W 面投影的连线垂直于 OZ 轴（$a'a'' \perp OZ$）。证明如下：

如图 4-2（a）所示，由投射线 Aa'、Aa 所构成的投射平面设为 P 平面，它与 OX 轴相交于 a_X 点，$P \perp V$，$P \perp H$，即 P，V，H 三面互相垂直，由立体几何可知，此三平面的交线必互相垂直，即 $a'a_X \perp OX$，$a_Xa \perp OX$，$a'a_X \perp a_Xa$，故 P 面为矩形。

当 H 面旋转至与 V 面重合时，a_X 不动，且 $a_Xa \perp OX$ 的关系不变，所以 a'，a_X，a 三点共线，$a'a \perp OX$ 轴。同理亦可证得 $a'a'' \perp OZ$ 轴。

2）等距规律

空间点的投影到相应投影轴的距离，反映该点到相应投影面的距离，以图 4-2（a）为例，即：

（1）$Aa = a'a_X = a''a_Y$，反映 A 点至 H 面的距离；

（2）$Aa' = aa_X = a''a_Z$，反映 A 点至 V 面的距离；

（3）$Aa'' = a'a_Z = aa_Y$，反映 A 点至 W 面的距离。

由此可知点的三面投影的实质是：长对正，宽相等，高平齐。

根据上述投影规律，只要已知点的任意两面投影，即可求其第三面投影。为了能更直接地看到 a 和 a''之间的关系，经常用以 O 为圆心的圆弧把 a_{Y_H}和 a_{Y_W}联系起来，如图 4-2（b）所示，也可以自 O 点作与水平方向成45°的辅助线来实现 a 和 a''的联系，如图 4-2（c）所示。

注意事项：

1. 点的三面投影用小写字母表示。

2. 点的投影规律如下。

二个垂直：$\begin{cases} a'a \perp OX \\ a'a'' \perp OZ \end{cases}$

一个相等：$aa_X = a''a_Z$

空间点用大写字母表示，投影点用小写字母表示。

【例 4.1】 如图 4-3（a）所示，已知一点 B 的 V，H 面投影 b'，b，求 b''。

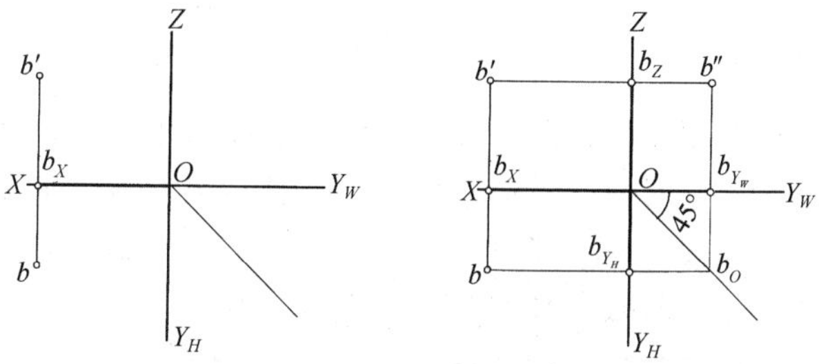

（a）已知B点的V、H面投影　　（b）求B点的W面投影

图 4-3　已知点的两面投影求第三面投影

解　(1) 按点的投影规律，过 b' 作水平线并与 OZ 轴交于 b_Z 点。

(2) 在所作水平线上量取 $b''b_Z=bb_X$，得 b'' 点，即为所求。作图时，也可以过 O 点作 45° 斜线 Ob_0，因为 $Ob_{Y_H}b_0b_{Y_W}$ 是正方形，所以 $Ob_{Y_H}=Ob_{Y_W}$。

3. 各种位置点的投影

点的位置有在空间、在投影面上、在投影轴上，以及在原点上 4 种情况，点的位置不同，所具有的投影特征也不同。

(1) 如图 4-2 所示，在空间的点，点的 3 个投影都在相应的投影面上，不可能在轴及原点上。

(2) 在投影面上的点，一个投影与空间点重合，另 2 个投影在相应的投影轴上。它们的投影仍完全符合上述 2 条基本投影规律。如图 4-4 所示，A 点在 V 面上，B 点在 H 面上，C 点在 W 面上。

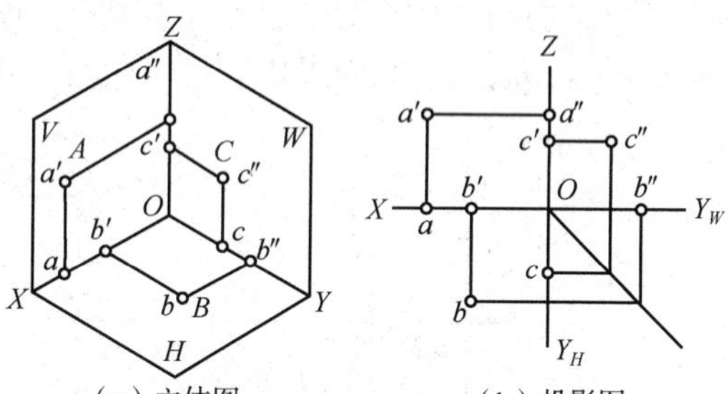

（a）立体图　　（b）投影图

图 4-4　投影面上的点

(3) 在投影轴上的点，2 个投影与空间点重合，另一个投影在原点上。如图 4-5 所示，A 点在 OX 轴上，B 点在 OZ 轴上，C 点在 OY 轴上。

(4) 在原点上的点，点的 3 个投影与空间点都重合在原点上。

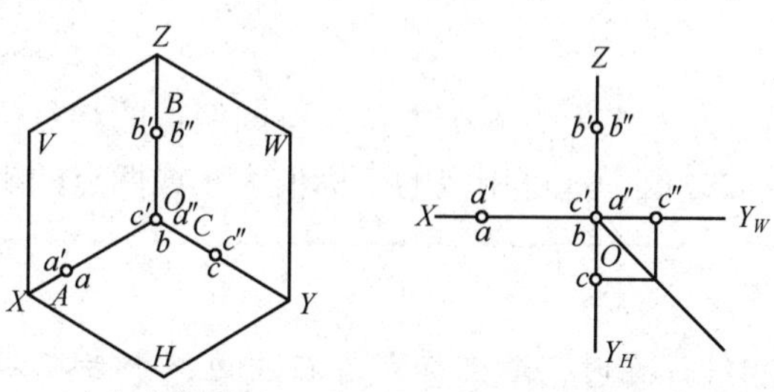

（a）立体图　　（b）投影图

图 4-5　投影轴上的点

4.1.2 点的投影与坐标

如果把三面投影体系当作直角坐标系，则各投影面就是坐标面，各投影轴就是坐标轴，点到3个投影面的距离，就是点的3个坐标数值。以图4-2为例，即：

A点到W面的距离为其X坐标，即$Aa''=aa_{Y_W}=a'a_Z=X$；

A点到V面的距离为其Y坐标，即$Aa'=aa_X=a''a_Z=Y$；

A点到H面的距离为其Z坐标，即$Aa=a'a_X=a''a_{Y_H}=Z$。

点在空间的位置可用坐标确定，如空间A点的坐标可表示为：A（X，Y，Z）；而点的每个投影只反映2个坐标，其投影与坐标的关系如下：

A点的H面投影a可反映该点的X和Y坐标；

A点的V面投影a'可反映该点的X和Z坐标；

A点的W面投影a''可反映该点的Y和Z坐标。

因此如果已知一点A的三面投影a、a'和a''，就可从图中量出该点的3个坐标；反之，如果已知A点的3个坐标，就能作出该点的三面投影。空间点的任意2个投影都具备了3个坐标，所以给出一个点的两面投影即可求得第三面投影。

【例4.2】 已知A（4，6，5），求作A点的三面投影。

解 （1）如图4-6（a）所示，作出3个投影轴及原点O，在OX轴上自O点向左量取4个单位，得到a_X点。

（2）如图4-6（b）所示，根据点的投影规律“两个垂直”，过a_X点作OX轴的垂线，由a_X向上量取$Z=5$单位，得V面投影a'，再向下量取$Y=6$单位，得H面投影a。

（3）如图4-6（c）所示，根据点的投影规律“一个相等”，过a'作线平行于OX轴并与OZ轴相交于a_Z，量取$a_Za''=Y=a_Xa$，得W面投影a''。a，a'，a''即为所求。

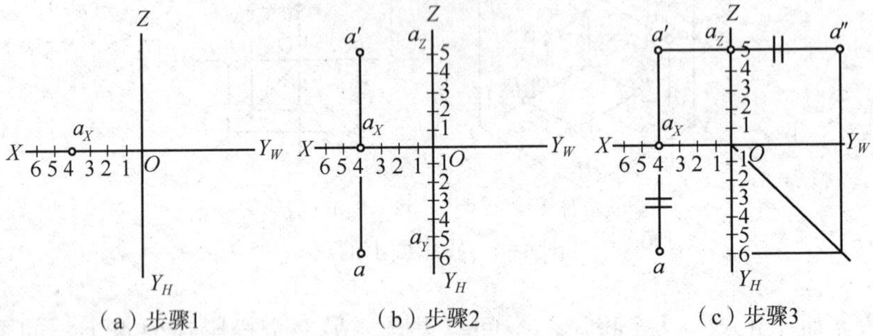

（a）步骤1　（b）步骤2　（c）步骤3

图4-6 已知点的坐标求作点的三面投影

4.1.3 两点的相对位置

1. 两点的相对位置

空间每个点具有前后、左右、上下6个方位。空间两点的相对位置是以其中某一点为基准，来判断另一点在该点的方位，这可用点的坐标值大小或两点的坐标差来判定。

注意事项：

判断两点相对位置时，X坐标大者在左边，小者在右边；Y坐标大者在前边，小者在后边；Z坐标大者在上边，小者在下边。

如图 4-7 所示，如以 A 点为基准，由于 $X_B > X_A$，$Y_B > Y_A$，$Z_B < Z_A$，所以 B 点在 A 点的左前下方。

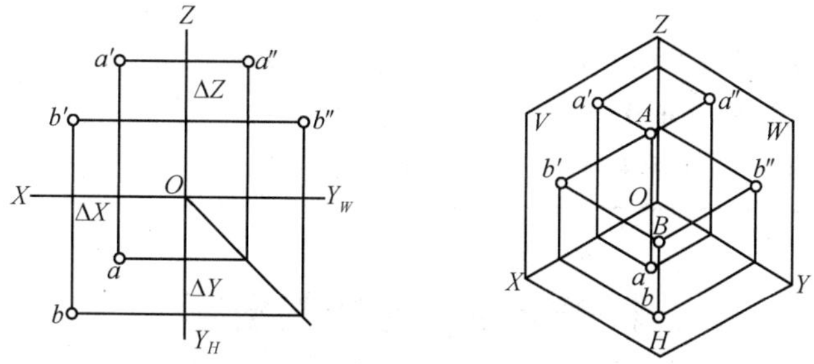

（a）投影图　　（b）立体图

图 4-7　两点的相对位置

2. 重影点及投影的可见性

当空间两点向某一投影面投射时，它们位于同一投射线上，则此两点在该投影面上的投影重合，此两点称为对该投影面的重影点。

如图 4-8（a）所示，A，B 两点位于垂直 H 面的同一投射线上，A 点在 B 点的正上方，a，b 两投影重合，为对 H 面的重影点；但其他两同面投影不重合。至于 a，b 两点的可见性，可从 V 面投影（或 W 面投影）进行判断，因为 a'高于 b'（或 a''高于 b''），所以 a 为可见，b 为不可见。此外，判别重影点的可见性时，也可以比较两点不重影的同面投影的坐标值，坐标值大的点可见，坐标值小的点其投影被遮挡而不可见。为区别起见，凡不可见的，其字母写在后面，并加括号表示。

同理，如图 4-8（b）所示，C 点在 D 点的正前方，位于 V 面的同一投射线上，c'，d' 两投影重合，为对 V 面的重影点，c'可见，d'不可见。

如图 4-8（c）所示，E 点在 F 点的正左方，位于 W 面的同一投射线上，e''，f''投影重合，为对 W 面的重影点，e''可见，f''不可见。

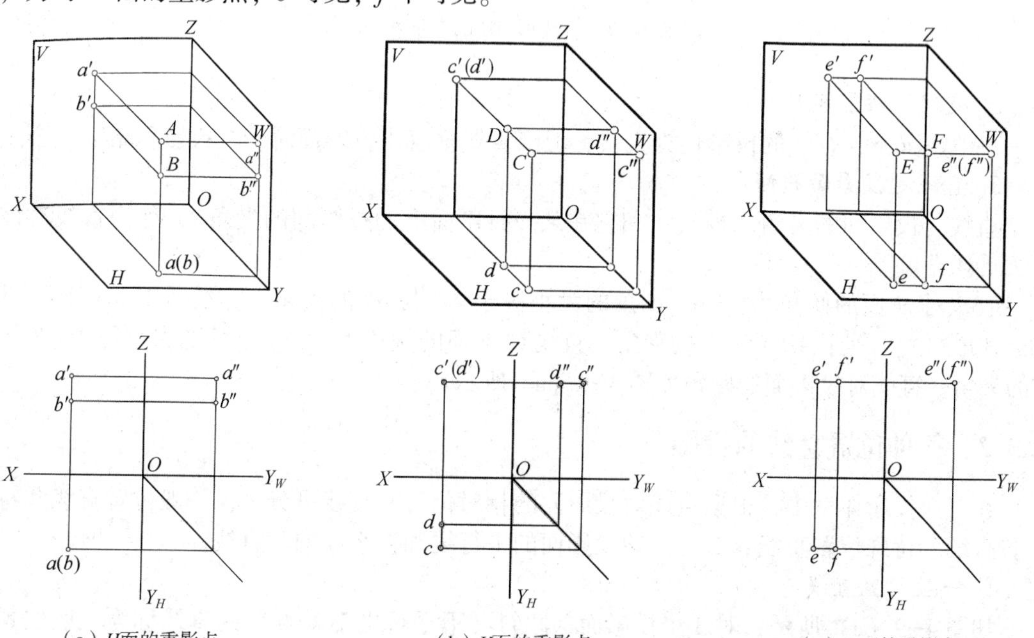

（a）H面的重影点　　（b）V面的重影点　　（c）W面的重影点

图 4-8　投影面的重影点

> **注意事项：**
>
> 重影点的判定要点如下。
>
> 1. H 面重影点看 V 面和 W 面，上可见下不可见；
> 2. V 面重影点看 W 面和 H 面，前可见后不可见；
> 3. W 面重影点看 H 面和 V 面，左可见右不可见。

任务 4.2　直线的投影

4.2.1　直线的投影规律

1. 直线投影的形成

两点确定一条直线，因此要做直线的投影，只需画出直线上任意两点的投影，连接其同面投影，即为直线的投影。对直线段而言，一般用线段两个端点的投影来确定直线的投影。图 4-9 所示为直线段 AB 的三面投影。

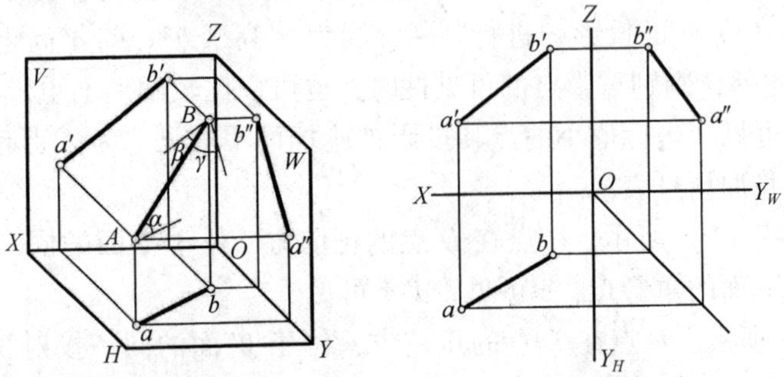

（a）立体图　　（b）投影图

图 4-9　直线段 AB 的三面投影

2. 直线的投影规律

一般情况下，直线的投影仍为直线；但当直线垂直于投影面时，其投影积聚为一个点。

3. 直线对投影面的倾角

直线与投影面的夹角（即直线和它在某一投影面上的投影间的夹角），称为直线对该投影面的倾角。

直线对 H 面的倾角为 α 角，α 角的大小等于 AB 与 ab 的夹角；直线对 V 面的倾角为 β 角，β 角的大小等于 AB 与 $a'b'$ 的夹角；直线对 W 面的倾角为 γ 角，γ 角的大小等于 AB 与 $a''b''$ 的夹角。直线对投影面的倾角如图 4-9（a）所示。

4.2.2　各种位置直线的投影

在三面投影体系中，根据直线对投影面的相对位置，直线可分为：一般位置直线和特殊位置直线。特殊位置直线有 2 种，即投影面的平行线和投影面的垂直线。

1. 一般位置直线

如图 4-9（a）所示，对 3 个投影面都倾斜（不平行也不垂直）的直线称为一般位置直线，简称一般线。

1）一般位置直线的投影特征

（1）由图4-9（a）可知：$ab=AB\cos\alpha$，$a'b'=AB\cos\beta$，$a''b''=AB\cos\gamma$。而对于一般位置直线而言 α，β，γ 均不为零，即 $\cos\alpha$，$\cos\beta$，$\cos\gamma$ 均小于1，所以一般位置直线的3个投影都小于实长。

（2）如图4-9（b）所示，一般位置直线的三面投影都倾斜于各投影轴，且各投影与相应投影轴所成的夹角都不反映直线对各投影面的真实倾角。

2）一般位置直线的实长和倾角

对于一般位置直线而言，其投影图既不反映实长，也不反映倾角，要想求得一般线的实长和倾角，可以采用直角三角形法。

如图4-10（a）所示，在 $ABba$ 所构成的投射平面内，延长 BA 和 ba 交于点 M，则 $\angle BMb$ 就是 AB 线对 H 面的倾角 α。过 A 点作 $AB_1 /\!/ ab$，则 $\angle BAB_1=\alpha$，且 $AB_1=ab$。所以只要在投影图上作出直角三角形 BAB_1 的实形，即可求出 AB 直线的实长和倾角 α。

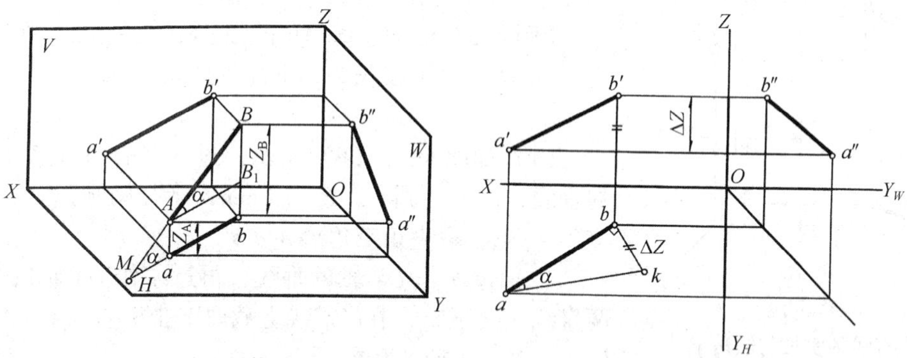

（a）立体图　（b）投影图

图4-10　求直线的实长与倾角 α

其中直角边 $AB_1=ab$，即 AB_1 为已知的 H 面投影；另一直角边 BB_1 是直线两端点的 Z 坐标差，即 $BB_1=\Delta Z=Z_B-Z_A$，可从 V 面投影图中量得，也是已知的，其斜边 BA 即为实长。

如图4-10（b）所示，其作图步骤如下。

① 过 H 面投影 ab 的一端点 b 作直线垂直于 ab。

② 在所作垂线上截取 $bk=Z_B-Z_A$，得 k 点。

③ 连直角三角形的斜边 ak，即为所求线段 AB 的实长。$\angle bak$ 即为倾角 α。

如图4-11所示，求作 AB 直线对 V 面的倾角 β，即以直线的 V 面投影 $a'b'$ 为一条直角边，直线上两端点的 Y 坐标差为另一条直角边，组成一个直角三角形，就可求出直线的实长和直线对 V 面的倾角 β。同理，如图4-12所示，如果求作 AB 直线对 W 面的倾角 γ，即以直线的 W 面投影 $a''b''$ 为一条直角边，直线上两端点的 X 坐标差为另一条直角边，组成一个直角三角形，就可求出直线的实长和直线对 W 面的倾角 γ。

综上所述，这种利用直角三角形求一般位置直线的实长及倾角的方法称为直角三角形法。其作图步骤如下。

① 以直线段的一个投影为直角边。

② 以直线段两端点相对于该投影面的坐标差为另一直角边。

③ 所构成的直角三角形的斜边即为直线段的空间实长。

④ 斜边与直线段的投影之间的夹角即为直线对该投影面的倾角。

在直角三角形法中，对于直线实长、直线的一个投影、直线与该投影所在投影面的倾角及

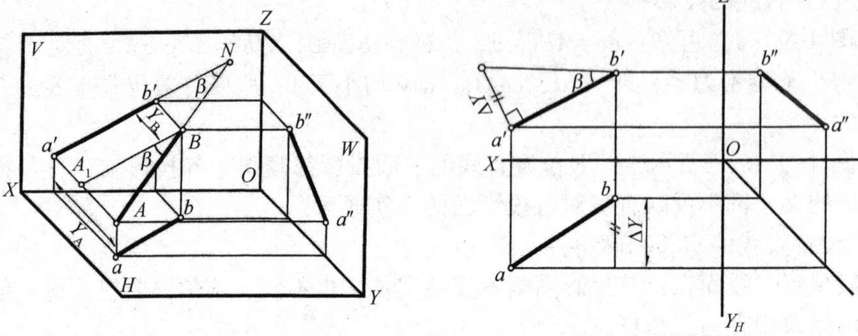

（a）立体图　　（b）投影图

图 4-11　求直线的实长与倾角 β

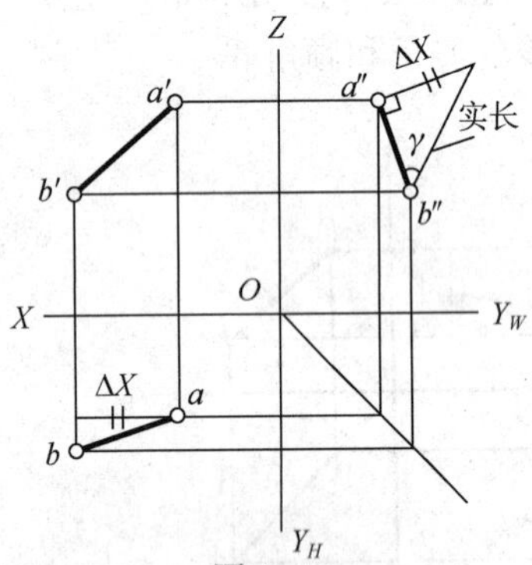

图 4-12

求直线的实长与倾角 γ

另一投影两端点的坐标差 4 个参数，只要知道其中的 2 个，就可作出一个直角三角形，从而求得其余参数。

【例 4.3】 已知直线 AB 的投影 a'、b'、a，如图 4-13（a）所示，AB 的实长为18 mm，求 b。

解

（1）如图 4-13（b）所示，过 $a'b'$的一端点 a'作 $a'b'$的垂线，以 b'为圆心，$R=18$ mm为半径画圆弧，与垂线相交于 A_0 点，得直角三角形 $A_0a'b'$。

（2）过 b'作 OX 轴的垂线，再过 a 作 OX 轴的平行线，两直线相交于 b_0，在$b'b_0$ 线上截取 Y 坐标差 $b_0b_1=A_0a'$，得 b_1 点，边ab_1 即为所求。

（3）如果截取 $b_0b_2=a'A_0$，连ab_2 也为所求，所以本题有 2 解。

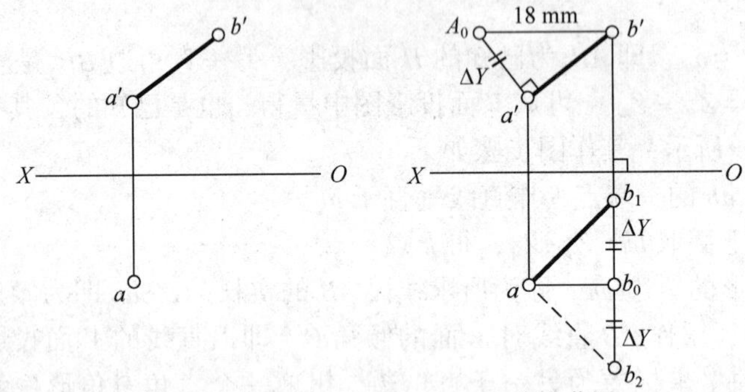

（a）已知　　（b）作图

图 4-13　用直角三角形法求直线的投影

【例 4.4】 已知直线 AB 的投影 a、b、a'，如图 4-14（a）所示。$\alpha=30°$，B 点高于 A 点，求 AB 的实长及 b'。

解

① 如图 4-14（b）所示，过 ab 的一端点 a 作 ab 的垂线，再过 b 引斜线 bA_0 与 ba 成30°夹角，两线相交于 A_0，得一直角三角形，其中 bA_0 之长即为 AB 的实长，aA_0 之长为 A，B 两点的 Z 坐标之差。

② 过 a'作 OX 轴的平行线，同时过 b 作 OX 轴的垂线，两直线相交于 B_0。

③ 延长 bB_0 并在其上截取 $B_0b'=aA_0$，得 b'点，连 $a'b'$即为所求。

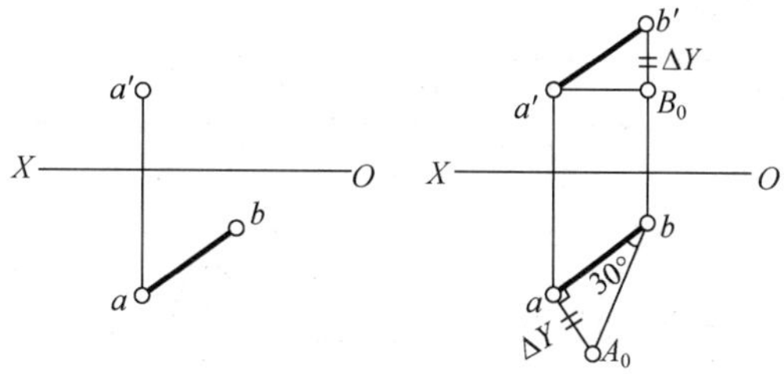

（a）已知　　　（b）作图

图 4-14　用直角三角形法求直线的投影

2. 特殊位置直线

特殊位置直线，一般指投影面的垂直线和投影面的平行线，可由投影图直接定出直线段的实长和对投影面的倾角。

1）投影面平行线

只平行于某一投影面而倾斜于另外 2 个投影面的直线称为投影面平行线。投影面平行线有 3 种情况。

与 V 面平行，倾斜于 H，W 面的直线称为正面平行线，简称正平线；

与 H 面平行，倾斜于 V，W 面的直线称为水平面平行线，简称水平线；

与 W 面平行，倾斜于 H，V 面的直线称为侧面平行线，简称侧平线。

如表 4-1 所列，现以正平线 AB 为例，讨论其投影特征。

（1）因为 $AB/\!/V$ 面，所以其 V 面投影反映实长，即 $a'b'=AB$；且 $a'b'$ 与 OX 轴的夹角，反映直线对 H 面的真实倾角 α；$a'b'$ 与 OZ 轴的夹角，反映直线对 W 面的真实倾角 γ。

（2）因为 AB 上各点到 V 面的距离都相等，所以 $ab/\!/OX$ 轴；同理 $a''b''/\!/OZ$ 轴。表 4-1 归纳了投影面平行线的投影特征。

表 4-1　投影面平行线的投影特性

投影面平行线	立体图	投影图	投影特性
正面平行线（正平线）	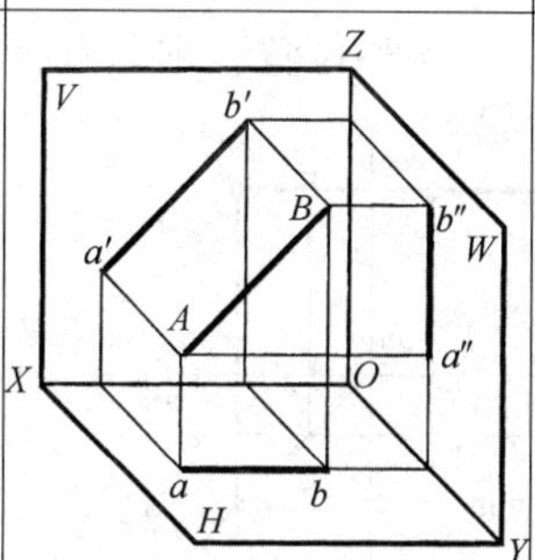	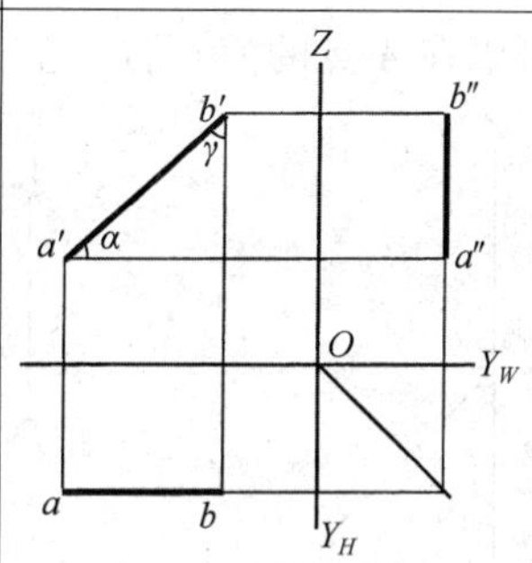	1. $ab/\!/OX$ 轴；$a''b''/\!/OZ$ 轴 2. $a'b'=AB$ 3. $a'b'$ 与投影轴的夹角反映直线与 H、W 面的真实倾角 α、γ
水平面平行线（水平线）	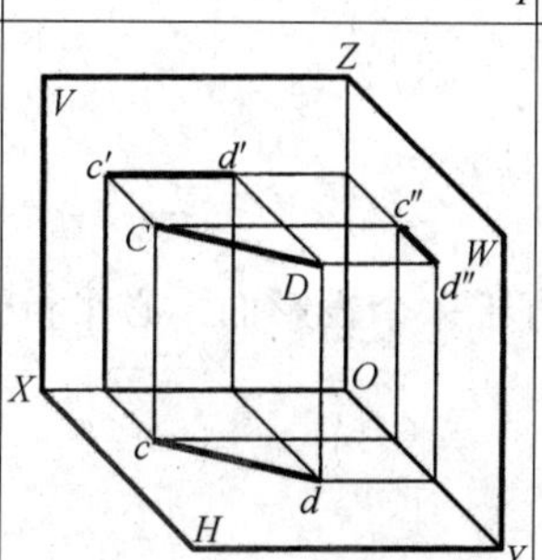	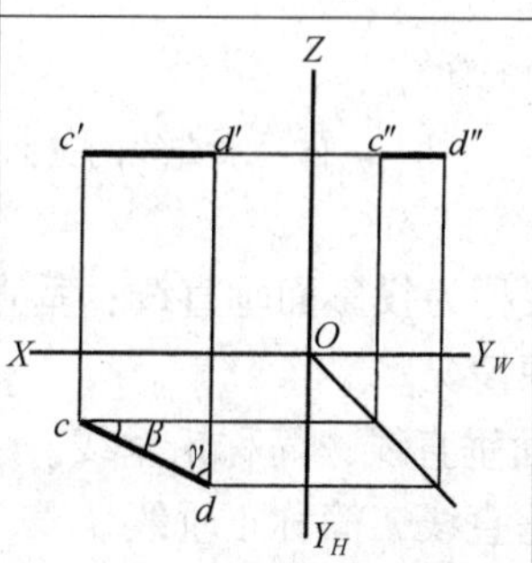	1. $c'd'/\!/OX$ 轴；$c''d''/\!/OY_W$ 轴 2. $cd=CD$ 3. cd 与投影轴的夹角反映直线与 V、W 面的真实倾角 β、γ

续表

投影面平行线	立体图	投影图	投影特性
侧面平行线（侧平线）	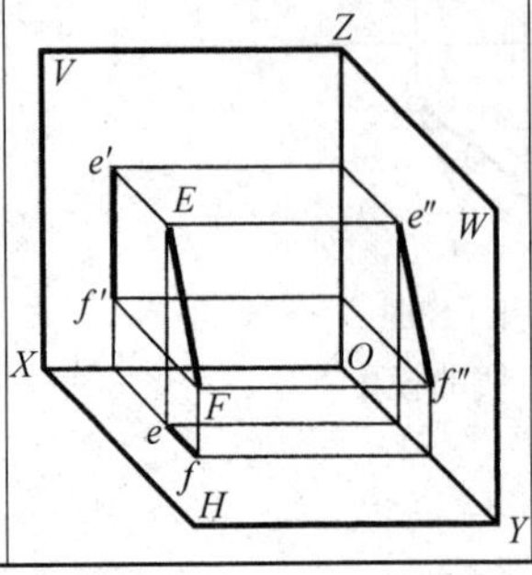	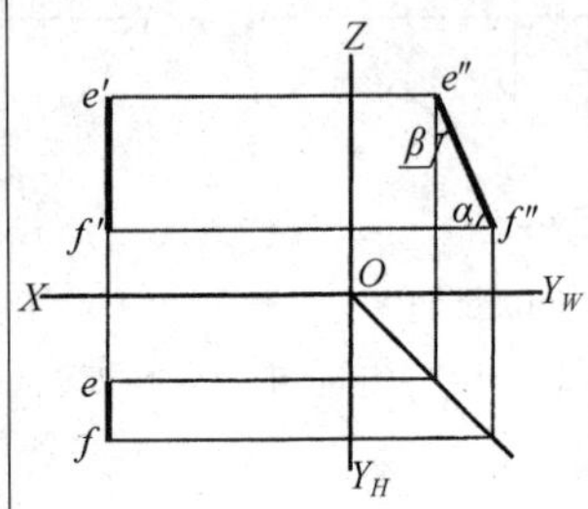	1. $e'f' // OZ$ 轴；$ef // OY_H$ 轴 2. $e''f''=EF$ 3. $e''f''$与投影轴的夹角反映直线与 H、V 面的真实倾角 α、β

投影面平行线的投影特征：

① 直线在所平行的投影面上的投影反映实长，且该投影与相应投影轴所成的夹角，反映直线对其他两投影面的倾角。

② 直线其他两投影均小于实长，且平行于相应的投影轴。

注意事项：

投影面平行线投影特征可归纳为：两平行一斜线，空间直线是斜线所属平面的平行线。

【例 4.5】 如图 4-15（a）所示，已知水平线 AB 的长度为 12 mm，$\beta=30°$，A 的两面投影 a、a'，试求 AB 的三面投影。

解

① 如图 4-15（b）所示，过 a 作直线 $ab=12$ mm，并与 OX 轴成 30°角。

② 过 a'作直线平行 OX 轴，与过 b 作 OX 轴的垂线相交于 b'。

③ 根据 ab 和 $a'b'$作出 $a''b''$。

④ 根据已知条件，B 点可以在 A 点的前、后、左、右 4 种位置，本题有 4 种答案。

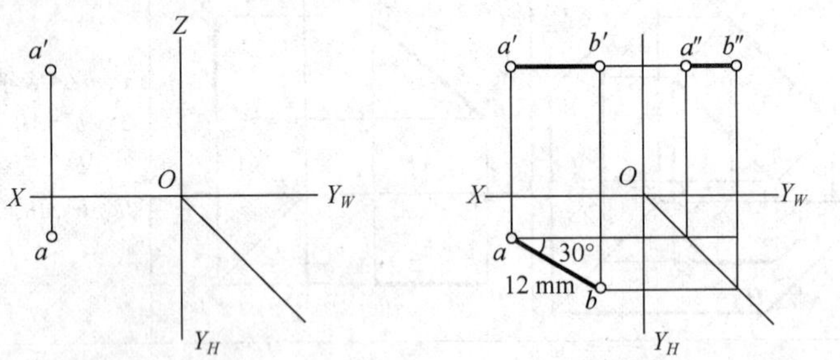

（a）已知　　（b）作图

图 4-15　求直线的三面投影

2）投影面垂直线

垂直于一个投影面的直线称为投影面垂直线；垂直于一个投影面，必平行于另两个投影面。投影面垂直线有以下三种情况。

垂直于 H 面的称为水平面垂直线，简称铅垂线。

垂直于 V 面的称为正面垂直线，简称正垂线。

垂直于 W 面的称为侧面垂直线，简称侧垂线。

投影面垂直线的投影特征如表 4-2 所示。现以铅垂线 AB 为例，讨论其投影特征。

（1）$AB \perp H$ 面，所以其 H 面投影 ab 积聚为一点。

（2）$AB /\!/ V$、W 面，其 V、W 面投影反映实长，即 $a'b'=a''b''=AB$。

（3）$a'b' \perp OX$ 轴，$a''b'' \perp OY_W$ 轴。

表 4-2　投影面垂直线的投影特性

投影面垂直线	立体图	投影图	投影特性
正面垂直线（正垂线）	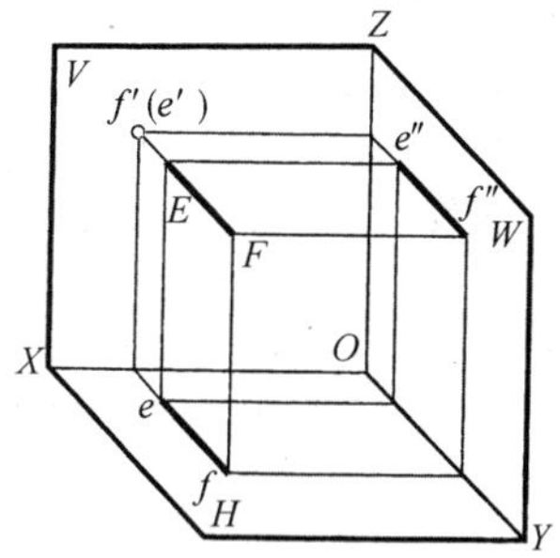	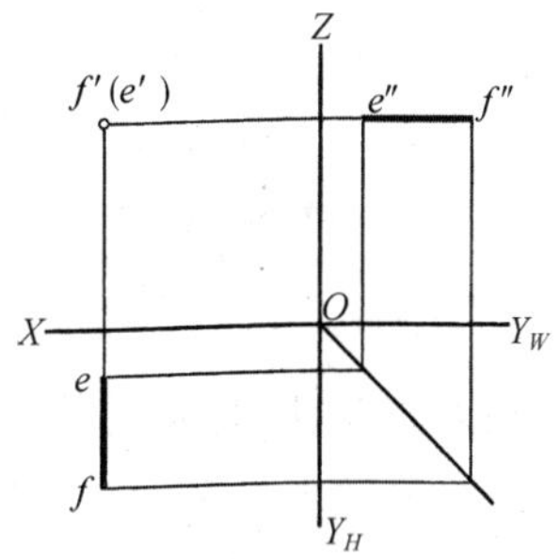	1. $f'e'$ 积聚为一点 2. $fe \perp OX$；$f''e'' \perp OZ$ 3. $ef=e''f''=EF$
水平面垂直线（铅垂线）	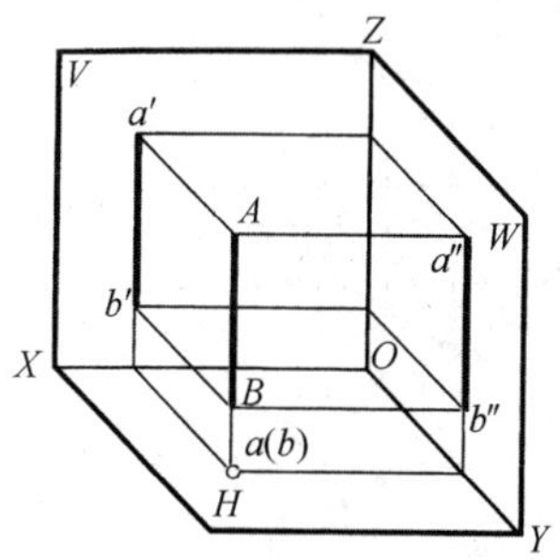	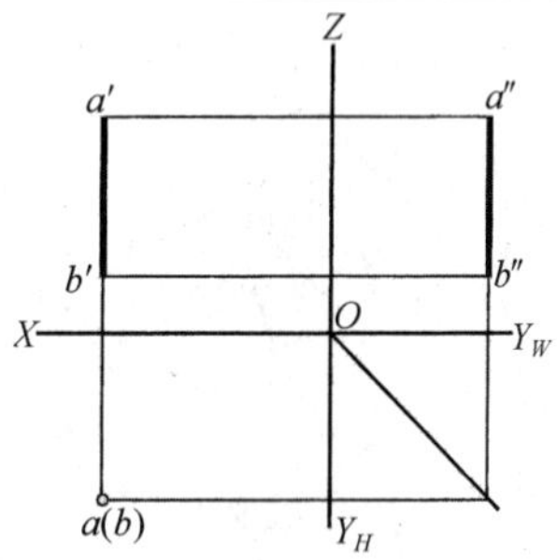	1. ab 积聚为一点 2. $a'b' \perp OX$，$a''b'' \perp OY_W$ 3. $a'b'=a''b''=AB$
侧面垂直线（侧垂线）	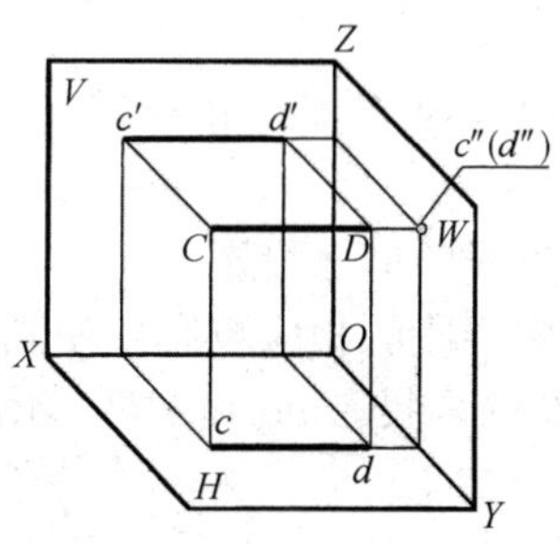	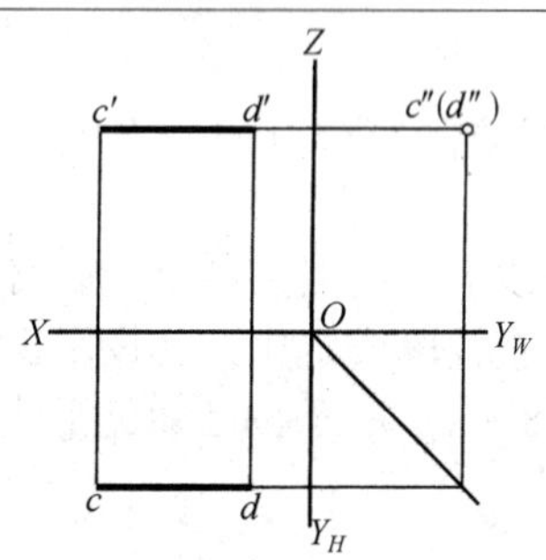	1. $c''d''$ 积聚为一点 2. $c'd' \perp OZ$，$cd \perp OY_H$ 3. $c'd'=cd=CD$

注意事项：

观察投影面垂直线投影特征，可将其投影总结为两个垂直一个点，空间垂直线垂直于点所在平面。

我们归纳投影面垂直线的投影特征如下。

① 投影面垂直线在所垂直的投影面上的投影积聚成一点。

② 投影面垂直线其他两投影与相应的投影轴垂直，并都反映实长。

【例 4.6】 如图 4-16（a）所示，已知铅垂线 AB 的长度为 12 mm，A 的两面投影 a、a'，并知 B 点在 A 点的正上方，试求 AB 的三面投影。

解 ①如图 4-16（b）所示，过 a'往正上方作直线，并量取 $a'b'=12$ mm，定出 b'，并用粗实线连接 $a'b'$。

②根据 ab 和 $a'b'$作出 $a''b''$。

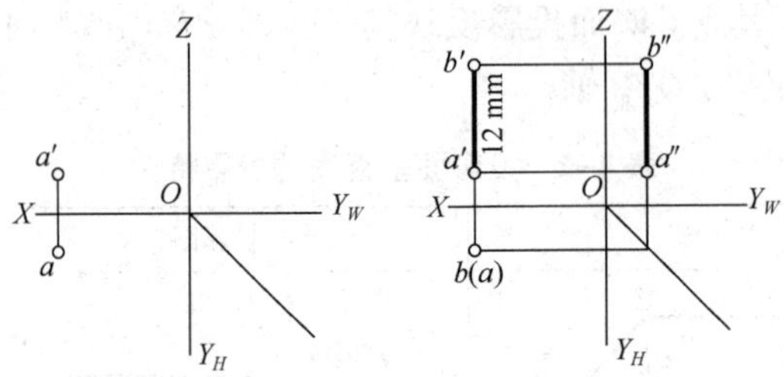

（a）已知　　（b）作图

图 4-16　求 AB 的三面投影

4.2.3　直线上的点

如图 4-17 所示，C 点在直线 AB 上，则其投影 c、c'、c''必在 AB 的相应投影 ab、$a'b'$、$a''b''$上；且 $AC:CB=ac:cb=a'c':c'b'=a''c'':c''b''$。

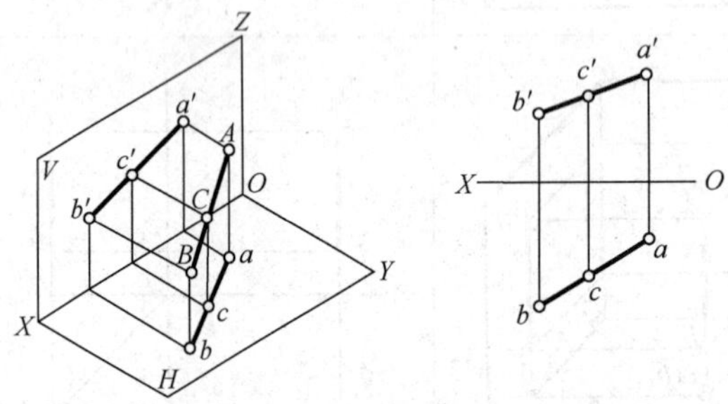

（a）立体图　　（b）投影图

图 4-17　直线上的点

由此可知，直线上的点除符合点的三面投影规律（垂直规律和等距规律）外，还具有如下投影特征。

① 从属性：点在直线上，则点的各个投影必在直线的同面投影上。

② 定比性：点分割直线段成定比，其投影也分割线段的相应投影成相同的比例。

【例 4.7】 如图 4-18（a）所示，已知侧平线 AB 的两投影 ab 和 $a'b'$，并知 AB 线上一点 K 的 V 面投影 k'，求 k。

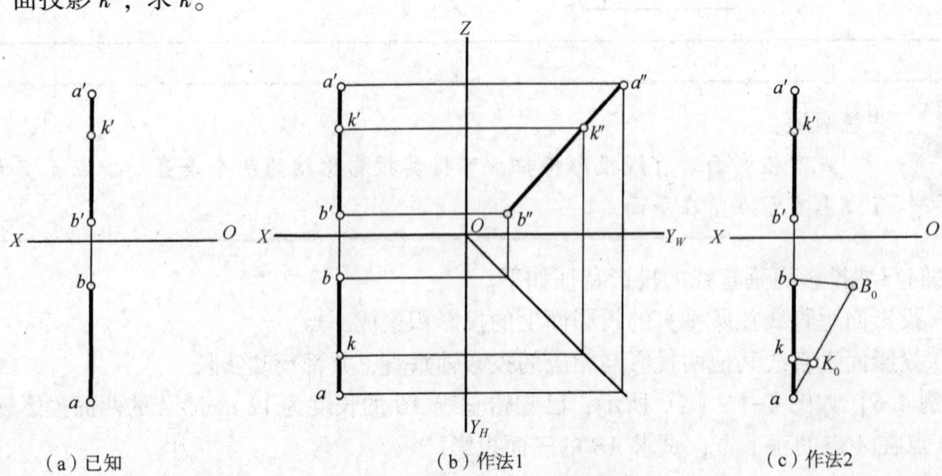

（a）已知　　（b）作法1　　（c）作法2

图 4-18　求直线上一点的投影

解　作法1：如图4-18（b）所示，根据点和直线的投影规律由 ab 和 $a'b'$ 作出 $a''b''$，再根据点的从属性求 k''，即可作出 k。

作法2：根据点的定比性。如图4-18（c）所示，因为 $AK:KB=a'k':k'b'=ak:kb$，所以可在 H 面投影中过 a 作任一辅助线 aB_0，并使它等于 $a'b'$，再取 $aK_0=a'k'$。连 B_0b，作 $K_0k /\!/ B_0b$ 交 ab 于 k，即为所求。

【例4.8】 如图4-19（a）所示，已知侧平线 CD 及点 M 的 V、H 面投影，试判定 M 点是否在侧平线 CD 上。

解　分析：判断点是否在直线上，一般只要观察两面投影即可，但对于特殊位置直线，如本题中的侧平线 CD，只考虑 V、H 两面投影还不行，还需作出 W 面投影来判定，或用定比性来判定。

作法1：用从属性来判定。如图4-19（b）所示，作出 CD 和 M 的 W 面投影，由作图结果可知 m'' 在 $c''d''$ 外面，因此 M 点不在直线 CD 上。

作法2：用定比性来判定。如图4-19（c）所示，在水平投影中，过 c 任作一辅助线 cD_0，并在其上取 $cD_0=c'd'$，$cM_0=c'm'$，连 dD_0、mM_0。因 mM_0 不平行于 dD_0，说明 M 点不在直线 CD 上。

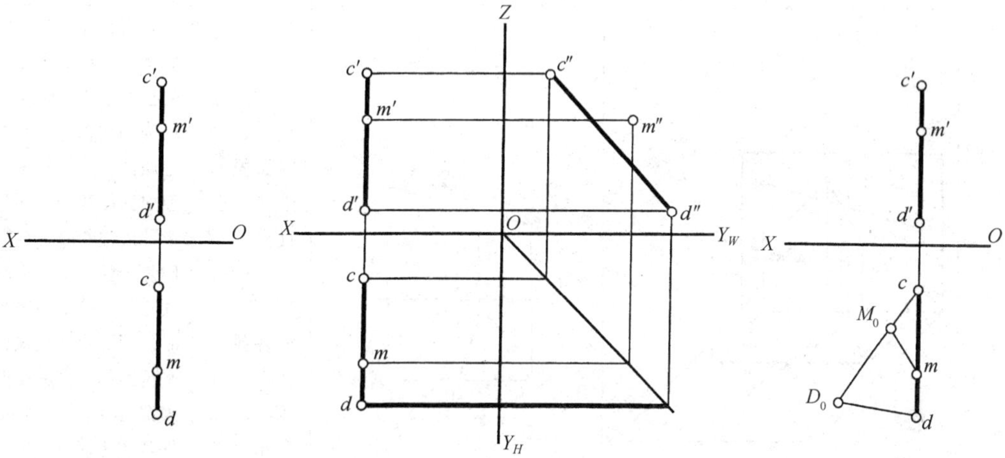

（a）已知　　（b）作法1　　（c）作法2

图4-19　判定点是否在直线上

4.2.4　空间两直线的相对位置

空间两直线的相对位置分为3种情况：平行、相交和交叉；其中平行两直线和相交两直线称为共面直线，交叉两直线称为异面直线。空间两直线的位置关系如图4-20所示。

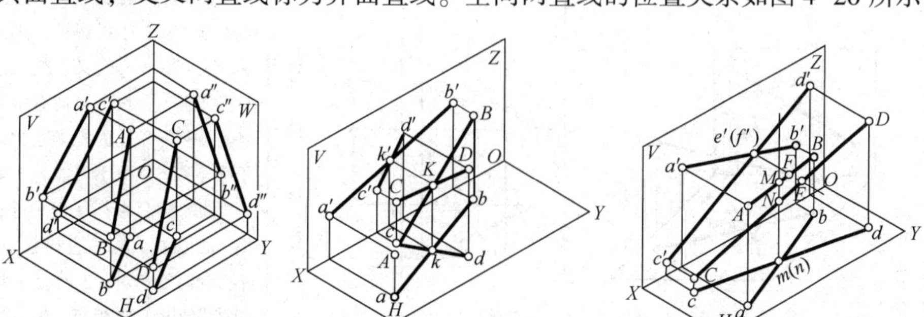

（a）平行　　（b）相交　　（c）交叉

图4-20　空间两直线的位置关系

两直线位置关系及判定定理见表 4-3。

表 4-3　两直线位置关系及判定定理

两直线位置关系	位置关系立体图	位置关系投影图	投影特征	判定定理
平行	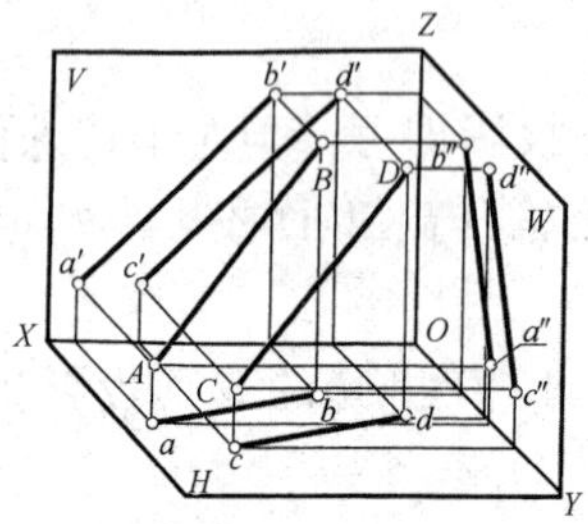	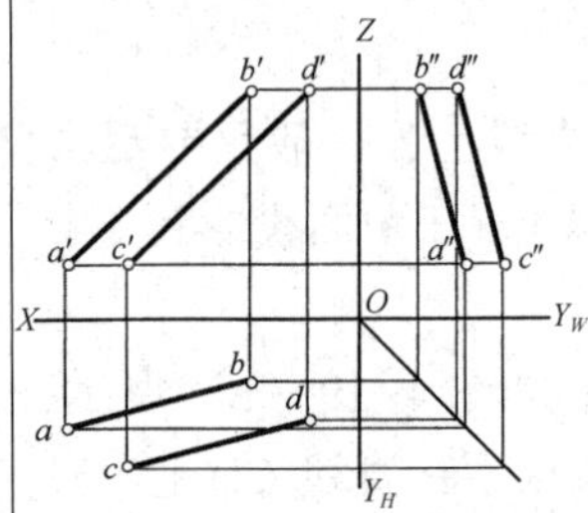	两直线在空间互相平行，则其各同面投影互相平行且比值相等	①若两直线的各同面投影都互相平行且比值相等，则此两直线在空间一定互相平行。②若两直线为一般位置直线，则只要有 2 组同面投影互相平行，即可判定两直线在空间平行。③若两直线为某一投影面的平行线，则要用两直线在该投影面上的投影来判定其是否在空间平行
相交	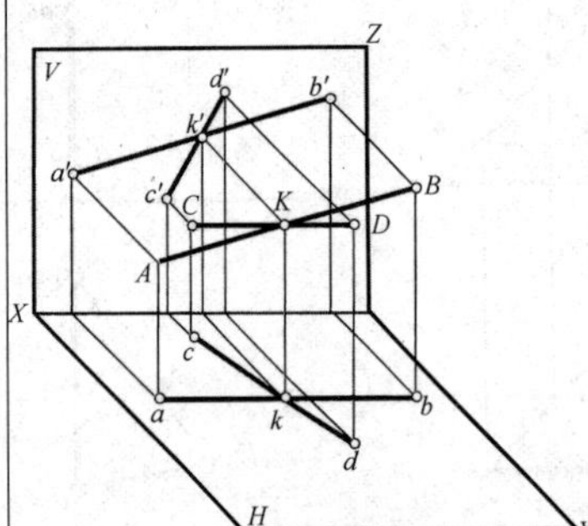	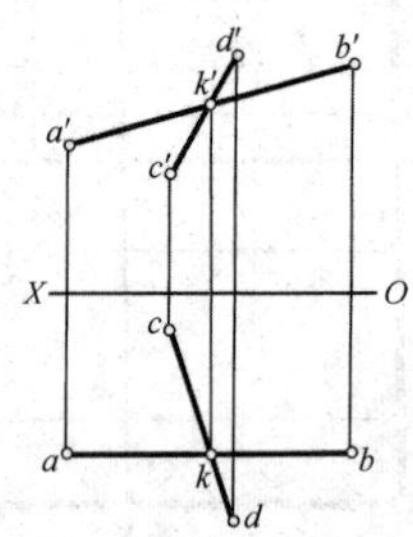	相交两直线，其各同面投影必相交，且交点符合点的投影规律，即各投影交点的连线必垂直于相应的投影轴	①若两直线的各同面投影都相交且交点符合点的投影规律，则此两直线为相交直线。②对两一般位置直线而言，只要根据任意 2 组同面投影即可判断两直线在空间是否相交。③若两直线之一为投影面平行线时，则要看该直线在所平行的那个投影面上的投影是否满足相交条件，才能判定；也可以用定比性判断交点是否符合点的投影规律，来验证两直线是否相交
交叉	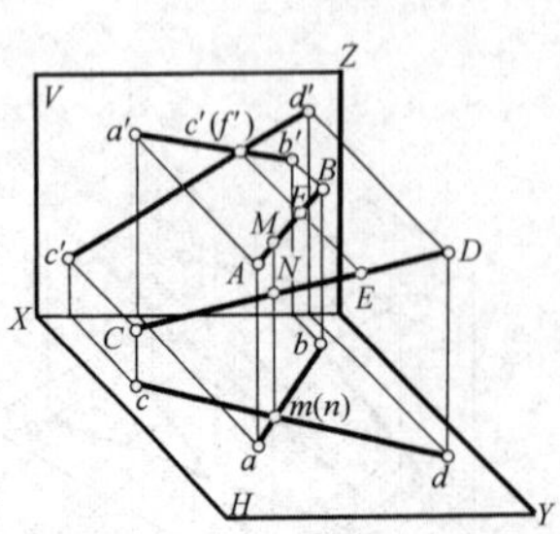	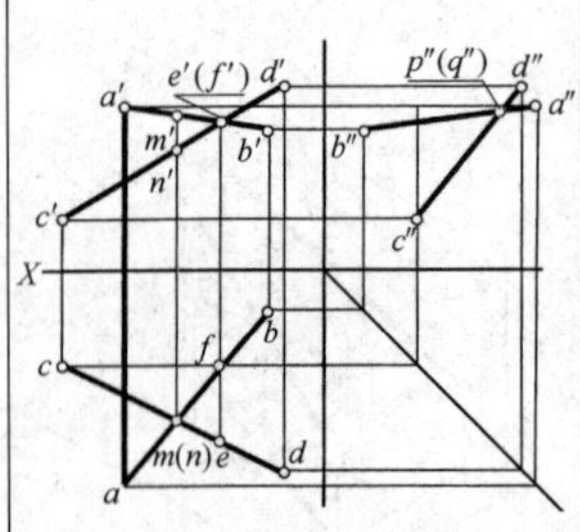	两直线在空间既不平行也不相交称为交叉。其投影特征是各面投影既不符合平行两直线的投影特征，也不符合相交两直线的投影特征	若两直线的同面投影都不平行，或同面投影虽相交但交点连线不垂直于投影轴，则该两直线必交叉。交叉两直线的投影可能有 1 对或 2 对同面投影互相平行，但决不可能有 3 对同面投影都互相平行。交叉两直线的投影可能有 1 对，2 对或 3 对同面投影相交，但其交点的连线不可能符合点的投影规律

1）交叉直线重影点可见性的判别

两直线交叉，其同面投影的交点为交叉两直线对该投影面重影点的投影，可根据其他投影判别其可见性。如图 4-21 所示，AB 和 CD 是两交叉直线，其三面投影都相交，但其交点不符合点的投影规律，即 ab 和 cd 的交点不是一个点的投影，而是 AB 上 M 点和 CD 上 N 点在 H 面上的重影点，M 点在上，m 可见，N 点在下，n 不可见。同样 $a'b'$ 和 $c'd'$ 的交点是 CD 上 E 点和 AB 上 F 点在 V 面上的重影点，E 点在前，e' 可见，F 点在后，f' 不可见。

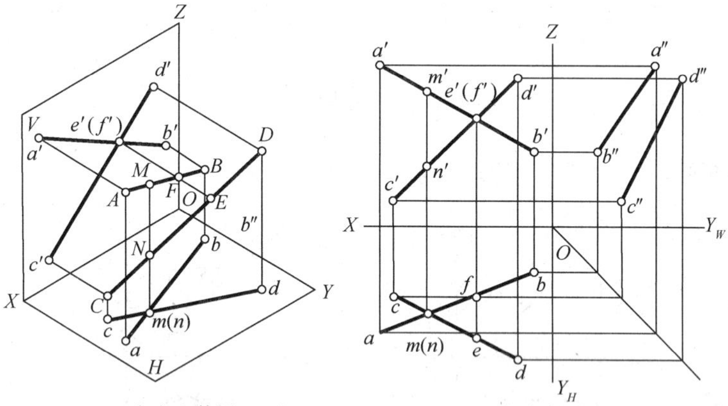

（a）立体图　（b）投影图

图 4-21　交叉两直线的投影

2）直角投影

若两直线相交（或交叉）成直角，且其中有一条直线与某一投影面平行，则此直角在该投影面上的投影仍为直角，这一性质称为直角定理。反之，若相交或交叉两直线的某一同面投影成直角，且有一条直线是该投影面的平行线，则这两直线在空间的交角必是直角。

（1）相交垂直。

已知：如图 4-22 所示，$\angle ABC=90°$，$BC /\!/ H$ 面，求证 $\angle abc=90°$。

证明：因 $BC \perp AB$；$BC \perp Bb$；所以 $BC \perp$ 面 $AabB$；又 $BC /\!/ bc$，故 $bc \perp$ 面 $AabB$。因此，bc 垂直平面 $AabB$ 上的一切直线，即 $bc \perp ab$，$\angle abc=90°$。

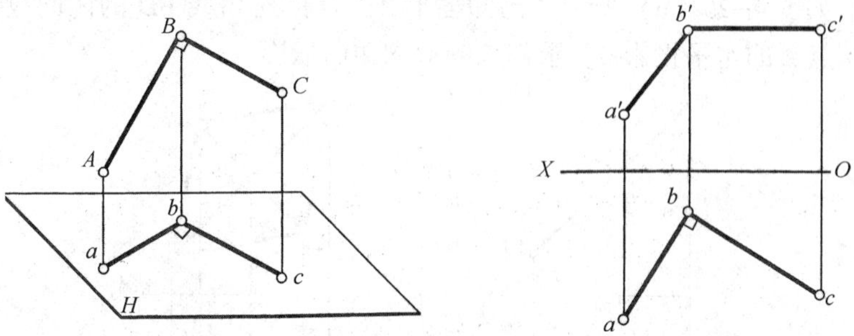

（a）立体图　（b）投影图

图 4-22　两直线相交垂直

（2）交叉垂直。

已知：如图 4-23 所示，MN 与 BC 成交叉垂直，$BC /\!/ H$ 面，求证：$mn \perp bc$。

证明：过 BC 上任一点 B 作 $BA /\!/ MN$，则 $AB \perp BC$。根据上述证明，已知 $bc \perp ab$，现 $AB /\!/ MN$，则 $ab /\!/ mn$，因为 BC 为水平线，故 $bc \perp mn$。

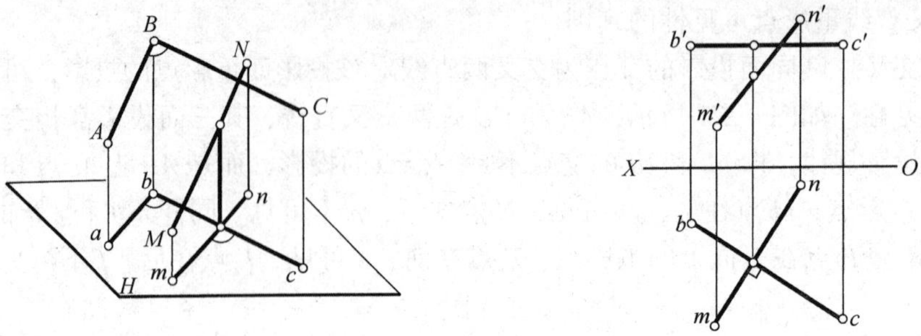

（a）立体图　　（b）投影图

图 4-23　两直线交叉垂直

【例 4.9】如图 4-24 所示，求点 A 到正平线 BC 的距离。

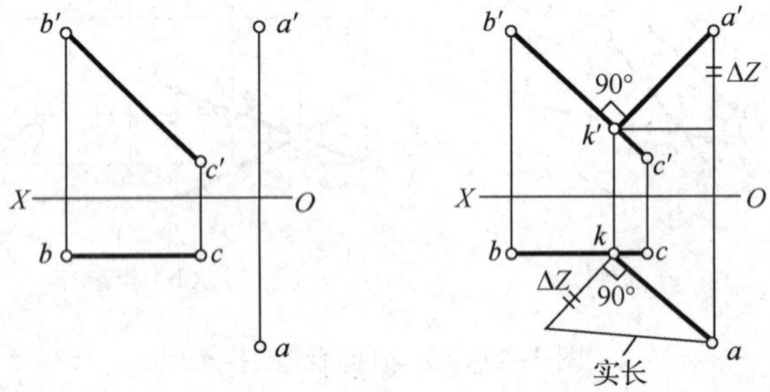

（a）已知　　（b）求作

图 4-24　求点到直线的距离

解　分析：求点到直线的距离，应过该点向该直线引垂线，然后求出点到垂足距离的实长。根据直角投影定理，其作图步骤如下。

①由 a' 向 $b'c'$ 作垂线，得垂足 k'。

②过 k' 向 OX 轴作垂线，交 bc 于 k。

③连 ak 即为所求垂线的 H 面投影。

④因 AK 是一般线，故要用直角三角形法求其实长。

【例 4.10】如图 4-25（a）所示，已知菱形 $ABCD$ 的对角线 BD 的两面投影和另一对角线 AC 的一个端点 A 的水平投影 a，求作该菱形的两面投影。

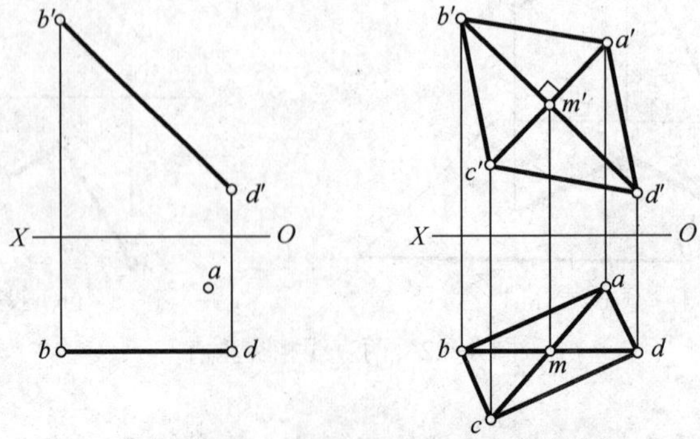

（a）已知　　（b）求作

图 4-25　求菱形的两面投影

解　分析：如图4-25（b）所示，根据菱形的对角线互相垂直且平分，两组对边分别互相平行的几何性质；直角投影原理；平行两直线的投影特征，即可作出其投影图。

①过 a 和 bd 的中点 m 作对角线 AC 的水平投影 ac，并使 $am=mc$。

②由 m 可得 m'，再过 m'作 $b'd'$的垂直平分线，由 a 得出 a'，由 c 得出 c'。$a'm'=m'c'$即为对角线 AC 的正面投影。

③连接各顶点的同面投影，即为菱形的投影图。

任务4.3　平面的投影

4.3.1　平面的表示方法

平面的表示方法有2种，一种是用几何元素表示平面，另一种是用迹线表示平面。

由几何学知识可知，以下任一组几何元素都可以确定一个平面。

（1）如图4-26（a）所示，不在同一直线上的三点。

（2）如图4-26（b）所示，一直线和直线外一点。

（3）如图4-26（c）所示，相交两直线。

（4）如图4-26（d）所示，平行两直线。

（5）如图4-26（e）所示，任意平面图形，即平面的有限部分，如三角形、圆形和其他封闭平面图形。

平面还可以用它与投影面的交线来表达，平面与投影面的交线，称为平面迹线，如图4-26（f）所示。

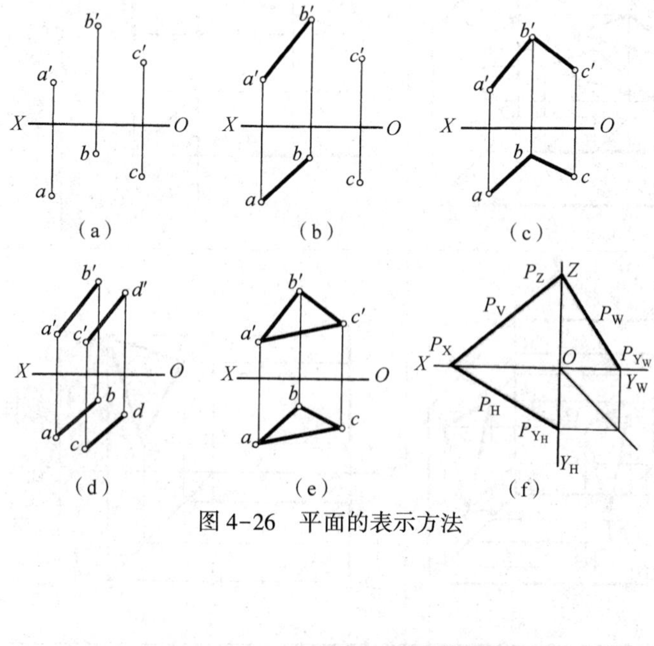

图4-26　平面的表示方法

4.3.2 各种位置平面的投影

在三面投影体系中，根据平面对投影面的相对位置不同，平面可分为：一般位置平面和特殊位置平面。特殊位置平面有两种，即投影面平行面和投影面垂直面。

1. 投影面平行面的投影

平行于某一投影面，与另两个投影面都垂直的平面称为投影面平行面，简称平行面。

如表 4-4 所示，投影面平行面有三种情况。

表 4-4　投影面平行面

投影面平行面	立体图	投影图	投影特性
水平面平行面（水平面）	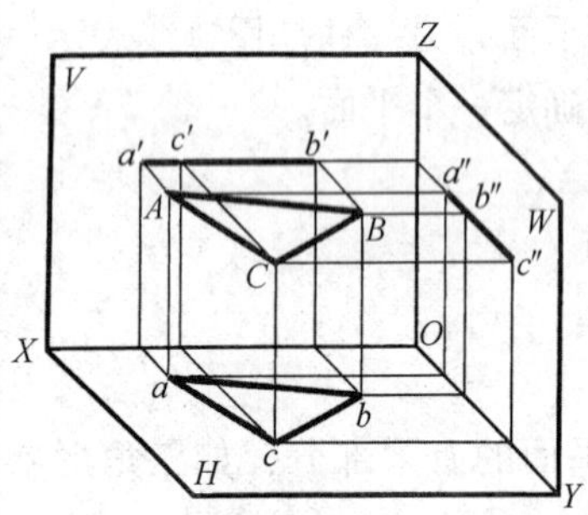	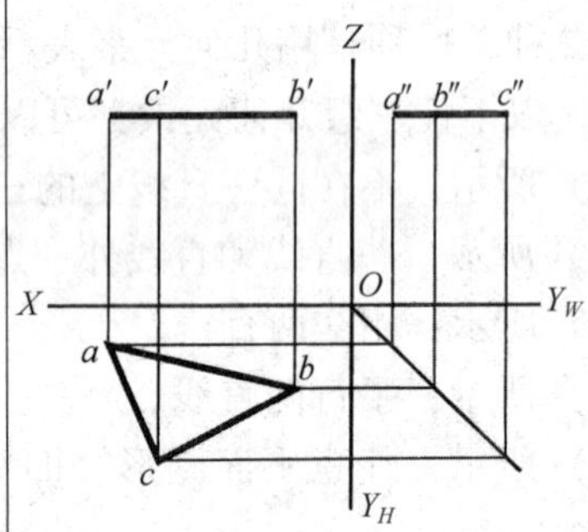	1. V 面投影积聚成直线且 // OX 轴； 2. W 面投影积聚成直线且 // OY_W 轴； 3. H 面投影反映实形
正面平行面（正平面）	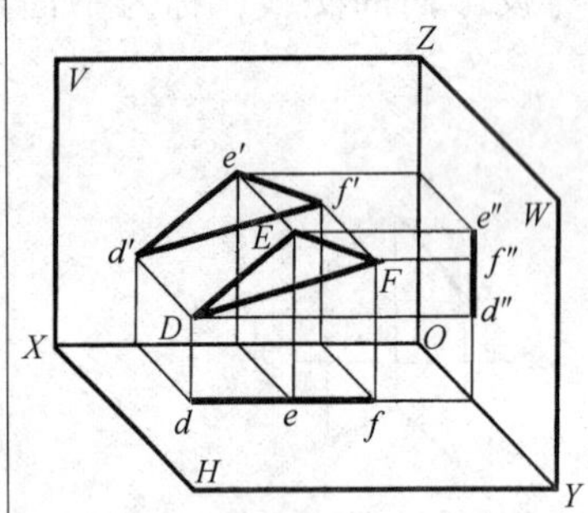	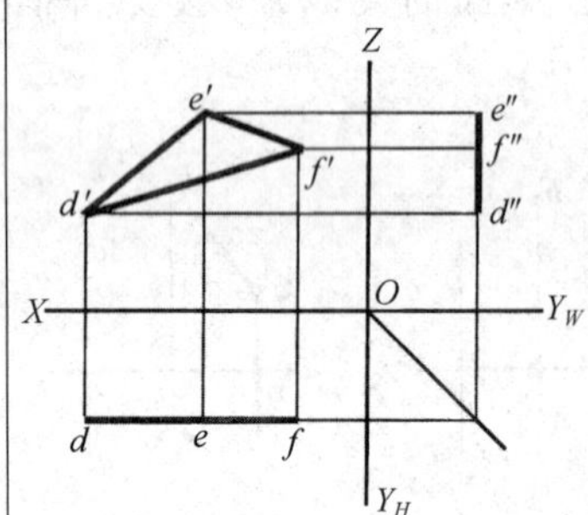	1. H 面投影积聚成直线且 // OX 轴； 2. W 面投影积聚成直线且 // OZ 轴； 3. V 面投影反映实形
侧面平行面（侧平面）	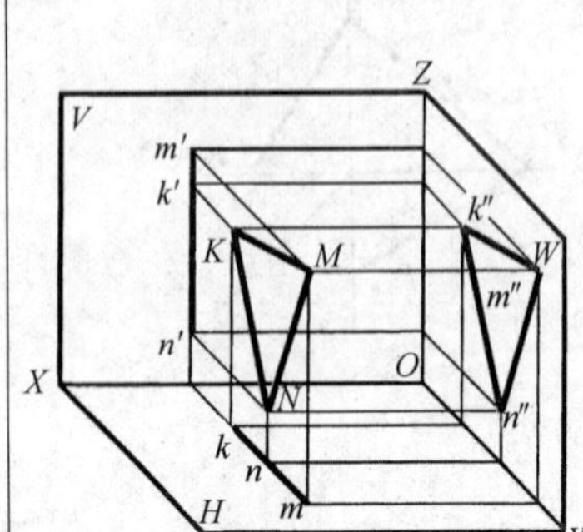	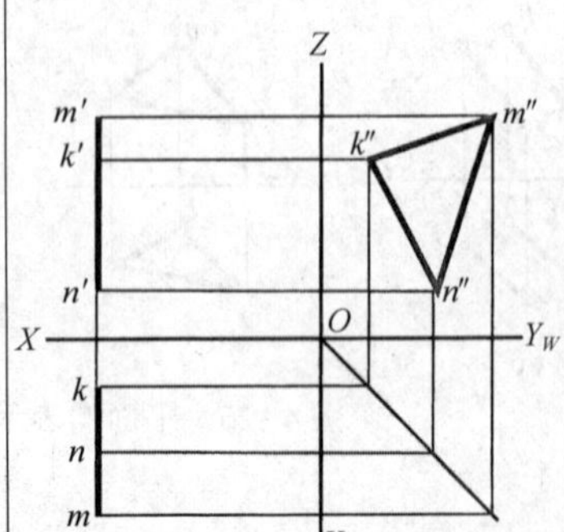	1. V 面投影积聚成直线且 // OZ 轴； 2. H 面投影积聚成直线且 // OY_H 轴； 3. W 面投影反映实形

平行于 H 面的平面称为水平面平行面，简称水平面。

平行于 V 面的平面称为正面平行面，简称正平面。

平行于 W 面的平面称为侧面平行面，简称侧平面。

投影面平行面的投影特征为：平面在所平行的投影面上的投影反映实形，其他两个投影都积聚成与相应投影轴平行的直线。

2. 投影面垂直面的投影

垂直于一个投影面，与另两个投影面都倾斜的平面称为投影面垂直面，简称垂直面。

如表 4-5 所示，投影面垂直面有三种情况。

表 4-5　投影面垂直面

投影面垂直面	立体图	投影图	投影特性
水平面垂直面（铅垂面）	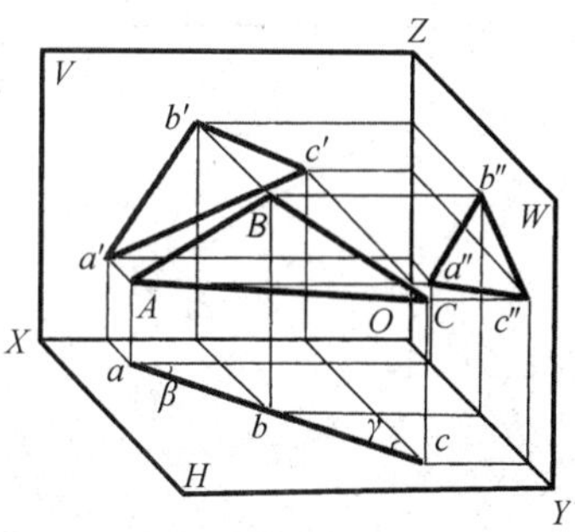	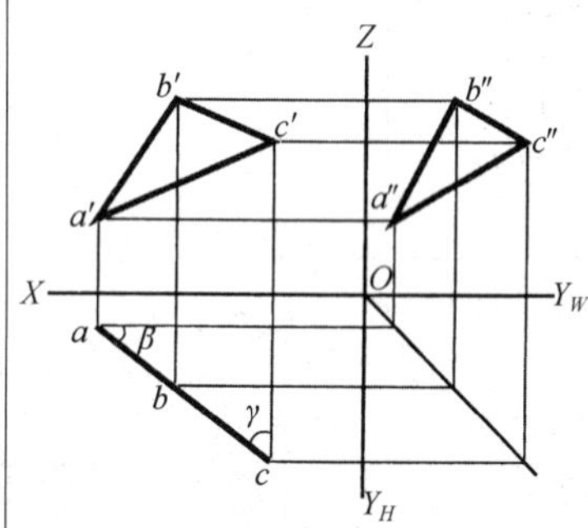	1. H 面投影积聚成一直线； 2. H 面投影与投影轴的夹角反映 β、γ 实角； 3. V、W 面投影仍为类似图形，但小于实形
正面垂直面（正垂面）	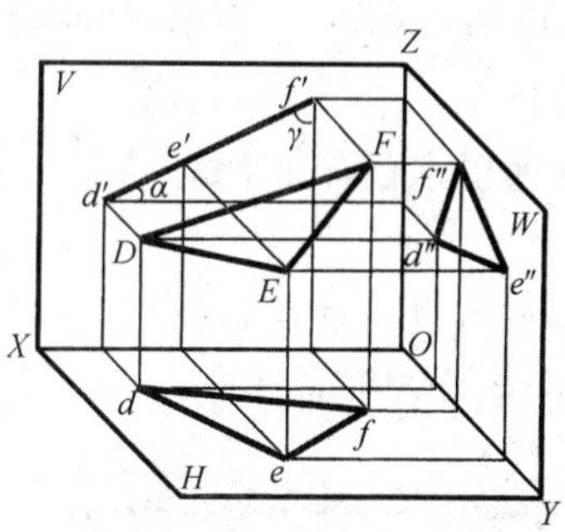	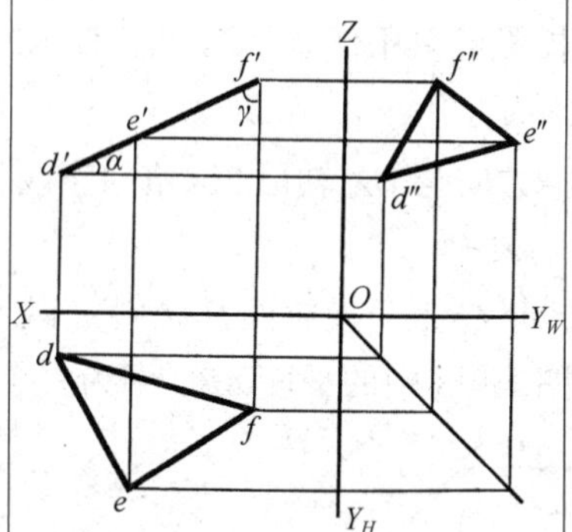	1. V 面投影积聚成一直线； 2. V 面投影与投影轴的夹角反映 α、γ 实角； 3. H、W 面投影仍为类似图形，但小于实形
侧面垂直面（侧垂面）	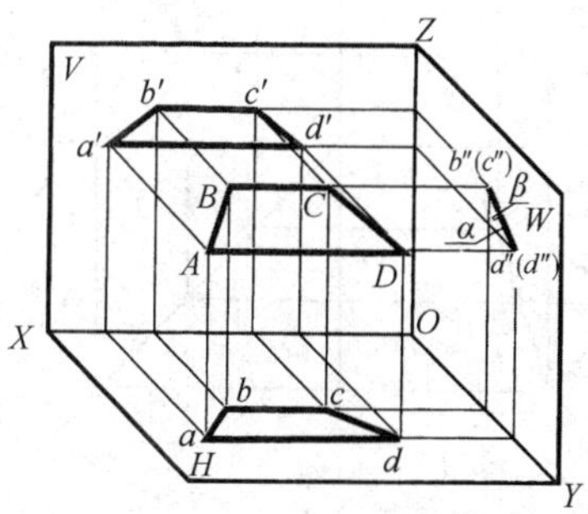	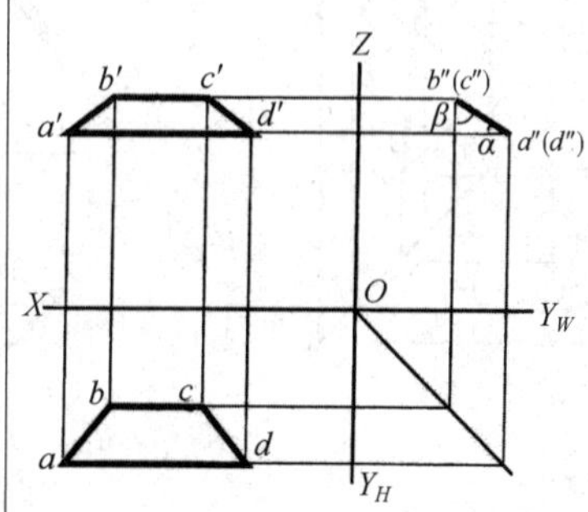	1. W 面投影积聚成一直线； 2. W 面投影与投影轴的夹角反映 α、β 实角； 3. V、H 面投影仍为类似图形，但小于实形

垂直于 H 面的平面称为水平面垂直面，简称铅垂面。

垂直于 V 面的平面称为正面垂直面，简称正垂面。

垂直于 W 面的平面称为侧面垂直面，简称侧垂面。

投影面垂直面的投影特征为：平面在所垂直的投影面上的投影积聚成一直线，且它与相应投影轴所成的夹角即为该平面对其他两个投影面的倾角；另外两个投影为平面的类似图形且小于平面实形。

【例 4.11】 如图 4-27 所示，已知点 K 的两面投影 k'、k，过 k 作铅垂面 ABC 的 H、V 面投影 abc、$a'b'c'$，使它与 V 面的倾角 $\beta=30°$。

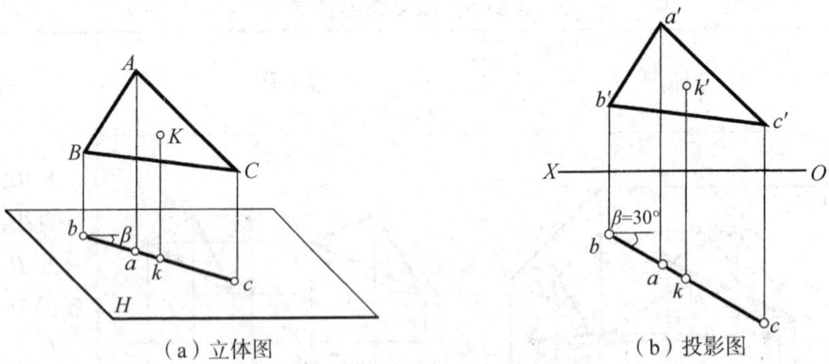

（a）立体图　（b）投影图

图 4-27　过已知点 K 作铅垂面的投影

解

①过 k 点作一条与 OX 轴成 30°的直线，这条直线就是所作铅垂面的 H 面投影。

②作平面的 V 面投影可以用任意平面图形表示，例如△$a'b'c'$，根据点的投影规律作铅垂面 ABC 的 H 面投影 abc。

③过 k 可以作两条方向与 OX 轴成 30°角的直线，所以本题有 2 个解。

3. 一般位置平面的投影

一般位置平面的投影与 3 个投影面都倾斜（既不平行也不垂直）的平面称为一般位置平面，简称一般面。图 4-28 中的平面 ABC 即为一个一般位置平面。

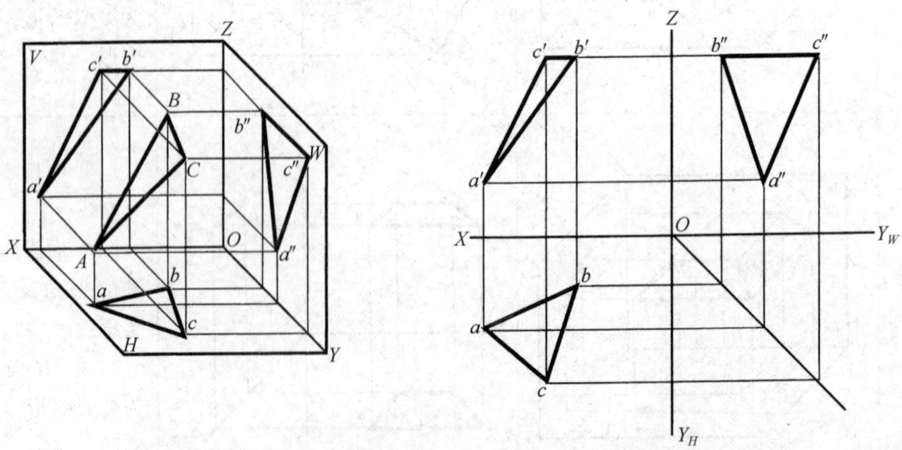

（a）立体图　（b）投影图

图 4-28　一般位置平面

一般位置平面的投影特征：三个投影都没有积聚性，均为小于平面实形的类似形。

平面与投影面的夹角，称为平面的倾角；平面对投影面 H，V 和 W 面的倾角仍分别用 α，β，γ 表示。一般位置平面的倾角，不能由平面的投影直接反映出来。

注意事项：

投影面垂直面投影特征为：一斜直线、两多边形，空间平面垂直于斜线所在投影面。投影面平行面投影特征为：一多边形、两平行线，空间平面平行于多边形所在投影面。空间一般位置平面的三面投影为三个类似多边形。

任务 4.4　平面上的点和直线

4.4.1　点和直线在平面上的几何条件

1. 点属于平面的几何条件

若一点位于平面内的任一直线上，则该点位于平面上。换言之，若点的投影位于平面内某一直线的投影上，且符合点的投影规律，则点属于平面。如图 4-29 所示，点 K 位于平面 $\triangle ABC$ 内的直线 BD 上，则 K 点位于 $\triangle ABC$ 上。

2. 直线属于平面的几何条件

（1）一条直线上有两点位于一平面上，则该直线位于平面上。如图 4-30 所示，在平面 H 上的 2 条直线 AB 和 BC 上各取一点 D 和 E，则过这两点的直线 DE 必在 H 面上。

（2）一直线有一点位于平面上，且平行于该平面上的任一直线，则该直线位于平面上。如图 4-31 所示，过 H 面上的 C 点，作 $CF /\!/ AB$，AB 是平面 H 内的一条直线，则直线 CF 必在 H 面上。

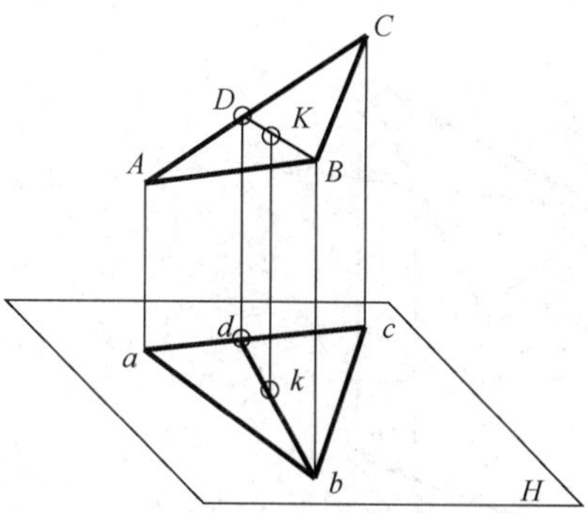

图 4-29　点属于平面

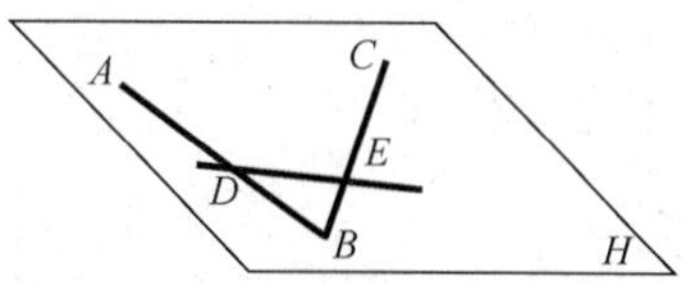

图 4-30　直线属于平面判定 1

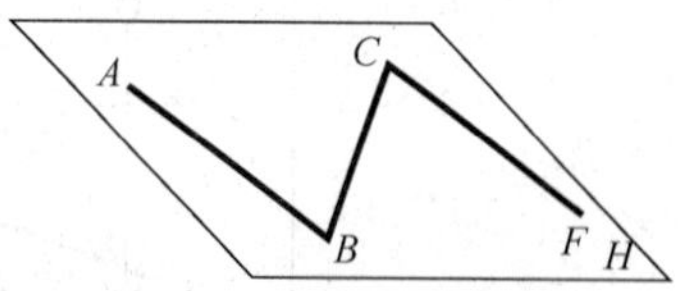

图 4-31　直线属于平面判定 2

4.4.2　平面上取点作图的方法

由点属于平面的几何条件可知，如果点在平面内的任一直线上，则此点一定在该平面上。因此在平面上取点的方法是：先在平面上取一辅助线，然后在辅助线上取点，这样就能保证点属于平面。在平面上可作出无数条线，一般选取作图方便的辅助线为宜。

【例 4.12】如图 4-32（a）所示，已知△*ABC* 的两面投影及其上一点 *K* 的 *V* 面投影 *k'*，求 *K* 点的 *H* 面投影 *k*。

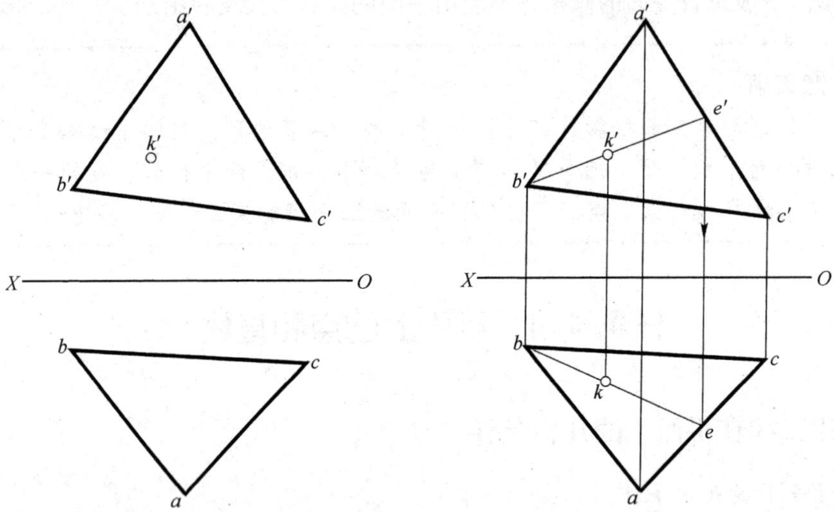

（a）已知　　（b）作图

图 4-32　平面上取点

解

① 如图 4-32（b）所示，过 *k'* 在平面上作辅助线 *BE* 的 *V* 面投影 *b'e'*，据此再根据点的投影规律和点的从属性作出 *be*。

② 因 *K* 点在 *BE* 上，*k* 必在 *be* 上，由点的投影规律，从 *k'* 向 *OX* 轴作垂线交 *be* 于 *k*，从而求得 *k*。

【例 4.13】如图 4-33（a）所示，已知△*ABC* 和 *M* 点的 *V*、*H* 面投影，判别 *M* 点是否在平面 *ABC* 上。

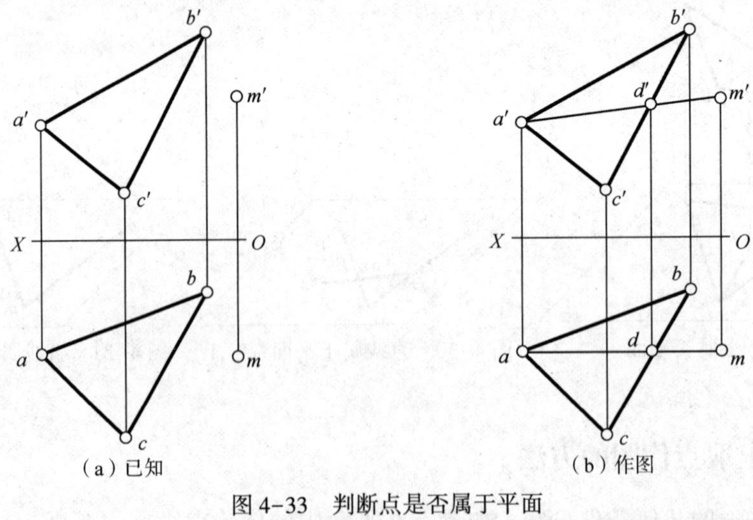

（a）已知　　（b）作图

图 4-33　判断点是否属于平面

解　分析：如果能在△*ABC* 上作出一条通过 *M* 点的直线，则 *M* 点在该平面上，否则不在该平面上。

① 如图 4-33（b）所示，连接 $a'm'$，交 $b'c'$于 d'，从 d'向 OX 作垂线交 bc 于 d，求出 d。

② 因为 m 在 ad 延长线上，则 M 点是该平面上的点。

【例 4.14】 如图 4-34（a）所示，已知四边形 $ABCD$ 的 H 面投影和其中两边的 V 面投影，完成四边形的 V 面投影。

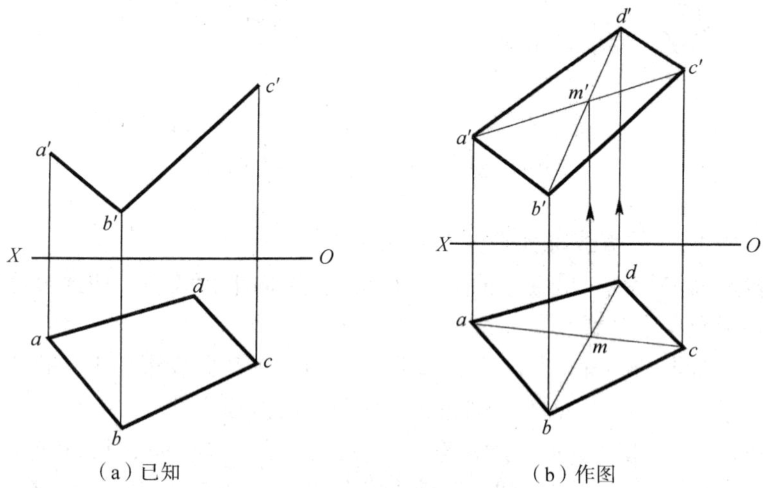

图 4-34　完成四边形的 V 面投影

解　分析：已知的 A、B、C 三点决定一平面，而 D 点是该平面上的一点，已知 D 点的 H 面投影 d，求其 V 面投影，也就是在平面上取点。

① 如图 4-34（b）所示，连接 bd 和 ac 交于 m。

② 再连接 $a'c'$，根据 m 可在 $a'c'$上作出 m'。

③ 连接 $b'm'$，过 d 向 OX 轴作垂线，与 $b'm'$的延长线相交于 d'。

④ 接 $a'd'$和 $d'c'$，$a'b'c'd'$即为四边形的 V 面投影。

4.4.3　平面上的投影面平行线

1. 平面上取直线的作图方法

由直线属于平面的几何条件，可知平面上取直线的作图方法是：在平面内取直线应先在平面内取点，并保证直线通过平面上的两个点，或过平面上的一个点且与另一条平面内的直线平行。

如图 4-35 所示，要在△ABC 上任作一条直线 MN，则可在此平面上的 2 条直线 AB 和 CB 上各取点 M（m，m'，m''）和 N（n，n'，n''），连接 M 和 N 的同面投影，则直线 MN 就是△ABC 上的一条直线。

2. 平面上的投影面平行线

既在平面上同时又平行于某一投影面的直线称为平面上的投影面平行线。平面上的投影面平行线有以下三种。

平面上平行于 H 面的直线称为平面上的水平线。

平面上平行于 V 面的直线称为平面上的正平线。

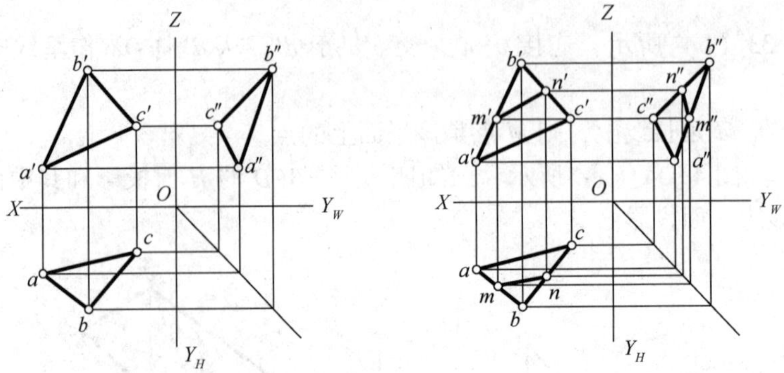

（a）已知　　（b）作图

图 4-35　在平面上任作一直线

平面上平行于 W 面的直线称为平面上的侧平线。

平面上的投影面平行线，既在平面上，又具有投影面平行线的一切投影特征，并且在同一平面上可作出无数条水平线、正平线和侧平线。

【例 4.15】 如图 4-36（a）所示，已知平面△ABC 的 H 面投影和 V 面投影，在面内过 A 取一条水平线，过 C 取一条正平线，试完成这两条直线的投影。

解　① 如图 4-36（b）所示，过 a' 作 $a'm' \parallel OX$，交 $b'c'$ 于 m'，从 m' 向 OX 作垂线交 bc 于 m。连接 am，AM（am，$a'm'$）即为平面上的水平线。

② 如图 4-36（c）所示，过 c 作 $cn \parallel OX$，交 ab 于 n，从 n 向 OX 轴作垂线交 $a'b'$ 于 n'。连接 $c'n'$，CN（cn，$c'n'$）即为平面上的正平线。

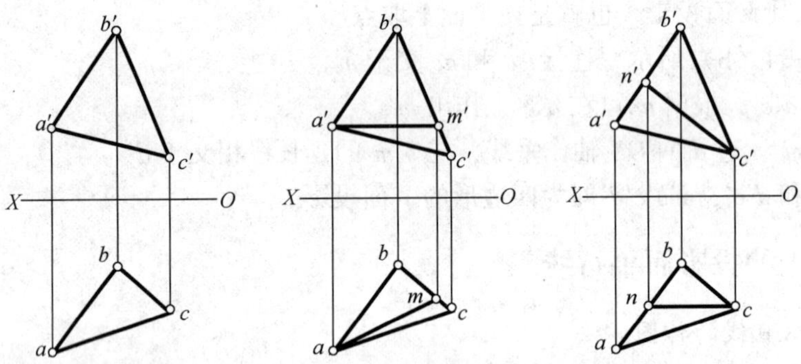

（a）已知　　（b）作水平线　　（c）作正平线

图 4-36　求作平面上的投影面平行线

项目 5　简单立体投影

【情境引入】

图 5-1 所示为某拱桥轻型桥墩构造图，该结构中桩柱、墩柱、钻孔灌注桩为圆柱，在土木工程结构中经常能看到这样的结构。像圆柱、四棱柱这样的简单立体结构被称为基本体，任何复杂的立体结构都可以拆分成若干个简单的基本体，本项目学习基本体的投影方法。

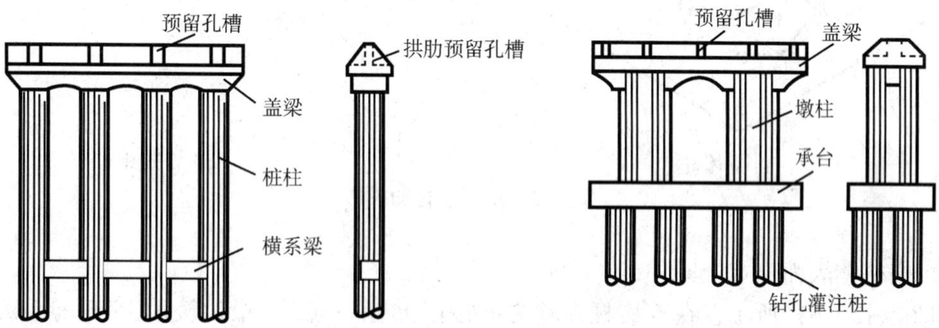

图 5-1　某拱桥轻型桥墩构造图

简单立体按其表面性质不同分为两大类：平面立体和曲面立体。平面立体是指表面皆由平面构成的立体，如棱柱体和棱锥体等；曲面立体是指表面由曲面或曲面与平面所构成的立体，如圆柱体和圆锥体等。

【知识链接】

任务 5.1　平面立体和曲面立体的投影

5.1.1　棱柱体和棱锥体的投影

1. 棱柱体

1）棱柱体的三面投影

图 5-2 所示为正五棱柱的投影。从本任务开始，为了画图时更加简便，在投影图中去掉投影轴，并不再标注 H、V、W 面。在图 5-2（b）中，五棱柱的 H 面投影是一个正五边形，它是顶面和底面的重合投影，并且反映上、下底面的实形。H 面投影中的五边形也是五棱柱的五个棱面在 H 面上的积聚投影。在 V 面投影中，上、下两段水平线是顶面和底面的积聚投影；虚线围成的矩形 $d'e'e_0'd_0'$ 是五棱柱最后棱面的投影，且反映最后棱面的实形，它是一个投影面平行面；V 面上的两个矩形 $a'b'b_0'a_0'$ 和 $b'c'c_0'b_0'$ 是五棱柱前面两个棱面的投影，它是两个铅垂面，不能反映棱面的实形；W 面投影中的两个矩形是五棱柱四个侧棱面的重合投影；铅垂线 $e''e_0''d_0''d''$ 是五棱柱最后棱面的积聚投影；上、下两条水平线是五棱柱顶面和底面的积聚投影。

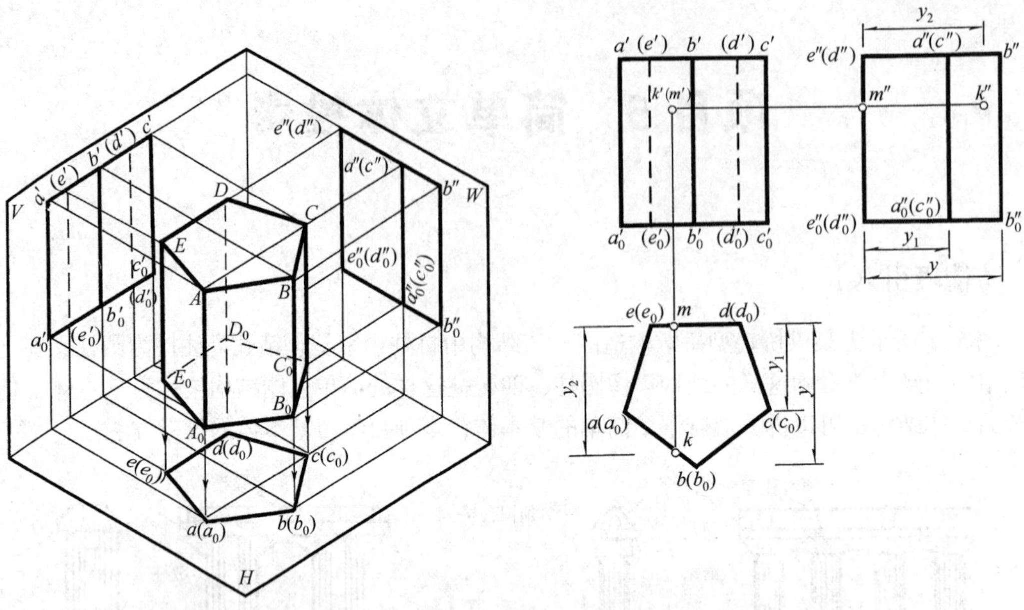

（a）立体图　　（b）投影图

图 5-2　正五棱柱的投影

2）棱柱体表面取点

如图 5-2（b）所示，在五棱柱左前方的棱面上有一点 K，最后棱面上有一点 M。在 V 面投影中，k'在前棱面上为可见，m'在后方棱面上为不可见。在 W 面投影中，k''位于左前的棱面上为可见，k、m 和 m''等点，均在棱面的积聚性投影上。

棱柱体的投影规律：

一面投影是多边形，两面投影是矩形。

2. 棱锥体

1）棱锥体的三面投影

图 5-3 所示为三棱锥的三面投影。由图 5-3（a）可知：三棱锥的底面是水平面，最后棱面是侧垂面，其余两个棱面是一般位置平面。

如图 5-3（b）所示，由于底面是水平面，所以在三棱锥的 H 面投影中，三角形 abc 反映三棱锥底面的实形；在 V 面和 W 面投影中底面积聚成直线。由于三棱锥的最后棱面是侧垂面，所以在 W 面投影中最后棱面积聚成直线，其余两个投影是三角形。三棱锥左、右棱面是一般位置平面，所以三个投影面上的投影都是三角形。

2）棱锥体表面取点

如图 5-3（b）所示，已知三棱锥表面上点 D 的 V 面投影 d'，E 点的 H 面投影 e，并且均为可见，求作其余两面的投影。

求作平面上 D 点的其余投影，可过棱面 SAB 上的点任作一辅助直线来求，为了作图清晰、方便，可采用作平行于底边 AB 的水平线或过锥顶 S 和 D 点作一直线与底边相交的方法。现先介绍水平线法，即在棱面上过 D 点作水平线的三面投影。由于过 d'点作水平线为已知，故根据点与直线的从属关系，即可求得其余两投影。具体作图步骤如下。

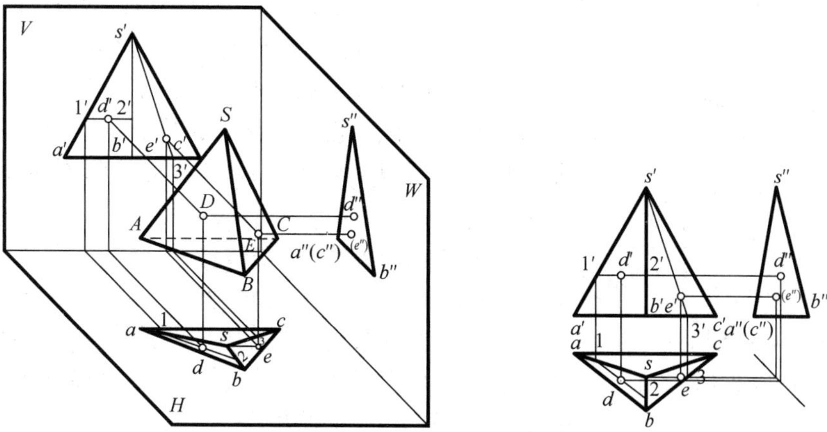

（a）立体图和三面投影　　　（b）投影图

图 5-3　三棱锥的三面投影

过 d' 作 $1'2'/\!/a'b'$、并分别交于 $s'a'$ 及 $s'b'$ 上的 $1'$、$2'$ 两点。

根据点的投影规律，1 和 $1'$ 连线垂直于 *OX* 轴，根据点的从属性特征 $1'$ 属于 $s'a'$，所以 1 属于 *sa*，由此找到 1，同理也可找到 2。求得 *H* 面投影 12，注意 12 应与 *ab* 平行。从 d' 引铅垂线与 12 相交得 *D* 点的 *H* 面投影 *d*。

根据投影关系在 $1''2''$ 上求得 *D* 点的 *W* 面投影 d''。

若已知 *SBC* 棱面上点 *E* 的 *H* 面投影 *e*，求其 *V* 面投影，再求 *W* 面投影。用辅助直线法求 e'。连接 *s*、*e*，并延长交 *bc* 于 3，*s*3 属于平面 *sbc*，过 3 向 *OX* 轴作垂线，交 $b'c'$ 于 $3'$，$s'3'$ 属于平面 $s'b'c'$，连接 $s'3'$，过 *e* 作 *OX* 轴垂线交 $s'3'$ 于点 e'，即为所求。由点的投影规律求 *E* 的第三面投影，得到 e''。

棱锥投影特性：

一面投影是多边形，两面投影是三角形。

5.1.2　圆柱和圆锥的投影

曲面立体的曲面是由运动的母线（直线或曲线），绕着固定的导线做运动形成的。母线上任一点的运动轨迹形成的圆周称为纬圆，母线在曲面上的任一位置称为素线。

1. 圆柱

1）圆柱面的形成

直母线 AA_1 绕与其平行的轴线 OO_1 回转一周所形成的曲面称为圆柱面。如图 5-4 所示，母线两端点 *A*、A_1 回转时形成上、下两个圆周称为上顶圆、下底圆。当轴线垂直于上顶圆、下底圆平面时，由母线绕轴线运动所围成的圆柱面称为正圆柱面，简称圆柱面。圆柱面上的素线互相平行。

2）圆柱面的投影

如图 5-5 所示，当圆柱面的轴线垂直于 *H* 面时，其 *H* 面投影为一圆周，该圆周是整个圆柱面的积聚性投影，圆心为 *o*（o_1）。画图时必须把互相垂直的直径 *ac*、*bd* 用点划线画出，它们与圆周的交点是圆柱面上前、后、左、右各特征点的 *H* 面投影。

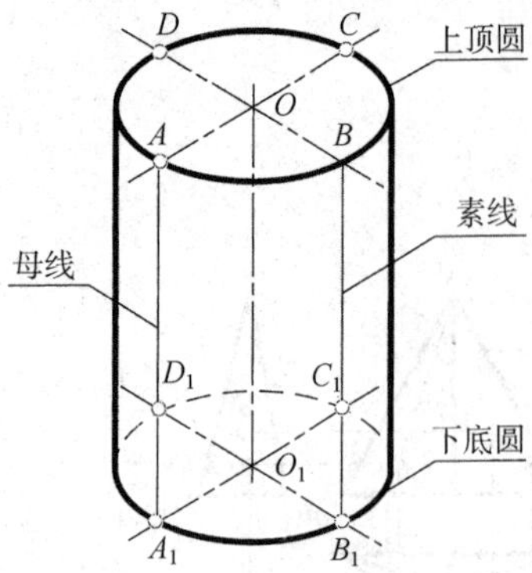

图 5-4　圆柱体的立体图

圆柱面的 V 面投影和 W 面投影均为矩形。矩形的上、下两水平线为上顶圆、下底圆积聚性的投影。铅垂的点划线为轴线的投影。V 面投影中的 $a'a_1'$ 及 $c'c_1'$ 分别是圆柱面上最左素线和最右素线的投影，称为轮廓素线，由于圆柱面是光滑的曲面，所以这两条素线的 W 面投影不应画出。同时，轮廓素线 $a'a_1'$ 及 $c'c_1'$ 又是前面可见半个圆柱面与后面不可见半个圆柱面分界线的投影。

同理，W 面投影上的轮廓素线 $b''b_1''$、$d''d_1''$ 分别是圆柱面上最前素线和最后素线的投影，它们也是圆柱面上左半部分和右半部分分界线的投影。由于圆柱面是光滑曲面，它们的 V 面投影也不应画出。

3）圆柱面上取点

在圆柱面上取点时，如果圆柱面的投影有积聚性，则可利用点的积聚投影直接求出。如果圆柱面的投影没有积聚性则可与平面上取点一样，过点作辅助线，使该辅助线在圆柱面上。为使作图方便起见，辅助线可利用素线。

【例 5.1】 如图 5-6 所示，已知圆柱面上有 A 点的 V 面投影 a'，求 A 点的 H、W 面投影。

解　由于圆柱面的 H 面投影积聚为一圆周，所以 A 点的 H 面投影也积聚在圆周上，从 V 面投影可知 a' 为可见，故 a 在圆周的前半部分。根据 A 的两投影 a'、a 可作出点的第三面投影 a''。又因点 A 在圆柱面轴线的左边，所以其 W 面投影 a'' 为可见。

圆柱投影规律：

一面投影是圆，另两面投影是矩形。

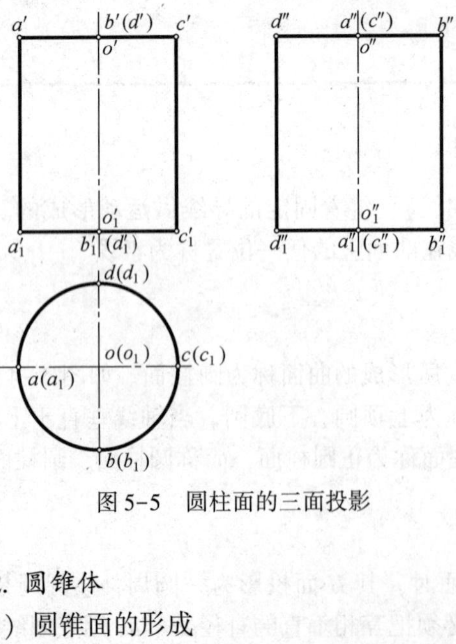

图 5-5　圆柱面的三面投影

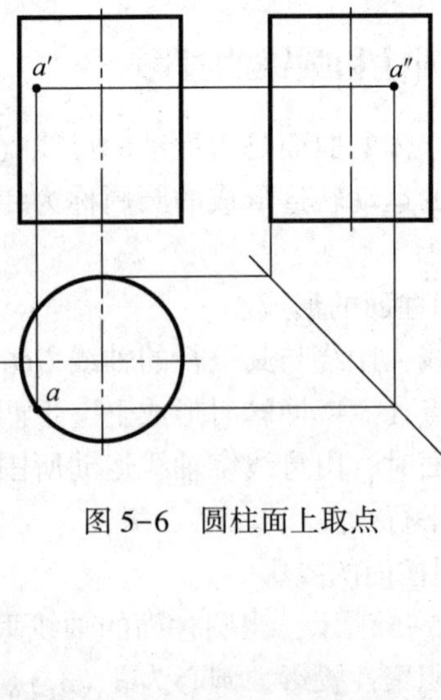

图 5-6　圆柱面上取点

2. 圆锥体

1）圆锥面的形成

直母线 SA 绕与它相交于 S 点的轴线 SO 转一周而形成的曲面，称圆锥面。母线 SA 上任意点运动的轨迹均为圆周，当圆周所在平面与轴垂直时，称正圆锥面，简称圆锥面。如图 5-7所示，圆锥面的所有素线均相交于 S 点。

2）圆锥面的投影

图 5-8 是圆锥面的投影图，由于轴线 SO 垂直于 H 面，所以圆锥面的 H 面投影为一圆，圆心 s（o）是轴线的积聚投影。过 s（o）用点划线画出圆的互相垂直的中心线。

圆锥面的 V、W 面两投影均为等腰三角形，$s'o'$、$s''o''$是轴线 SO 的两投影，均用点划线表示。三角形的两腰 $s'a'$、$s'c'$和 $s''b''$、$s''d''$分别是圆锥面的 V 面和 W 面投影的轮廓素线，也是圆锥面投影图上可见部分与不可见部分的分界线。同圆柱面一样，除轮廓素线外，其他素线的投影均不表示出来。

3）圆锥面上取点

同圆柱面上取点一样，为使作图方便，常用过顶点 S 的直素线或纬圆作为辅助线而求得。

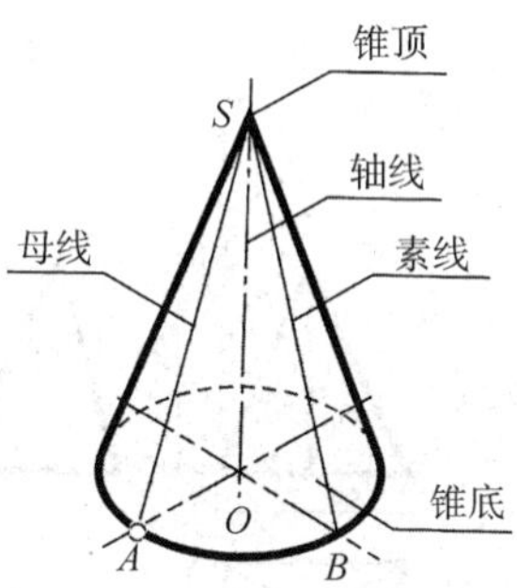

图 5-7 圆锥面立体图

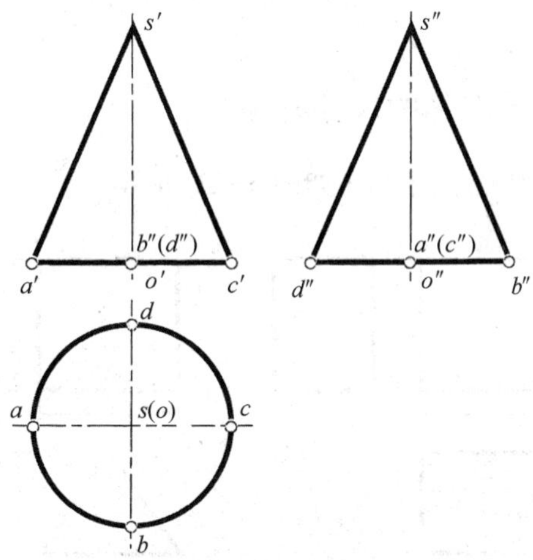

图 5-8 圆锥面的投影图

圆锥投影特性：

一面投影是圆，另两面投影是三角形。

【例 5.2】 如图 5-9 所示，已知圆锥面上一点 A 的 V 面投影 a'，求其他两面投影。

解

① 过 a'作素线（辅助线）SN 的 V 面投影 $s'n'$。

② 由点的投影规律和点的从属性特性，求出 $s'n'$的 H 面投影 sn 和 W 面投影 $s''n''$。

③ 由点的投影规律和点的从属性特性定出 a，再根据 a'及 a 求出 a''，a''应在 $s''n''$上。

上述的作图方法，称为素线法。

【例 5.3】 如图 5-10 所示，已知圆锥面上一点 B 的 H 面投影 b，求其他两面投影。

解 如图 5-10 所示，过 B 点作纬圆，其 H 面投影必为以 s 为圆心，sb 为半径所作的圆周，并作出该纬圆的 V 面和 W 面投影。由于纬圆是水平面，其 V、W 面两投影均积聚为长度等于纬圆直径的水平线。

由 b 在纬圆的 V 面和 W 面投影上分别作出 b'和 b''。因为 b 在圆锥面轴线的前边，所以 b'为可见，又在圆锥面轴线的右边，所以 b''为不可见。上述以纬圆为辅助线的作图方法，称为纬圆法。

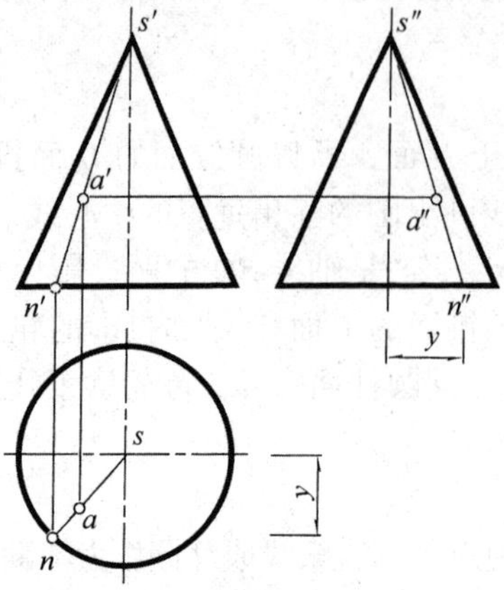

图 5-9　圆锥面上取点——素线法

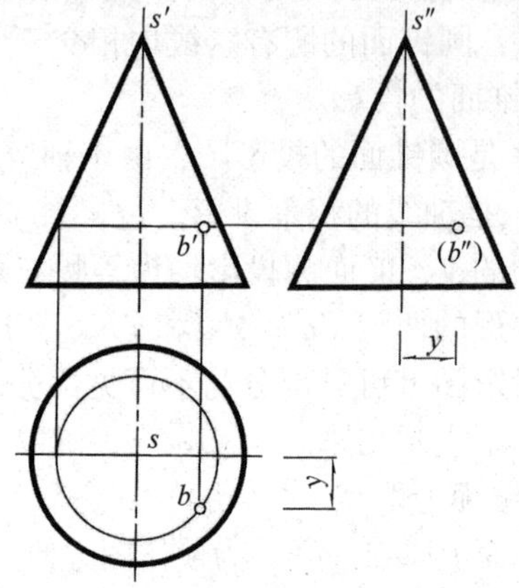

图 5-10　圆锥面上取点——纬圆法

5.1.3　基本体的尺寸标注

基本体的尺寸标注如图 5-11 所示。

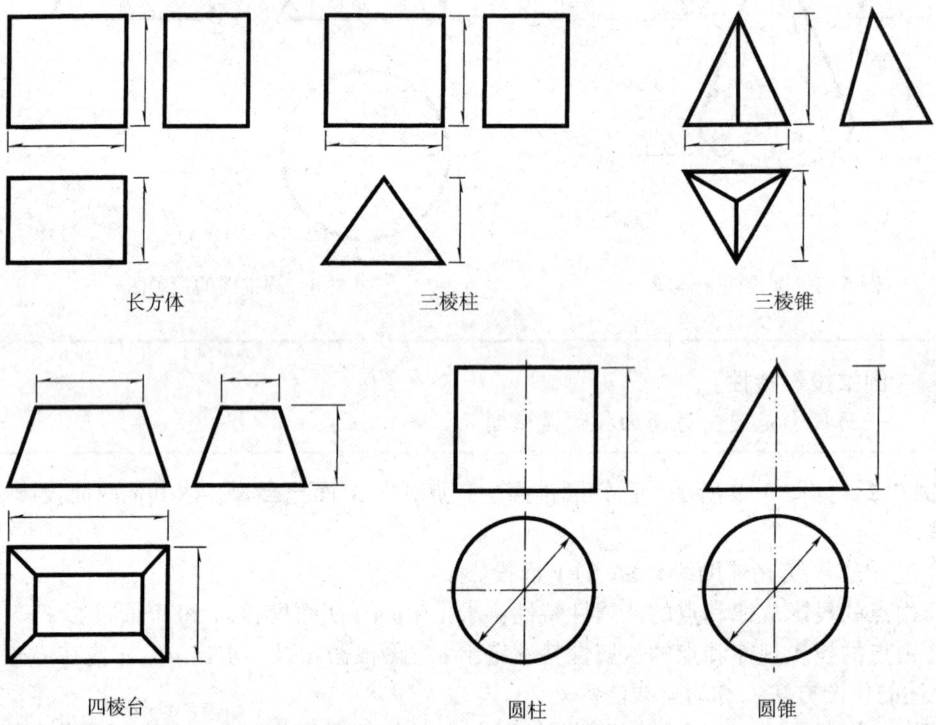

图 5-11　基本体的尺寸标注

任务 5.2　截　交　线

5.2.1　截交线的概念

平面与立体相交，可看作是立体被平面所截，如图 5-12 所示，与立体相交的平面称为截平面，截平面与立体表面的交线称为截交线，由截交线围成的断面称为截（断）面。

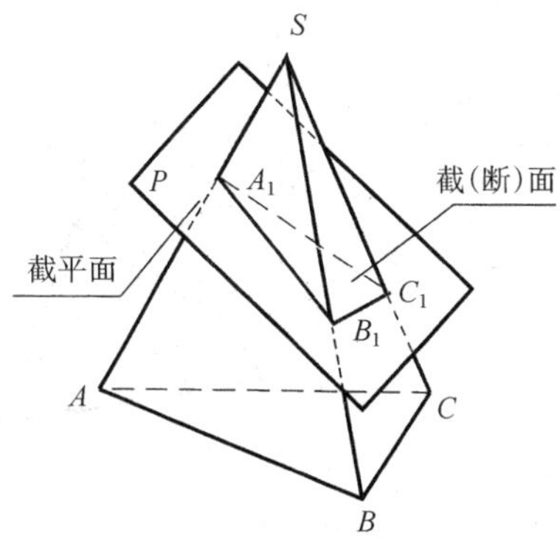

图 5-12 截交线

5.2.2 平面与平面立体相交

1. 截交线的形成

平面与平面立体产生的截交线是由截交点连接而成的。如图 5-12 所示，截交点是截平面与平面立体棱线的交点或是截平面与截平面交线的端点。

2. 截交线的特点

平面与平面立体产生的截交线是直线；截交线围成的截（断）面是平面多边形。

3. 平面与棱柱相交

如图 5-13 所示，一直四棱柱被一正垂面 P 所截，其截交线求法如下。

截平面 P 是一正垂面，截交线为一梯形，其 V 面投影积聚在 P_V 上。又有四棱柱的侧棱面均垂直于 H 面，故截交线的 H 面投影积聚在棱面的 H 面投影上。因此，仅求截交线的 W 面投影即可。

截交线的 W 面投影可通过各截交点的 V 面投影 k'、l'、m' 和 n' 点各作水平线，再根据各点所属棱线，在侧面投影相应棱线上找到与水平线的交点即在 W 面投影上对应点 k''、l''、m'' 和 n'' 点。依次相连各点，即为所求。

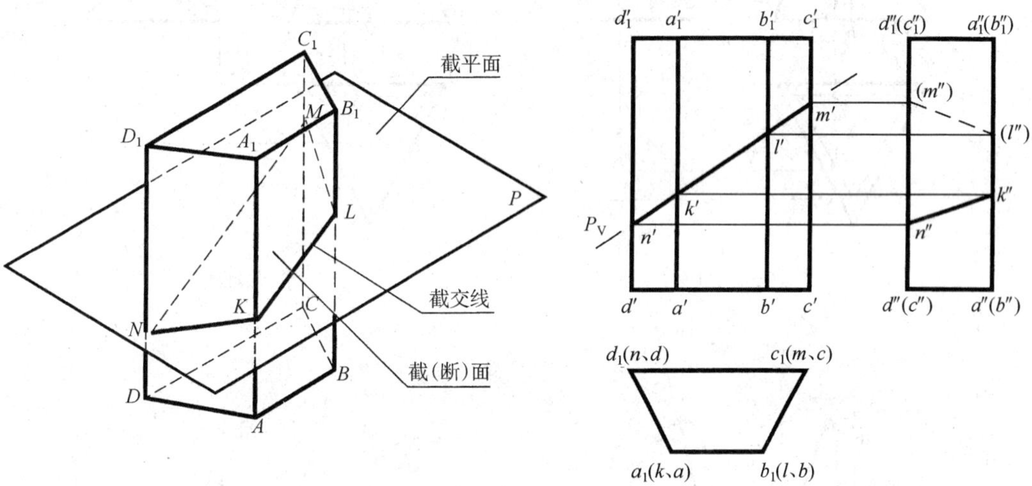

（a）立体图　（b）投影图

图 5-13 平面与直四棱柱相交

4. 平面与棱锥相交

如图 5-14 所示，三棱锥被一正垂面 P 所截，其截交线和截（断）面实形的求法如下。

其截交线为三角形，它的 V 面投影积聚在 P_V 上。线 $d'a'$、$e'b'$、和 $f'c'$ 是各棱线截切后的 V 面投影，根据点的从属性和点的投影规律，可找出 A、C 的 H 和 W 面投影 a、c 和 a''、c''，由 b' 作水平线与 W 投影面上的棱线交于点 b''，b 点可根据 b'、b''，由点的投影规律定出。连接各点即为截交线的 H 和 W 面投影。

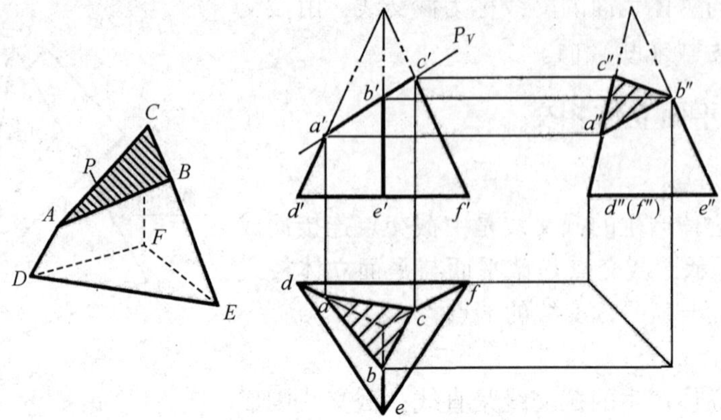

图 5-14 平面与三棱锥相交和截断断面图

【例 5.4】如图 5-15 所示，一个具有切口的正三棱锥，*V* 面投影中已表示出切口的位置，要求作出具有切口形体的 *H*、*W* 面投影。

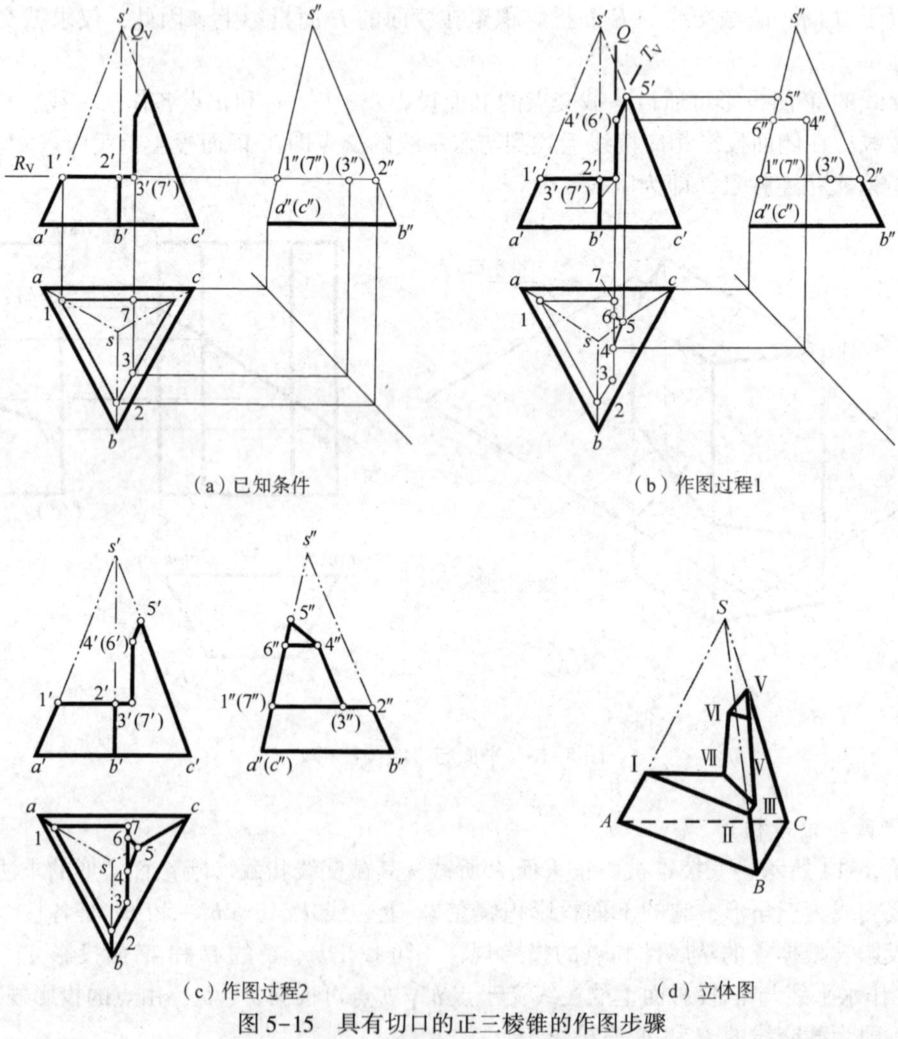

图 5-15 具有切口的正三棱锥的作图步骤

解　具有切口的几何体，我们可以把它看作是一个完整的几何体被几个截平面所截，截断后留下来的部分形体，即成为具有切口的几何体。本例给出的三棱锥是被三个截平面所截，故需要作该几何体的三个截面和它们之间的交线。

如图 5-15（a）所示，平行于三棱锥底面过 I 点设有一水平截面 R，求截交线的 H、W 面投影。然后作一侧平截面 Q，Q 和 R 面的交线为Ⅲ、Ⅶ两点的连线，作出Ⅲ、Ⅶ的 H、W 面投影 3、7 和 3″、7″。如图 5-15（b）所示，再作一正垂面 T，T 和 Q 面的交线为Ⅳ、Ⅵ两点的连线，T 面和几何体棱线 SC 的交点为Ⅴ，作出Ⅳ、Ⅵ、Ⅴ点的 V、H 面投影，并根据同一截平面上且同时在一棱面上的两点才能相连的原则，把各点依次相连，即得到图 5-15（c）所示的图形。图 5-15（d）是它的立体图。

> **注意事项：**
>
> 截面多边形的画图步骤如下：①找点：找到有积聚性投影的截面投影，并将它与棱线交点依次编号；②找点的三面投影：先找有积聚性投影，再找第三面投影；③连线：将各投影面上截交线与棱线交点依次相连；④整理：擦掉多余的线，判断各线可见性。

5.2.3　平面与曲面立体相交

1. 截交线的形成

平面与曲面立体相交，其截交线是截平面与曲面立体表面交线的组合。

2. 截交线的特点

平面与曲面立体相交，产生的截交线一般情况下是平面曲线。截交线的形状取决于曲面体表面的性质及其与截平面的相对位置，平面与圆柱相交的 3 种情况如图 5-16 所示，平面与圆锥相交的 5 种情况如图 5-17 所示。

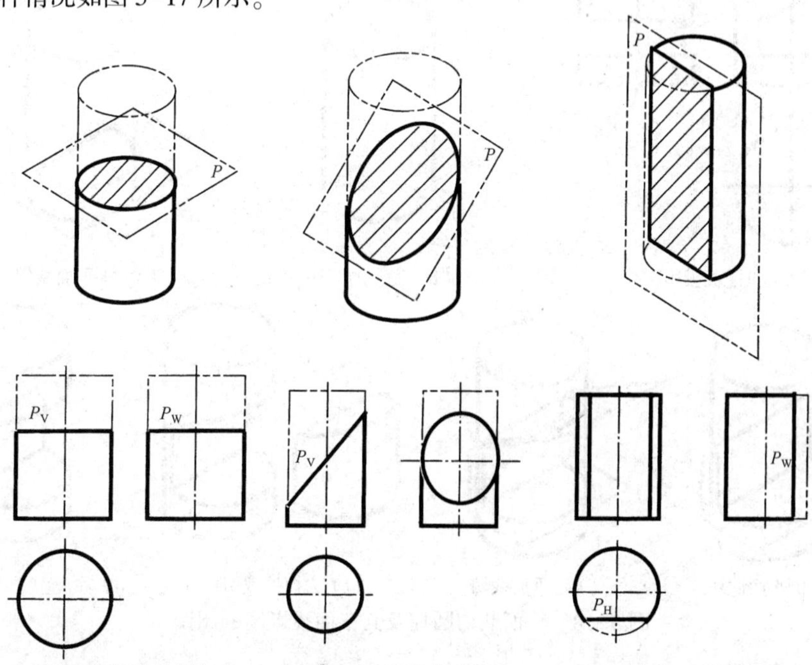

（a）垂直于圆柱的轴线　（b）倾斜于圆柱的轴线　（c）平行于圆柱的轴线

图 5-16　平面与圆柱相交的 3 种情况

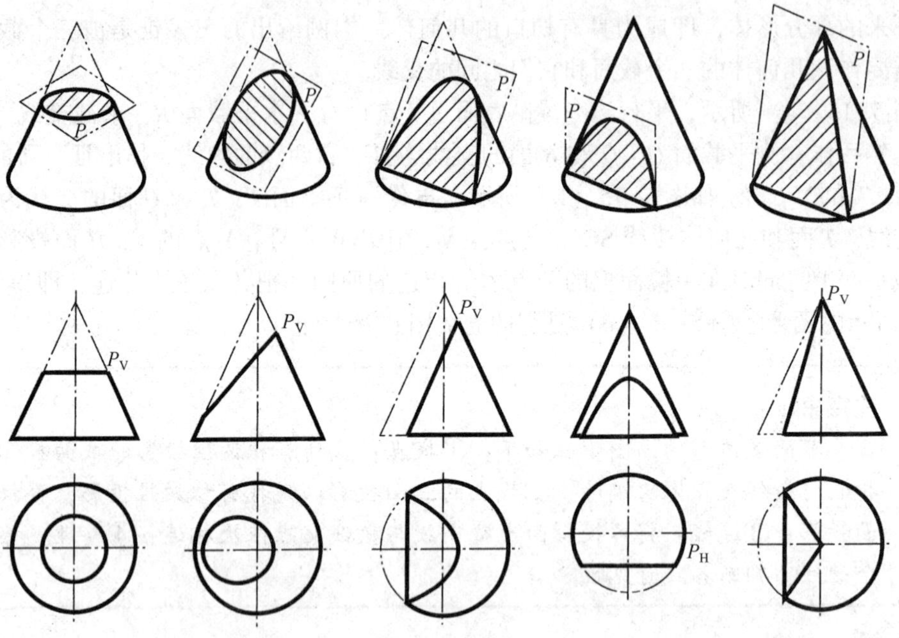

（a）垂直于圆锥的轴线　（b）倾斜于圆锥的轴线，与素线都相交　（c）平行于一条素线　（d）平行于轴线　（e）通过锥顶

图 5-17　平面与圆锥相交的 5 种情况

3. 多面截切曲面立体的三面投影图阅读

【例 5.5】阅读图 5-18，分析截交线形状。

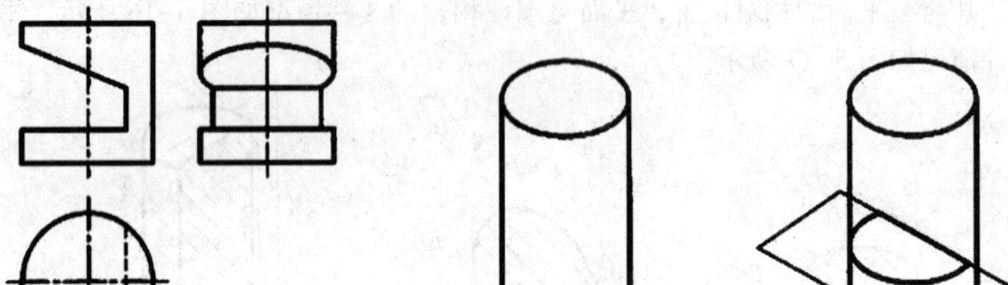

（a）三面投影图　（b）完整的圆柱　（c）水平面截切

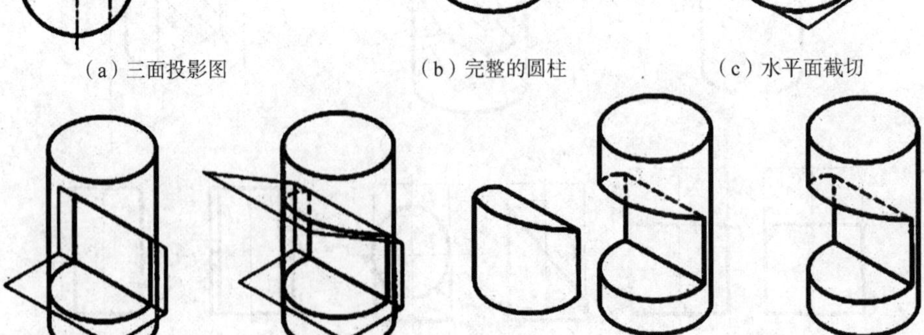

（d）侧平面截切　（e）正垂面截切　（f）去掉被截切部分　（g）立体图

图 5-18　平面截切圆柱及其三面投影图的阅读

解　① 从 V 面投影图可知圆柱被 3 个截平面截切，如图 5-18（a）所示，这 3 个截平面相对投影面的位置分别是：水平面、侧平面、正垂面。

② 如图 5-18（c）所示，水平截切面与圆柱的轴线垂直，截交线是部分圆曲线。

③ 如图 5-18（d）所示，侧面截切面与圆柱的轴线平行，截交线是直线，截断面是矩形。

④ 如图 5-18（e）所示，正垂截切面与圆柱的轴线倾斜，截交线是部分椭圆线。

⑤ 如图 5-18（f）和图 5-18（g）所示，去掉被截切部分的图线，就可完成读图。

【例 5.6】阅读图 5-19，并分析截交线形状。

解　① 从 V 面投影图可知圆锥被 3 个截平面截切，如图 5-19（a）所示，这 3 个截平面相对投影面的位置分别是：侧平面、水平面、正垂面。

② 如图 5-19（c）、（d）所示，侧平截切面与圆锥的轴线平行，截交线是抛物线。

③ 如图 5-19（e）、（f）所示，水面截切面与圆锥的轴线垂直，截交线是部分圆曲线。

④ 如图 5-19（e）、（f）所示，正垂截切面通过了圆锥的锥顶，截交线是直线，截平面是三角形。

⑤ 如图 5-19（g）所示，去掉被截切部分的图线，就可完成读图。

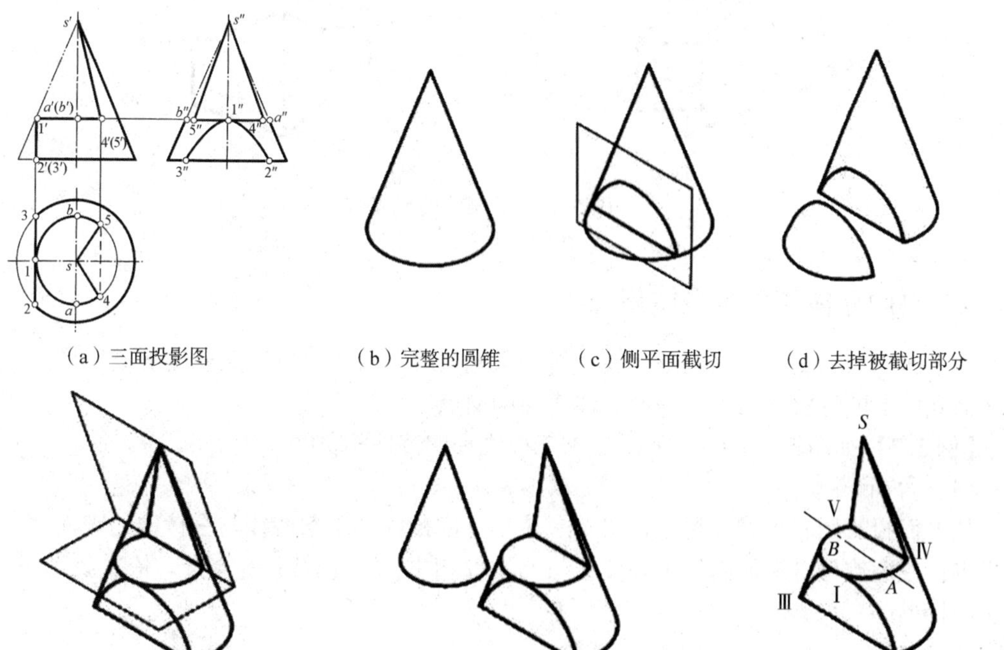

（a）三面投影图　（b）完整的圆锥　（c）侧平面截切　（d）去掉被截切部分

（e）水平面和正垂面截切　（f）去掉被截切部分　（g）立体图

图 5-19　平面截切圆锥三面投影图的阅读

任务5.3 相 贯 线

5.3.1 相贯线的概念

1. 相贯线的形成

两立体相交又称为两立体相贯。相交的两立体成为一个整体，称为相贯体。它们表面的交线称为相贯线，相贯线是两立体表面的共有线，相贯线由贯穿点连接而成。贯穿点是两立体表面的共有点。相贯线的形成如图5-20所示。

2. 相贯线的特点

相贯线的形状随立体形状和两立体的相对位置不同而异，一般分为全贯和互贯2种类型。如图5-20（a）所示，当一个立体全部穿过另一个立体时，产生2组相贯线，称为全贯；如图5-20（b）所示，当2个立体相互贯穿，产生1组相贯线，称为互贯。

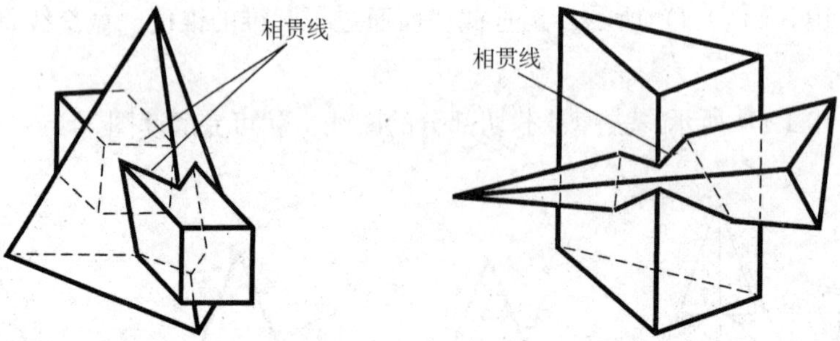

（a）全贯　　（b）互贯

图5-20　相贯线的形成

5.3.2 平面立体与平面立体相交

两平面立体相交，相贯线是直线。每一条相贯线都由2个贯穿点连接而成。贯穿点是一个平面立体上的轮廓线与另一平面立体表面的交点。

【例5.7】 如图5-21（a）所示，求三棱锥和四棱柱相贯线。

（1）分析。

从V面投影图看出四棱柱全部贯穿三棱锥，四棱柱的4条棱线与三棱锥的表面产生8个贯穿点；三棱锥只有最前面的1条棱线与四棱柱相贯，产生2个贯穿点。依次找到10个点的三面投影。

（2）作图。

① V面投影的矩形4个角点是由8个贯穿点积聚而成，三棱锥棱线与矩形交点为2个贯穿点，分别将这10个点编号，利用体表面取点的方法分别求出其H、W面的投影，如图5-21（b）、（c）所示。

② 连相贯线：根据同一棱面上的两点才能连线的原则可连出两组封闭的相贯线，分别为1234561和78907。根据相贯可见性判断原则，分析H面投影时看V面可知456和90在四棱柱下方为不可见，故其用虚线表示，其余画实线，如图5-21（d）所示，同理可画出W面投影连线。

③ 整理：把相贯线所在棱线连至相贯点。

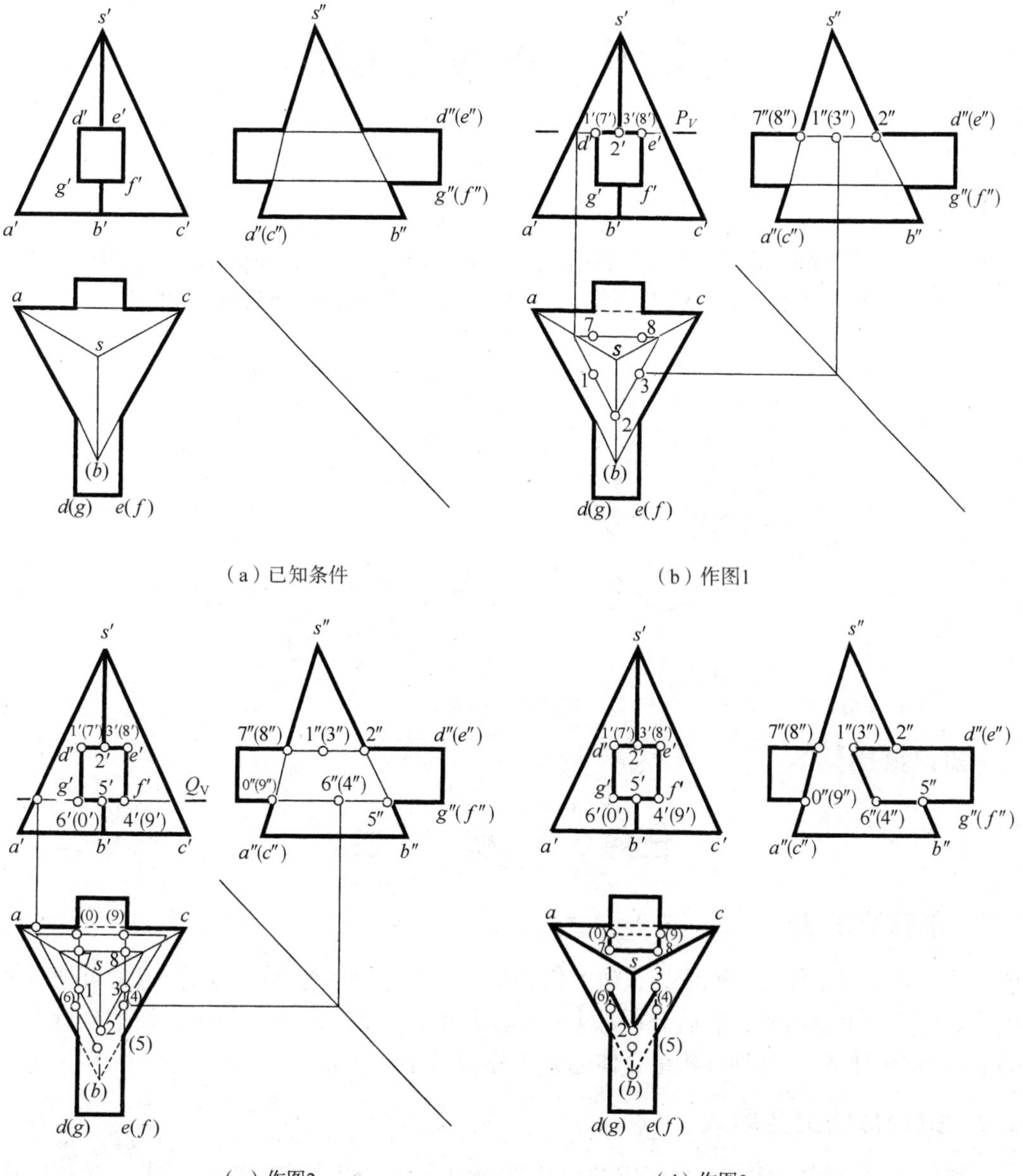

（a）已知条件　（b）作图1

（c）作图2　（d）作图3

图 5-21　四棱柱与三棱锥的相贯线

项目 6　组合体投影

【情境引入】

图 6-1 所示为挡墙，直接绘制该形体投影图并不容易，但将它拆分成右侧三个简单形体后再绘制则更容易。本项目主要介绍复杂形体（组合体）投影图的绘制、阅读及尺寸标准。

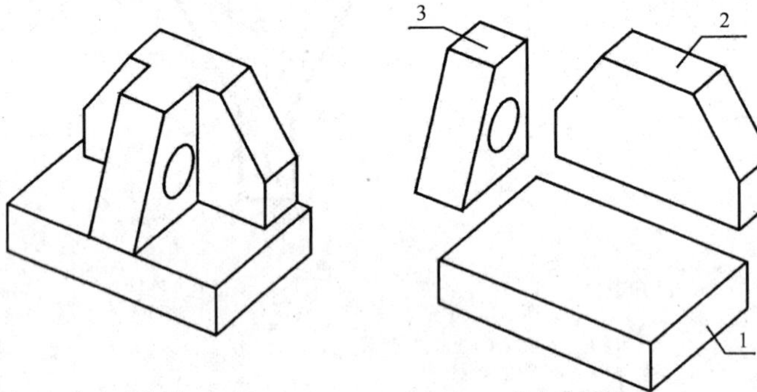

（a）立体图　　（b）分析图

图 6-1　挡墙

【知识链接】

任务 6.1　概　　述

6.1.1　形体分析法

组合体是由基本体组合而成。在研究组合体时，无论组合体多么复杂，通常可把一个组合体分解成若干个基本体，然后分析每个基本体的形状、相对位置，便可方便地分析出组合体的形状和空间位置。这种分析组合体的方法称为形体分析法。

6.1.2　组合体的组合形式

由基本体按不同的形式组合而成的形体称为组合体。组合体的组合形式一般有：叠加式、挖切式和综合式。组合体的组合形式如图 6-2 所示。

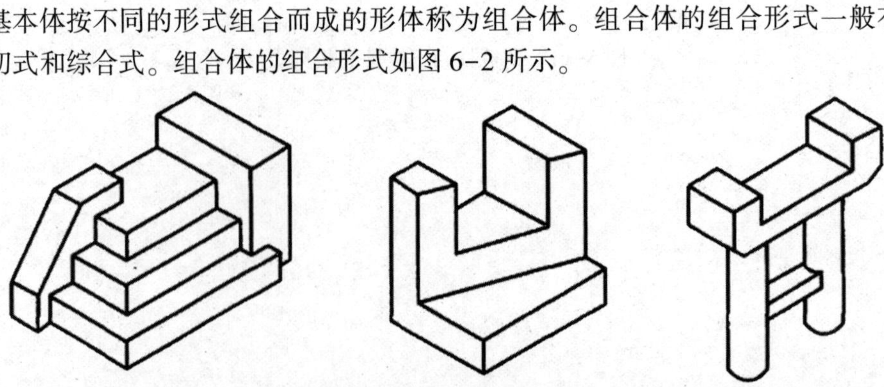

（a）叠加式　　（b）挖切式　　（c）综合式

图 6-2　组合体的组合形式

任务6.2　组合体投影

6.2.1　叠加法

当组合体是由基本体叠加而成时，先将组合体分解为若干个基本体，然后按各基本体的相对位置逐个画出各基本体的投影图，经组合后完成整个组合体的投影图。这种绘制组合体投影图的方法称为叠加法。

【例6.1】 求作图6-3（a）所示组合体的投影图。

解

（1）形体分析：由已知的立体图可知，该组合体由3个基本体叠加而成，所以可用叠加法完成组合体的投影图。

（2）绘制各基本体的投影图，根据各基本体的相对位置，组合各基本体，完成组合体的投影图。

① 如图6-3（b）所示，绘制底板的投影图。

② 如图6-3（c）所示，绘制背板的投影图，并与底板组合。此时，需要处理背板和底板接合处交线，以左视图中交线为例看其投影，背板和底板左端面不齐，所以本视图中此处画实线。

③ 如图6-3（d）所示，绘制2个侧板的投影图，并与底板和背板组合。

④ 如图6-3（e）所示，校核、清理图面，加深图线。

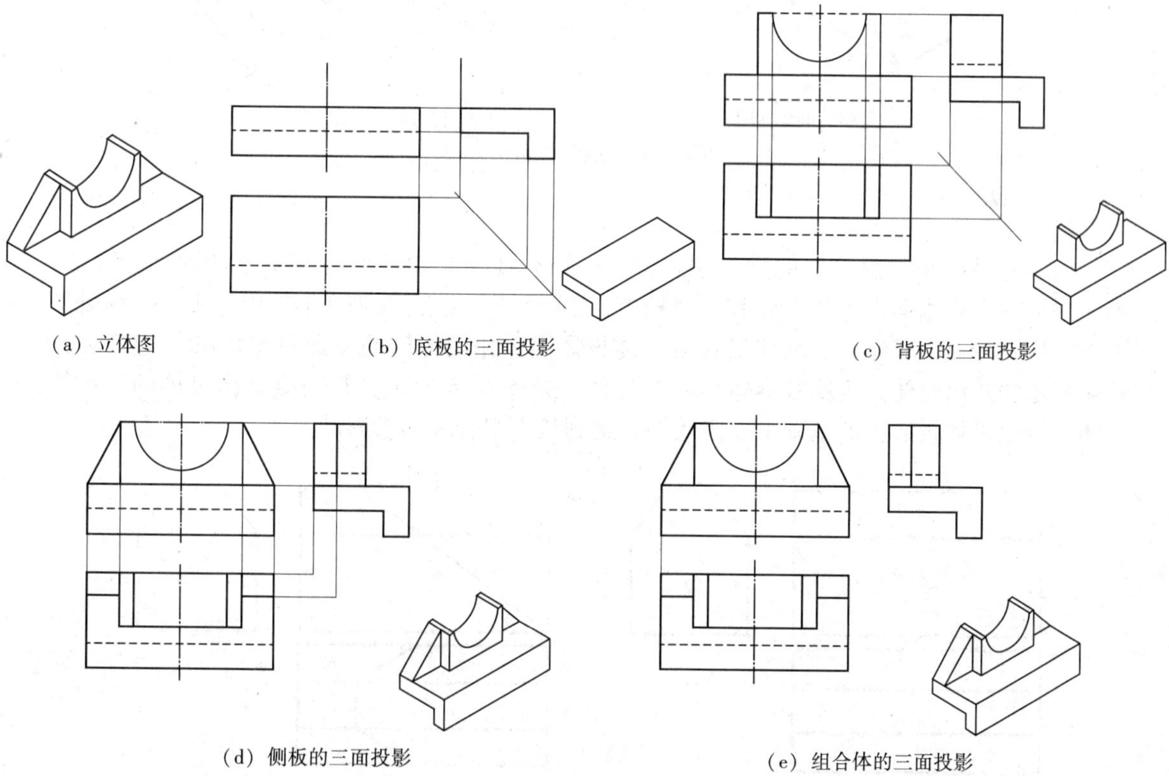

图6-3　例6.1图

注意事项：

用组合体叠加法绘图时，确定各基本体的组合处交线是重要的一步，它遵循以下规律：前（上，左）齐后（下，右）不齐，交线处画虚线；前（上，左）后（下，右）齐后，交线处不画线；前（上，右）不齐，交线处画实线。

6.2.2 挖切法

当组合体是由基本体切割而成时，先画出完整的原始基本体的投影图，然后按其切平面的位置，逐个切去多余部分，从而完成组合体的投影图。这种绘制组合体投影图的方法称为挖切法。

【例 6.2】 求图 6-4 所示组合体的投影图。

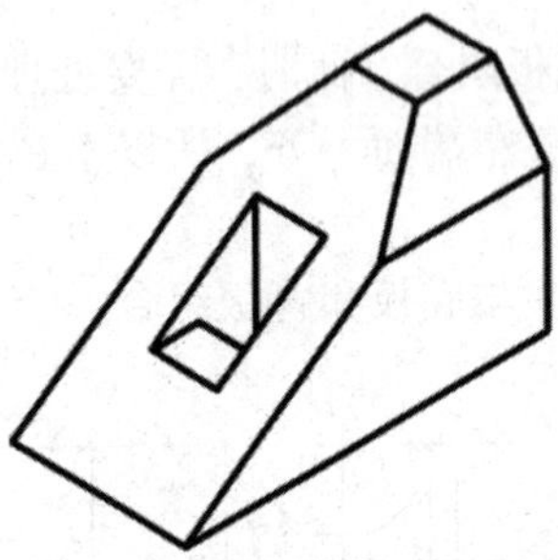

（a）榀头的立体图

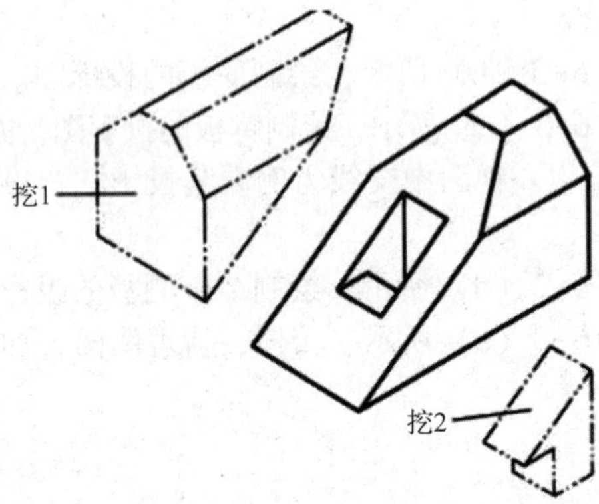

（b）榀头的分析图

图 6-4　挖切式组合体

解

（1）形体分析：由已知的立体图可知，该组合体是在六棱柱的基础上两次切割而成。第一次被一个正垂面作为截平面截去“挖 1”部分；第二次再在剩余形体中挖去一个纵卧的小五棱柱“挖 2”部分。绘制挖切式组合体投影图采用的方法是复原—挖切法（切割法），就是将挖切式组合体先复原基本体形状的母体。如图 6-5 所示，首先绘制出母体的三面投影图，再在母体投影图的基础上逐步挖切，得到最终组合体的投影图。

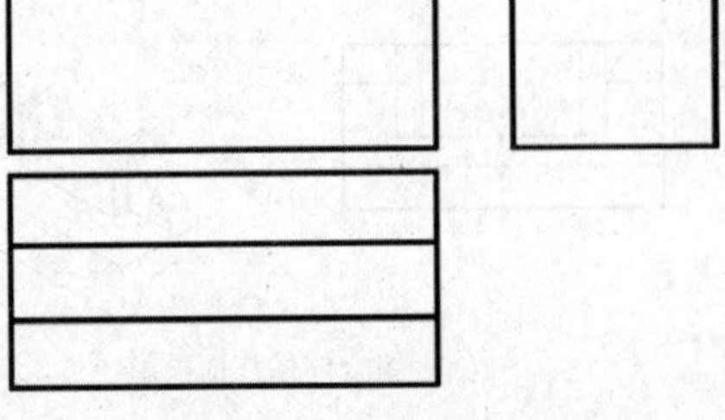

（a）绘制母体六棱柱的三面投影图

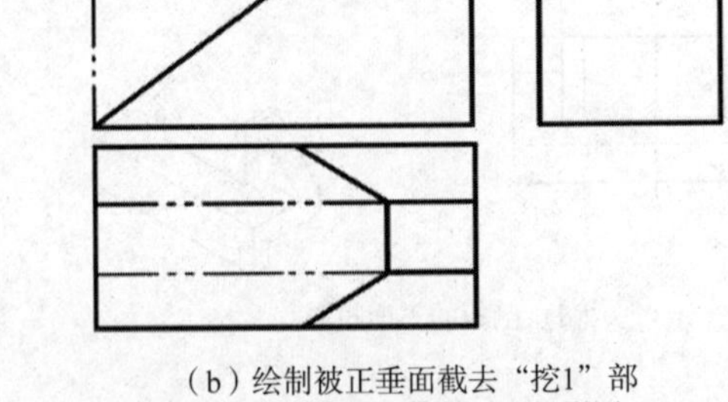

（b）绘制被正垂面截去“挖1”部分后的剩余截切体的三面投影图

图 6-5　榀头三面投影绘制过程

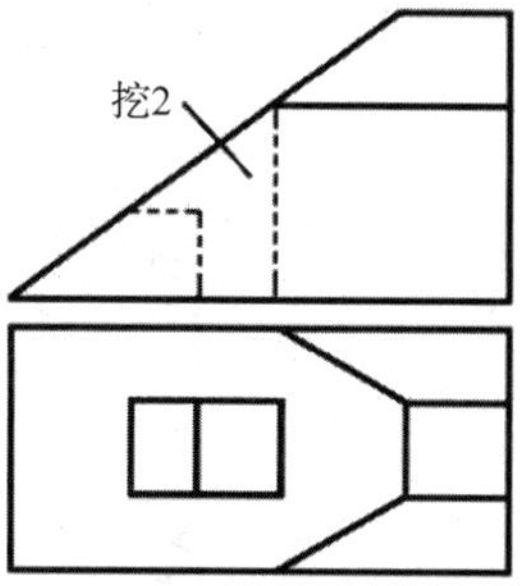

（c）在剩余截切体的三面投影图中，绘制挖去一个纵卧的五棱柱“挖2”部分后的三面投影图

图 6-5　杩头三面投影绘制过程（续）

（2）绘图过程。

① 如图 6-5（a）所示，绘制母体六棱柱的三面投影图。

② 如图 6-5（b）所示，绘制被正垂面截去“挖 1”部分后的剩余截切体的三面投影图。

③ 如图 6-5（c）所示，在剩余截切体的三面投影图中，绘制挖去一个纵卧的五棱柱“挖 2”部分后的三面投影图。

④ 校核、清理图面，加深图线。

6.2.3　组合体的不同分析方案

在绘制组合体的投影图时，首先进行形体分析：有的形体既可以按叠加式组合体分析，也可以按挖切式组合体分析，同一个形体可以有多种分析方案，从中选择较为简单、实用的方案，图 6-6 中的组合体，在图 6-7 中给出了四种不同的分析方案。

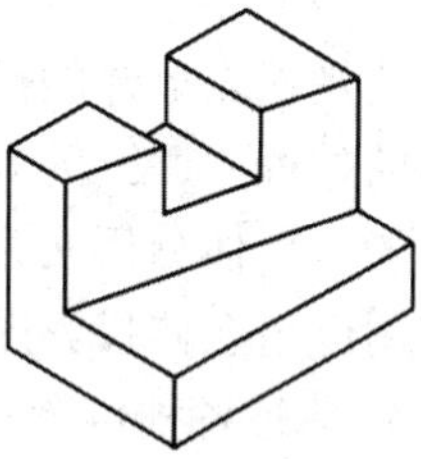

图 6-6　组合体的立体图

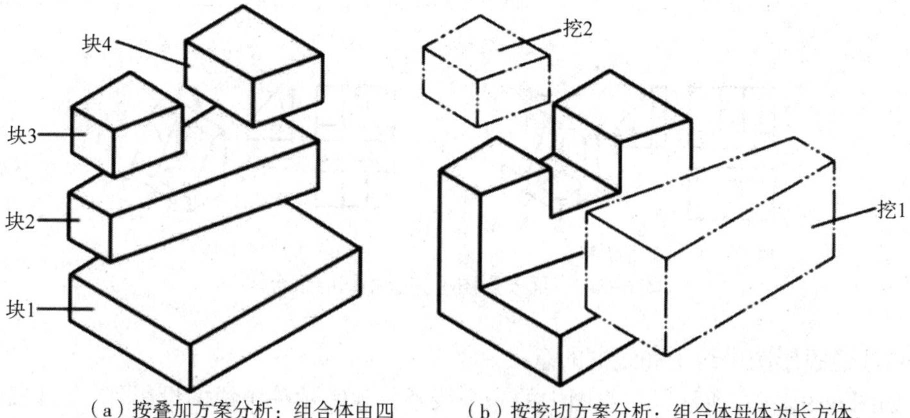

（a）按叠加方案分析：组合体由四块基本体叠加而成，块1为长方体，块2、3、4都是立放的梯形柱

（b）按挖切方案分析：组合体母体为长方体，分两次挖切而成。“挖1”挖去的是立放的大梯形柱；“挖2”挖去的是一个立放的小梯形柱

图 6-7　组合体的不同分析方案

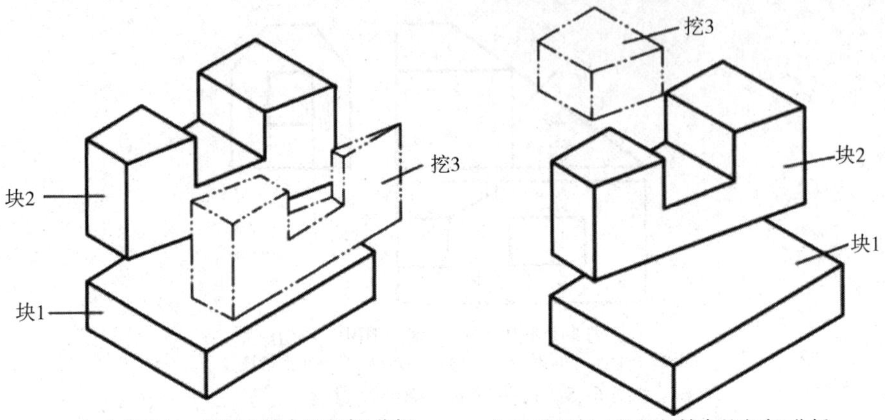

（c）按叠加、挖切相结合的方案1分析：组合体由上、下两块基本体叠加而成，下面的“块1”为长方体；上面的“块2”是在一个纵卧的凹形柱母体基础上，被一个铅垂的截平面截去前面的“挖3”部分

（d）按叠加、挖切相结合的方案2分析：组合体由上、下两块基本体叠加而成，下面的“块1”为长方体；上面的“块2”是在一个立放的梯形柱母体基础上，挖去一个立放的梯形柱“挖3”部分

图 6-7　组合体的不同分析方案（续）

任务 6.3　组合体投影图的阅读

6.3.1　读图应具备的基本知识

读图是根据形体的投影图想象形体的空间形状的过程，也是培养空间想象能力、空间思维能力的过程。读图的方法一般有：形体分析法、线面分析法和综合法。阅读组合体投影图时，一般以形体分析法为主。

在阅读组合体投影图时，除熟练运用投影规律进行分析外，还应注意以下几点。

（1）熟悉各种位置的直线、平面、曲面及基本体的投影特性。

（2）组合体的形状通常不能只根据 1 个投影图或 2 个投影图来确定。读图时必须把几个投影图联系起来思考，才能准确地确定组合体的空间形状。如图 6-8 所示，虽然（a）和（b）的 V，H 面投影图相同，但它们 W 面的投影图不同，因此，2 个组合体的空间形状不相同。

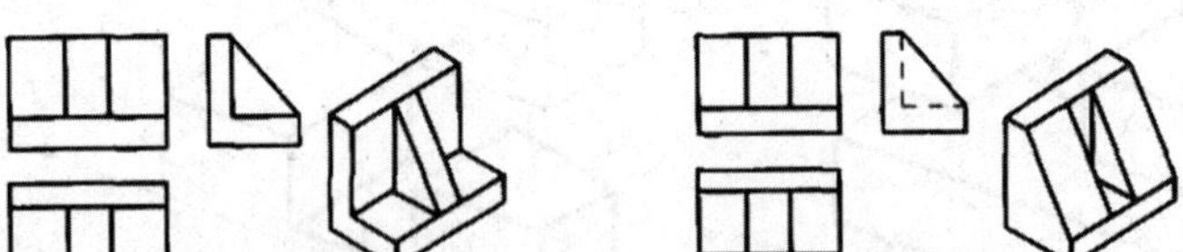

（a）组合体1　　（b）组合体2

图 6-8　三面投影图不完全相同的组合体

（3）注意投影图中线条和线框的意义。

① 如图 6-9（a）所示，投影图中的一个线条，除表示一条线的投影外，可以表示一个有积聚的面的投影；可以表示 2 个面的相交线；可以表示曲面的转向轮廓线。

② 如图 6-9（b）所示，投影图中的一个线框除表示一个面的投影外，可以表示一个基本体在某一投影面上的积聚投影。

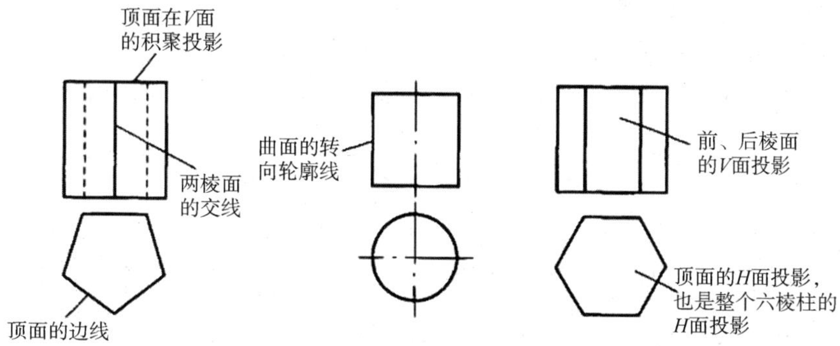

（a）投影图1　　（b）投影图2

图 6-9　投影图中线条和线框的意义

6.3.2　形体分析法读图

形体分析法读图，就是先以特征比较明显的视图为主，根据视图间的投影关系，把组合体分解成一些基本体，并想象各基本体的形状，再按它们之间的相对位置，综合想象组合体的形状。此读图方法常用于叠加型组合体的读图。

1. 形体分析法读图原理

一个基本体的投影图为一组符合三等规律的线框；反过来一组符合三等规律的线框则可以表达一个基本体的形状，几组符合三等规律的线框组成的投影图则可以表达一个由若干基本体组成的组合体的形状。

2. 形体分析法读图的具体作法

先从分块特征最明显的视图入手，一般从有多边形的投影面入手，将该视图的线框分为几部分；然后根据三等规律分别找出每部分线框在其他视图中的对应线框，并分析每部分线框及其对应线框所表达的基本体形状；再按它们之间的相对位置，综合想象组合体的形状。此读图方法常用于叠加式组合体。

形体分析法读图的步骤如下。

（1）分线框：在组合体的投影图中，找出分块特征最明显的一面视图，将它的线框分为几部分。

（2）找对应线框：根据三等规律，分别找出每部分线框在其他视图中的对应线框。

（3）摘三视图，分析形状：分别从原图中摘出每部分线框及其对应线框，并分析其表达的基本体形状及放置形式。

（4）确定相对位置：根据原图中各部分线框的位置关系，分析出各基本体之间的相对位置。

（5）重新组合：根据以上步骤分析出的各基本体的形状、放置形式及相对位置，综合想象出组合体的形状。

注意事项：

由于组合体在基本体组合过程中有的交线去掉了，有的交线实线变为虚线，因此形体分析读图过程中三视图中如果仅缺一条线或只有一条线线型不符合基本体投影，则应先分析形体相对位置，看是否需要补线，如果是，要补上。

（6）检查验证：根据分析出的组合体形状重新画出组合体的三视图，并与原图比较。

① 若重新画出的三视图与原图一致，则证明分析结果正确。

② 若重新画出的三视图与原图不一致，则证明分析结果有错误，必须重新分析加以修正。

注意事项：

在形体分析法读图中："长对正、宽相等、高平齐"是读图的重要原则。

【例 6.3】 补画图 6-10（a）所示立体的第三投影图。

解 （1）分线框：在组合体的三视图中，找出投影特征明显的线框，即从组合体中分解基本体，然后根据投影规律找出线框的对应关系。

① 如图 6-10（b）所示，分线框：在 V 面投影图中分出 3 个线框，即把组合体分解为 3 个基本体。

② 如图 6-10（c）所示，找对应线框：根据长对正的投影规律找出 H 面这 3 个线框的对应图线。

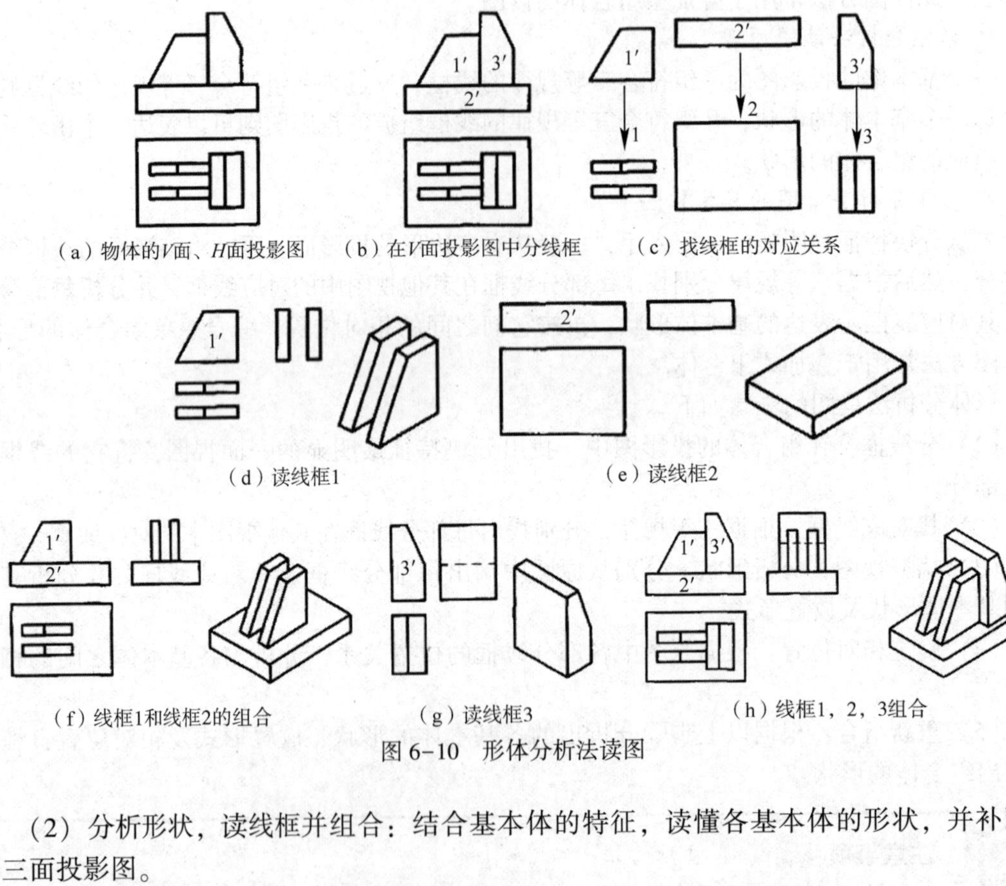

（a）物体的V面、H面投影图　（b）在V面投影图中分线框　（c）找线框的对应关系

（d）读线框1　（e）读线框2

（f）线框1和线框2的组合　（g）读线框3　（h）线框1，2，3组合

图 6-10　形体分析法读图

（2）分析形状，读线框并组合：结合基本体的特征，读懂各基本体的形状，并补画其第三面投影图。

① 如图 6-10（d）所示，读线框 1（基本体 1），补画其 W 面投影图。

② 如图 6-10（e）和图 6-10（f）所示，读线框 2（基本体 2）补画其 W 面投影图，并与基本体 1 组合。

③如图 6-10（g）和图 6-10（h）所示，读线框 3（基本体 3），补画其 W 面投影图，并与基本体 1，2 组合。

（3）检查验证。

根据图 6-10（h）所示的组合体形状重新绘制组合体三视图，按照投影原理向三个投影面投影后，经过与图 6-10（a）比较，确定完全一致，证明分析结果正确。

6.3.3　线面分析法读图

由于立体的表面是由线、面等几何元素组成的，所以在读图时可以把立体分解为线、面等几何元素。运用线面的投影特性，识别这些几何元素的空间位置和形状，再根据线连面、面围体的方法，从而想象出立体的形状。这种方法适用于挖切式的组合体。

【**例 6.4**】识读图 6-11（a）所示 U 形桥台翼墙的三面投影。

解　具体读图步骤如图 6-11（b）~图 6-11(g）所示。

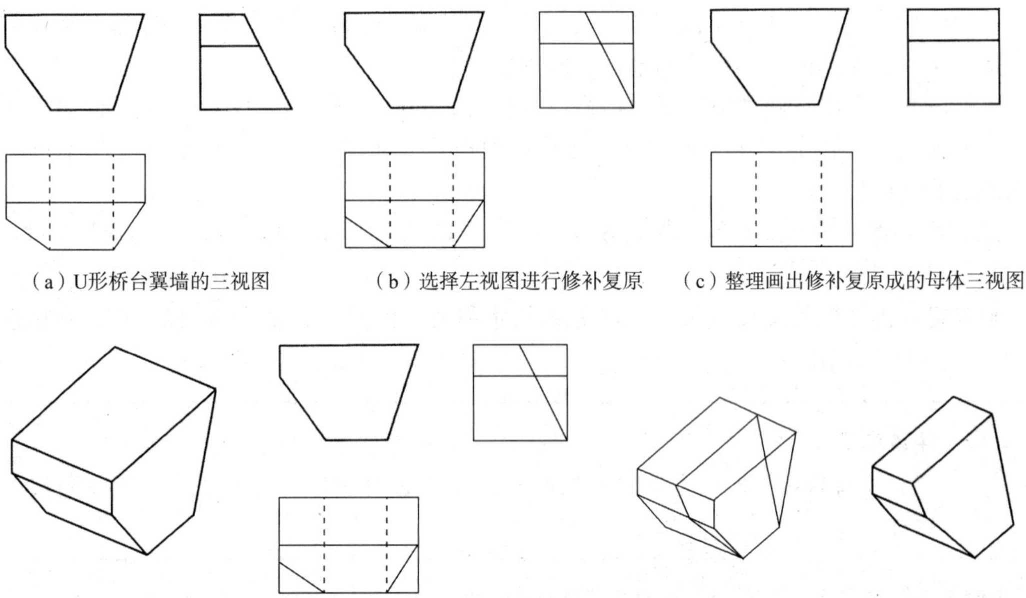

（a）U形桥台翼墙的三视图　（b）选择左视图进行修补复原　（c）整理画出修补复原成的母体三视图

（d）分析画出复原成的母体形状　（e）在图（c）中母体三视图上再挖切去图（b）中补上的部分　（f）根据图（e）中母体三视图的挖切方式，在母体上进行挖切　（g）挖切后剩余部分形体的形状，即为U形桥台翼墙的形状

图 6-11　线面分析法读图

任务 6.4　组合体尺寸标注

6.4.1　基本体的尺寸标注

常见的基本体是棱柱、棱锥、圆柱、圆锥和球等。常见的基本体尺寸标注示例见图 5-11。

6.4.2 组合体中尺寸的分类

由于组合体是由若干基本体通过叠加、相交、挖切等方式组合而成的，因此，标注组合体尺寸时必须标注各基本体的形状尺寸、各基本体之间的相对位置尺寸及组合体的总体尺寸，即三类尺寸：定形尺寸、定位尺寸和总体尺寸。

1. 定形尺寸

表达组合体中各部分基本体形状大小的尺寸称为定形尺寸，如图 6-12（b）中表达的基础形状尺寸。

2. 定位尺寸

表达各组成部分相对位置的尺寸称为定位尺寸。组合体的定位尺寸包括长、宽、高三个方向的定位尺寸，如图 6-12（d）中的墙身相对于基础前端面的宽度定位尺寸 15、帽石相对于墙身前端面的宽度定位尺寸 5。

在标注某一方向的定位尺寸时都需有一个标注尺寸的起点，这个标注起点叫做尺寸基准。标注组合体定位尺寸需要长、宽、高三个方向的尺寸基准。尺寸基准一般选在组合体底面、重要端面、对称面及回转体的轴线和圆的中心线上。

另外说明，在以下两种情况下，组合体两部分之间某一方向上的定位尺寸不需要标注。

（1）组合体两部分之间的相邻面对齐或贴面放置，如图 6-12（d）中墙身和帽石的高度方向上的定位尺寸。

（2）组合体关于基准对称，如图 6-12（d）中墙身和帽石的长度方向上的定位尺寸。

3. 总体尺寸

确定组合体外形的总长、总宽、总高的尺寸称为总体尺寸，如图 6-12（d）中的总长 340、总高 290、总宽 125。

注意事项：

以圆端形作为尺寸标注一侧时总尺寸不含圆端形半径尺寸，只标注到圆心即可。

【例 6.5】 如图 6-12 所示，标注涵洞口的尺寸。

（1）形体尺寸分析。

涵洞口一字墙由基础、墙身、帽石组成，如图 6-12（a）所示。基础为一个长方体，墙身是在一个横卧的梯形柱母体上挖出一个纵卧的圆柱孔，帽石为一个横卧的五棱柱。从图中可以看出，墙身在高度方向放在基础的顶面，左右方向相对于基础居中放置，前后方向前面比基础前端面靠后一段距离；在高度方向，墙身圆孔的最下面素线在墙身底面，在左右方向墙身圆孔相对于墙身居中放置，前后方向，墙身圆孔将墙身挖透；帽石在高度方向放在墙身的顶面，左右方向相对于墙身居中放置，前后方向前端面比墙身前端面靠前一段距离。

选定长、宽、高三个方向的尺寸基准，高向基准选在基础底部，长向基准选在圆孔的左右对称轴上，宽向基准选在基础的前端面。

（2）标注三类尺寸。

① 标注各基本体定形尺寸。

为了不遗漏尺寸，在形体分析的基础上，先分别注出各基本体的定形尺寸，以确定所需

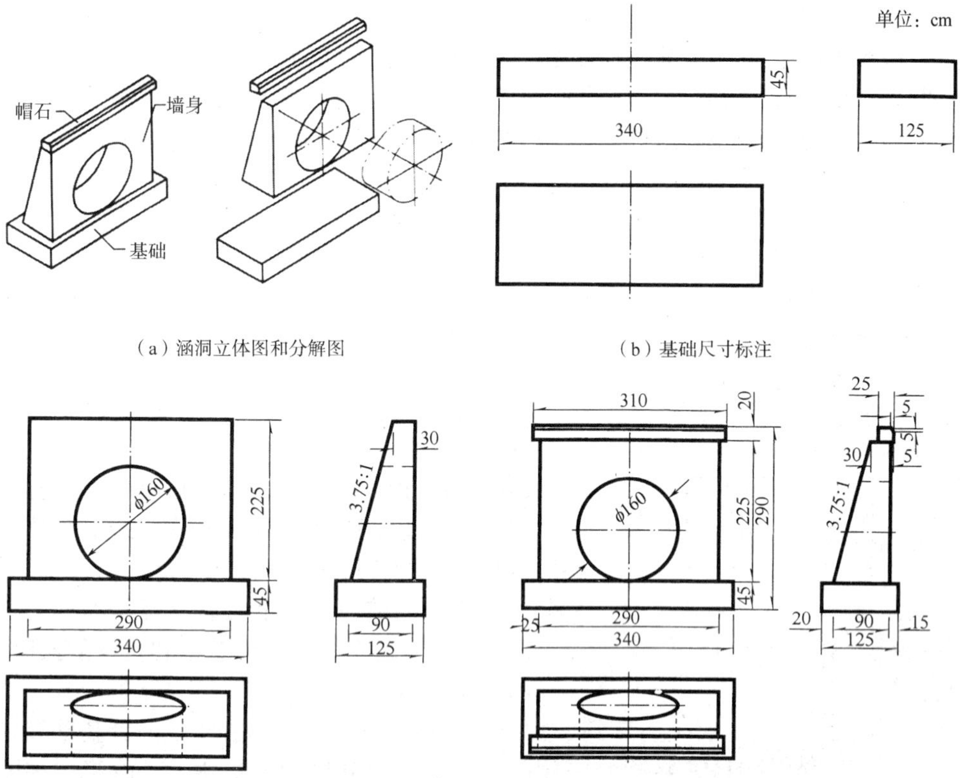

（a）涵洞立体图和分解图　（b）基础尺寸标注　（c）墙身尺寸标注　（d）帽石及总尺寸标注

图 6-12 组合体的尺寸标注

定形尺寸的数量，如图 6-12（b）、(c)（实际工程中不必再画分解图逐个标注尺寸)。墙身上的圆柱孔是被墙身后面（侧垂面）截切的，所以不用标注截交线（椭圆）的尺寸，而是标注截平面的位置尺寸，如图 6-12（c）侧面投影中圆柱孔所在的截平面距墙身右端面的定位尺寸分别是 30、90。

② 标注定位尺寸。

在长度方向，基础、墙身和帽石关于基准对称布置，不需定位尺寸。

在高度方向，基础、墙身和帽石都是贴面叠加，也不需定位尺寸。

在宽度方向，需标注出墙身相对于基础的定位尺寸 15、帽石相对于墙身的定位尺寸 5，如图 6-12（d）左视图所示，这两个尺寸均注在位置特征明显处。

标注总体尺寸：分别注出总长 340、总高 290、总宽 125。

③ 检查校核。

注完尺寸后，要用形体分析法认真检查三类尺寸，补上遗漏尺寸，并对不合理的尺寸布置进行必要的调整。

6.4.3 合理标注尺寸的注意事项

(1) 尺寸标注要完整、准确、唯一。

形体分析的基础是逐块标注各组成部分的定形尺寸、定位尺寸，以及总体尺寸，不得遗漏。

(2) 尺寸布置必须整齐、清晰，便于阅读。

① 如图 6-12（d）所示，尺寸应尽量标注在投影图形之外。与两投影图相关的尺寸，

最好标注在两投影图之间。

② 各基本体的定形尺寸、定位尺寸尽可能不要分散，要集中标注在形状特征和位置特征明显的视图上。如图6-12（d）中，帽石的定型尺寸相对集中标在反映特征面形状的左视图上。

③ 同向尺寸应尽可能排列整齐，尺寸线对齐；当有几排尺寸时，应使小尺寸在内，大尺寸在外，排列整齐，间隔均匀，如图6-12（d）主视图中的25、290、340。

④ 避免在虚线上标注尺寸。

⑤ 为了避免计算，便于加工制作，尺寸可采用封闭式处理，不得产生误差。

注意事项：

尺寸标注没有唯一答案，做到准确、合理、唯一即可。另外截切面一般不标注定形尺寸，一般按截面定位尺寸标注。

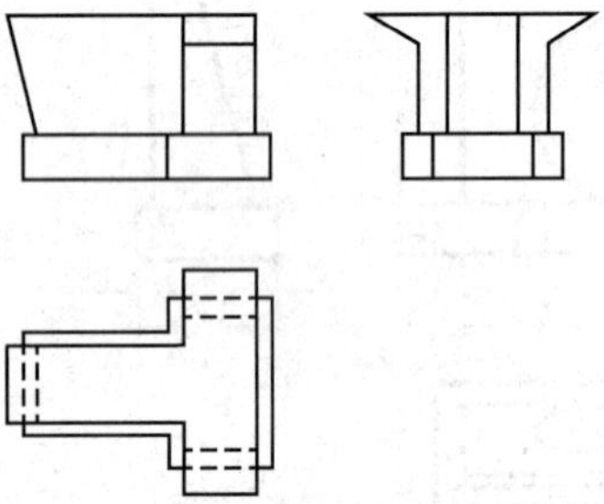

图6-13　T形桥台基础和台身的投影图

【例6.6】 识读T形桥台基础和台身的投影图。

T形桥台基础和台身为一个叠加式组合体，识读叠加式组合体的投影图采用的是形体分析法。采用形体分析法读图的前提条件是熟练掌握基本体的投影特点。图6-13所示为T形桥台基础和台身的投影图。

（1）分线框。

如图6-14（a）所示，在T形桥台基础和台身的三视图中，主视图分块特征最明显，故将主视图中的线框分为三部分。

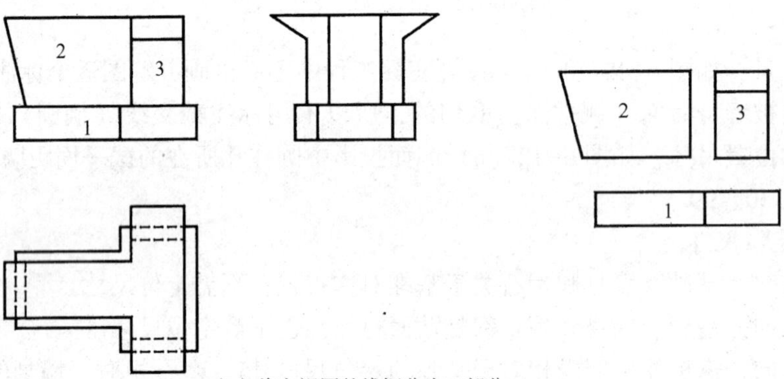

（a）将主视图的线框分为三部分

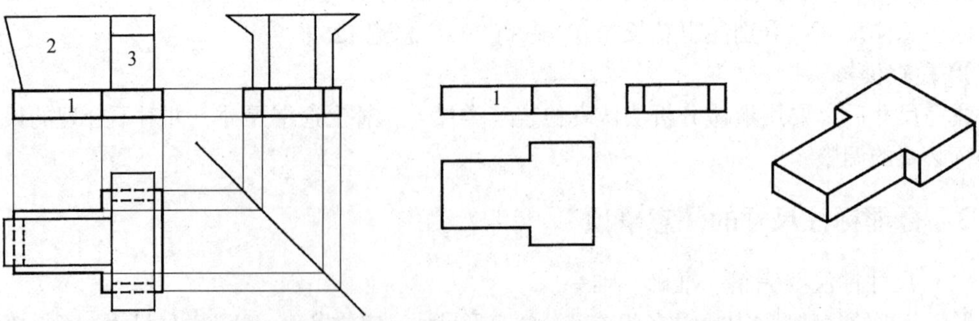

（b）找出第一部分线框的对应线框，摘出其三视图，分析形状及放置形式

图6-14　识读T形桥台基础和台身的三视图过程

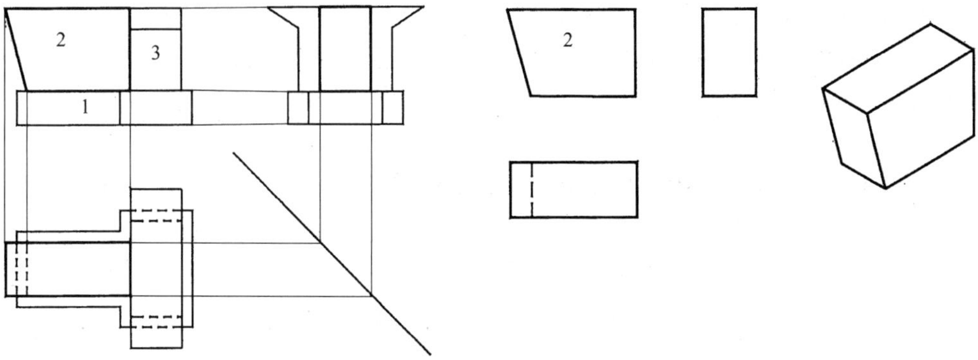

（c）找出第二部分线框的对应线框，摘出其三视图，分析形状及放置形式

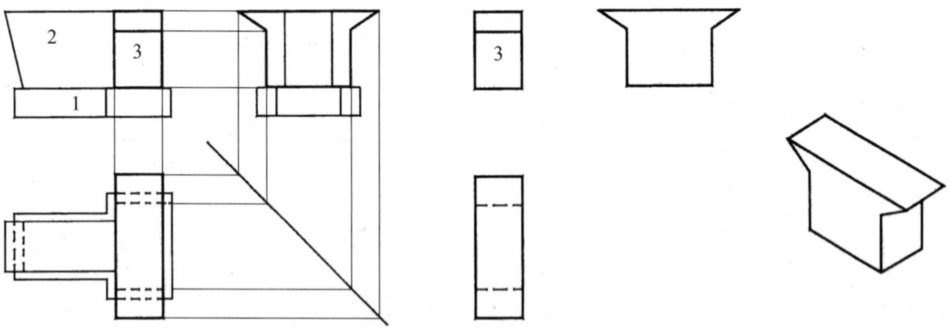

（d）找出第三部分线框的对应线框，摘出其三视图，分析形状及放置形式

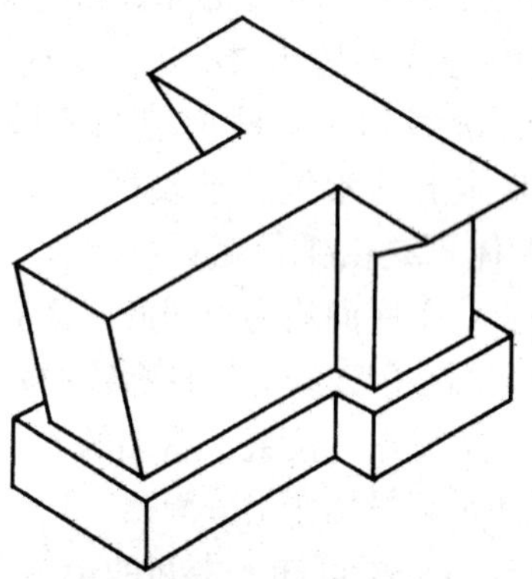

（e）根据原图中各部分的相对位置，综合分析T形桥台基础和台身的形状

图 6-14 识读 T 形桥台基础和台身的三视图过程（续）

（2）分析每个组成部分的形状和放置形式。

如图 6-14（b）所示，分析第一部分。

① 找对应线框：根据“长对正、宽相等、高平齐”的投影规律，找出第一部分线框的对应线框。

② 摘三视图：分别从原图中摘出第一部分的三视图。

③ 分析形状：分析第一部分的三视图表达的基本体形状及放置形式，第一部分为立放的 T 形柱。

用同样的方法可以分析出：第二部分为纵卧的梯形柱［如图 6-14（c）所示］，第三部分为横卧的六棱柱［如图 6-14（d）所示］。

(3) 组合各部分基本体。

如图 6-14 (e) 所示，根据原图中各部分线框的位置关系，分析各基本体之间的相对位置，将各部分基本体组合，得到的组合体形状即为 T 形桥台基础和台身的形状。

检查验证。

根据图 6-14 (e) 所示的组合体形状重新绘制组合体三视图，经过与原图（图 6-13）比较，确定完全一致，证明分析结果正确。

【例 6.7】 如图 6-15 所示，读圆端形桥墩墩身的投影图。

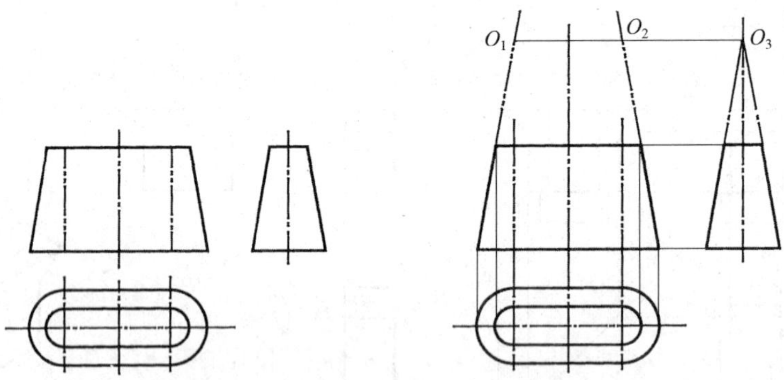

（a）投影图　　（b）分析图

图 6-15　圆端形桥墩墩身的投影图

图 6-15 (a) 是圆端形桥墩的三视图，其正面投影和侧面投影都是梯形，水平投影为两个带圆端的矩形。圆端形桥墩墩身为整体形体，没有明显的分块，类似于台体，但不是台体，因为正面图中的两条斜轮廓线的延长线交点与侧面图中的两条斜轮廓线的延长线交点不符合“高平齐”，即该形体上的素线不能交于一个共同的顶点（母体锥体的锥顶），如图 6-15 (b) 所示，该形体不是由锥体截得的台体，而是一个组合体。

分析图 6-16 (a) 可知，墩身上、下底面均为圆端形，且上、下底面左端两个半圆圆心的平面投影重合，在正面图中作这两个圆心的连线与斜轮廓线的延长线交于点 O_1，而 O_1 恰好与侧面图中斜轮廓线的交点 O_3 处于“高平齐”位置；右端的 O_2 也是如此。如图 6-16 (b) 所示，可以人为地将墩身的正面投影和水平投影作出分割。

如图 6-16 (c)、(d) 所示，经过分析可知，中间的第一部分为一个横卧的梯形柱，两端的第 2、3 部分为立放的两个半圆台；如图 6-16 (e)、(f) 所示，由第 1、2、3 部分拼接合并得到整个墩身。

【例 6.8】 如图 6-17 (a) 所示，识读桥墩顶帽排水坡的投影图。

对于此类整体没有明显的分块，但又不是基本体的形体，常采用的方法是人为地进行分块，在分析每块的形状后，再拼接、合并出整体形体结构。图 6-17 (b) ~图 6-17 (g) 给出了用此方法分析读图的实例。

【例 6.9】 如图 6-18 (a) 所示，识读圆端形桥墩托盘的投影图。

圆端形桥墩托盘可被分割成一个纵卧的梯形柱体和两个斜半圆柱，识读过程见图 6-18 (b) ~图6-18 (g)。

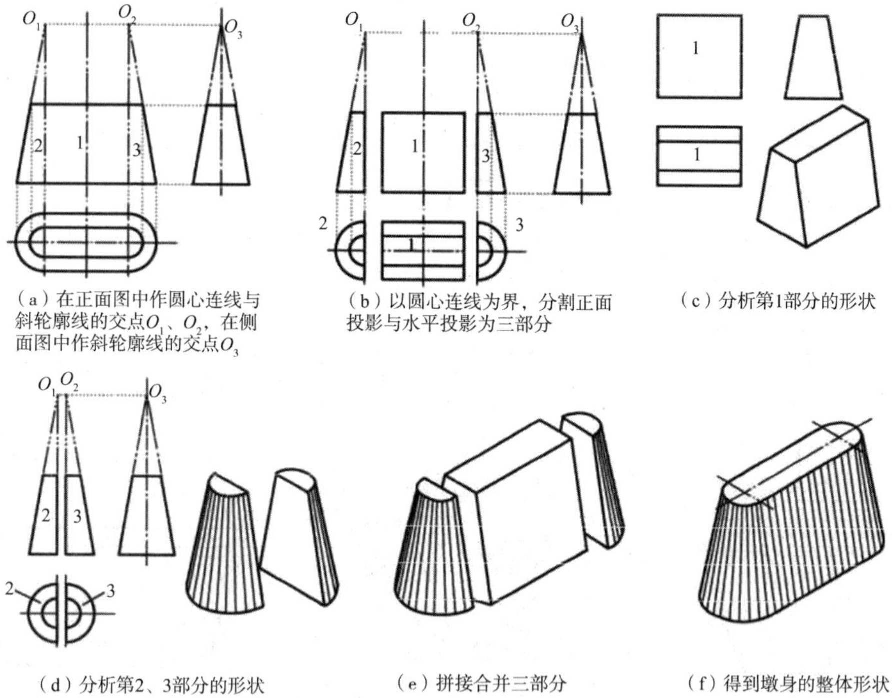

（a）在正面图中作圆心连线与斜轮廓线的交点O_1、O_2，在侧面图中作斜轮廓线的交点O_3

（b）以圆心连线为界，分割正面投影与水平投影为三部分

（c）分析第1部分的形状

（d）分析第2、3部分的形状

（e）拼接合并三部分

（f）得到墩身的整体形状

图 6-16 圆端形桥墩墩身投影的识读过程

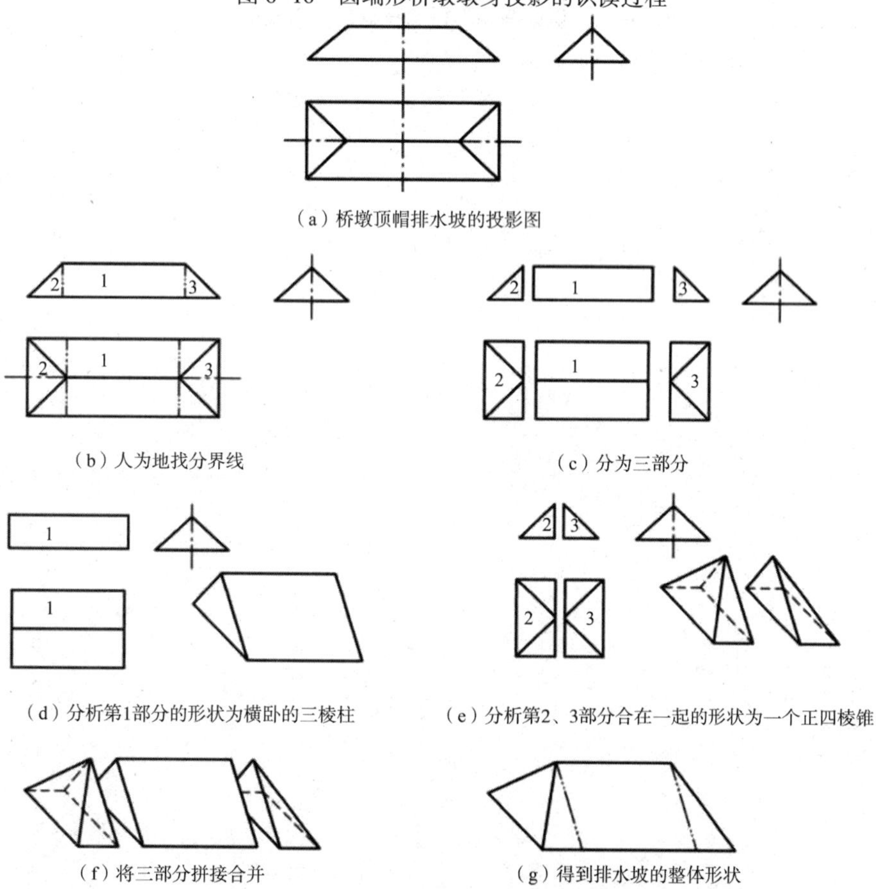

（a）桥墩顶帽排水坡的投影图

（b）人为地找分界线

（c）分为三部分

（d）分析第1部分的形状为横卧的三棱柱

（e）分析第2、3部分合在一起的形状为一个正四棱锥

（f）将三部分拼接合并

（g）得到排水坡的整体形状

图 6-17 识读桥墩顶帽排水坡投影图的过程

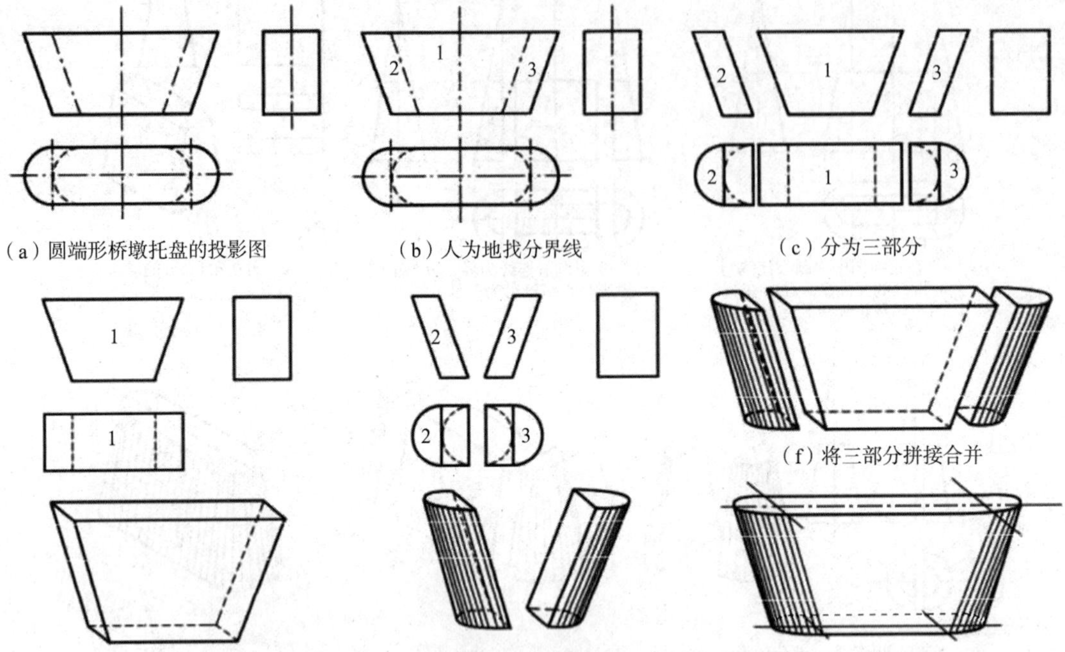

（a）圆端形桥墩托盘的投影图（b）人为地找分界线（c）分为三部分

（d）分析第1部分的形状为纵卧的梯形柱（e）分析第2、3部分的形状为两个半斜圆柱（f）将三部分拼接合并（g）得到桥墩托盘的整体形状

图 6-18　识读圆端形桥墩托盘的三面投影

项目 7　轴 测 投 影

【情境引入】

图 7-1（a）所示为 T 形柱的投影图，其能够标准地表达 T 形柱的形状，但是不直观，没有立体感，但图 7-1（b）所示的 T 形柱的轴测图能直观地表达其形状。所以工程图上经常用轴测图作为辅助图样来表达形体的直观形状，用来辅助视图。本项目介绍轴测图的绘制方法。

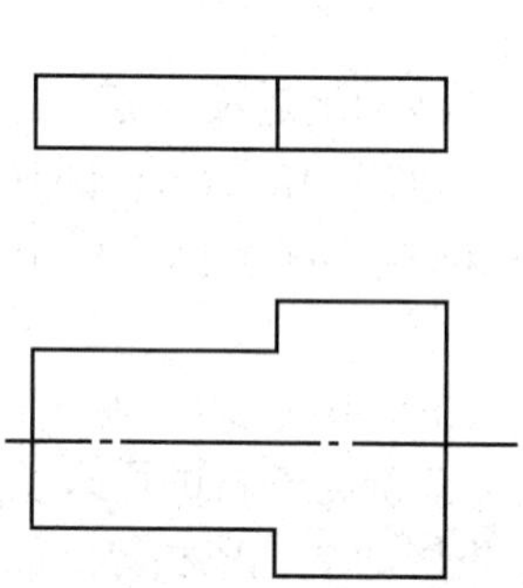

（a）T形柱的投影图

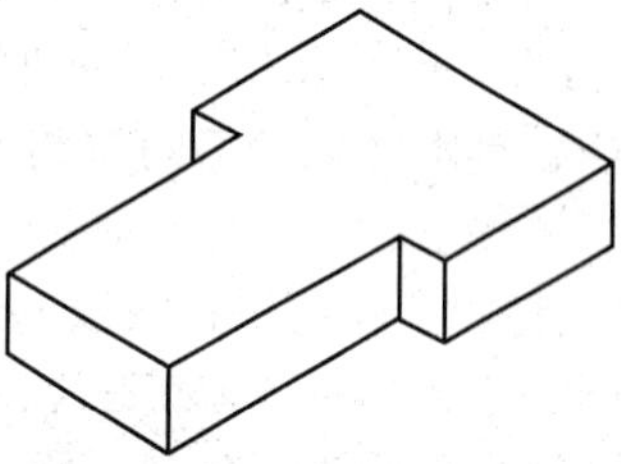

（b）T形柱的轴测图

图 7-1　T 形柱的投影图与轴测图

任务 7.1　轴测投影的基本知识

7.1.1　轴测投影图的形成

图 7-1（b）所示的轴测投影图，在单一投影面上能同时反映形体的长、宽、高 3 个向度，接近人的视觉印象，具有较强的立体感。在单面投影中同时获得形体长、宽、高 3 个方向信息，一般采用下述方法：如图 7-2 所示，使空间直角坐标系 $O\text{-}XYZ$ 与投影面 P 倾斜，采用正投影法将形体投射到投影面 P 上。此时由于三维方向均不积聚而能同时得到反映，使投影呈现立体感，这样获得的投影称为正轴测投影。

不改变形体对投影面的相对位置，即形体三维方向仍平行于投影轴，但用斜投影法将形体投射到投影面 P 上，从而获得形体直观的三维形象，这种投影称斜轴测投影。

我们把接受轴测投影的投影面 P 称为轴测投影面，将形体上的直角坐标轴 OX、OY、OZ 在轴测投影面上的投影 O_1X_1、O_1Y_1、O_1Z_1 称为轴测投影轴，简称轴测轴。为了表达方便，本项目后面的轴侧投影轴用 OX、OY、OZ 表示。

7.1.2　轴测投影的特性

由于轴测投影属于平行投影，故具备平行投影的特性。

① 空间直角坐标轴投影成为轴测投影轴以后，直角在轴测图中一般已不是 90°了，但是

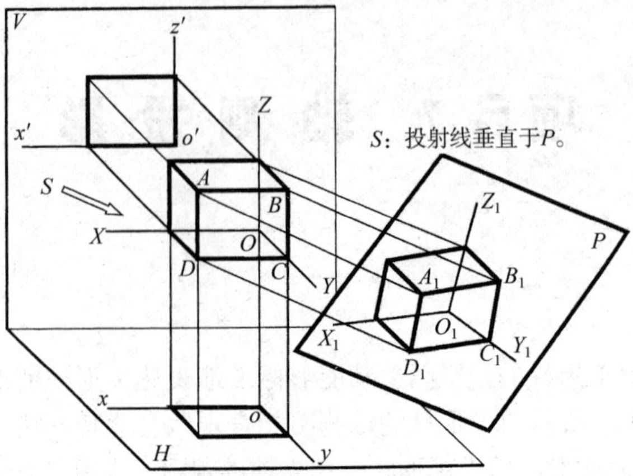

图 7-2　轴测投影的形成

它沿轴测轴确定长、宽、高 3 个坐标方向的性质不变，即仍然沿轴确定长、宽、高方向。

② 平行性：空间互相平行的直线其轴测投影仍保持平行。如果 $AB /\!/ CD$，则其轴测投影 $A_1B_1 /\!/ C_1D_1$，即形体上与空间直角坐标轴平行的线段，其轴测投影线段仍平行于相应的轴测轴。

③ 定比性：空间各平行线段的轴测投影的变化率相等。如果 $AB /\!/ CD$，则 $A_1B_1 /\!/ C_1D_1$，且 $AB/CD=A_1B_1/C_1D_1$。这就是说，平行两直线的投影长度，分别与各自的原来长度的比值是相等的，该比值称为变化率，所以空间各平行线段的轴测投影的变化率相等。因此，在轴测图中，形体上平行于坐标轴的线段其变化率等于相应坐标轴的变化率。

但应注意，形体上不平行于坐标轴的线段（非轴向线段），它们的投影变化与平行于坐标轴的线段不同，因此不能将非轴向线段的长度直接移到轴测图上。画非轴向线段的轴测投影时，需要用坐标法定出其两端点在轴测坐标系中的位置，然后再连成线段。

7.1.3　轴间角和轴向变化率

如图 7－3 所示，分别以 OX、OY、OZ 表示轴测轴。3 个轴测轴间的夹角 $\angle XOY$、$\angle YOZ$、$\angle ZOX$ 称为轴间角。它们可以用来确定 3 个轴测轴间的相互位置，显然，也确定了与 OX、OY、OZ 之间的角度。

轴测轴上的单位长度与相应坐标轴上的单位长度的比值，称为轴向伸缩系数，分别用 p，q，r 表示。p，q，r 分别称 X 轴、Y 轴、Z 轴的轴向伸缩系数。

这样，如果已知轴测投影中的轴测轴的方向和轴向伸缩系数，则与每条坐标轴平行的直线，其轴测投影必平行于轴测轴，其投影长度等于原来长度乘以该轴的轴向伸缩系数。这就是把这种投影法称为轴测投影的原因。

轴间角和轴向伸缩系数，是作轴测图的 2 个基本参数。随着物体与轴测投影面相对位置的不同及投影方向的改变，轴间角和轴向伸缩系数也随之改变，从而可以得到各种不同的轴测图。正等轴测投影图的轴间角为 120°，轴向伸缩系数 $p=q=r=0.82$，为了作图方便常取 1。

7.1.4　轴测投影的分类

轴测投影按投射线与投影面相对位置的不同分为正轴测投影和斜轴测投影 2 类，每类按轴向变化率的不同又分为 3 种。

正（或斜）等测轴测投影：3个轴向变化率均相等，即 $p=q=r$，称正（或斜）等测。图7-3（a）所示为正面斜等轴测投影图。

正（或斜）二测轴测投影：3个轴向变化率中有两个相等，即 $p=r\neq q$，称正（或斜）二测。图7-3（b）为正面斜二轴测投影图。

正（或斜）三测轴测投影：3个轴向变化率均不相等，即 $p\neq q\neq r$，称正（或斜）三测。工程上常采用正等测、斜二测投影。

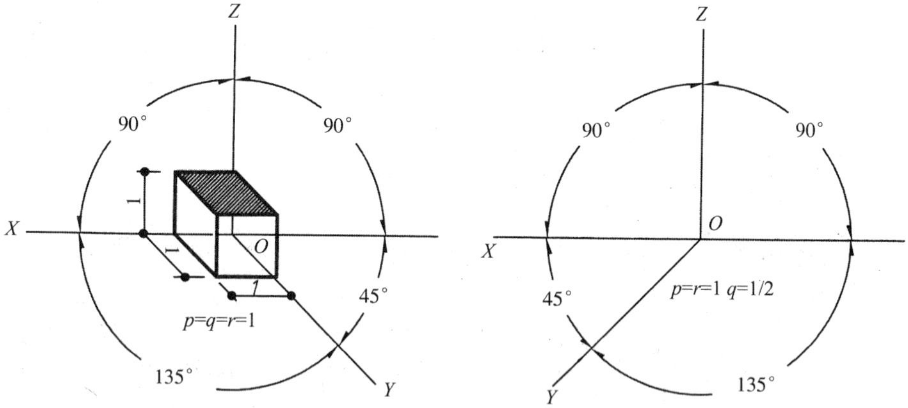

（a）正面斜等轴测投影图　　（b）正面斜二轴测投影图

图7-3　正面斜轴测投影轴、轴间角、轴向伸缩系数

注意事项：

轴测投影图绘图原则：① 平行性原则：形体上互相平行的直线，其轴测投影仍互相平行；② 轴测原则：形体沿坐标轴方向或平行于坐标轴方向的距离，在轴测图中仍沿轴测轴或平行于相应轴测轴方向，按相应的轴向伸缩系数测算长度。

任务7.2　点的轴测投影

图7-4是表示点空间状况的图，是轴测图的一种形式。图中 OZ 轴画成铅垂线，OX、OY 轴与水平线成30°的倾斜方向，故原来投影为矩形的 V 面、H 面和 W 面投影，均变成平行四边形了。所谓"轴测"，就是沿坐标轴的方向，平行于坐标轴的直线，可以测量长度。因此在各轴上，以及平行各轴的方向，均可按实际尺寸量取长度。

有了一点的轴测图，可画出其投影图；反之，有了一点的投影图，亦可画出反映其空间状况的轴测图。可由一点的坐标画出其轴测图；反之，也可由轴测图量出其坐标。

【例7.1】 如图7-5（a）所示，根据点 A 的三面投影图，完成其正等轴测投影图。

解　分析：绘制点的轴测投影图，主要依据点的坐标来完成。

① 建立正等轴测图的投影体系：正等轴测投影图的3个轴间角都是120°，即将 OZ 轴画成铅垂线，OX，OY 轴是与水平线成30°的倾斜线。

② 完成点的轴测图：如图7-5（b）所示，按1∶1的轴向伸缩系数，先根据点的 X 坐

标和 Y 坐标，完成点在 XOY 坐标平面上的投影；再按 1∶1 的轴向伸缩系数，根据点的 Z 坐标完成点的轴测投影图。

> **注意事项：**
> 点的正投影与斜投影的区别在于坐标轴的方向不同，绘图时，要坚持以下原则：点的坐标长度要在平行于坐标轴方向量取。

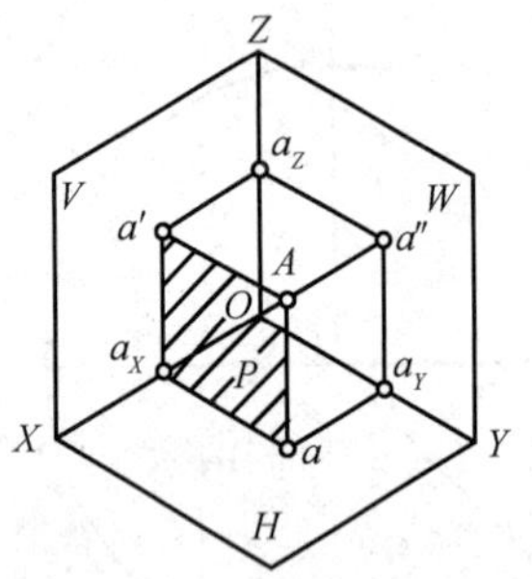

图 7-4　点的轴测投影

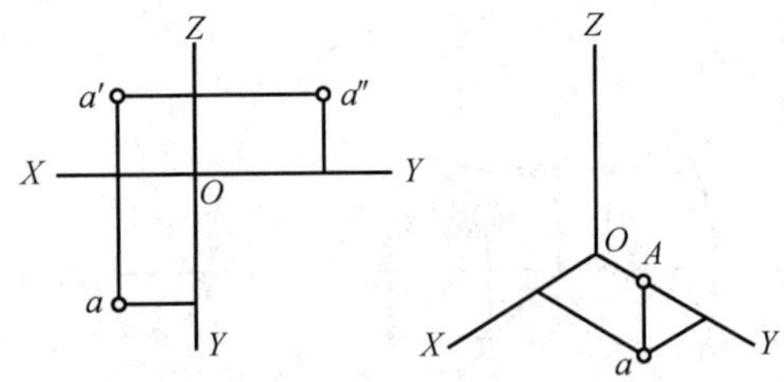

（a）投影图　　（b）轴测图

图 7-5　求点的正等轴测投影图

【例 7.2】 如图 7-6（a）所示，根据点的三面投影图，完成点的斜二轴测投影图。

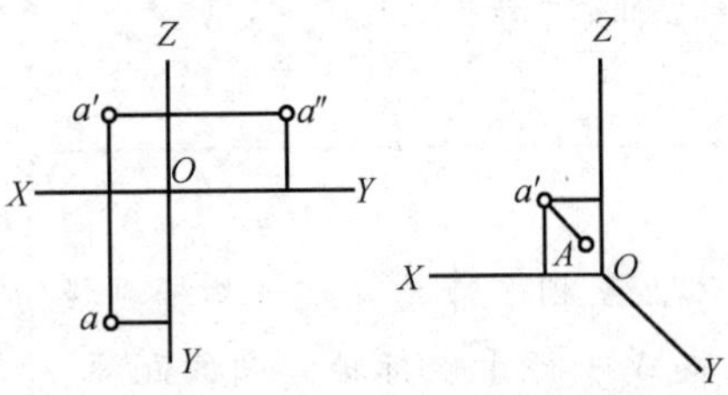

（a）投影图　　（b）轴测图

图 7-6　求点的斜二轴测投影图

解

① 建立斜二轴测图的投影体系：先画垂直方向的 Z 轴，再画与 Z 轴成 90°的 X 轴，最后画与 Z 轴成 135°的 Y 轴。

② 完成点的轴测图，如图 7-6（b）所示，按 1∶1 的轴向伸缩系数，根据点的 X 坐标和 Z 坐标，完成点在 XOZ 坐标平面上的投影；按 1∶0.5 的轴向变化系数，根据点的 Y 坐标的一半，完成点的轴测投影图。

任务 7.3　直线的轴测投影

前面已经学习过两点确定一条直线，因此要作直线的投影，只需画出直线上任意两点的投影，连接其同面投影，即为直线的投影。同理，要作出直线的轴测投影，只需画出直线上任意两点的轴测投影，并将其连接，即为直线的轴测投影。有了直线的轴测图，可画出其投影图；反之，有了直线的投影图，亦可画出反映其空间状况的轴测图。

【例 7.3】 根据直线的三面投影图，分别完成其正等轴测图和斜二轴测图（见图 7-7）。

解　分析：AB 直线是由 A 点和 B 点连接而成，所以要完成 AB 直线的轴测投影图，应先作 A 点和 B 点的轴测投影图，然后连接 A 点和 B 点的轴测投影图，完成 AB 直线的轴测投影图。

① 先分别建立正等轴测图和斜二轴测图的投影体系。

② 作 A、B 两个点的轴测投影图。

③ 连接 A 点和 B 点，完成直线的轴测投影图。

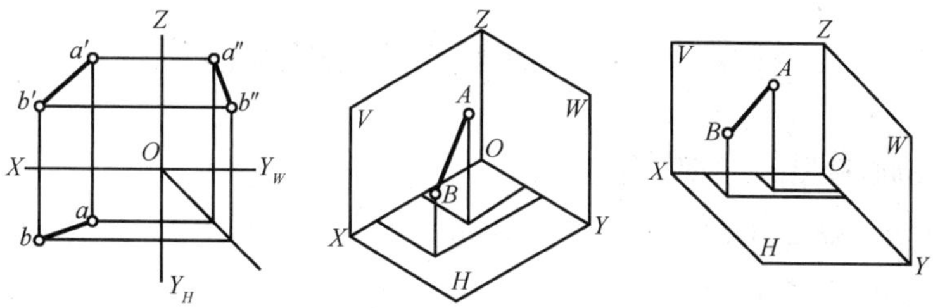

（a）已知　（b）正等轴测图　（c）斜二轴测图

图 7-7　求直线的轴测投影图

任务 7.4　平面的轴测投影

点连线、线围面是组成空间形体的基本规律。前面已经学习过点和直线的轴测投影的画法，因此只需画出围成平面的各条直线或平面上的各个转折点的轴测投影，并将其顺次连接，即为平面的轴测投影。

图 7-8（a）所示为平面的轴测图。有了平面的投影图，即可画出反映其空间状况的轴测图。

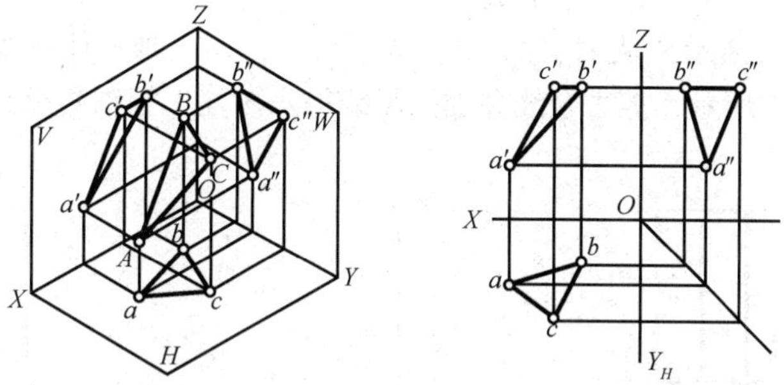

（a）轴测图　（b）投影图

图 7-8　一般位置平面轴测图和投影图

【例 7.4】 如图 7-9（a）所示，根据平面的三面投影图，完成平面的正等轴测投影图。

解　① 确定平面上有 6 个点。

② 根据点的坐标，完成平面上点的轴测投影。

③ 如图 7-9（b）所示，按一定的顺序连接平面上的点，完成平面的轴测投影图。

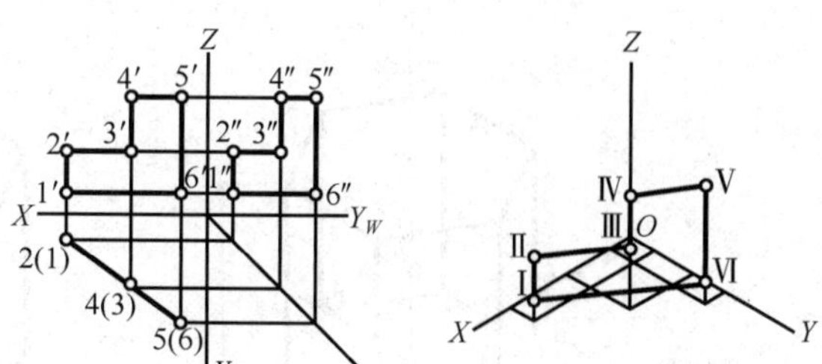

（a）投影图　（b）轴测图

图 7-9　平面正等轴测投影图画法

任务7.5 简单立体的轴测投影

7.5.1 棱柱体轴测图的绘制方法

在绘制棱柱体的轴测投影图时，应先用坐标法完成棱柱的底面，再根据棱柱的高完成相互平行的棱线，最后完成棱柱的顶面。

> **注意事项：**
> 轴测投影中一般不画虚线，看不见的线不画即可。

【例7.5】 如图7-10（a）所示，根据六棱柱的两面投影图，完成其正等轴测投影图。

解 其作图步骤如图7-10所示。

① 如图7-10（a）所示，选择坐标原点，并建立坐标系。

② 如图7-10（b）所示，建立轴测投影轴。

③ 如图7-10（c）所示，在轴测投影轴上找出1_1、8_1、4_1、7_1四点。

④ 如图7-10（d）所示，在轴测投影图上找到2_1、3_1、5_1、6_1四点位置，并顺次连接1_1、2_1、7_1、3_1、4_1、5_1、8_1、6_1、1_1形成封闭六边形。

⑤ 如图7-10（e）所示，从1_1、2_1、3_1、4_1、5_1、6_1向上画棱柱高度并连线。

⑥ 如图7-10（f）所示，擦去余线并加深图线得六棱柱正等轴测投影图。

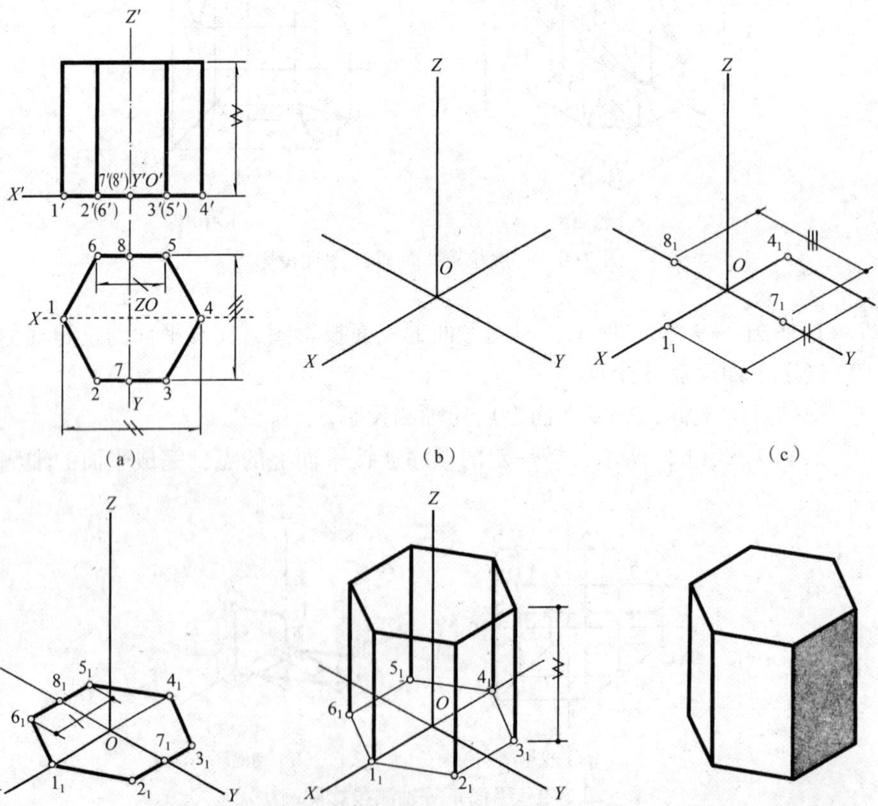

图7-10 绘制六棱柱的正等轴测投影图

7.5.2　棱锥体轴测图的绘制方法

在绘制棱锥体的轴测投影图时，应先用坐标法完成棱锥的底面，再用坐标法完成锥顶，最后把锥顶与底面的各点连接完成棱线。

【例 7.6】 如图 7-11（a）所示，根据棱锥的两面投影图，完成其正等轴测投影图。

解　其作图步骤如图 7-11 所示。

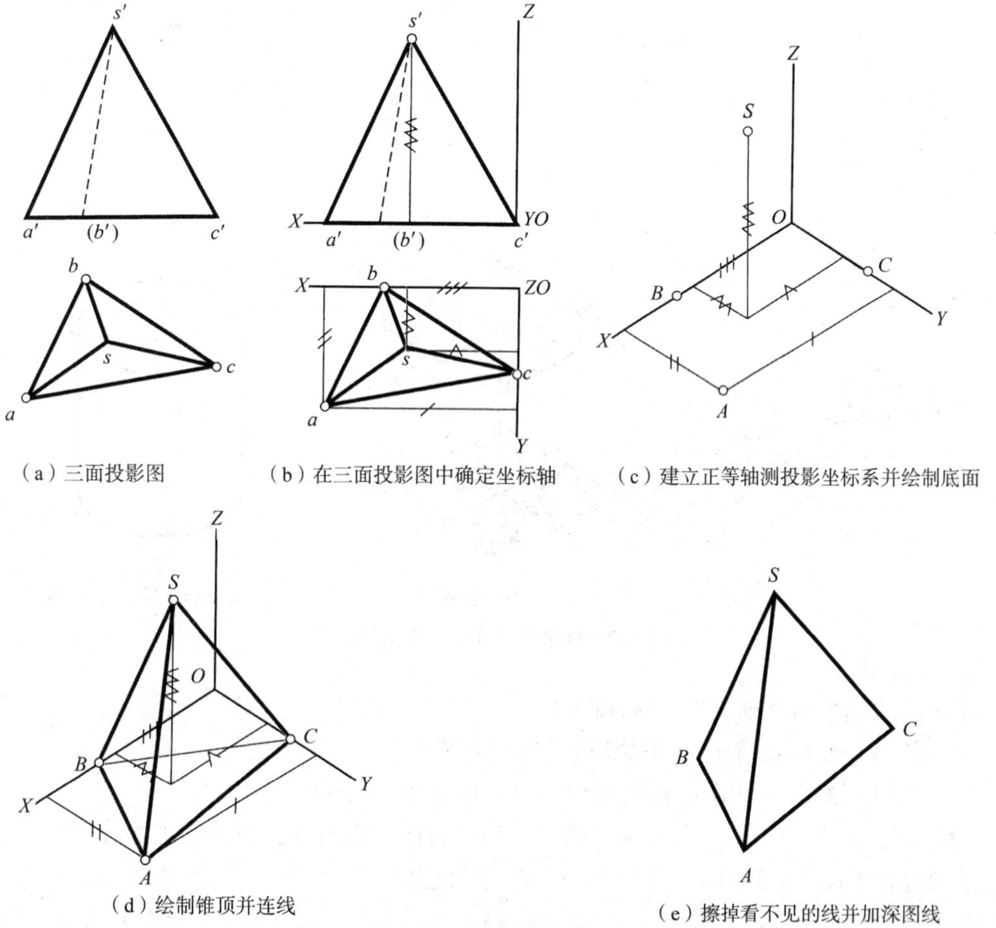

（a）三面投影图　（b）在三面投影图中确定坐标轴　（c）建立正等轴测投影坐标系并绘制底面

（d）绘制锥顶并连线　（e）擦掉看不见的线并加深图线

图 7-11　绘制三棱锥的正等轴测投影图

7.5.3　圆柱、圆锥轴测图的绘制方法

绘制圆柱、圆锥轴测图的关键是底面圆的绘制。其绘制的基本方法与绘制棱柱、棱锥相似。

【例 7.7】 如图 7-12（a）所示，根据圆柱的两面投影图，完成其正等轴测投影图。

解　其作图步骤如图 7-12 所示。

① 如图 7-12（b）所示，画外切正方形。

② 如图 7-12（c）所示，建立正等轴测投影坐标系确定直径上四个点，过直径上的点向对应的坐标轴作平行线。

③ 如图 7-12（d）所示，确定四个圆心画大圆弧。

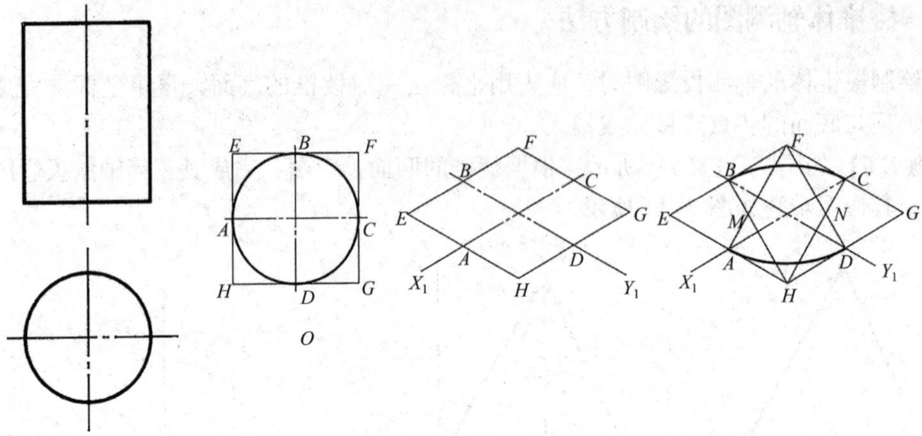

（a）投影图　（b）画外切正方形　（c）画菱形*EFGH*　（d）画大圆弧

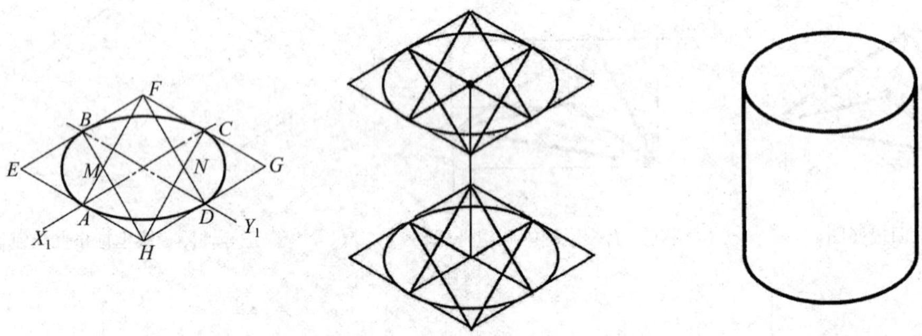

（e）画小圆弧（完成）　（f）作上顶面椭圆　（g）圆柱体的正等轴测图

图 7-12　绘制圆柱的正等轴测投影图

④ 如图 7-12（e）所示，画小圆弧。

⑤ 如图 7-12（f）所示，同理完成上顶面椭圆。

⑥ 如图 7-12（g）所示，作公切线，擦去作图线并加深图线。

【例 7.8】 如图 7-13（a）所示，根据 T 形桥台的三面投影，完成其正等轴测投影图。绘图过程如图 7-13（b）~图 7-13（h）所示。

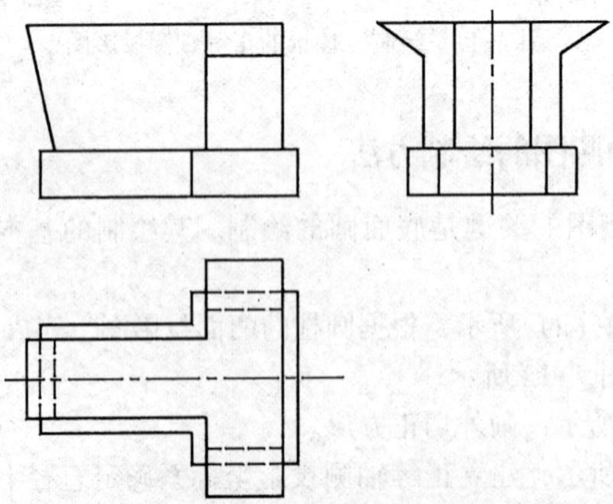

（a）投影图

图 7-13　绘制 T 形桥台的正等轴测投影图

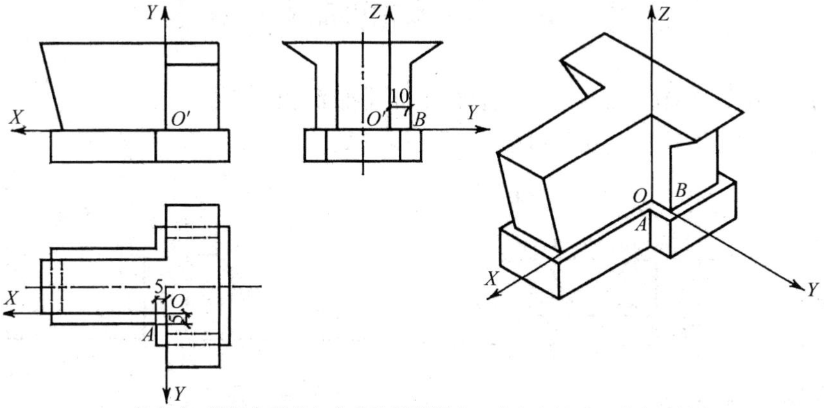

（b）在T形桥台基础与台身的投影图中，建立坐标系，确定关键点A、B

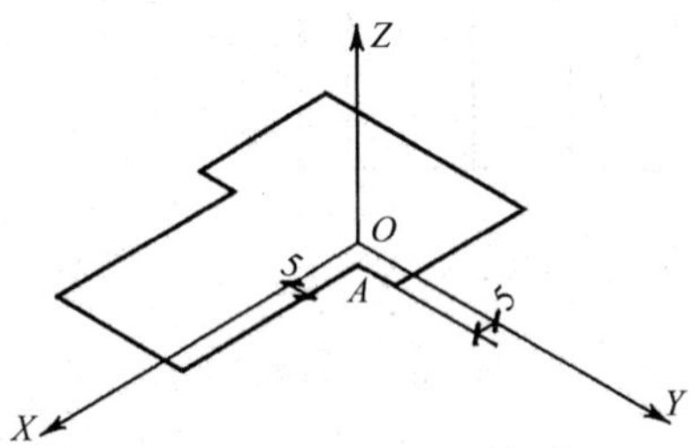

（c）画轴测轴，利用关键点A绘制基础特征面的轴测图

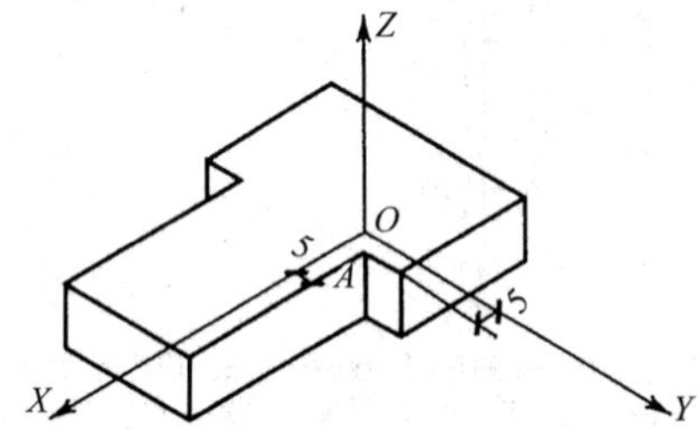

（d）完成基础的轴测图

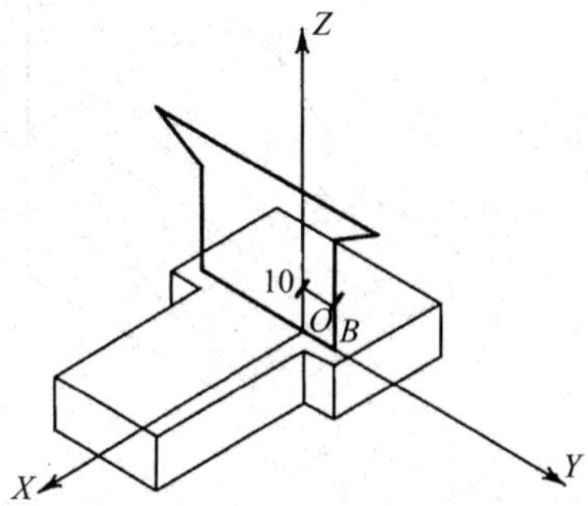

（e）利用关键点B绘制前墙特征面的轴测图

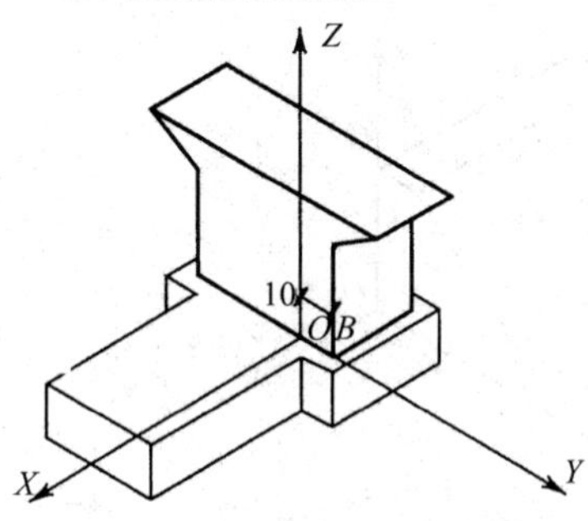

（f）完成前墙的轴测图，去掉被遮挡的棱线部分

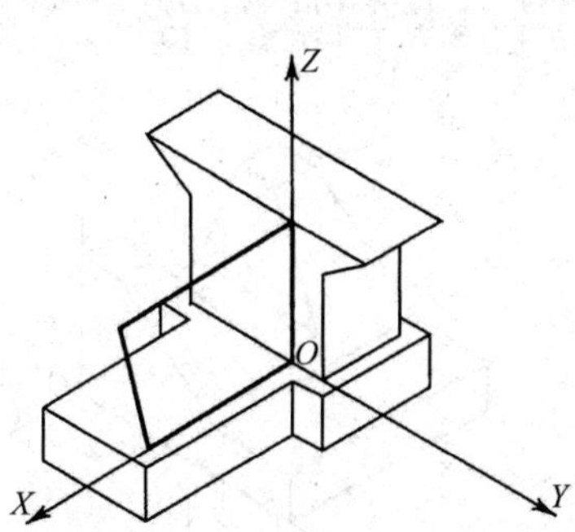

（g）利用关键点O绘制后墙特征面的轴测图

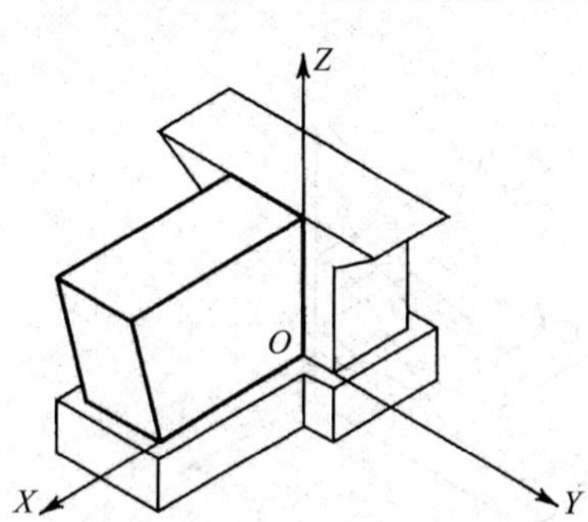

（h）完成后墙的轴测图，去掉被遮挡的棱线部分

图 7-13　绘制 T 形桥台的正等轴测投影图（续）

任务 7.6　组合体的轴测投影图

【例 7.9】 求作图 7-14（a）所示组合体的正等轴测投影图。

解　作图过程如图 7-14（b）~图 7-14（f）所示。

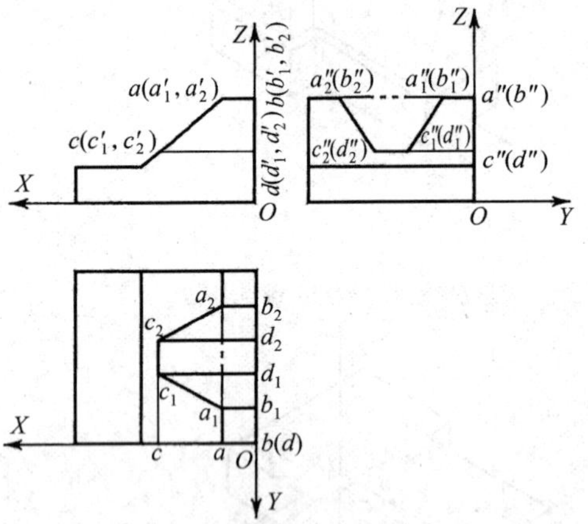

（a）将挖切式组合体的投影图修补复原，成为基本体母体的投影图；进行挖切时，只要能确定A_1B_1、A_2B_2、C_1D_1、C_2D_2四条关键棱线即可，为此首先找两条辅助线AB、CD

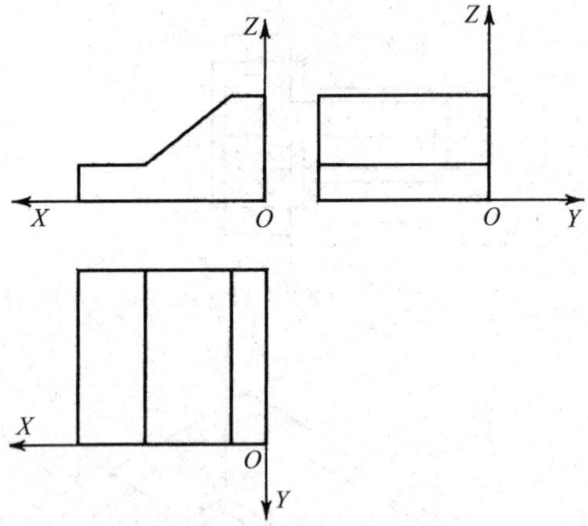

（b）画出基本体母体的三视图

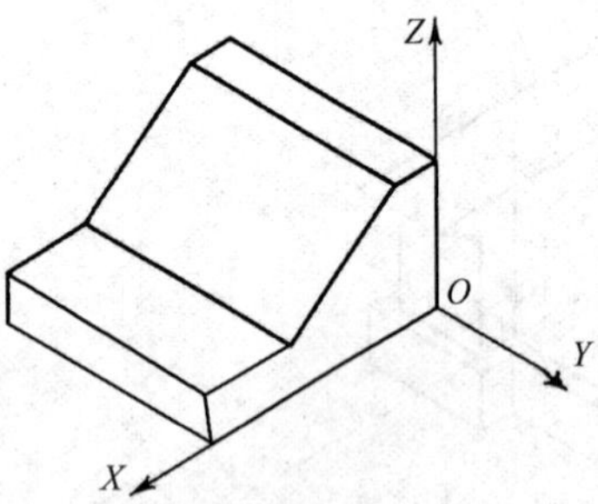

（c）绘制基本体母体的轴测图

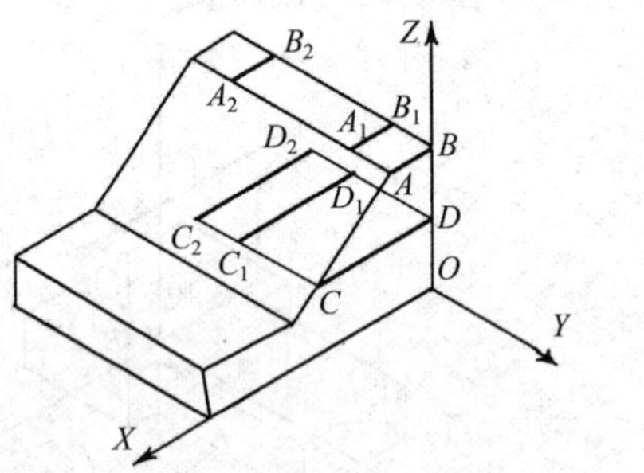

（d）作出辅助线AB、CD，再根据平行性作图原理，将线AB沿y轴反方向平移距离AA_1得到棱线A_1B_1，平移距离AA_2得到棱线A_2B_2；将线CD沿y轴反方向平移距离CC_1得到棱线C_1D_1，平移距离CC_2得到棱线C_2D_2

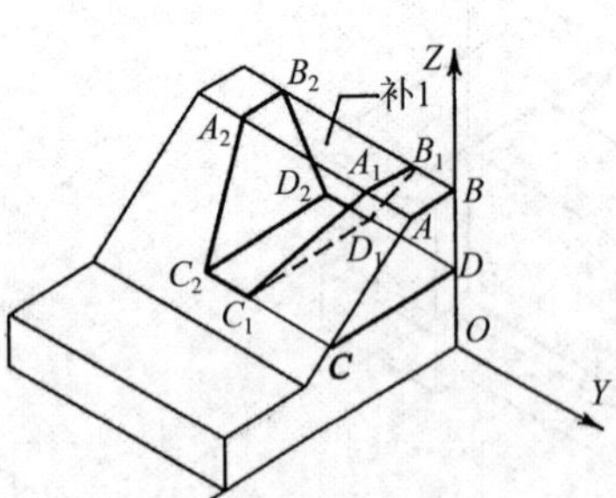

（e）用直线连接$A_1C_1C_2A_2$和$B_1D_1D_2B_2$

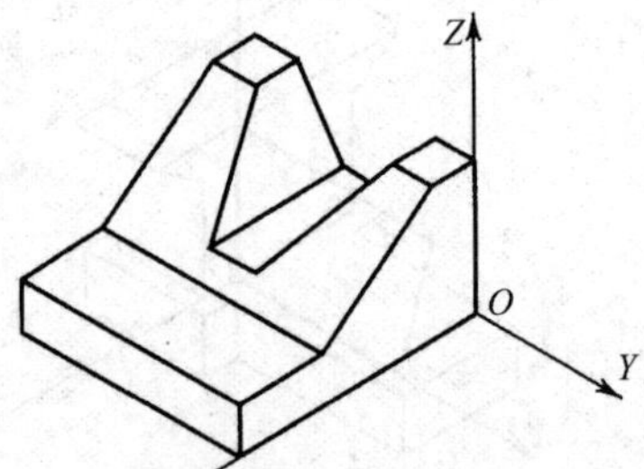

（f）整理后得到形体的轴测图

图 7-14　组合体轴测图的画法

项目 8　剖面图和断面图

【情境引入】

如图 8-1 是沿纵向切开的道砟槽的形状，从图中可以看出，道砟槽的不同位置不是同一材料，那么，用前面学的三面投影的方法是没有办法将它的内部材料使用情况清晰地表达出来的，这不利于了解其内部构造及组成材料。为此，工程上采用剖面图和断面图来解决此类问题。

本项目主要介绍剖面图和断面图的表达方法、分类及绘图方法。

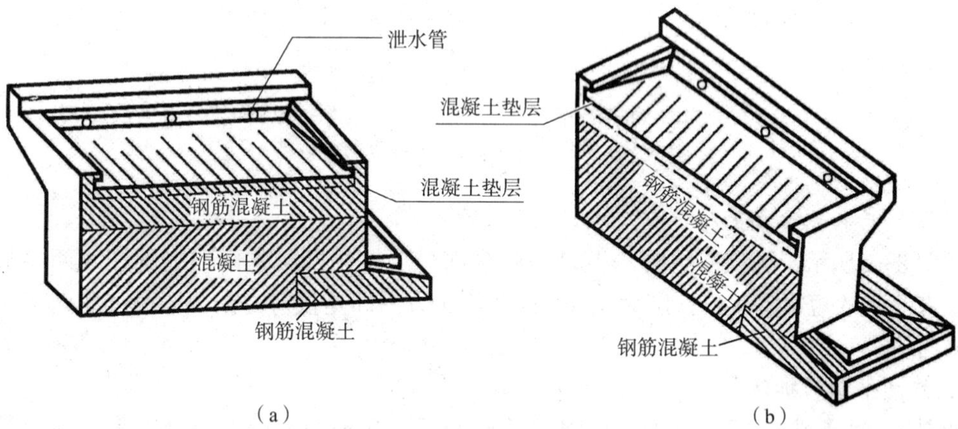

图 8-1　道砟槽的形状

任务 8.1　基本概念及相关规定

8.1.1　剖、断面的概念

1. 剖面图

用假想的剖切平面将形体剖切开后，移去观察者和剖切平面之间的部分，按垂直于剖切平面方向的投影画出剩余部分，并在剖切到的实体部分的投影面上画相应的剖面材料图例（或剖面线），这种图形称为剖面图。

2. 断面图

假想用剖切平面将形体剖开后，只画出被剖切处断面的形状，并在断面内画上材料图例（或剖面线），这种图形称为断面图。

注意事项：

剖面图是体的投影，剖面图中的虚线一般不画；断面图是面的投影。

8.1.2 剖切标注

1. 剖切平面位置标注

作剖面图和断面图时，一般使剖切平面平行于基本投影面，从而使断面的投影反映实形。剖切平面即为投影面平行面，与之垂直的投影面上的投影则积聚成一条直线，这条直线表示剖切平面的剖切位置，称为剖切位置线，简称剖切线。在投影图中用断开的一对短粗实线表示，长度为 5~10 mm。剖切平面位置、投影方向的标注如图 8-2 所示。

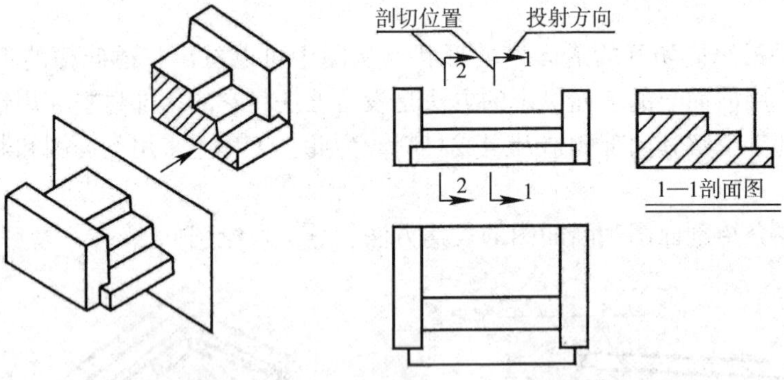

（a）剖面图的形成　　（b）剖面图的标注

图 8-2　剖切平面位置、投影方向的标注

2. 剖切后投影方向的标注

如图 8-2 所示，画剖面图时，为表明剩余部分形体的投影方向，在剖切线两端的同侧各画一带箭头的短粗实线，长度为 4~6 mm，箭头方向即是投射方向，画断面图时无须标注箭头方向线。

3. 被切平面的标注

如图 8-3 所示，假想用剖切平面将物体剖开后，在被切平面上要画上表示材料类型的图例，图中显示假想截面材料为钢筋混凝土。如果没有指明材料，可在被切平面上画上与水平方向成 45°的细实线。

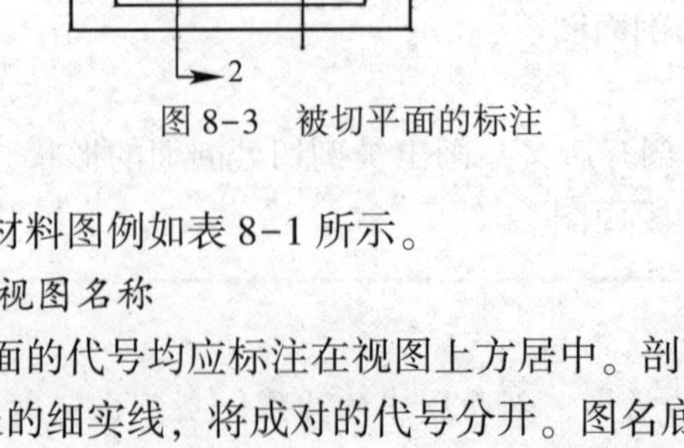

图 8-3　被切平面的标注

道路工程制图中常用材料图例如表 8-1 所示。

4. 剖面图、断面图的视图名称

视图名称或剖面、断面的代号均应标注在视图上方居中。剖面、断面的代号应成对地采用，并以一根 5~10 mm 长的细实线，将成对的代号分开。图名底部应绘制与图名等长的粗、细实线，两线间距为 1 ~ 2 mm。剖面、断面的代号宜采用英文字母或阿拉伯数字 1、2、3……表示，如“1—1 剖面图”［见图 8-2（b）］。

表 8-1　道路工程制图中常用材料图例

材料名称	图例	材料名称	图例	材料名称	图例
自然土壤		水泥稳定土	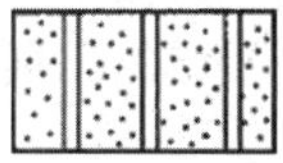	细粒式沥青混凝土	
夯实土壤		水泥稳定砂砾	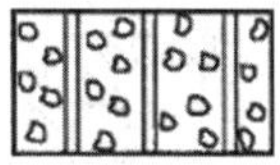	粗粒式沥青混凝土	
天然砂砾	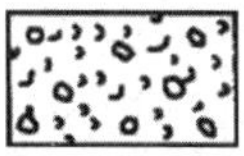	水泥稳定碎砂砾	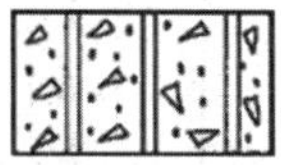	金属	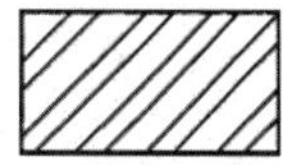
浆砌片石		钢筋混凝土	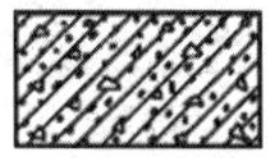	橡胶	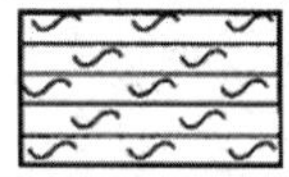
干砌片石	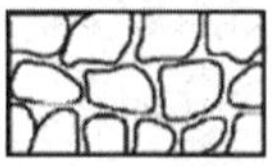	水泥混凝土		木材横断面	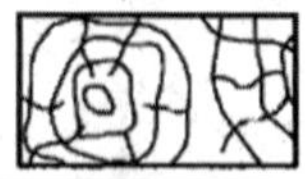
石灰土	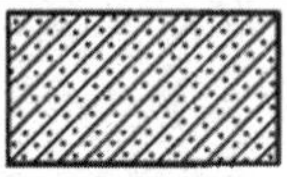	石灰粉煤灰	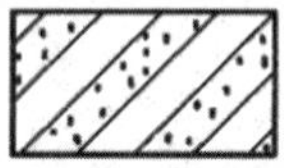	木材纵断面	

任务 8.2　剖　面　图

形体的形状多种多样，可以根据形体的内部构造和外形构造选用适当的剖切方法，下面介绍常用的几种剖面图。

8.2.1　全剖面图

重力式桥台的全剖面图如图 8-4 所示，假想用剖切平面把形体沿点划线位置全部剖切开后，画出的剖面图称为全剖面图。全剖面图适用于外形简单、内部结构比较复杂或不对称的形体。

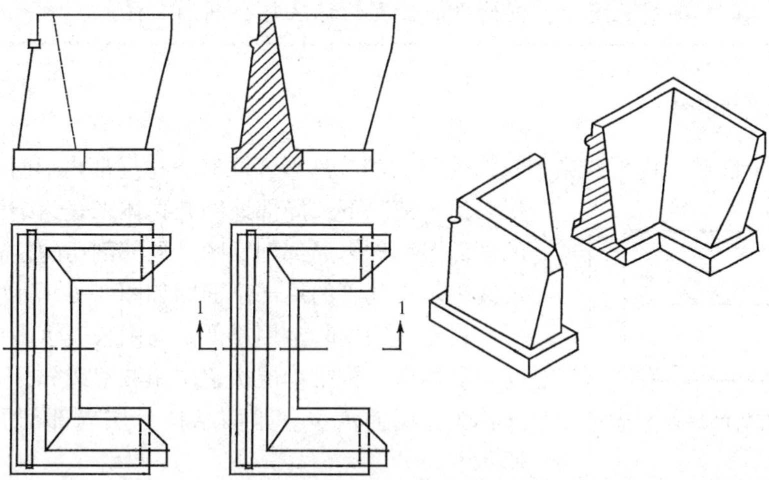

图 8-4　重力式桥台的全剖面图

8.2.2 半剖面图

当形体的内外形状均为左右对称或前后对称或上下对称，而外形又比较复杂时，以对称中心线为界，可将其投影的一半画成表示形体外部形状的正投影图，另一半画成表示形体内部结构的剖面图，中间用点划线分界。这种投影图和剖面图各为一半的图，称为半剖面图。如图 8-5（a）所示，空心桥墩的三面投影图均采用了半剖视图。

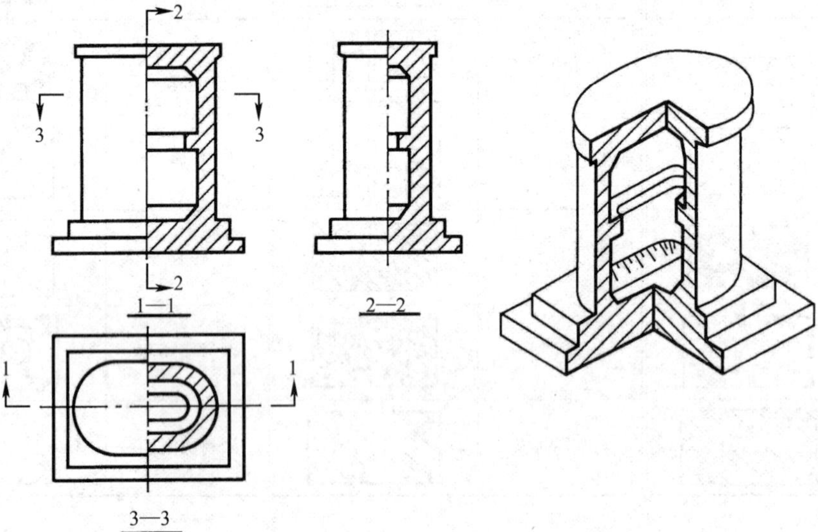

（a）半剖面图　　（b）立体剖面图

图 8-5　空心桥墩的半剖面图

注意事项：

① 如图 8-5 所示，半投影图和半剖面图的分界线应画成点划线，不能当作物体的外轮郭线而画成实线。

② 如图 8-5（a）所示，当形体左右对称或前后对称时，将外形投影图绘在中心线左边，剖面图绘在中心线右边；当形体上下对称时，将外形投影图绘在中心线上方，剖面图绘在中心线下方。

③ 在半剖面图中，剖切平面位置的标注与全剖切一样。

8.2.3 局部剖面图

当物体外形简单、内形复杂，且需保留大部分外形，同时表达局部内形时，在不影响外形表达的情况下，局部地剖开物体来表达结构内形所得到的剖面图，称为局部剖面图。局部剖切的位置与范围用波浪线表示。瓦管的局部剖面图如图 8-6 所示。

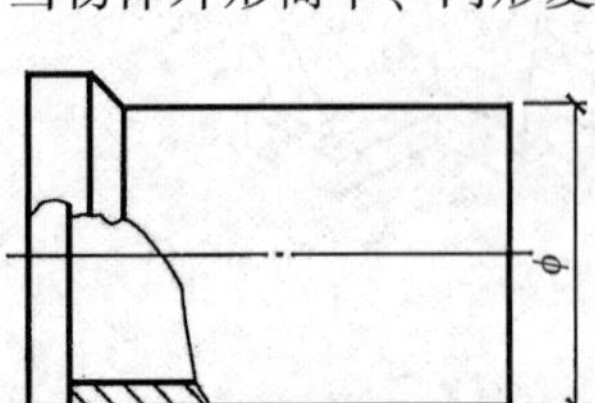

图 8-6　瓦管的局部剖面图

在专业制图时常用局部剖面图来表示多层结构所用的材料和构造，按结构层次逐层用波浪线分开，这种表示法又称为分层揭示法。路面结构分层局部剖面图如图 8-7 所示。

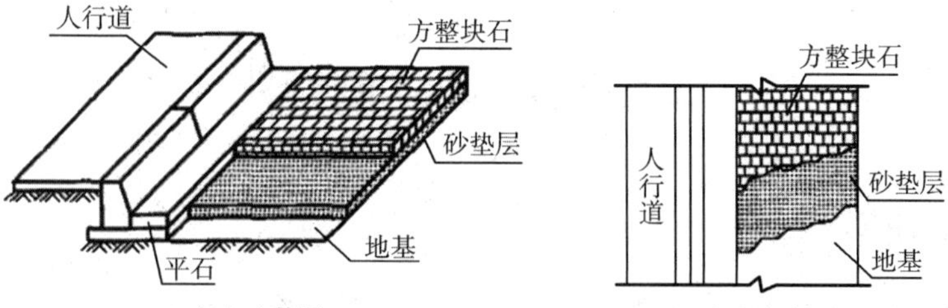

（a）立体图　　（b）局部剖面图

图 8-7　路面结构分层局部剖面图

如果物体的轮廓线与对称轴线重合，不宜采用半剖切或不宜采用全剖切时，可采用局部剖切。

注意事项：

① 局部剖切比较灵活，但须考虑看图方便，不应过于零碎。

② 用波浪线表示形体断裂痕迹，应画在实体部分。不能超过视图的轮廓线或画在中空部分；不能与视图中的其他图线重合。

③ 局部剖面图只是物体整个外形投影中的一个部分，不需要标注。

8.2.4　阶梯剖面图

当物体内部结构层次较复杂，采用一个剖切平面不能把物体内部结构全部表达清楚时，可以假想用两个或两个以上相互平行的剖切平面来剖切物体，所得到的剖面图，称为阶梯剖面图。

图 8-8 所示为钢轨铁垫板的阶梯剖面图。

注意事项：

① 如图 8-8 所示，阶梯剖面图必须标注，为使转折处的剖切位置不与其他图线发生混淆，应在转角处标注转折符号。

② 如图 8-8 所示，转折位置不应与图形轮廓线重合，也要避免出现不完整的要素（如不应出现孔、槽的不完整投影）。

③ 在剖面图上，由于剖切平面是假想的，不要画出 2 个剖切平面转折处交线的投影。

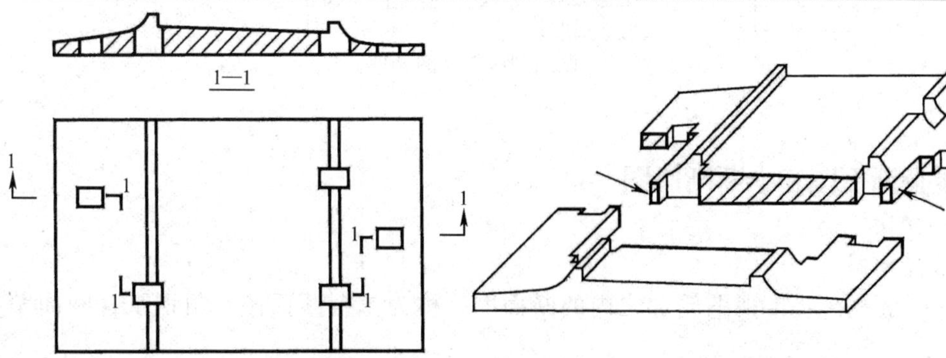

（a）阶梯剖面图　　（b）钢轨铁垫板立体剖切

图 8-8　钢轨铁垫板的阶梯剖面图

任务8.3 断 面 图

8.3.1 移出断面图

如图 8-9 所示，移出断面图就是把断面图绘制在投影图的外边。

应当注意的是，移出断面的轮廓线用标准实线绘制，一般只画出剖切后的断面形状。如图 8-9（b）所示的 1—1 断面。

注意事项：

剖切后出现完全分离的 2 个断面时，这些结构应按剖面图画出，如图 8-10 的 *A*—*A* 断面所示。

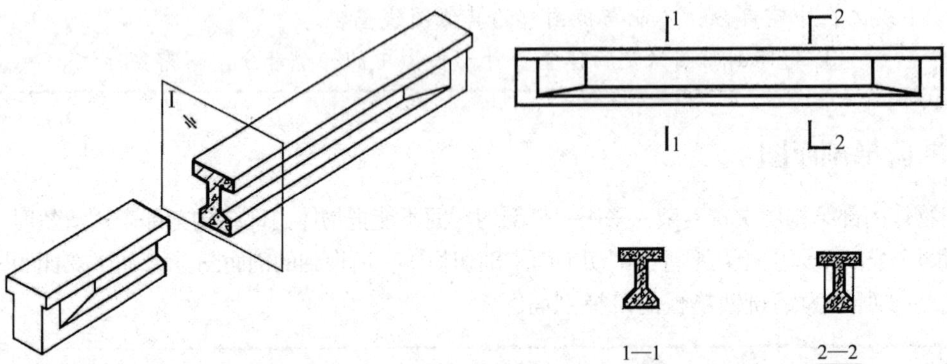

（a）工字梁立体剖切　　（b）移出断面图

图 8-9　移出断面图

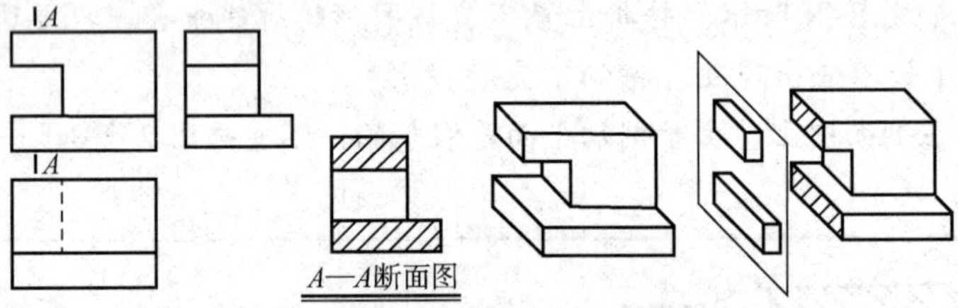

图 8-10　断面图按剖面图处理

8.3.2 重合断面图和中断断面图

1. 重合断面图

把断面图重叠在基本视图轮廓之内的断面图，称为重合断面图。角钢重合断面图如图 8-11 所示。

重合断面图的比例应与基本视图一致。其断面轮廓线规定用细实线，并不加任何标注。

有时在重合断面轮廓线内直接画出材料符号，以使视图表达更清晰。图 8-12 所示为桥台锥坡及挡土墙的重合断面图。

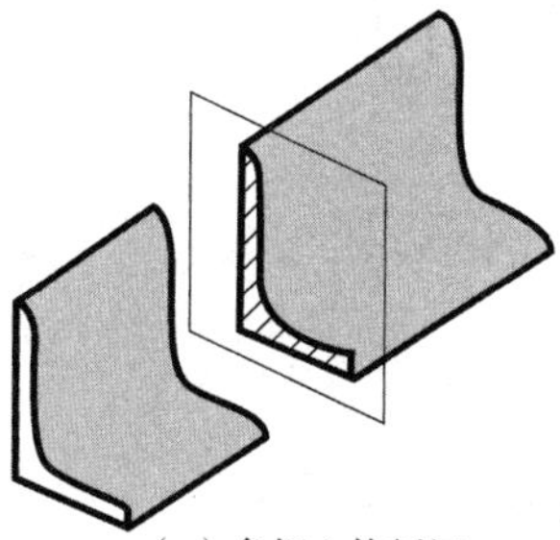

（a）角钢立体剖切

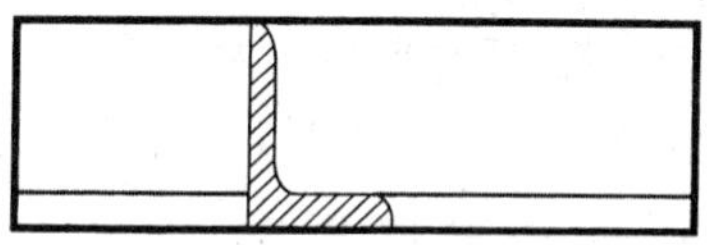

（b）重合断面图

图 8-11　角钢重合断面图

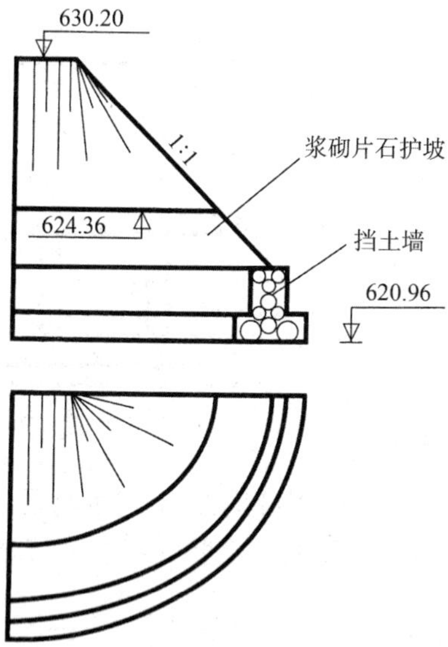

图 8-12　桥台锥坡及挡土墙的重合断面图

2. 中断断面图

将长杆件的投影图断开，并把断面图画在断开间隔处，这样的断面图称为中断断面图。T 形梁中断断面图如图 8-13 所示。中断断面图不需要标注，而且比例与基本视图一致。

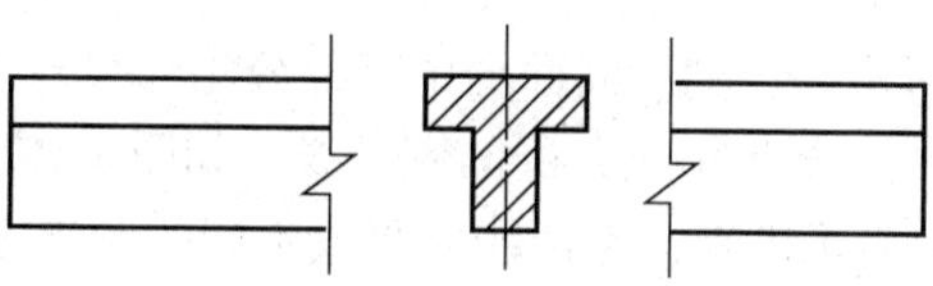

图 8-13　T 形梁中断断面图

任务 8.4　阅读剖、断面图的注意事项和读图方法

8.4.1　阅读剖、断面图的注意事项

（1）在剖面图或断面图中，较大面积的断面符号可以简化。图 8-14 所示的道路的横断面图，由于面积较大，只在其断面轮廓的边沿画等宽剖面线。

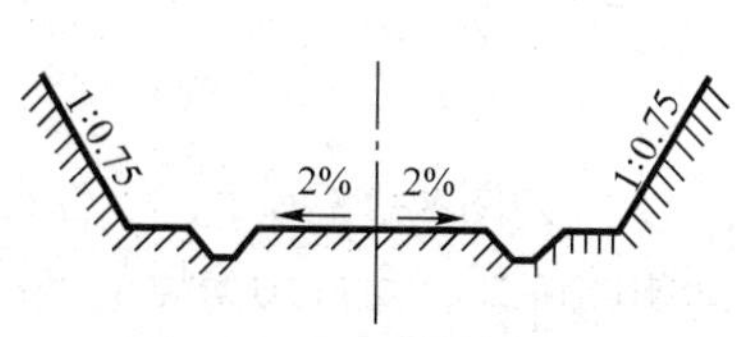

图 8-14　道路的横断面图
（较大面积的剖面线表示法）

（2）薄板圆柱等构件（如梁的横隔板、桩、柱、轴等），凡剖切平面通过其对称中心线或轴线时，均不画剖面线，但可以画上材料图例。桩、薄板作为不可剖切表示如图 8-15 所示。

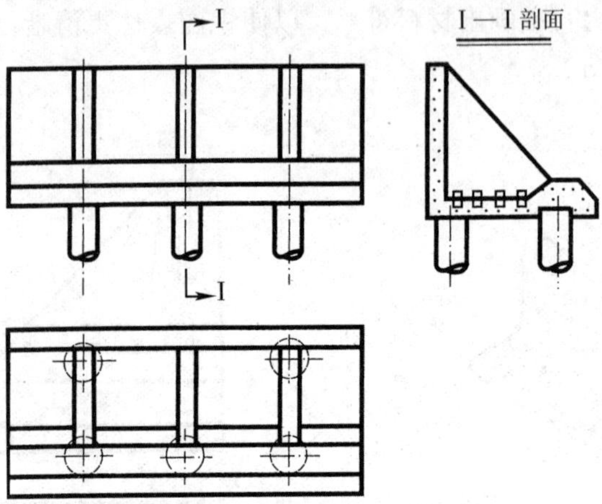

图 8-15　桩、薄板作为不可剖切表示

（3）在工程图中为了表示构造物的不同材料，在同一断面上画出材料分界线，并注明材料符号或文字说明。在断面图上画材料分界线如图 8-16 所示。

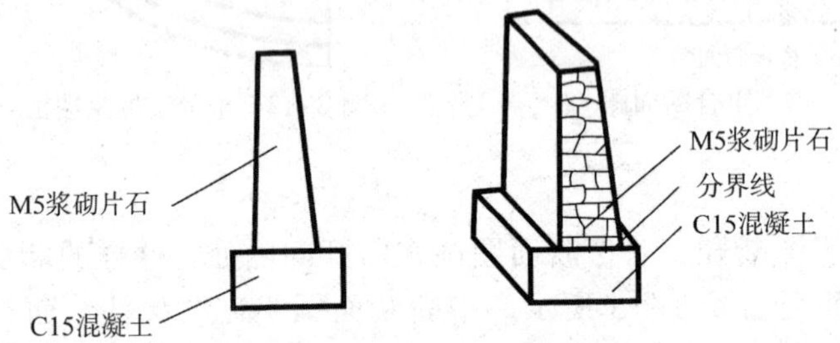

图 8-16　在断面图上画材料分界线

（4）如图 8-17（a）所示，当剖、断面图中有部分轮廓线与该图的基本轴线成 45°倾角时，可将剖面线画成与基本轴线成 30°或 60°的倾斜线。如图 8-17（b）所示，对于 2 个或 2 个以上相邻构件的剖面，为表示区别，剖面线应画成不同的倾斜方向或不同的间隔。

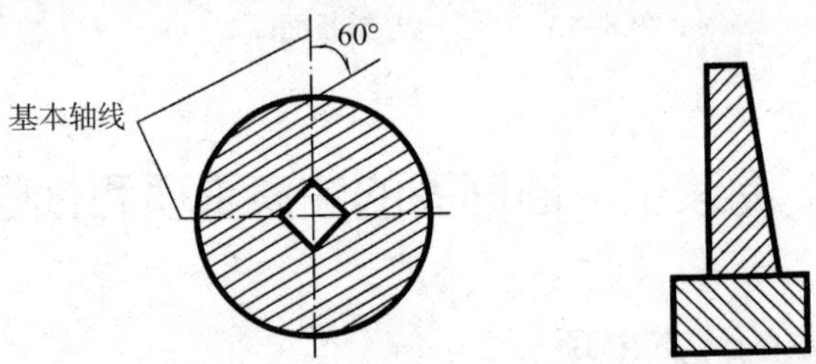

（a）与水平轴成60°剖面线　　（b）不同倾斜方向剖面线

图 8-17　剖面线的特殊画法

（5）如图 8-18 所示，在保证图形清楚的情况下，对于图样上实际宽度小于 2 mm 的狭小面积的剖面，允许用涂黑的办法来代替剖面线，但涂黑的断面间应有空隙。

（6）如图 8-19 所示，在道路工程制图中，有“画近不画远”的习惯。对剖面图的被切断图形以外的可见部分，可以根据需要决定取舍，这种图仍称为断面图，但不注明“断面”，仅注剖切平面的编号。

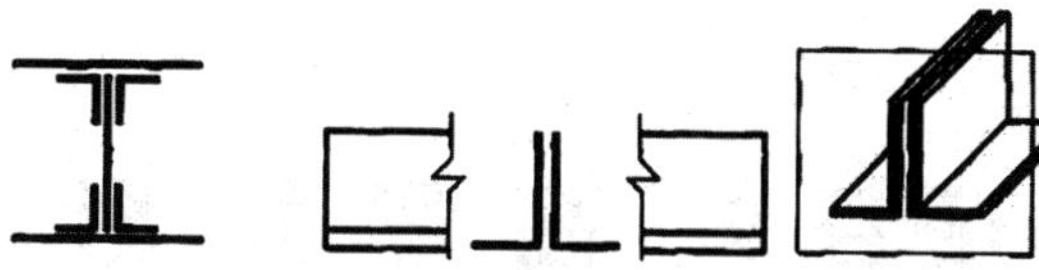

图 8-18 涂黑代替剖面线

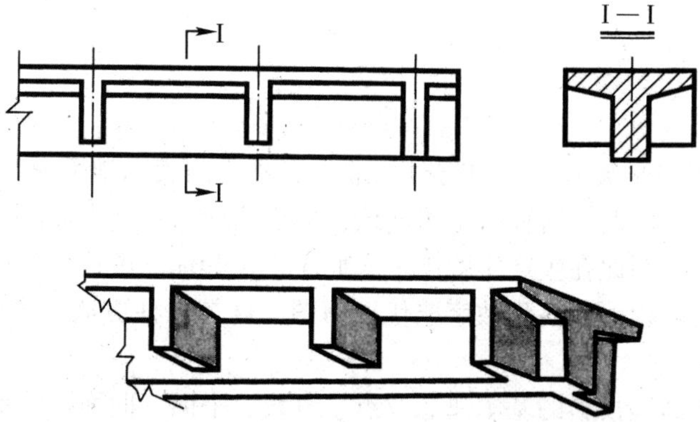

图 8-19 断面图中“画近不画远”的习惯画法

（7）当用虚线表示被遮挡的复杂结构图时，应只绘制主要结构或离视图较近的不可见图线，虚线可不画出。如图 8-20 所示，U 形桥台的 *W* 面投影图由台前、台后 2 个方向的投影图合并而成。

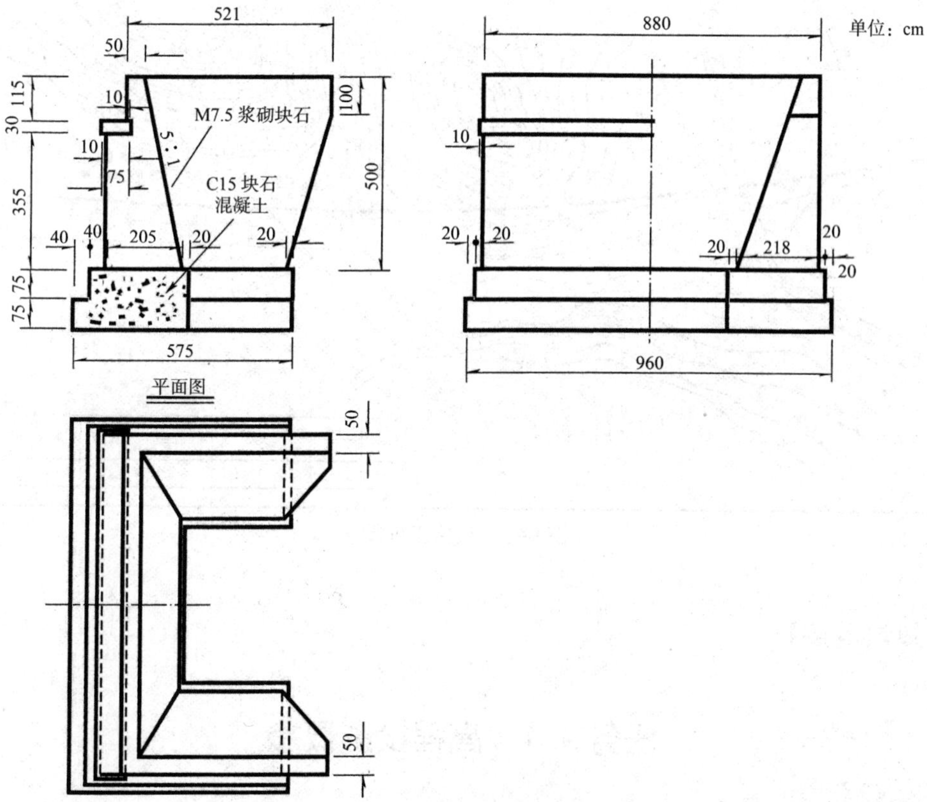

图 8-20 U 形桥台图的画法

项目9 高程投影

【情境引入】

如图 9-1 所示，在修筑工程结构物时，常常需要绘制表示地面起伏形状的地形图，以便解决相关的工程实际问题，这样的地形起伏，由于高度与长度方向尺寸相差很大，用多面正投影不易表达清楚，因此在生产实践中，人们对正投影理论进行了改造，在水平投影上加注特征点、线、面的高程，以高程数字取代立面图，这是一种更适合表达地形的投影方式，即高程投影。

本项目主要介绍高程投影的基本概念及点、直线、平面、曲面、地形图的高程投影，以及如何正确识读地形图等。

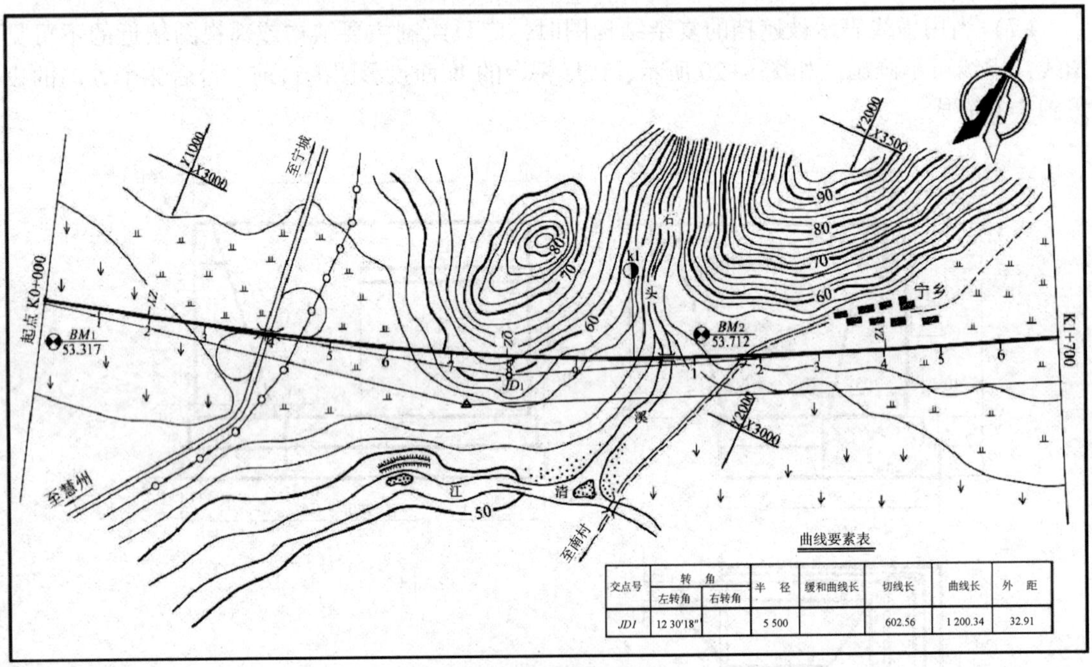

曲线要素表

交点号	转角		半 径	缓和曲线长	切线长	曲线长	外 距
	左转角	右转角					
JD1	12 30'18''		5 500		602.56	1 200.34	32.91

图 9-1 线路工程图

【知识链接】

任务 9.1 高程投影概念

在物体的水平投影上加注某些特征面、线及控制点的高程数值和比例来表示空间物体的方法称为高程投影法。在高程投影中，水平投影面 H 被称为基准面。而高程就是空间点到

基准面 H 的距离。一般规定：H 面的高程为零，H 面上方的点的高程为正值，下方的点的高程为负值，高程的单位以 m 计。

通过高程投影法绘制的投影图称为高程投影图。高程投影图是一种单面正投影图，它与比例尺相配合或是通过在图中标明比例来表达物体的空间形状和位置。高程投影的长度单位，如在图中没有特别说明均以 m 计。除了地形面以外，我们也常用高程投影图来表示一些复杂曲面。

在多面正投影中，当物体的水平投影确定以后，其正面投影的主要作用是提供物体各特征点、线、面的高度。若能在物体的水平投影中标明它的特征点、线、面的高度，就可以完全确定物体的空间形状和位置。

由此可见，高程投影图是将三面投影中的 H 面投影与 V 面投影组合在一起的一种单面正投影图，它必须标明比例或画出比例尺，否则就无法根据单面正投影图来确定物体的空间形状和位置。

任务 9.2 点、直线和平面的高程投影

9.2.1 点的高程投影

在点的水平投影旁，标出该点距离水平投影面的高程数字时，便可得到该点的高程投影。如图 9-2 所示，空间有三个点 A、B、C，作出它们在 H 投影面上的投影 a、b、c，选 H 面为基准面，设其高度为零，当点高于 H 面时，高程为正；当点低于 H 面时，高程为负。点 A 在 H 面上方 3 m，点 B 在 H 面上方 5 m，点 C 在 H 面下方 2 m，如图 9-2 所示，若在 A、B、C 三点的水平投影 a、b、c 的右下角分别标明其高度数值 3，5，-2，就可得到 A、B、C 三点的高程投影图。高度数值 3，5，-2 称为高程。

图 9-2 点的高程投影

9.2.2 直线的高程投影

1. 直线的高程投影表示方法

在高程投影中，直线的位置是由直线上的两点或直线上一点及该直线的方向确定的。因此，直线的高程投影表示方法有 2 种。

（1）如图 9-3（a）所示，通过直线的水平投影并加注直线上两端点的高程来表示直线的高程投影。

（2）如图 9-3（b）所示，通过直线上一个点的高程投影并加注直线的坡度和方向来表示直线的高程投影。

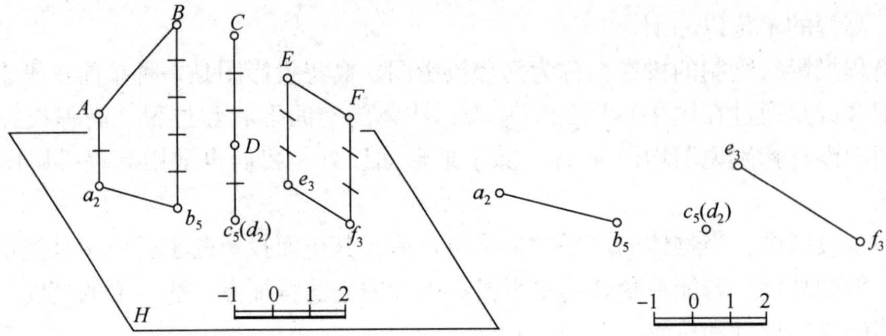

（a）表示方法1

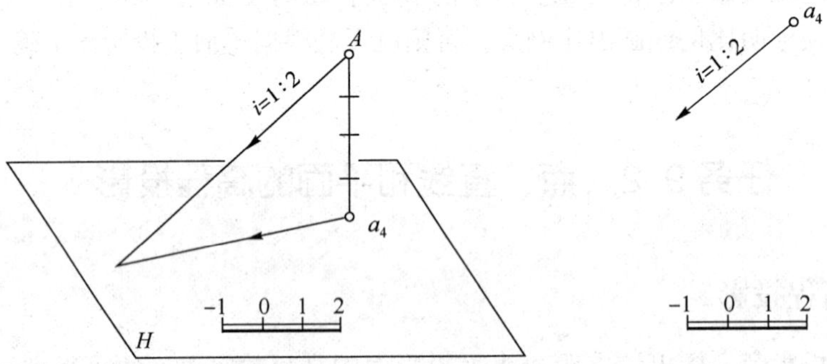

（b）表示方法2

图 9-3　直线的高程投影

2. 直线的实长及整数高程点

在高程投影中求直线的实长，仍然采用正投影中直角三角形法。如图 9-4 所示，以直线的高程投影为一条直角边，另一条直角边为直线两端点的高差，则斜边为实长，高差所对内角为直线对基准面的倾角 α。

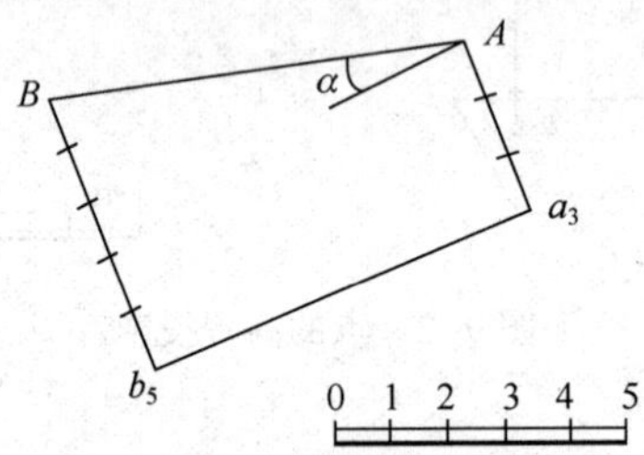

图 9-4　直线的实长

如图 9-5 所示，在实际工作中，有时遇到直线两端点的高程并非整数，需要在直线的投影上标出各整数高程点的位置。解决这类问题，可利用定比分割原理作图。

3. 直线的坡度和平距

直线上任意两点的高差与其水平距离之比称为该直线的坡度，如图 9-6 所示。

$$坡度=\frac{高差}{水平距离}=\tan\alpha$$

上式亦表明两点间水平距离为 1 个单位时两点间的高差即为坡度。当两点间的高差为 1 个单位时它的水平距离称为平距。

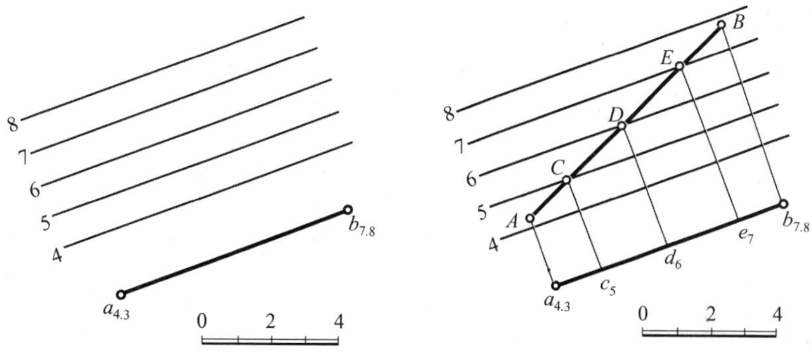

图 9-5 定比分割原理求直线的整数高程

$$平距=\frac{水平距离}{高差}=\cot\alpha$$

由此可见，平距和坡度互为倒数。坡度越大，平距越小；反之，坡度越小，平距越大。

设直线上两点之间高差为 h，它们的水平距离为 L。若用符号 i 和 l 分别表示坡度和平距，则有：

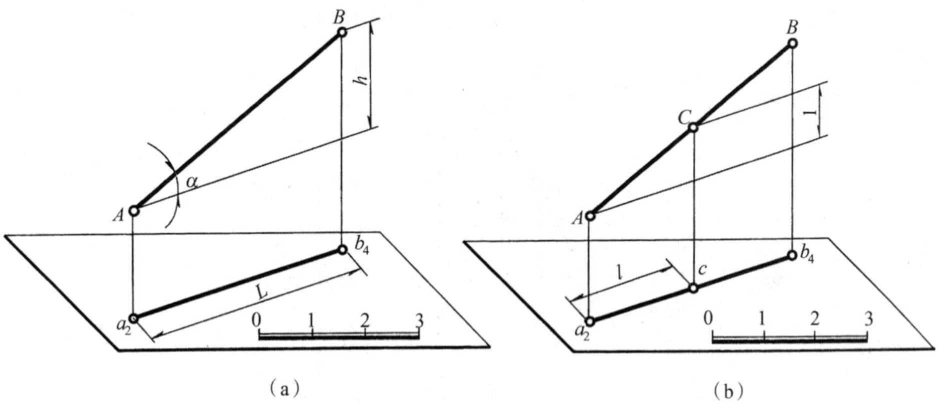

图 9-6 直线的坡度和平距

$$i=\frac{h}{L}=\tan\alpha$$

$$l=\frac{L}{h}=\cot\alpha$$

$$i=\frac{1}{l}$$

【**例 9.1**】如图 9-7 所示，求 AB 直线的坡度和平距，C 到 A 水平距离 $L_{AC}=4$ m，求 C 点的高程。

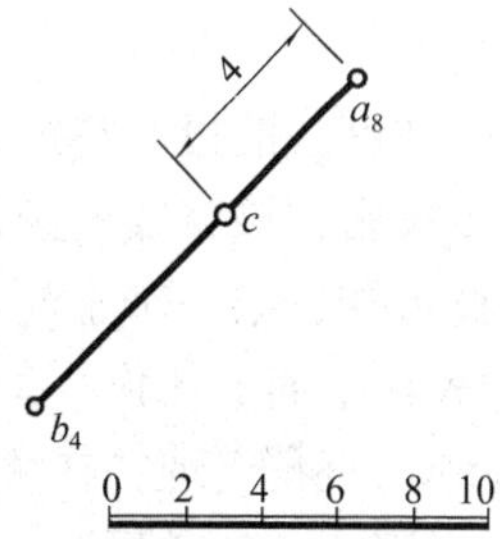

图 9-7 求直线的坡度和 C 点高程

解 为求直线 AB 的坡度与平距，先求出 h 和 L，再利用定义式确定直线的平距与坡度。

$h_{AB}=H_B-H_A=4-8=-4$（m）

$L_{AB}=10$ m（用所给比例尺量取）

因此　$i_{AB}=\frac{h_{AB}}{L_{AB}}=\frac{-4}{10}=-0.4$

又量得 $L_{AC}=4$ m，直线确定后，其坡度不变，所以

$$i_{AC}=\frac{h_{AC}}{L_{AC}}=-0.4$$

$$h_{AC}=-0.4\times4=-1.6\text{（m）}$$

故 C 点高程为 $H_C=8+(-1.6)=6.4$（m）

9.2.3　平面的高程投影

1. 平面上的最大坡度线

平面上对投影面倾角为最大的直线称为平面上对投影面的最大坡度线，它必垂直于平面内该投影面的平行线。

最大坡度线有三种：

垂直于水平线的称为对 H 面的最大坡度线；

垂直于正平线的称为对 V 面的最大坡度线；

垂直于侧平线的称为对 W 面的最大坡度线。

如图 9-8 所示，EF 属于平面 P，EF⊥AB 且 AB 属于 H 面，EF 即是平面 P 内对 H 面的最大坡度线。

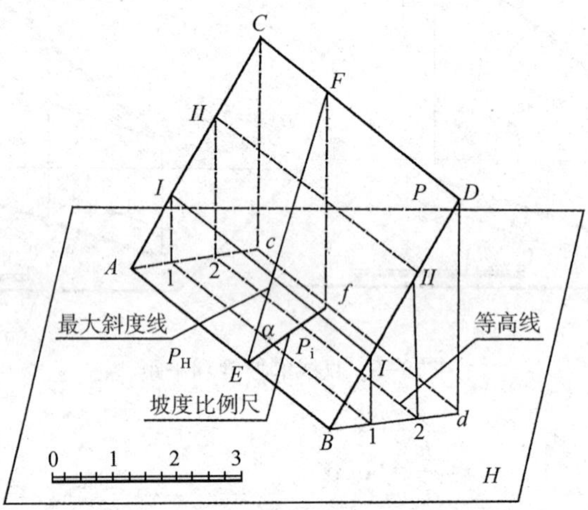

图 9-8　平面上对 H 面的最大坡度线

最大坡度线的投影特征是：平面内对 H 面的最大坡度线，其水平投影垂直于面内水平线的水平投影，该直线的倾角 α 代表了平面对 H 面的倾角。

由此可知，求一个平面对某一投影面的倾角，可按以下 3 个步骤进行。

① 先在平面上任作一条该投影面的平行线。

② 利用直角定理，在该面上任作一条最大坡度线，垂直于所作的投影面平行线。

③ 利用直角三角形法，求出此最大坡度线对该投影面的倾角，即为平面的倾角。

【例 9.2】 如图 9-9 所示，求△ABC 对 H 面的倾角 α。

解　分析：要求△ABC 对 H 面的倾角 α，必须首先作出对 H 面的最大坡度线，再用直角三角形法求出最大坡度线对该投影面的倾角即可。

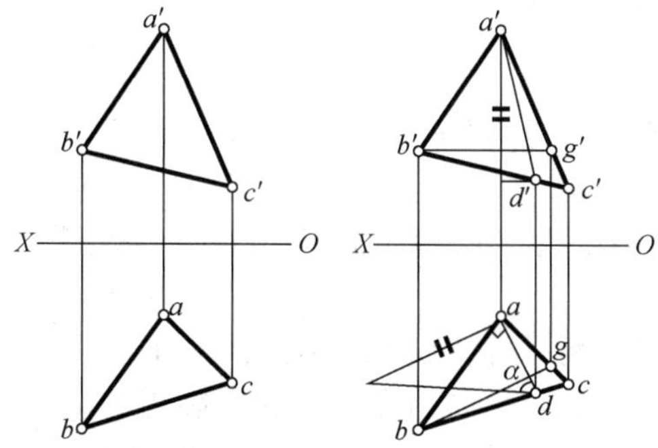

（a）已知 （b）作图

图 9-9 求作平面的倾角 α

① 在△*ABC* 上任作一水平线 *BG* 的两面投影 *b′g′*，*bg*。

② 根据直角投影规律，过 *a* 作 *bg* 的垂线 *ad*，即为所求最大坡度线的 *H* 面投影，并求出其 *V* 面投影 *a′d′*。

③ 用直角三角形法求 *AD* 对 *H* 面的倾角 α，即为所求△*ABC* 对 *H* 面的倾角 α。

2. 平面上的等高线和坡度线

1）等高线与坡度线

高程投影中，一定高度的水平面与所表示表面（平面、曲面、地形面）的截交线称为等高线。如图 9-10（a）所示，平面上的水平线即平面上的等高线，也可看成是水平面与该平面的交线。在实际应用中常取整数高程的等高线，它们的高差一般取整数，如 1 m、2 m、5 m 等，并且把平面与基准面的交线，作为高程为零的等高线。图 9-10（b）所示为平面 *P* 上的等高线的高程投影。

从高程投影图中可以看出，平面上的等高线是一组互相平行的直线，当相邻等高线的高差相等时，其水平间距也相等，这是平面上的等高线特性。图 9-10（b）中相邻等高线的高差为 1 m，它们的水平间距就是平距。

平面的坡度线和平面上的水平线垂直，根据直角投影定理，它们的水平投影应互相垂直。坡度线的坡度就是该平面的坡度。

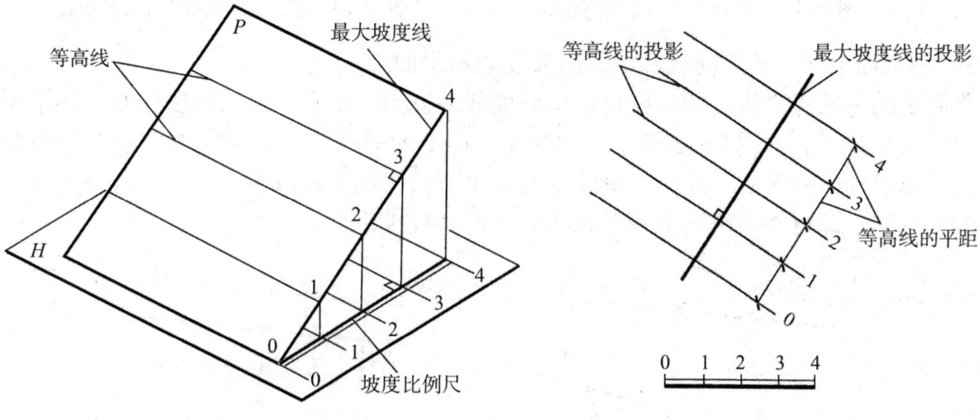

（a）空间平面上的等高线 （b）平面P上的等高线的高程投影

图 9-10 平面上的等高线和坡度比例尺

2）坡度比例尺

工程上有时也将坡度线的投影附以整数高程，并画成一粗一细的双线，称为平面的坡度比例尺，如图 9-10（a）所示。

3. *平面的表示方法*

在正投影中我们知道平面可以用几何元素、最大坡度线和迹线等方法表示，这些表示方法在高程投影中仍然适用，只是转换为用高程投影来表达。如由 3 点表示的平面，在高程投影中则用由 3 点的高程投影来表示。在高程投影中，平面常用如下方法表示。

1）等高线表示法

这种表示方法实质上是用两平行直线表示平面，平面上的水平线称为平面上的等高线。如图 9-11 所示，在实际应用中一般采用高差相等，高程为整数的一系列等高线来表示平面，并把基准面 *H* 的等高线作为零高程的等高线。平面上的等高线是彼此平行的直线，当高差相同时，等高线间距相等。

2）坡度比例尺表示法

坡度比例尺表示法就其实质而言就是最大坡度线表示法。将平面上最大坡度线的投影附以整数高程，并画成一粗一细的双线称为平面的坡度比例尺表示法。

已知平面的等高线组，可以利用等高线与坡度比例尺的相互垂直关系，作出平面上的坡度比例尺，反之亦然。

坡度比例尺已知，则平面对基准面的倾角可以利用直角三角形法求得。图 9-12 是根据 *P* 平面的等高线作出的坡度比例尺。

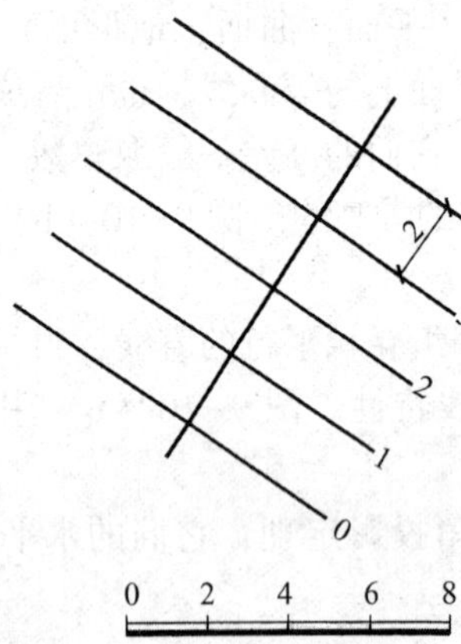

图 9-11　平面上的等高线表示法

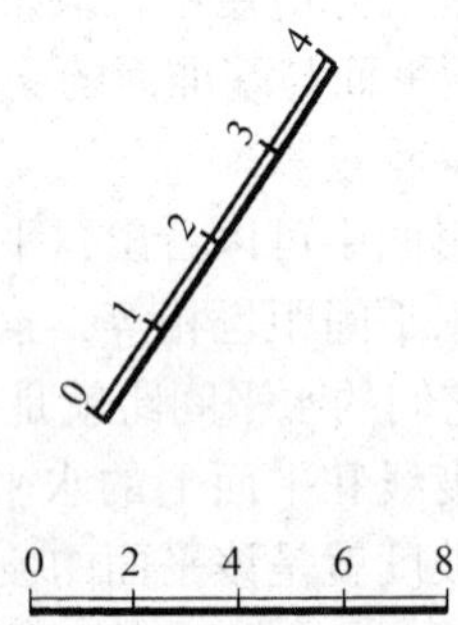

图 9-12　平面的坡度比例尺表示法

3）用平面上的一条等高线和平面的坡度表示平面

平面上的一条等高线已知，就可定出坡度线的方向，由于平面的坡度已知，该平面的方向和位置就确定了。如图 9-13 所示，如果作平面上的等高线，可利用坡度求得等高线的平距，然后作已知等高线的垂线，在垂线上按图中所给比例尺截取平距，再过各分点作已知等高线的平行线，即可作出平面上一系列等高线的高程投影。

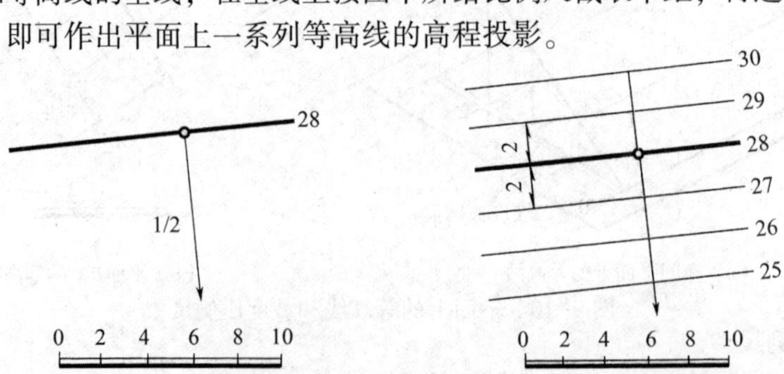

（a）步骤1　　（b）步骤2

图 9-13　用平面上的一条等高线和平面的坡度表示平面

4）用平面上的一条非等高线和该平面的坡度与倾向表示平面

图 9-14（a）为一高程为 5 m 的水平场地及一坡度为 1：3 的斜坡引道，斜坡引道两侧倾斜平面 *ABC* 和 *DEF* 的坡度均为 1：2，这种倾斜平面可由平面内一条倾斜直线的高程投影加上该平面的坡度来表示，如图 9-14（b）所示。图中的箭头只是表明该平面向直线的某一侧倾斜，并代表平面的坡度线方向，坡度线的准确方向需作出平面上的等高线后才能确定，所以用虚线表示。

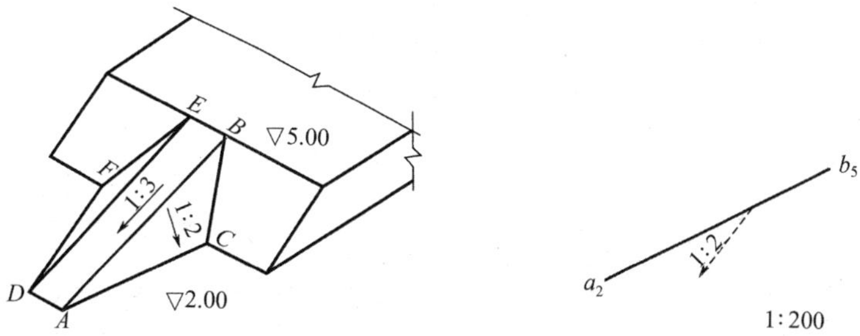

（a）空间情况　　（b）高程投影

图 9-14　用平面上的一条非等高线和该平面的坡度与倾向表示平面

4. 两平面的相对位置

两平面在空间的相对位置可分为平行与相交 2 种情况。

1）平行

如图 9-15 所示，如果两平面平行，则它们的坡度比例尺和等高线互相平行、平距相等、高程数字的增减方向一致。

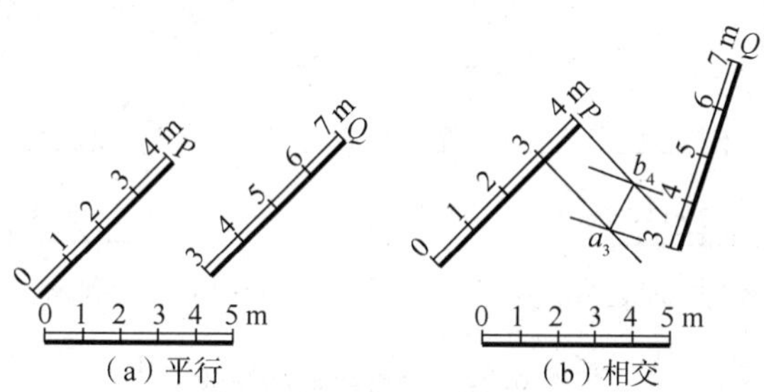

（a）平行　　（b）相交

图 9-15　两平面相对位置

2）相交

在高程投影中求两平面的交线，是利用辅助平面法在相交两平面上求得两个共有点，其连线即为两平面的交线。通常采用水平面作为辅助面。如图 9-15（b）所示，水平辅助面与 *P*、*Q* 两平面的截交线是两条相同高程的等高线，这两条等高线的交点就是两平面的共有点，分别求出两个共有点并连接起来，就可求得交线。

【例 9.3】如图 9-16（a）所示，已知两平面 *P*、*Q*，求它们的交线。

解　分析：两平面的交线为两平面上高程相同的等高线交点的连线。*Q* 平面直接用等高线表示，而 *P* 平面已知一条等高线已经画出，再求一条等高线即可求出交线。

① 延长 *P* 平面上等高线 5，与 *Q* 平面上等高线 5 相交，得点 a_5，如图 9-16（b）所示。

② 利用已知 *P* 平面的坡度和比例尺求出 *P* 平面上的另一等高线 2，并求出其与 *Q* 平面上等高线 2 的交点 b_2，如图 9-16（c）、（d）所示。

③ 连接 a_5，b_2，得两平面的交线，如图 9-16（e）所示。

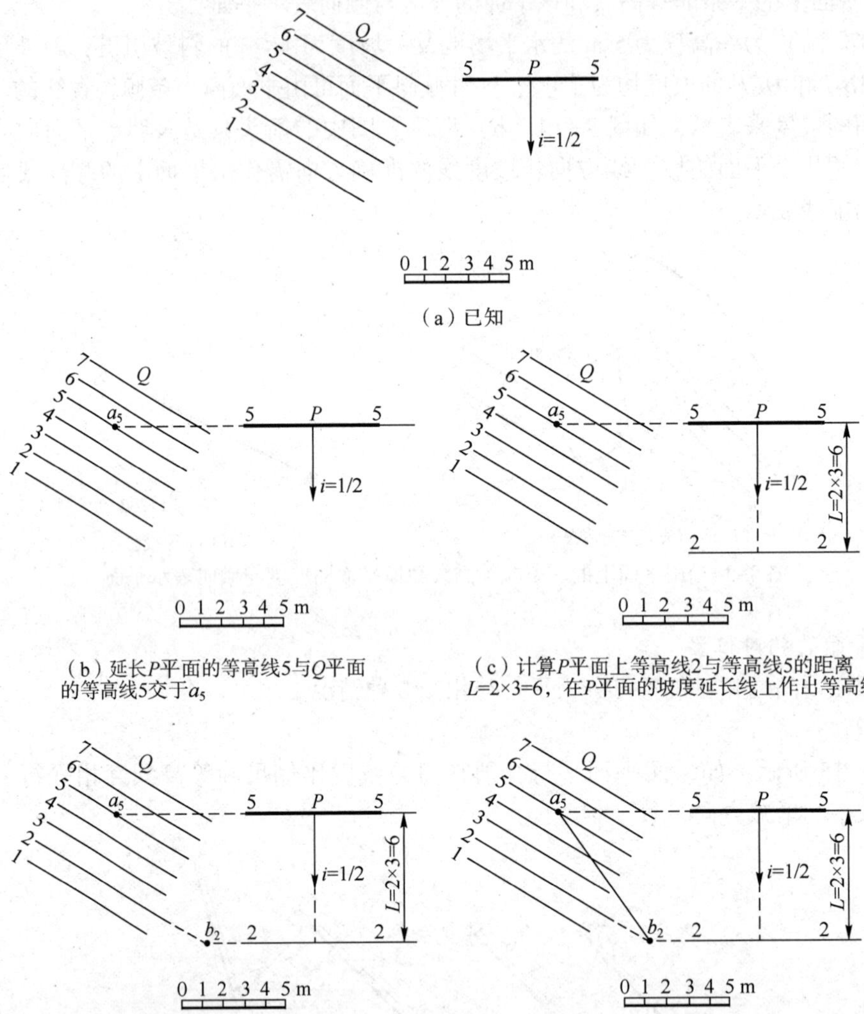

（a）已知

（b）延长P平面的等高线5与Q平面的等高线5交于a_5

（c）计算P平面上等高线2与等高线5的距离L=2×3=6，在P平面的坡度延长线上作出等高线2

（d）延长P平面的等高线2与Q平面的等高线2交于b_2

（e）连接a_5，b_2得到两平面交线的高程投影

图 9-16　求两平面的交线

5. 求坡面交线、坡脚线（开挖线）

在工程中，把建筑物相邻两坡面的交线称为坡面交线，坡面与地面的交线称为坡脚线（填方）或开挖线（挖方）。

在工程中，坡面倾斜情况可用示坡线表示。如图 9-17（g）所示，图中长短相间的细实线叫示坡线，它与等高线垂直，用来表示坡面，短线画在高的一侧。

【例 9.4】 已知主堤与支堤相交，顶面高程分别为 4.00 m 和 3.00 m，地面高程为 1.00 m，各坡面坡度和立体图如图 9-17（a）、（b）所示，求两堤相交的坡脚线和坡面交线。

解　① 求坡脚线。

如图 9-17（c）所示，先求出主堤顶边缘到坡脚线的水平距离 $L_1=\frac{h}{i}=(4-1)/1=3$（m），再沿两侧坡面坡度线方向按所给比例尺量取，并作顶面边缘的平行线，即得两侧坡面的坡脚线。同理可作出支堤的坡脚线。

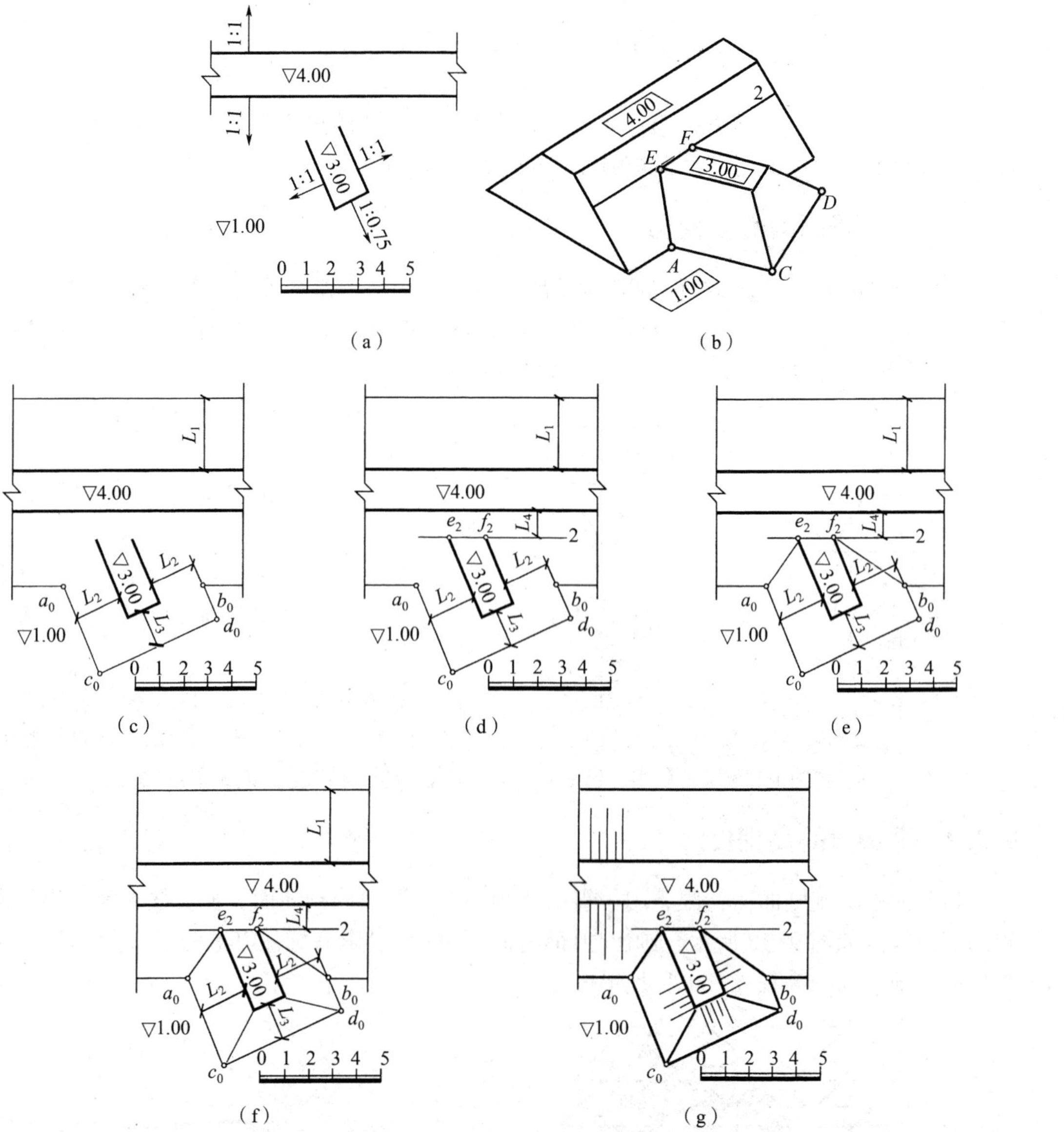

图 9-17 求两堤相交的坡脚线和坡面交线

② 求支堤顶面与主堤坡面的交线。

如图 9-17（d）所示，支堤顶面高程为 3.0 m，与主堤坡面交线就是主堤坡面上高程为 3 m 的等高线中的 e_2f_2 段。

③ 求主堤坡面与支堤坡面的交线。

如图 9-17（e）、（f）所示，主堤与支堤的坡脚线高程为 1.0 的等高线交于 a_0、b_0，连接 a_0e_2 和 b_0f_2，即得主堤与支堤的坡面交线。

④ 描深坡脚线和坡面交线。

画出各坡面的示坡线，剖面线为一长一短等间距的细实线，如图 9-17（g）所示。

任务 9.3　曲面的高程投影

在高程投影中，曲面也是用一系列等高线表示的，即假想用水平面与曲面相截画出截交线的高程投影。工程上常见的曲面有锥面同坡曲面和地形面等。

9.3.1　正圆锥面的高程投影

如图 9-18 所示，正圆锥面的等高线都是同心圆。当高差相等时，等高线间的水平距离相等。当锥面正立时，等高线越接近圆心，其高程数字越大；当锥面倒立时，等高线越靠近圆心，其高程数字越小。高程数字的字头朝向高处。

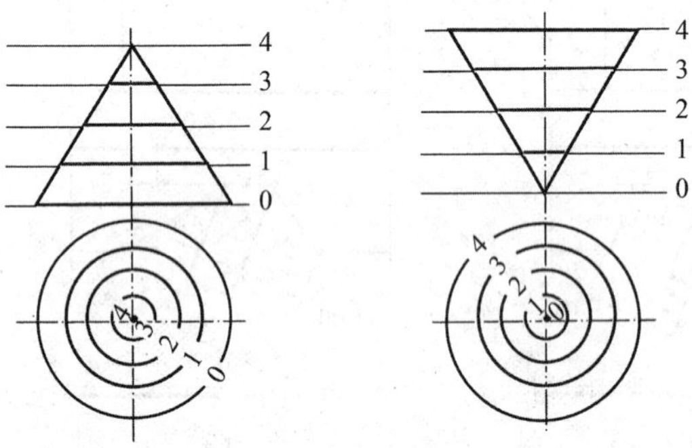

（a）　（b）

图 9-18　正圆锥和倒圆锥的高程投影

在绘制圆锥面的等高线时需要注意以下几点。

① 必须注明锥顶高程，否则无法区分圆锥与圆台。

② 等高线在遇到高程数字时必须断开。

③ 高程字头朝向高处以区分正圆锥与倒圆锥。

④ 等高线的疏密反映了坡度的大小。

在土石方工程中，常在两坡面的转角处采用与坡面坡度相同的锥面过渡。

9.3.2　地形面的高程投影

地形面是非规则曲面，假想用一组高差相等的水平面截割地面，截交线便是一组不同高程的等高线。如图 9-19 所示，画出地面等高线的水平投影并标注其高程，即得地形面的高程投影，地形面的高程投影也称地形图。

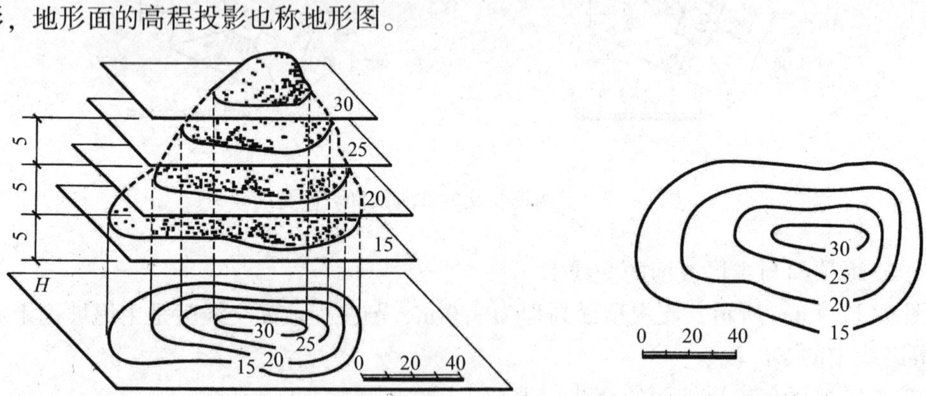

（a）　（b）

图 9-19　地形图的表示法

1. 地形面上等高线的特性

地形面上的等高线有如下特性。

① 由于地形面是不规则曲面，所以地形等高线是不规则曲线。

② 地形面是有界的，故地形等高线均为闭合曲线，如在本图幅内不闭合，则通过其他

图幅闭合。

③ 地形等高线除遇到特殊地形如悬崖、绝壁外一般不会相交。

④ 等高线的疏密反映地形的陡缓，即等高线越密地势越陡峻，反之地势越平坦。

2. 地形断面图

用铅垂面剖切地形面，剖切平面与地形面的截交线就是地形断面，画上相应的材料图例，称为地形断面图。

【例 9.5】如图 9-20（a）所示，需要在某地铺设一直管线，已知管线两端 *AB* 设计高程，要求在地形图上作出管线与地面的贯穿点的高程投影。

解

画图过程如图 9-20（b）~（f）所示。

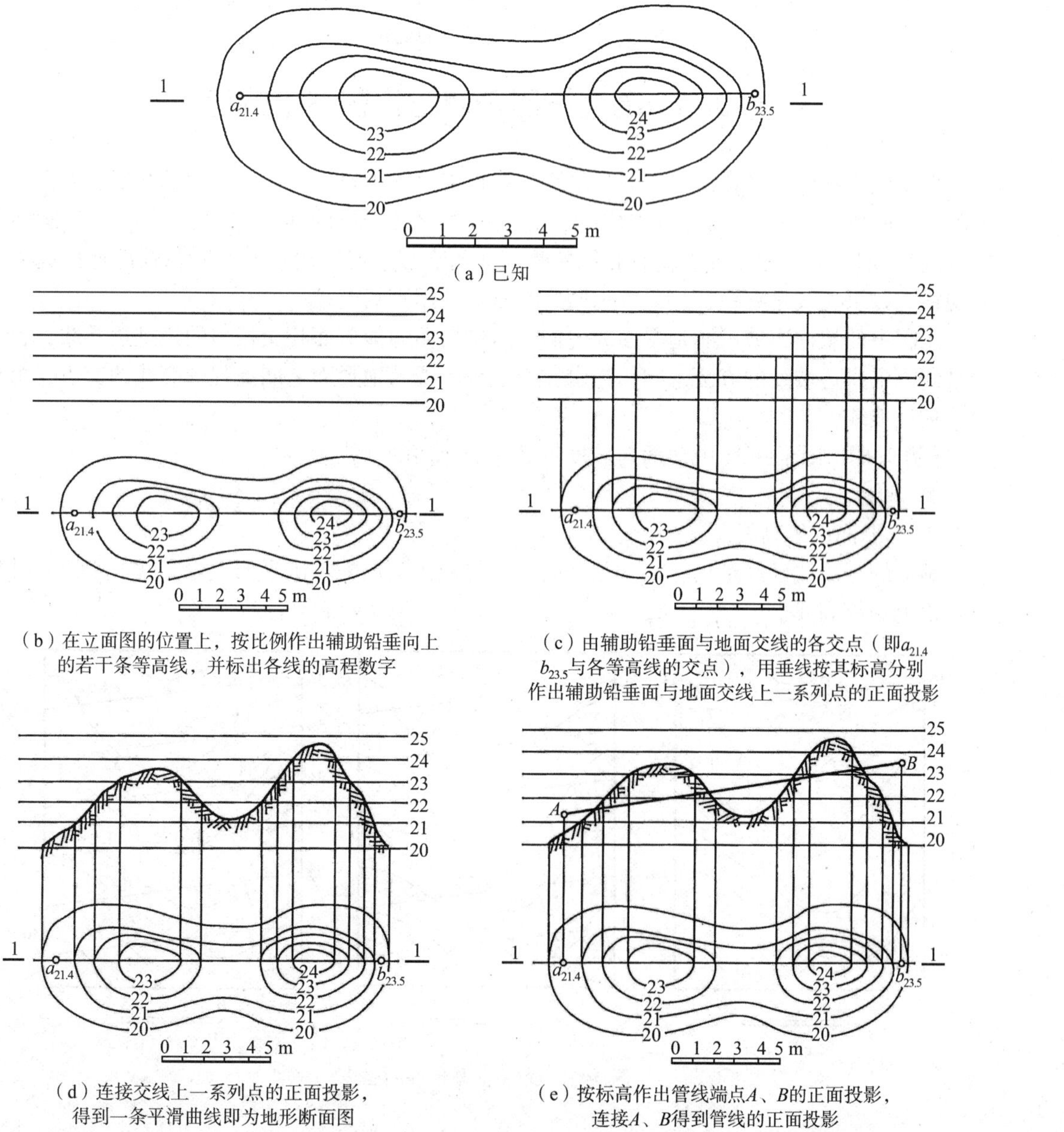

（a）已知

（b）在立面图的位置上，按比例作出辅助铅垂向上的若干条等高线，并标出各线的高程数字

（c）由辅助铅垂面与地面交线的各交点（即$a_{21.4}$ $b_{23.5}$与各等高线的交点），用垂线按其标高分别作出辅助铅垂面与地面交线上一系列点的正面投影

（d）连接交线上一系列点的正面投影，得到一条平滑曲线即为地形断面图

（e）按标高作出管线端点*A*、*B*的正面投影，连接*A*、*B*得到管线的正面投影

图 9-20 求管线与地面的交线

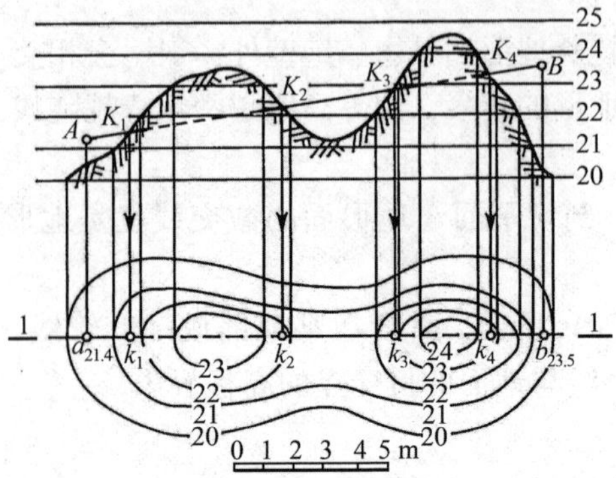

(f) 找出管线与断面轮廓的交点K_1、K_2、K_3、K_4，即为贯穿点的正面投影，然后把它们投射至直线的标高投影上，得到k_1、k_2、k_3、k_4即贯穿点的标高投影，并将穿入地面内的管线部分改为虚线

图 9-20 求管线与地面的交线（续）

任务 9.4 高程投影在道路工程图中的应用

在土建工程中，经常需要用高程投影的知识来解决构筑物表面与地面的交线、坡面与地面的交线问题，如估算土石方量时首先要知道坡面的交线及坡面与地面的交线（坡脚线和开挖线），即求其与地形面上高程相同的等高线的交点，然后用平滑的曲线顺次连接起来得到交线。如果交线是直线，只需求出两个共有点并用直线连接。

工程中的填挖边坡可能是平面或曲面，这些坡面与地形面相交得出的填挖边界线，也称边坡线。求作边坡线的方法，归结为求坡面上等高线与地形面上同高程等高线的交点，由交点连成边坡线。

【例 9.6】 求图 9-21 中地面与坡度为 2/3 的坡面的交线。

解

① 作平面的等高线。

地面的等高线已经给出，根据已知的等高线和比例尺先求出平面上等高线的平距，并作出坡面上的等高线。

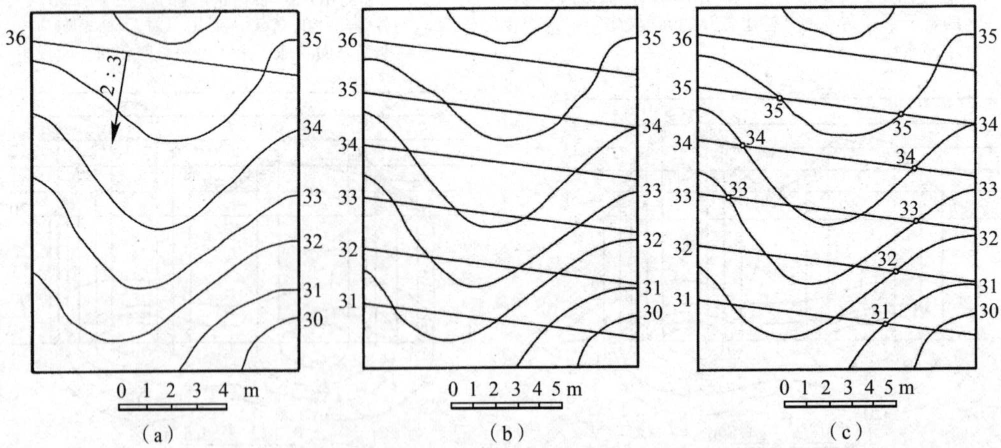

图 9-21 求平面与地面的交线

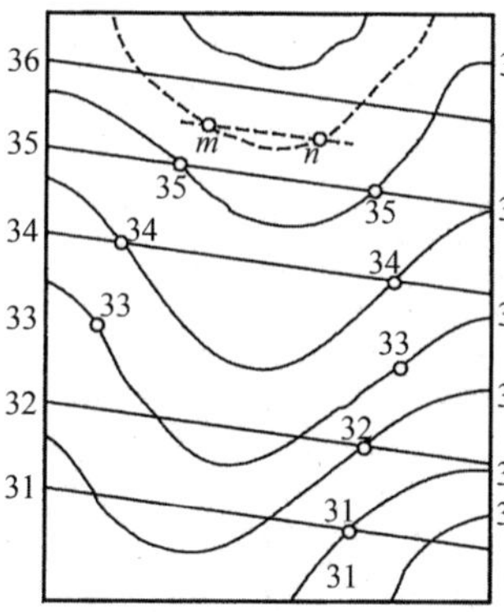

（d）

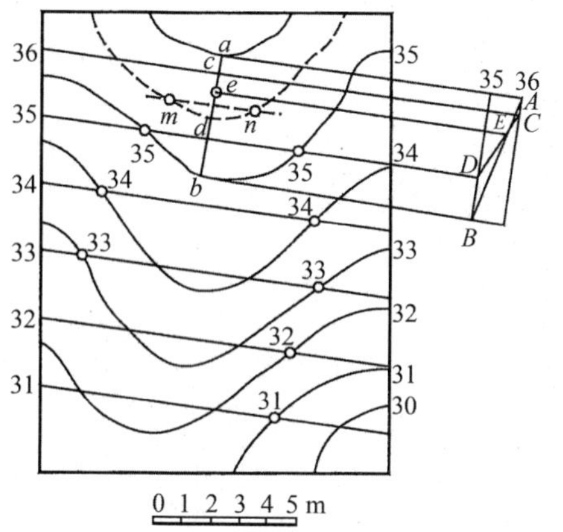

（e）

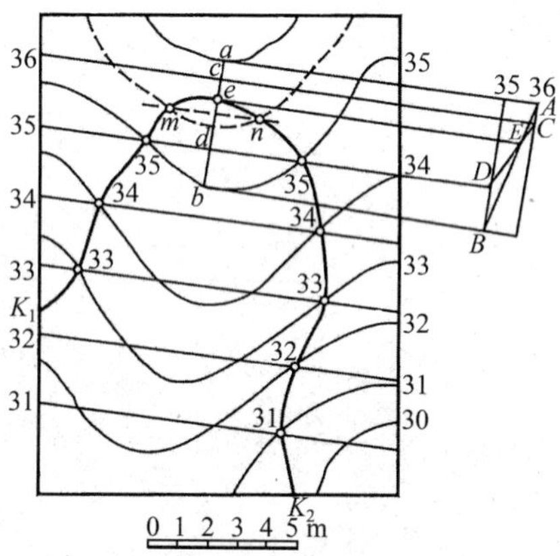

（f）

图 9-21　求平面与地面的交线（续）

平面上等高线的平距：$l=1/i=1.5$。

按照平面的倾斜方向和比例尺作等高线 36 的平行线组（间距为 1.5 个单位），即得到平面上的等高线。

② 作平面与地面的交线。平面上和地形面上高程相同的等高线的交点，即是所求的交线上的点。等高线 34 到 35 之间的交线需要采用内插法求解，即分别对平面和地形面上的等高线按间距加密，求出更多的交点，再完成连接。

模块3 工 程 图

能力目标：

（1）能正确识读线路工程图的平面图、纵断面图和横断面图。

（2）能正确识读简单桥梁桥位图、全桥布置图、桥墩和桥台构造图及桥跨结构图。

（3）能正确识读涵洞施工图。

（4）能正确识读端墙式隧道洞门图。

（5）具备识读线路、桥梁、涵洞和隧道工程图的能力。

知识目标：

（1）了解线路、桥梁、涵洞和隧道工程图的基本内容和相关读图规则。

（2）熟悉线路、桥梁、涵洞和隧道工程图的图示方法和识读过程。

（3）了解线路、桥梁、涵洞和隧道工程图的构造。

（4）理解线路、桥梁、涵洞和隧道工程图的相关概念。

（5）熟悉识读工程图的程序。

素质目标：

（1）工程图是工程设计、施工的重要文件，是工程施工的重要依据，为确保施工质量，对图中的每一条线、每一个图形符号、每一个尺寸和每一项文字说明，都要严肃、认真对待；一个小小的读图错误，可能导致巨大的经济损失，要培养一丝不苟的读图习惯。

（2）绘制图形要认真、仔细，要深刻体会误读、误画工程图的严重后果，培养责任感和工匠精神。

（3）在读图过程中，培养良好的心理素质和沟通协调能力，能灵活处理读图过程中的特殊情况，具有一定的分析能力，善于总结经验并进行创新。

项目 10　道路工程图

【情境引入】

图 10-1 所示为某公路工程项目，这样的公路工程如何用图纸表达呢？完整准确表达该工程项目要使用道路工程图。道路工程图表达线路平面位置线形状况，沿线地物、地貌等。

本项目学习路线工程图的读图规则和读图方法。

图 10-1　某公路工程项目

【知识链接】

任务 10. 1　路线平面图

路线工程图主要指道路路线平面图、纵断面图、横断面图。它用来说明道路路线的平面位置和线形状况、沿线地形和地物、纵断面高程和坡度、路基宽度和边坡坡度、路面结构、地质状况及路线上的附属构造物，如桥涵通道、隧道、挡土墙的位置及其与路线的关系。

路线工程图的图示方法和一般工程详图不完全相同，它是使用地形图作为平面图，并在其上绘制道路中心线。其作用是表达路线的方位、平面线形、沿线两侧一定范围内的地形、地物情况和沿线构造物的平面位置。图 10-2 为某公路 K1+400—K2+100 段路线平面图，识图时应按如下步骤和要点进行。

1. 比例尺

为了反映路线全貌，同时使图形清晰，通常根据地形起伏的不同选用不同的比例，山岭重丘区一般采用 1 : 2 000，平原微丘区一般采用 1 : 5 000。明确了地形图的比例，才能更进一步读懂路线的线形和路线所经过地区的地形和地貌，也可以按图解法确定图上两点的距离，或将实地距离换算成图上距离。

曲线要素表

交点号	交点位置	偏角	曲线要素值/m																
			切线长度		半　径			回旋线参数		曲线长度			曲线总长	外　距					
			T_1	T_2	R_1	R_y	R_2	A_1	A_2	L_{s1}	L_y	L_{s2}			ZH (ZY)	HY	QZ	YH	HZ (YZ)
JD3	K1+729.01	左73°46′03″	138.05		150			86.60		50	143.12	50	243.12	38.40	K1+729.01	K1+779.01	K1+850.57	K1+922.13	K1+972.13

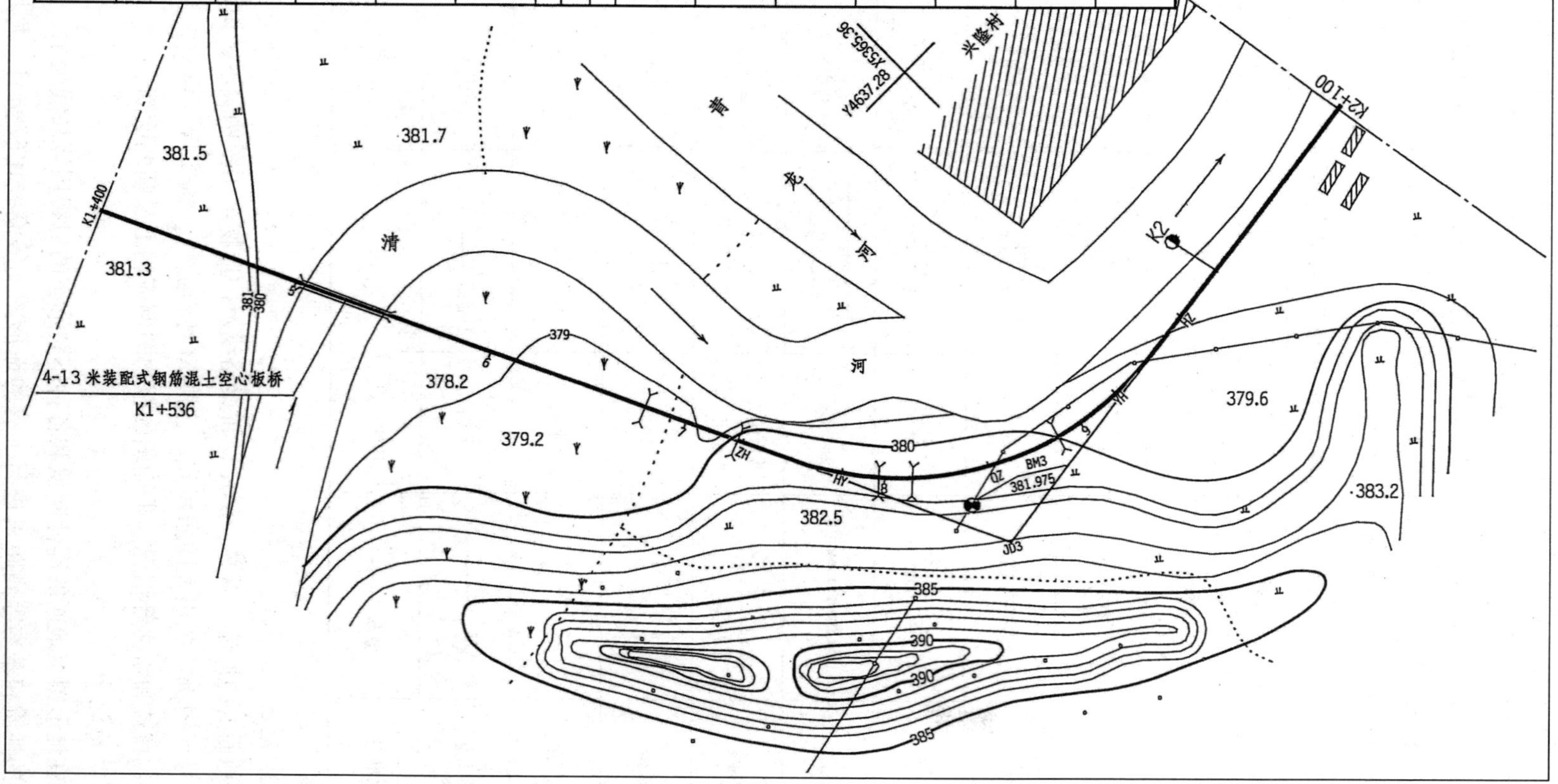

图 10-2　某公路 K1+400—K2+100 段路线平面图

2. 图例

在详细阅读路线平面图之前，必须看懂每个图例符号所代表的含义，对于地形、地貌，可以按照测图比例尺用等高线表示；对于地物，按照测图比例尺把实物的形状缩绘在平面图上，并用一定的符号表示；对于测图控制点的名称和高程、沿线构造物、水井、独立树木、名胜古迹等无法按照比例绘制的，同样也用一定的符号表示。道路工程常用地物图例和构造物图例分别见表 10-1 和表 10-2。

表 10-1　道路工程常用地物图例

名称	图例	名称	图例	名称	图例
机场		港口		井	
学校		变电室		房屋	
土堤	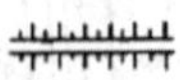	水渠		烟囱	
河流		冲沟		人工开挖	
铁路		公路	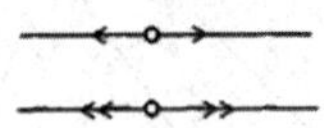	大车道	
小路		低压电力线 高压电力线	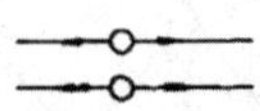	电信线	
果园		旱地	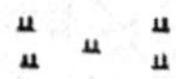	草地	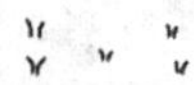
林地	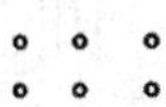	水田		菜地	
导线点		三角点		图根点	
水准点		切线交点		指北针	

3. 地物

地面上的河流、森林、房屋、桥梁路线及构造物等用图例表示，识别地物时首先按照地物符号（图例）找出大的居民点、主要道路构造物、桥梁等，再进一步识别各种道路、居民点、植被和水文等情况。平面图的植物图例应朝上或朝北绘制。

4. 地貌

在地形图上地面的高低起伏和各种不同形态的地貌用等高线表示，识别地貌时应根据等高线的性质和基本等高距来进行。有的地形图上等高线比较稠密，尤其山区等高线更为复杂，不易识别地貌。一般的方法是，首先根据河流找出主要山脊线，再在其两侧找出一级山谷线，各山谷线像树杈一样，然后在相邻山谷线间找出各级山脊线，它们连接起来也好像树杈一样，找到山谷线和山脊线后，该地区的基本地貌就掌握了，再由等高线的疏密程度及其变化情况来分辨斜坡的缓急，根据等高线的形状识别山头、盆地和鞍部。

平面图中地形起伏情况主要是用等高线表示，图中每两条等高线之间的高差称为等高距。为了便于看图，一般每隔四条等高线有一条画成粗线，这样的粗等高线称为计曲线。不加粗的等高线称为首曲线。高程数值标在计曲线上，字头朝向山坡。

表 10-2　道路工程常用构造物图例

项目	序号	名称	图例	序号	名称	图例
平面	1	涵洞		10	通道	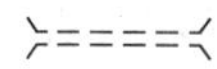
	2	桥梁 （大、中桥按实际长度绘制）	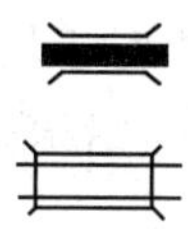	11	分离式立交 （a）主线上跨 （b）主线下穿	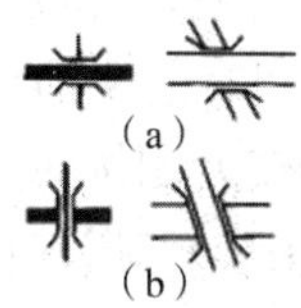
	3	隧道		12	互通式立交 （按采用型式绘）	
	4	养护机构	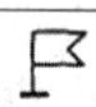	13	管理机构	
	5	隔离栅		14	防护栏	
纵断面	6	箱涵		15	桥梁	
	7	盖板涵		16	箱形通道	
	8	拱涵		17	管涵	
	9	分离式立交 （a）主线上跨 （b）主线下穿	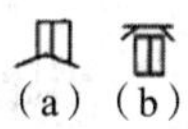	18	互通式立交 （a）主线上跨 （b）主线下穿	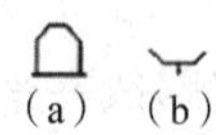

5. *方位*

在路线平面图上应画出指北针或测量坐标网，用来指明道路在该地区的方位与走向。

采用指北针时箭头所指为正北方向，指北针宜用细实线绘制。

坐标网 X 轴向为南北方向（上为北），Y 轴向为东西方向，也可只画网格节点的十字线。坐标值单位是 m，书写方向平行于网格或在网格延长线上，数值前应标注坐标轴线代号“X”和“Y”。若坐标值标注在网格节点附近，字头都朝向北，也可省去坐标轴代号。

图上的指北针，用来指出公路所在地区的方位与走向，同时指北针在拼接图纸时又可用作核对之用，箭头所指为正北方向。

如图 10-3 所示，由于公路具有狭长曲折的特点，需要画在若干张图纸上，每张图的右上角应有角标，注明图纸的序号及总张数。使用时可以将图纸按照指北针拼接起来。路线分段应在直线部分取整数桩号断开，断开的两端均以点划线垂直于路线画出接图线。

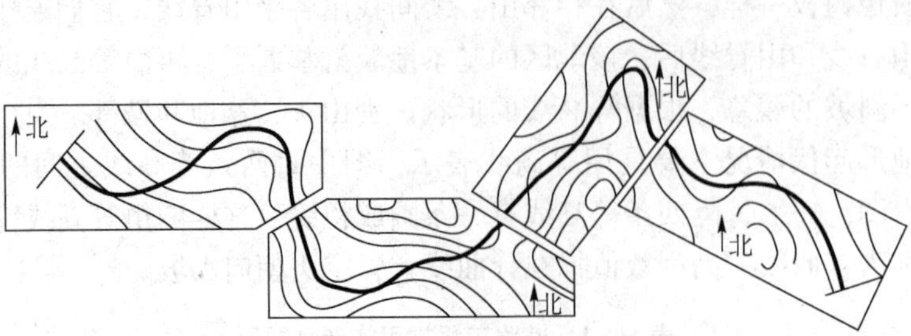

图 10-3　路线图幅拼接

6. 里程桩号

路线中线（设计线）用加粗实线沿路线的中心线画出，主要表示路线的水平曲直走向状况、里程、平曲线要素等内容。由于道路的宽度相对于长度来说尺寸小得多，公路的宽度只有在较大比例的平面图中才能画清楚，因此通常是沿道路中心线只画出一条加粗的实线（2*b*）来表示新设计的路线。

道路路线的总长度和各段之间的长度用里程桩号表示。里程桩号应从路线的起点至终点依次顺序编号，在平面图中路线的前进方向总是从左向右的。里程桩分公里桩和百米桩两种，公里桩宜注在路线前进方向的左侧，用符号"◑"表示桩位；公里数注写在符号的上方，如"K2"表示离路线起点 2 km。百米桩宜标注在路线前进方向的右侧，用垂直于路线的细短线表示桩位，用字头朝向前进方向的阿拉伯数字表示百米数，注写在短线的端部，例如在 K1 公里桩的前方注写的"6"，表示桩号为 K1+600，说明该点距路线起点为 1 600 m。也可在路线的同一侧，均采用垂直于路线的短线表示公里桩和百米桩。

7. 水准点

沿路线附近每隔一段距离，在图中标水准点的位置，用于路线的高程测量。水准点用 ⊗ 表示，BM6 是水准点的缩写，6 表示的是 6 号水准点，水准点符号下的数字表示的是对应水准点的高程。

8. 平曲线要素

道路路线在平面图中是由直线段和曲线段组成的。当路线转弯时，在路线的转折处应设平曲线，并标注路线转折的顺序编号，即交角点编号，如 JD3 表示第 3 号交角点。

根据实际需要在交角点处设置的平曲线可以为圆曲线或缓和曲线两种。图 10-4 左侧所示为圆曲线，圆曲线与前后直线的切点分别为 ZY（直圆点）和 YZ（圆直点），把圆曲线的中点标记为 QZ（曲中点），共有三个主点桩号；图 10-4 右侧所示为缓和曲线，则有 ZH（直缓点）、HY（缓圆点）、QZ（曲中点）、YH（圆缓点）、HZ（缓直点）五个主点桩号，图中表示各特征点的字母用特征点汉语拼音缩写。

除上述控制曲线位置的要素外，还要有曲线表。表中列出控制曲线形态的要素有：交角点号（JD）；转角或称偏转角（α），α_z 为左偏角，α_y 为右偏角，R 为圆曲线半径，T 为切线长，E 为外矩，L 为曲线长，l 或 Ls 为缓和曲线长。曲线表中的长度单位是 m。

注意事项：

道路工程图较复杂，要搞清楚每一个图示和符号的含义。

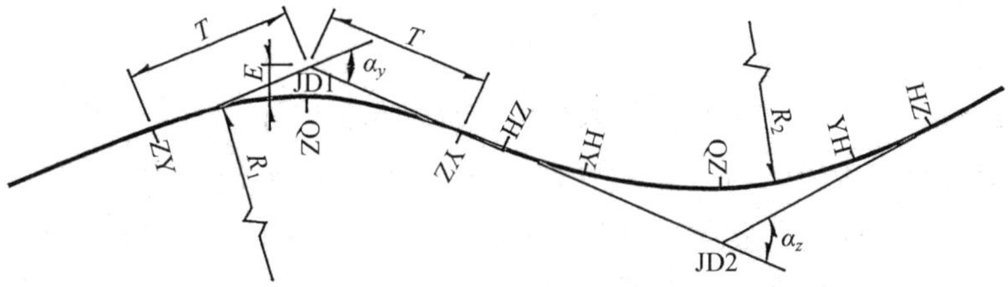

符号的含义：

JD—交角点；JD1—第1号交点交角点；JD2—第2号交点交角点；α—偏角；α_z—左偏角（向左偏转的角度）；α_y—右偏角（向右偏转的角度）；R_1、R_2—设计半径；T—切线长；E—外矢距（曲线中点到交点的距离）；ZY—曲线起点（直圆点）；QZ—中点（曲中点）；YZ—曲线终点（圆直点）；ZH—直缓点；HZ—缓直点；HY—缓圆点；YH—圆缓点

图 10-4　平曲线的要素

【例 10.1】　识读图 10-5 所示的公路路线平面图。

解

(1) 角标和说明。

① 该公路工程的路线平面图共有 43 张，本图是其中的第 3 张，表达的是路线的 K2+800—K4+300 路段的路线平面图。

② 本图比例是 1∶5 000。

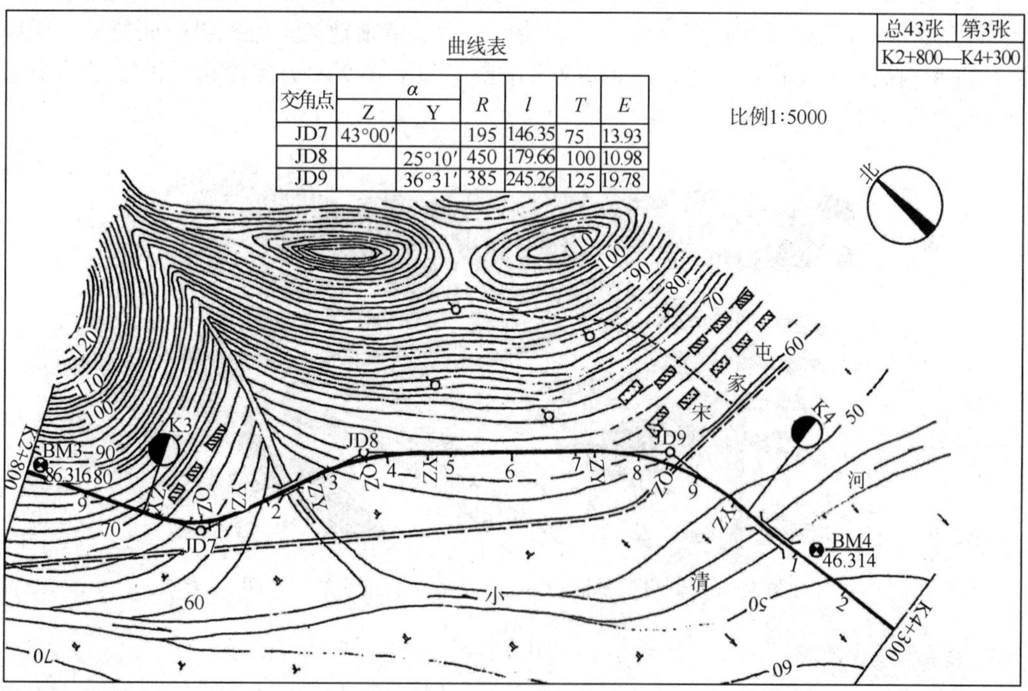

交角点	α Z	α Y	R	l	T	E
JD7	43°00′		195	146.35	75	13.93
JD8		25°10′	450	179.66	100	10.98
JD9		36°31′	385	245.26	125	19.78

图 10-5　公路路线平面图

(2) 路线平面图中地形、地物的分析。

① 本图方位采用指北针来指明，道路在该路段为西北—东南走向。

② 地形起伏情况，根据图中等高线的疏密可以看出，该地区西北地势较高，路线东侧地势较陡。有两个山丘和一个山谷，西侧地势较缓，山脚下有一条河流叫小清河，沿河流两

侧地势低洼且平坦。

③ 河东岸有一个村庄叫宋家屯，山上有经济林，河西岸为草地。

④ 原有的道路。河东岸顺山脚有条大车道，自宋家屯向北上山有一条小路。

⑤ 本图中有 2 个水准点，编号分别为 BM3 和 BM4。在 ⊗$\frac{BM3}{86.316}$ 中，⊗是水准点的标记，BM3 表示的是 3 号水准点，水准点符号下的 86.316 表示该水准点的高程为 86.316 m。

（3）路线平面图中路线部分的内容分析。

① 道路路线用加粗实线表示。路线的总长度和各段之间的长度用里程桩号表示。有 K3、K4 两个公里桩。

② 本张路线平面图上的设计线从 K2+800 处开始，至 K4+300 结束。由西北向东南延伸，总长 1 500 公里，有 3 个交角点 JD7，JD8，JD9。

③ 在 3 个交角点处的平曲线都是圆曲线。在 JD7，左转 $\alpha_z=43°00'$，半径 $R=195$ m；在 JD8，右转 $\alpha_y=25°10'$，圆曲线半径 $R=450$ m；在 JD9，右转 $\alpha_y=36°31'$，圆曲线半径 $R=385$ m，路线自西向东延伸。

④ 本路段有桥梁 2 座，分别在 K3+200 和 K4+000 处，分别跨越山谷流水和小清河。

任务 10.2　路线纵断面图

路线纵断面图是用假设的铅垂面沿线路中心线进行剖切的。由于线路中心线是由直线与曲线组合而成，故剖切断面既有平面，又有曲面。为了清晰地表达路线纵断面情况，用展开剖面法将断面展成一平面，即为路线的纵断面图。图 10-6 所示为假设铅垂面沿线路中心线进行剖切的示意图。

图 10-6　假设铅垂面沿线路中心线进行剖切的示意图

1. 作用

路线纵断面图的作用是表达路线的纵面线形、沿线地面的起伏状况、地质及沿线设置构造物的概况等。

2. 形成方法

路线纵断面是沿线路中心线用假想的铅垂剖切面纵向剖切。然后将断面图展开，展开方式为纵轴上的高程不变、水平横轴上的投影长度改换成路线的里程长度，根据实际需要，采用纵向比例和横向比例不同的方式绘出纵断面图，如图 10-7 所示。

3. 路线纵断面图的内容

路线纵断面图包括高程标尺、图样和资料表三部分。如图 10-7 所示，图样画在图纸的上方，资料表在图纸的下方，高程标尺布置在资料表上方左侧。

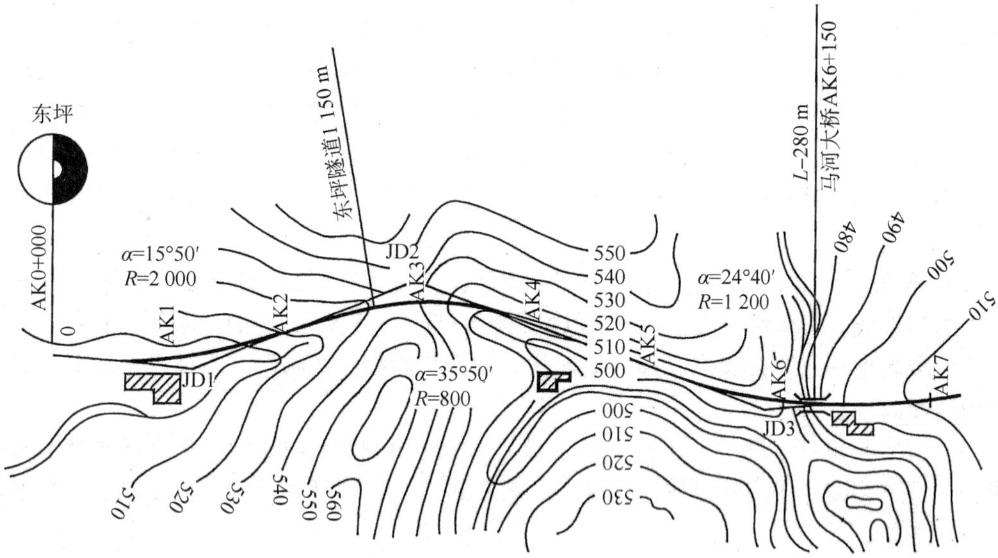

（a）线路平线图

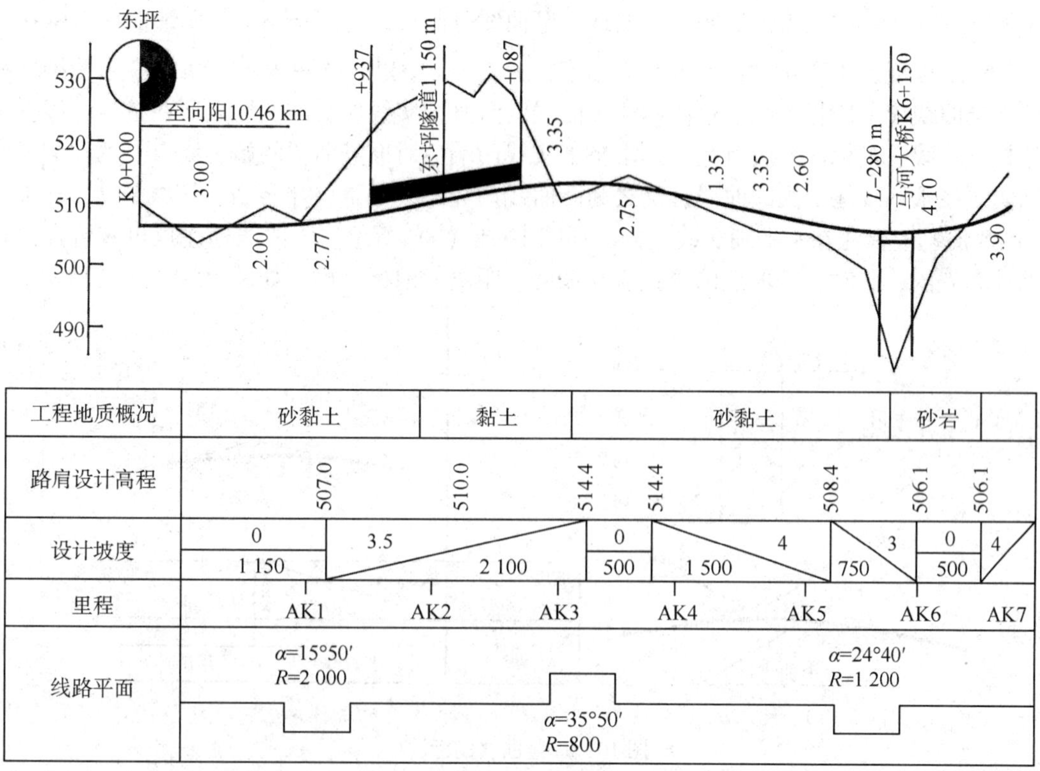

（b）线路纵断面图

图 10-7　纵断面图

4. 路线纵断面图

1）图样部分

（1）比例。路线纵断面图水平向表示路线的长度，铅垂向表示地面及路肩设计高程。由于地面线和设计线的高差比起路线的长度要小得多，如果铅垂向与水平向用同一种比例则很难把高差明显地表达出来，所以规定铅垂向的比例按水平向的比例放大 10 倍。这种画法虽使图上路线坡度与实际不符，但能清楚地显示铅垂向坡度的变化。一般在山岭区水平向采用 1∶2 000，铅垂向采用 1∶200；在丘陵区和平原区因地形起伏变化较小，所以水平向采用 1∶5 000，铅垂向采用 1∶500。一条公路的纵断面图有若干张，应在第一张图的适当位置（在图纸右下角图标内或左侧竖向标尺处）注明铅垂、水平向所用比例。在图纸的右上角注出第几页、共几页。

（2）地面线。图上不规则的折线就是地面线。它是设计的线路中心线处地面上一系列中心桩的连接线。具体画法是将水准测量所得各桩的高程按铅垂向比例绘在相应的里程桩上，然后顺次把各点连接起来，即为地面线。地面线用细实线画出。表示地面线上各点的高程称为地面高程。

（3）设计坡度线。图上比较规则的直线与曲线相间的粗实线称为设计坡度线，简称设计线，它是道路设计中线的纵向设计线形。表示路肩的设计高程，它是根据地形、技术标准等设计出来的。

（4）竖曲线。设计线纵坡变更处，其两相邻坡度差的绝对值超过一定数值时，为有利于车辆行驶，在变坡处需设置圆形竖曲线。竖曲线分凸形曲线（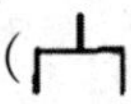）与凹形曲线（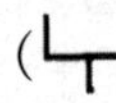）。

当路线坡度发生变化时，变坡点应用直径为 2 mm 中粗线圆圈表示；切线应采用细虚线表示；竖曲线应采用粗实线表示。标注竖曲线的竖直细实线应对准变坡点所在桩号，线左侧标注桩号；线右侧标注变坡点高程。水平细实线两端应对准竖曲线的始、终点。两端的短竖直细实线在水平线之上为凹曲线；反之为凸曲线。竖曲线要素（半径 *R*、切线长 *T*、外矢矩 *E*）的数值均应标注在水平细实线上方，如图 10-8（a）所示。竖曲线标注也可布置在测设数据计算表内，此时，变坡点的位置应在坡度、距离栏内标示出，如图 10-8（b）所示。

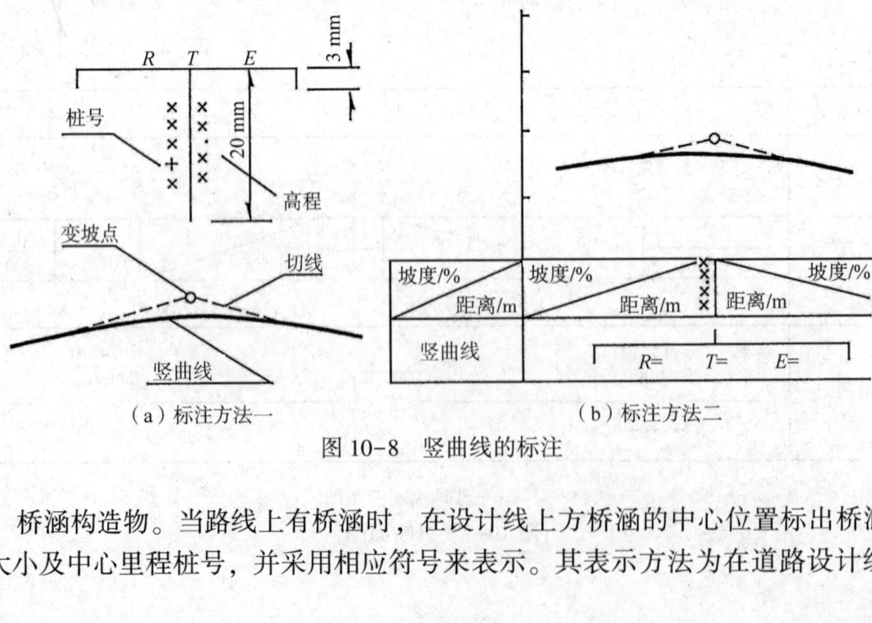

（a）标注方法一　　（b）标注方法二

图 10-8　竖曲线的标注

（5）桥涵构造物。当路线上有桥涵时，在设计线上方桥涵的中心位置标出桥涵的名称、类型、大小及中心里程桩号，并采用相应符号来表示。其表示方法为在道路设计线的上方，用竖直引出线标注。竖直引出线应对准构造物或交叉口中心位置。线左侧标注桩号，水平线上方标注构造物名称、规格、交叉口名称（见图 10-9）。

（6）水准点。沿线设置的水准点，都应按所在里程的位置标出，并标出其编号、高程和路线的相对位置。

水准点按图 10-10 标注。竖直引出线应对准水准点桩号，线左侧标注桩号，水平线上方标注编号及高程；线下方标注水准点的位置。

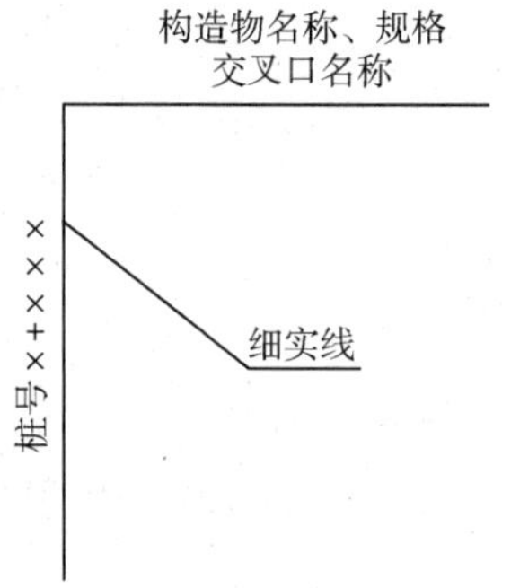

图 10-9　沿线构造物及交叉口标注

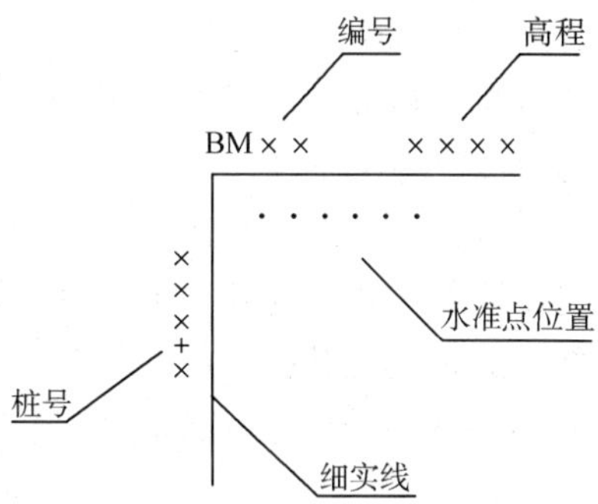

图 10-10　水准点的标注

2）资料表部分

资料表包括地质概况，坡度、坡长，设计高程，地面高程，挖、填里程桩号和平曲线等。

（1）地质概况。标出沿路线的地质情况，为设计、施工提供资料。

在纵断面图中可根据需要绘制地质柱状图，并标示岩土图例或代号。各地层高程应与高程标尺对应。探坑应按宽为 0.5 cm、深为 1∶100 的比例绘制，在图样上标注高程及土壤类别图例。钻孔可按宽 0.2 cm 绘制，仅标注编号及深度，深度过长时可采用折断线示出。

（2）坡度、坡长。坡度、坡长是指设计线的纵向坡度和其长度，设计坡度栏中每一分格表示一坡度。对角线表示坡度方向，先低后高表示上坡，先高后低表示下坡。对角线上方数字表示坡度，下方数字表示坡长，坡长以 m 为单位。如第二分格内注有 3.5/2 100，表示顺路线前进方向是上坡，坡度为 3.5‰，坡长 2 100 m。如在不设坡度的平路范围内，则在格中画一水平线，上方注数字“0”，下方注坡长。各分格线为变坡点的位置，应与竖曲线中心线对齐。

（3）高程。高程分设计高程和地面高程，它们和图样相对应，两者之差数，就是挖、填的数值。

（4）桩号。按测量所得数字，以千米、百米定一桩号并填入表内，对平面图中圆曲线的始点（ZY）、中点（QZ）和终点（YZ）及水准点、桥涵中心点和地形突变点等还需设置加桩。

（5）平曲线。平曲线一栏是路线平面图的示意图。直线段用水平线表示，曲线（弯道）用下凹或上凸图线表示。如图 10-7 所示，JD2 α=35°50′ R=800 表示 2 号交角点沿路线前进方向右转弯，转折角 $\alpha=35°50'$，平曲线半径 $R=800$ m。

3）画路线纵断面图应注意的问题

（1）路线纵断面图用透明方格纸画，方格纸上的格子一般纵横方向均以 1 mm 为单位分格，每 5 cm 处印成粗线，使之醒目，便于使用。用方格纸画路线纵断面图，既可省用比例尺，加快绘图速度，又便于进行检查。

（2）图宜画在方格纸的反面，擦线时不致将方格线擦掉。

（3）画路线纵断面图与画路线平面图一样，从左至右按里程顺序画出。

（4）纵断面图第一张应有图标，注明路线名称，纵、横比例等。每张图纸右上角应有角标注明图纸序号及总张数。

【例 10.2】 看图 10-11，识读道路纵断面工程图。

（1）看角标和说明。

① 本工程的公路路线纵断面图共有 43 张，本图为第 3 张，表达的是路线的 K2+800—K4+300 路段的路线纵断面图。

② 本图的横向比例为 1 : 5 000，而纵向比例为 1 : 500。

（2）识读地面线和资料表，了解有关地形、地质内容。

① 沿线的地形起伏状况。

从 K2+800 里程开始，地面线总体上逐渐处于下坡状态，到 K4+030 里程以后进入上坡状态。

② 地面的坡度和转折情况。

沿线有两条小河，有多个坡度转折点。

③ 水准点。

本路段沿线有两个水准点，编号为 BM3 和 BM4。BM3 在路线里程 K2+820 处左面 20 m 的岩石上。高程为 86.316 m；BM4 在路线里程 K4+125 处左面 25 m 的岩石上，高程为 46.314 m。

④ 地质情况。

从 K2+800 里程开始，到 K4+300 里程，地质情况分为 4 段。最前面下坡段和两条小河之间为黄色黏土，两条小河底部为淤泥质亚黏土。

（3）识读设计线和资料表，了解有关路线内容。

① 设计线的分段情况。

从 K2+800 桩号开始，设计线分为 5 段直线段、4 个变坡点处设有 4 段竖曲线、3 个交角点处设有 3 段平曲线。

a）竖曲线

第 1 个变坡点在 K3+100 里程处，高程为 66.50 m，竖曲线为凹曲线，半径为 4 800 m，切线长度为 125 m，外矢距为 1.63 m；

第 2 个变坡点在 K3+400 里程处，高程为 66.50 m，竖曲线为凸曲线，半径为 7 400 m，切线长度为 100 m，外矢距为 0.68 m；

第 3 个变坡点在 K3+750 里程处，高程为 56.50 m，竖曲线为凹曲线，半径为 7 400 m，切线长度为 100 m，外矢距为 0.68 m；

第 4 个变坡点在 K4+120 里程处，高程为 56.50 m，竖曲线为凹曲线，半径为 4 800 m，切线长度为 100 m，外矢距为 1.04 m。

b）平曲线

第 1 个交角点的编号为 JD7，向左转向，转角为 43°00′01″，平曲线半径为 195 m，曲中里程为 K3+096.18，直圆点里程为 K3+023.00，圆直点的里程为 K3+169.35；

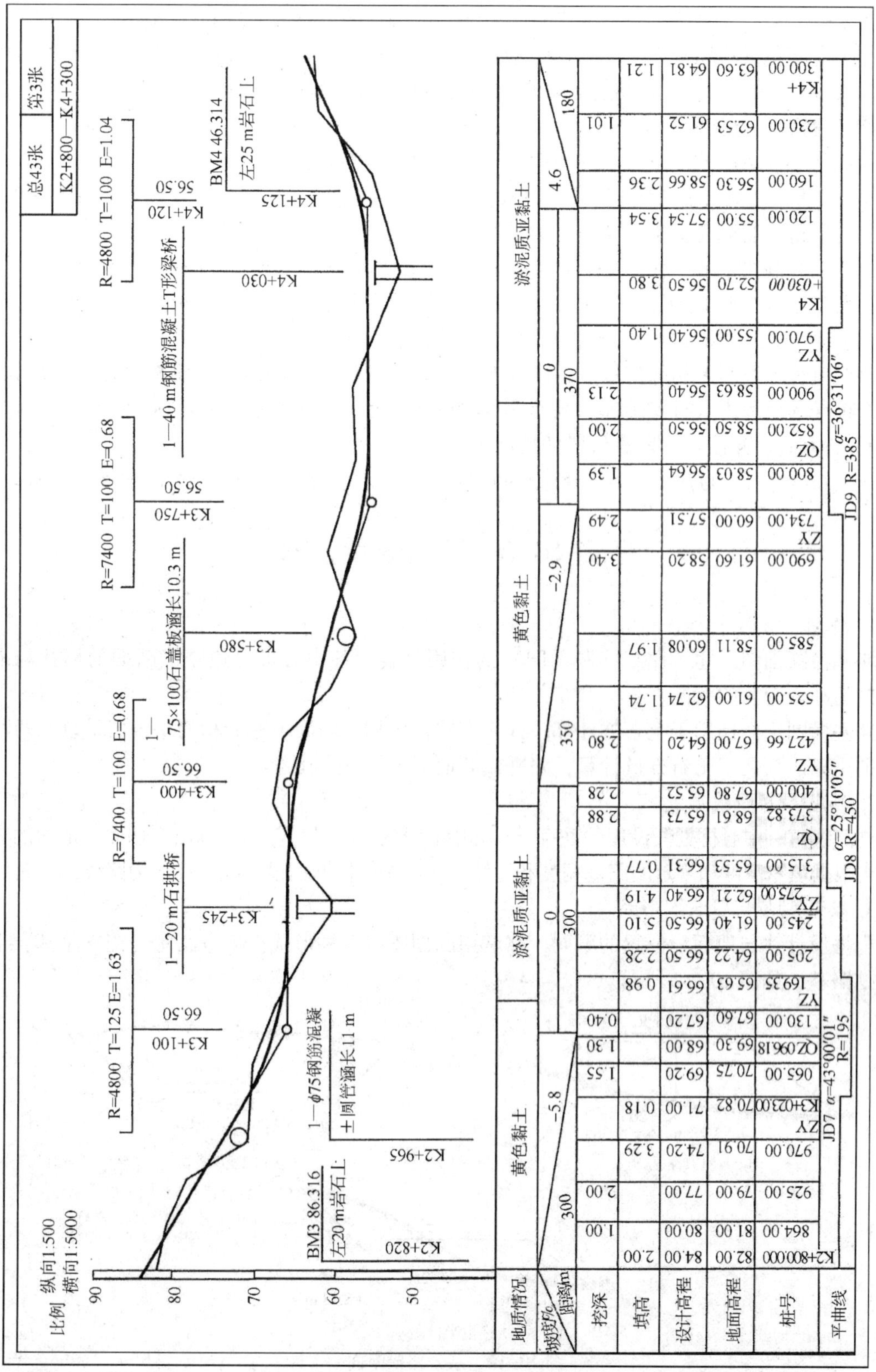

图 10-11 某线路纵断面工程图

第 2 个交角点的编号为 JD8，向右转向，转角为 25°10′05″，平曲线半径为 450 m，曲中里程为 K3+373. 82，直圆点里程为 K3+275. 00，圆直点的里程为 K3+427. 66；

第 3 个交角点的编号为 JD9，向右转向，转角为 36°31′06″，平曲线半径为 385 m，曲中里程为 K3+852. 00，直圆点里程为 K3+734. 00，圆直点的里程为 K3+970. 00。

② 工程沿线构造物。

沿线跨越两条小河，设有两座桥梁，另外还设有两座涵洞。

第一个桥梁位于 K3+245 里程，为单跨石拱桥，桥长为 20 m；第二座桥梁位于K4+030 里程，为单跨钢筋混凝土 T 形梁桥，梁的跨度为 40 m。

第一座涵洞位于 K2+965 里程，为单孔钢筋混凝土圆管涵，孔径 75 cm，涵长 11 m；第二座涵洞位于 K3+580 里程，为单孔石盖板涵，断面尺寸为 75 cm×100 cm，涵长 10. 3 m。

（4）资料表中的路线坡度与控制桩的高程、里程的关系。

路线直线段坡度是相邻变坡点的高程差值与相邻变坡点之间的水平距离之比值。比如，第 1 个桩号的里程为 K2+800. 00，高程为 84. 00 m，第 1 个变坡点位置在 K3+100，高程为 66. 50 m，则计算路线第 1 段直线段的坡度：

$i=$（66. 50−84. 00) m/(3 100. 00−2 800. 00) m×100% = −5. 8%，其他段的坡度计算略。

任务 10. 3　路基横断面图

1. 作用

路基横断面图（也称路线横断面图）的作用是表达各中心桩处道路横断面的形状与地形横向的高低起伏的状况。

路基横断面图还用于土石方计算。计算方法是用相邻断面填挖面积的平均值乘以此两断面间的距离。为便于土石方量计算，路基横断面图采用较大比例绘制。

2. 路基横断面的形成

在路线每一中心桩处假设用一垂直于设计中心线的平面进行剖切，画出剖切面与地面的交线，再根据填挖高度和规定的路基宽度和边坡，画出路基横断面设计线，即成为路线横断面。

3. 路基横断面图基本形式

根据设计线与地面线位置的不同，路基横断面图有三种形式：填方路基、挖方路基、半填半挖路基，如图 10-12 所示。

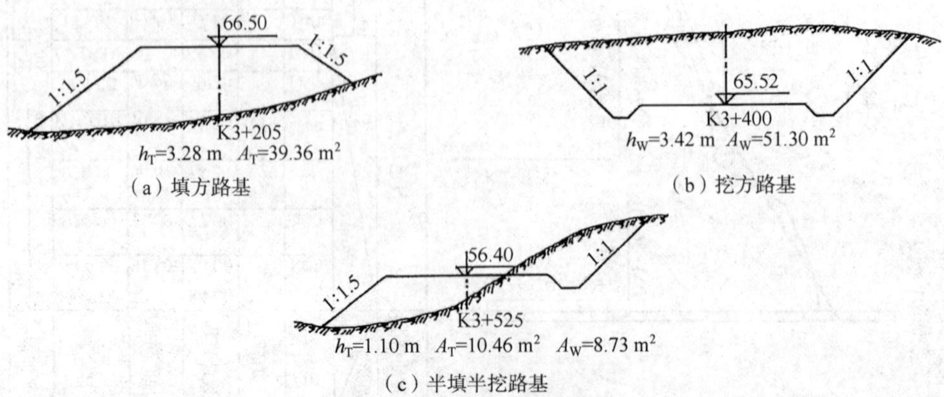

图 10-12　某公路横断面

4. 路基横断面图绘制规则

路基横断面由地面线和路基设计线所围成，路基设计线由路基宽度线、边坡线组成。路面线、路肩线、边坡线均应采用粗实线表示；原有地面线应采用细实线表示；路面中线应采用细点划线表示。路基横断面图一般不画出路面层和路拱，以路基边缘的高程作为道路中心的设计高程。

路基横断面图的水平方向和高度方向宜采用相同比例，一般比例为 1∶200，也可用 1∶100或 1∶50。

5. 路基横断面图的设置原则和排列顺序

对应每一个中心桩都应画出一个路基横断面图，按横断面桩号的顺序自下而上、从左到右依次画出，每个断面均应在图样下方标出里程桩号，所以路基横断面图由一系列图组成，如图 10-13 所示。

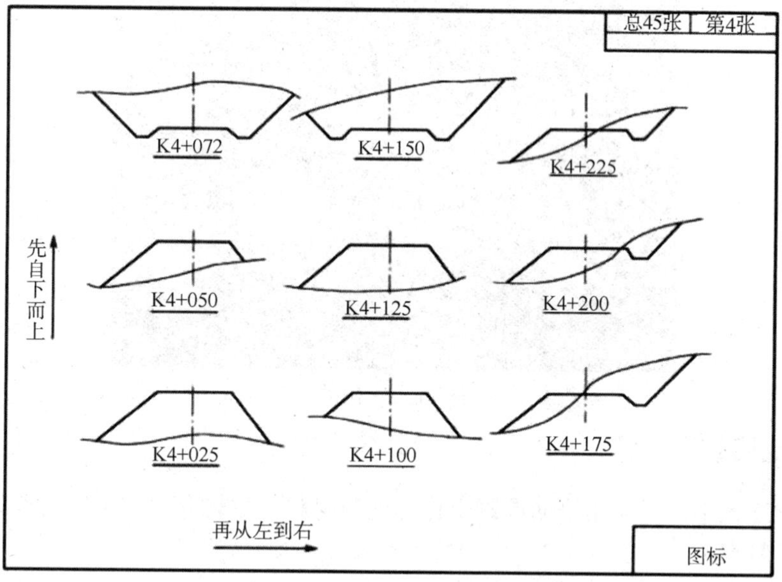

图 10-13　路基横断面图的设置和排列顺序

每一张路基横断面图的右上角应画出角标，注明图纸序号、总张数和本张断面图的起止号，在最后一张图纸的右下角绘制图标。

在较小半径的平曲线上，为减少汽车在弯道上行驶时的横向力作用，道路在平曲线处需设计成外侧高、内侧低的形式，道路边缘高程与设计高程之差称为超高。道路的超高如图 10-14 所示。

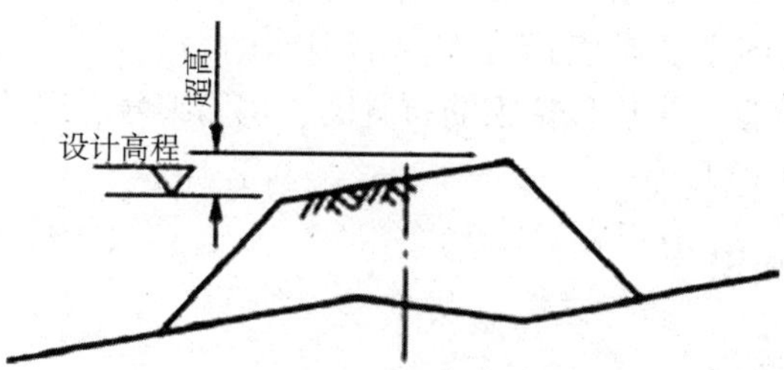

图 10-14　道路的超高

项目 11　桥梁工程图

【情境引入】

桥梁如图 11-1 所示。桥梁的设计建造离不开施工图纸，桥梁工程图包括总体平面布置图、钢筋构造详图等。本项目以三跨桥梁为例讲解桥梁图纸的识读过程。

图 11-1　桥梁

【知识链接】

目前桥梁工程中广泛应用钢筋混凝土作为建筑材料，故先介绍有关钢筋混凝土的基本知识及它的图示特点。

任务 11.1　钢筋混凝土结构图

钢筋混凝土是最常用的建筑材料，桥梁工程中的许多构件都是用它来制作的，如梁、板、柱、桩和桥墩等。用钢筋混凝土制成的梁、板、桩和桥墩等构件组成的结构物，称为钢筋混凝土结构。

为了把钢筋混凝土结构表达清楚，需要画出钢筋结构图（又称钢筋布置图，简称结构图或钢筋图）。钢筋结构图主要是表达构件内部钢筋的布置情况，是钢筋下料、加工、绑扎、焊接和检验的重要依据，它应包括钢筋布置图、钢筋编号、尺寸、规格、根数。钢筋成型图和钢筋数量表及技术说明等。

11.1.1　钢筋的基本知识

1. 钢筋的种类及作用

梁体钢筋配置如图 11-2 所示，根据钢筋在整个结构中的作用的不同，钢筋可分为以下几类。

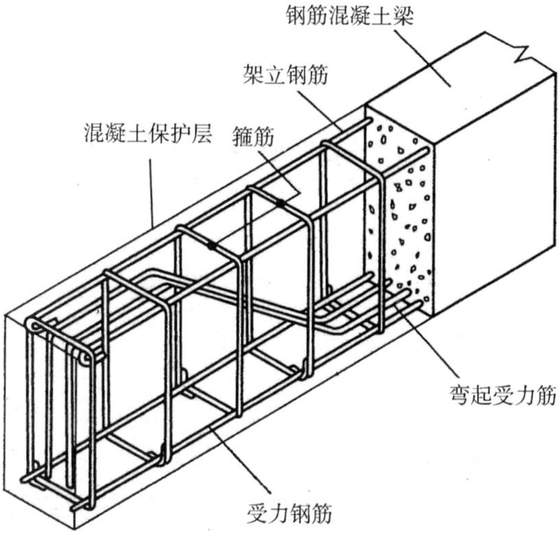

图 11-2　梁体钢筋配置

1）受力钢筋（主筋）

受力钢筋（主筋）用来承受主要拉力。

2）箍筋

箍筋固定受力钢筋位置，并承受一部分斜拉力。

3）架立钢筋

架立钢筋一般在钢筋混凝土梁中固定箍筋的位置。

4）分布钢筋

分布钢筋一般在钢筋混凝土板或高梁结构中，固定受力钢筋位置，使荷载分布给受力钢筋，并防止混凝土收缩和温度变化出现的裂缝。

5）构造钢筋

构造钢筋是为了起吊安装或构造要求而设置的预埋或锚固钢筋。

2. 钢筋的弯钩和弯起

1）钢筋的弯钩

对于光圆外形的受力钢筋，为了增加它与混凝土的黏结力，在钢筋的端部做成弯钩。弯钩的标准形式有半圆弯钩（180°）、斜弯钩（135°）和直弯钩（90°）3 种。根据需要，钢筋实际长度要比端点长出 6. 25d、4. 9d、3. 5d，这时钢筋的长度要计算其弯钩的增长数值。

带弯钩钢筋的下料长度应为设计长度加上其相应弯钩的增长数值。在图 11-3 中用双点划线表示了弯钩弯曲前的下料长度，它是计算钢材用量的依据。

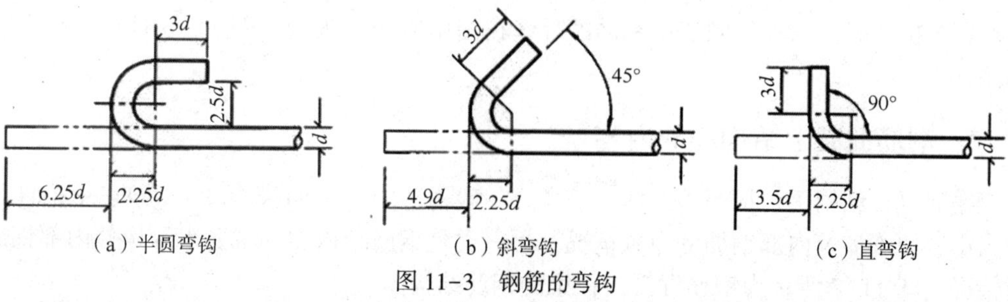

图 11-3　钢筋的弯钩

当弯钩为标准形式时，图中不必标注其详细尺寸；若弯钩或钢筋的弯曲是特殊设计的，则在图中必须另画详图表明其形式和详细尺寸。

为了避免计算，钢筋弯钩的增长数值编有表格备查。表 11-1 为光圆钢筋弯钩增长数值表。

表 11-1 光圆钢筋弯钩增长数值表

单位：mm

钢筋直径	180°弯钩	135°弯钩	90°弯钩
6	38	29	21
8	50	39	28
10	63	49	35
12	75	59	42
14	88	68	49
16	100	78	45
18	113	88	63
19	119	93	67
20	125	98	70
22	138	107	77
24	150	117	84

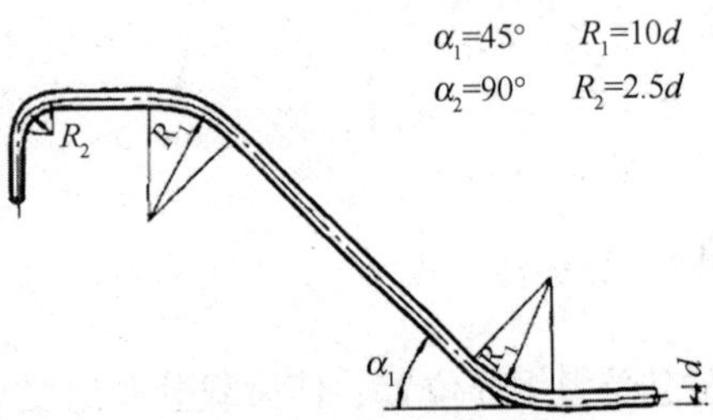

图 11-4 钢筋的弯起

2）钢筋的弯起

根据结构受力要求，有时需要在梁内将部分受力钢筋向上弯起，这时弧长比两切线之和短些，如图 11-4 所示，其计算长度应减去折减数值（钢筋直径小于 10 mm 时可忽略不计）。

3. 混凝土的等级和钢筋的保护层

混凝土按其抗压强度分为不同的等级，普通混凝土分 C7.5，C10，C15，C20，C25，C30，C35，C40，C45，C50，C55，C60 十二个等级。数字越大，混凝土的抗压强度越高。

为了保护钢筋，防止钢筋锈蚀及加强钢筋与混凝土的粘结力，钢筋必须全部包在混凝土中，因此钢筋边缘至混凝土表面应保持一定的厚度，称为混凝土保护层（见图 11-2），此厚度距离称为净距。保护层的最小厚度可查阅钢筋混凝土结构设计规范。

4. 钢筋骨架

为制造钢筋混凝土构件，先将不同直径的钢筋，按照需要的长度截断，根据设计要求进行弯曲（称为钢筋成型或钢筋大样），再将弯曲后的成型钢筋组装。

钢筋组装成型，一般有 2 种方式：一种是用细铁丝绑扎钢筋骨架；另一种是焊接钢筋骨架。先将钢筋焊成平面骨架，然后用箍筋联结（绑或焊）成立体骨架形式。如图 11-5 所示，对于焊接骨架，结点处固定主钢筋的焊缝在图中应予以表现。图 11-6 是焊接钢筋骨架的标注图式。

11.1.2 钢筋混凝土结构图的内容

钢筋混凝土结构图包括两类图样：一类是一般构造图（又叫模板图），即表示构件的形状和大小，但不涉及内部钢筋的布置情况；另一类是钢筋结构图，主要表示构件内部钢筋的配置情况。图 11-7 所示为钢筋混凝土板梁的钢筋结构图。

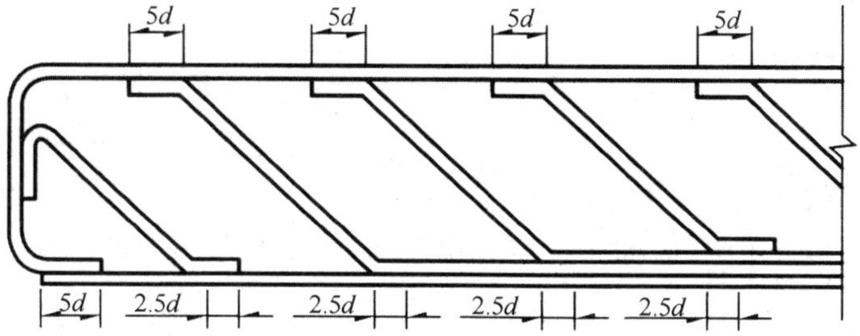

图 11-5　焊接钢筋骨架

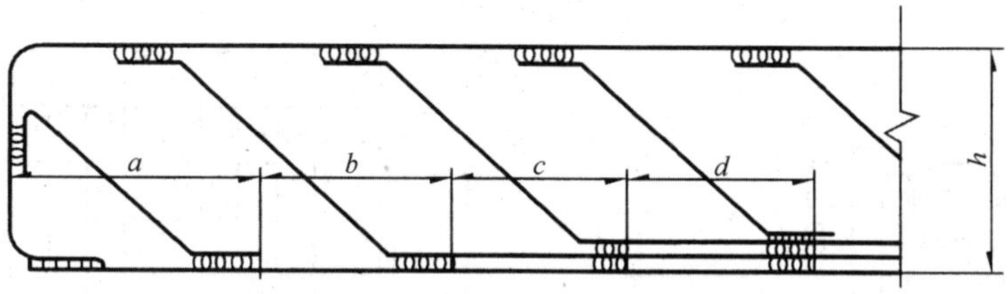

图 11-6　焊接钢筋骨架的标注图示

注意事项：

桥梁工程图较复杂，要结合立面图、断面图、平面图、详图和工程数量表综合读图。

1. 钢筋结构图的图示特点

(1) 为突出构件中钢筋的配置情况，把混凝土假设为透明体，结构外形轮廓画成细实线。

(2) 钢筋纵向画成粗实线，其中箍筋较细，可画为中实线；钢筋断面用黑圆点表示，钢筋重叠时可以用 2 mm 直径以上的小黑圆圈来表示。

(3) 钢筋的标注。在钢筋结构图中为了区分各种类型和不同直径的钢筋，要求对不同类型的钢筋加以编号并在引出线上注明其规格和间距，编号用阿拉伯数字表示。

(4) 钢筋的弯钩和净距的尺寸都比较小，画图时不能严格按照比例画，以免线条重叠，要考虑适当放宽尺寸，以清楚为度，这种画法被称为夸张画法。同理，在立面图中遇到钢筋重叠时，亦要放宽尺寸，中间应留有空隙，使图面清晰。

(5) 画钢筋结构图时，三面投影图不一定都画出来，而是根据需要来决定，例如画钢筋混凝土梁的钢筋结构图，一般不画平面图，只用立面图和断面图表示。

2. 钢筋的编号和尺寸标注方式

对钢筋进行编号时，宜先编主、次部位的主筋，后编主、次部位的构造筋。在桥梁构件中，钢筋编号及尺寸标注的一般形式如下。

(1) 编号标注在引出线右侧的细实线圆圈内。

(2) 如图 11-7 所示，钢筋的编号和根数也可采用简略形式标注，根数注在 N 字之前，编号注在 N 字之后，如 4N2，在钢筋断面图中，编号可标注在对应的细实线方格内。

(3) 尺寸单位：在桥梁工程图中，钢筋直径的尺寸单位采用 mm，其余尺寸单位均采用

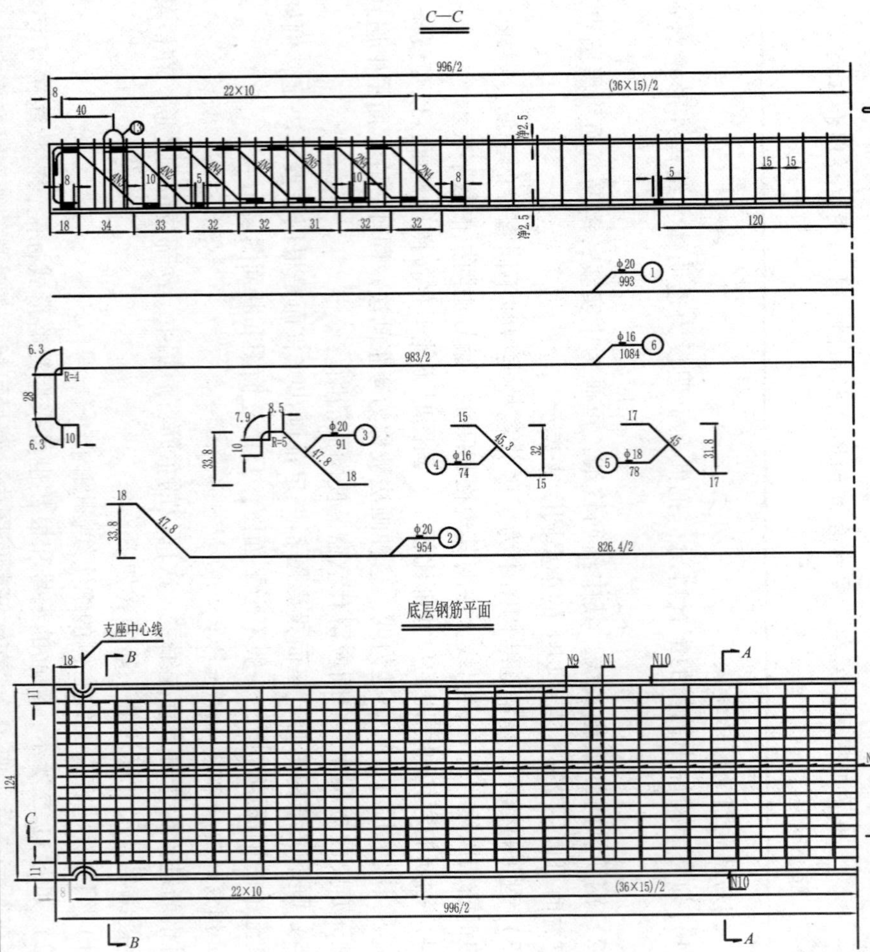

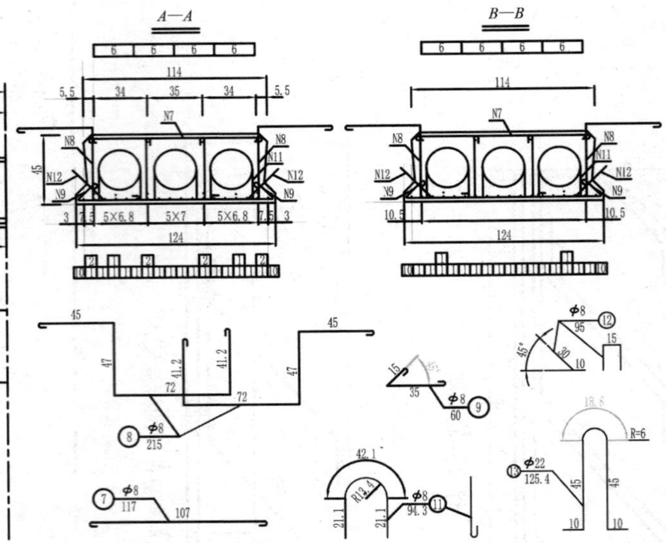

一块中板工程数量表

编号	钢筋直径	每根长 /cm	数量 /根	共长 /m	共重 /kg	总重 /kg	30号砼体积 /m³
1	Φ20	993	18	178.74	441.5	553.8	3.53
2	Φ20	954	4	38.16	94.3		
3	Φ20	91	8	7.28	18.0		
5	Φ18	78	4	3.12	6.2	6.2	
4	Φ16	74	24	17.76	28.1	96.6	
6	Φ16	1084	4	43.36	68.5		
7	φ8	117	81	94.77	37.4	244.5	
8	φ8	215	162	348.30	137.6		
9	φ8	60	68	40.80	16.1		
11	φ8	94.3	75	70.73	27.9		
12	φ8	95	68	64.60	25.5		
10	φ10	996	2	19.92	12.3	12.3	
13	φ22	125.4	4	5.02	15.0	15.0	

注：

1. 本图尺寸除钢筋直径以毫米计外，其余均以厘米为单位。
2. 待空心板就位后，N8筋与相邻板对应的钢筋绑扎。
3. 焊接钢筋均采用双面焊，焊接长度按《桥规》办理。
4. N7筋与N8筋对应设置，N1筋弯曲绕过锚栓孔。
5. 中板斜筋N4、N5以靠边及与横截面中线对称的原则布置，N3筋参照A—A截面的N2筋设置。
6. 空心板采用吊环吊装，如图所示。
7. N9筋平均间距为30cm，并与N1筋绑扎。
8. N11筋每40cm设一道，其下端钩在N8筋上并与之绑扎。
9. N12筋平均间距为30cm。
10. N13筋应与板内主筋焊接。

图 11-7 钢筋混凝土板梁的钢筋结构图

cm，图中无须注出单位。

钢筋编号和尺寸标注方式如下：

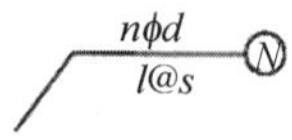

其中：N——钢筋编号，圆圈直径为4~8 mm；

n——钢筋根数；

ϕ——钢筋直径符号，也表示钢筋的等级；

d——钢筋直径的数值，mm；

l——每根钢筋的下料长度，cm；

@——钢筋中心间距符号；

s——钢筋间距的数值，cm。

如：

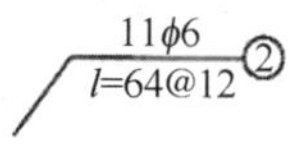

其中：②——编号为2的2号钢筋；

11ϕ6——直径为6 mm的2号钢筋（I级钢筋）共11根；

64——每根钢筋的下料长度为64 cm；

@12——钢筋轴线之间的距离为12 cm。

其中n或@s可省略，如图11-7所示，省略了n、@s。

3. 钢筋成型图

在钢筋结构图中，为了能充分表明钢筋的形状以便于配料和施工，还必须画出每种钢筋的加工成型图，如图11-7所示。图上应注明钢筋的符号、直径、编号、根数、弯曲尺寸和下料长度等。有时为了节省图幅，可把钢筋成型图画成示意略图放在钢筋数量表内。

4. 钢筋数量表

在钢筋结构图中，一般还附有钢筋数量表，内容包括钢筋的编号、直径、根数、每根长度、总长及质量等，如图11-7中表格为一块中板工程数量表。

11.1.3 钢筋结构图识读举例

图11-7所示为钢筋混凝土板梁的钢筋结构图，从A—A断面图可以看出梁的断面为空心板，称为板梁，梁内有13种钢筋，它的形状和尺寸在钢筋成型图上已表达清楚。

从底层钢筋平面图及A—A断面图中可以看出钢筋排列的位置及数量。A—A断面图的上方和下方画有小方格，格内注有数字，用以表明钢筋在梁内的位置及其编号。如平面图中的两个N10表示有2根编号为10的10号钢筋，安置在梁内的下部两侧。对应在A—A断面图中，则可以看出2根10号钢筋在梁内的下部两侧对称排列。平面图中还设有B—B断面剖切线，B—B断面图的钢筋排列位置和A—A断面不同，请读者自行思考。

表中钢筋总重=每米质量（kg/m）×每根长（m），图11-7中的钢筋表，“每米质量（kg/m）”数值，可以从有关工程手册中查得。如用铅丝绑扎钢筋，1、2、3号钢筋用铅丝数量按规定为钢筋总质量的0.5%，0.5%×553.80 kg=2.769 kg；如不用铅丝绑扎而采用电焊时，则应注出电焊长度和厚度。

任务 11.2　桥梁工程图

11.2.1　桥位平面图

桥位平面图主要表明桥梁和路线连接的平面位置，通过地形测量绘出桥位处的道路、河流水准点、钻孔及附近的地形和地物（如旧桥等），以便作为设计桥梁、施工定位的根据。这种图一般采用较小的比例，如 1∶500，1∶1 000，1∶2 000 等。

图 11-8 所示为某桥的桥位平面图。除了表示路线平面形状、地形和地物外，还表明了钻孔、里程、水准点的位置和数据。

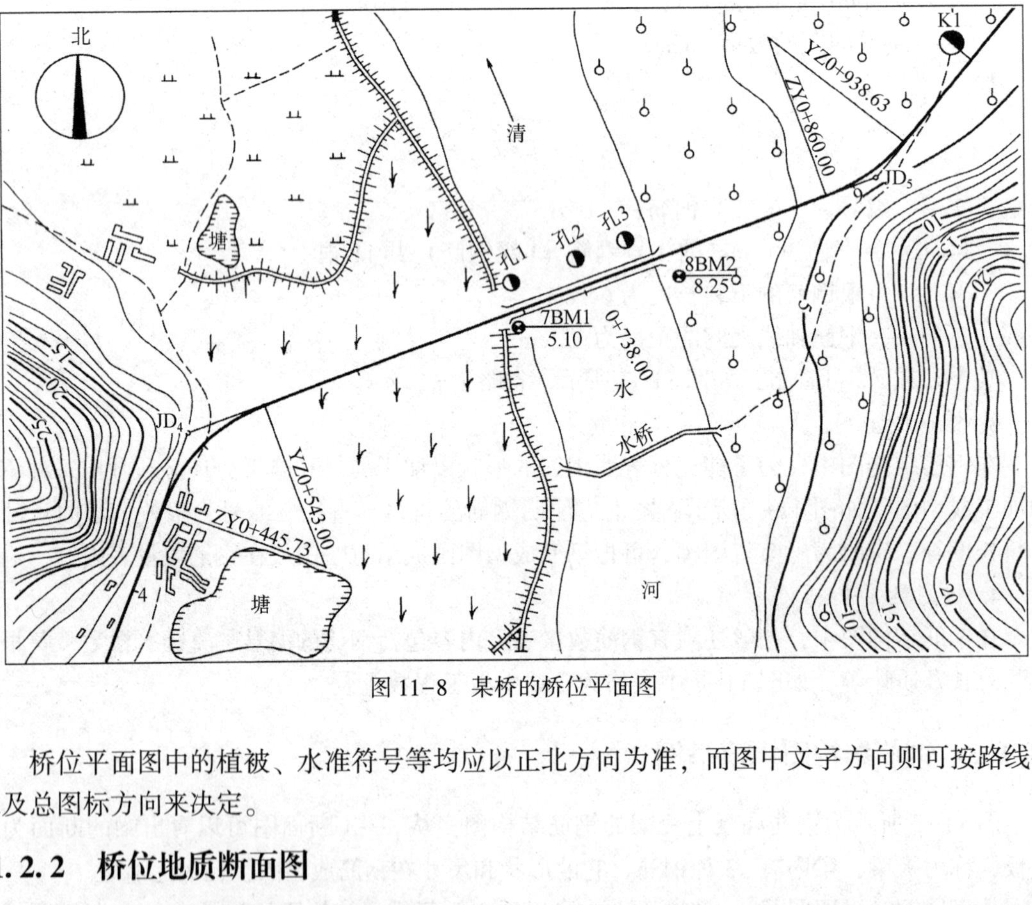

图 11-8　某桥的桥位平面图

桥位平面图中的植被、水准符号等均应以正北方向为准，而图中文字方向则可按路线要求及总图标方向来决定。

11.2.2　桥位地质断面图

根据水文调查和地质钻探所得的地质水文资料，绘制桥位所在河床位置的地质断面图，包括河床断面线、最高水位线、常水位线和最低水位线，以便作为设计桥梁和计算工程数量的依据。地质断面图为了显示地质和河床深度变化情况，特意把地形高度（高程）的比例较水平方向比例放大数倍画出。如图 11-9 所示，地形高度的比例采用 1∶200，水平方向比例采用 1∶500。

11.2.3　桥梁总体布置图

桥梁总体布置图主要表明桥梁的型式、跨径、孔数、总体尺寸、各主要构件的相互位置关系，桥梁各部分的高程，材料数量及总的技术说明等，作为施工时确定墩台位置、安装构

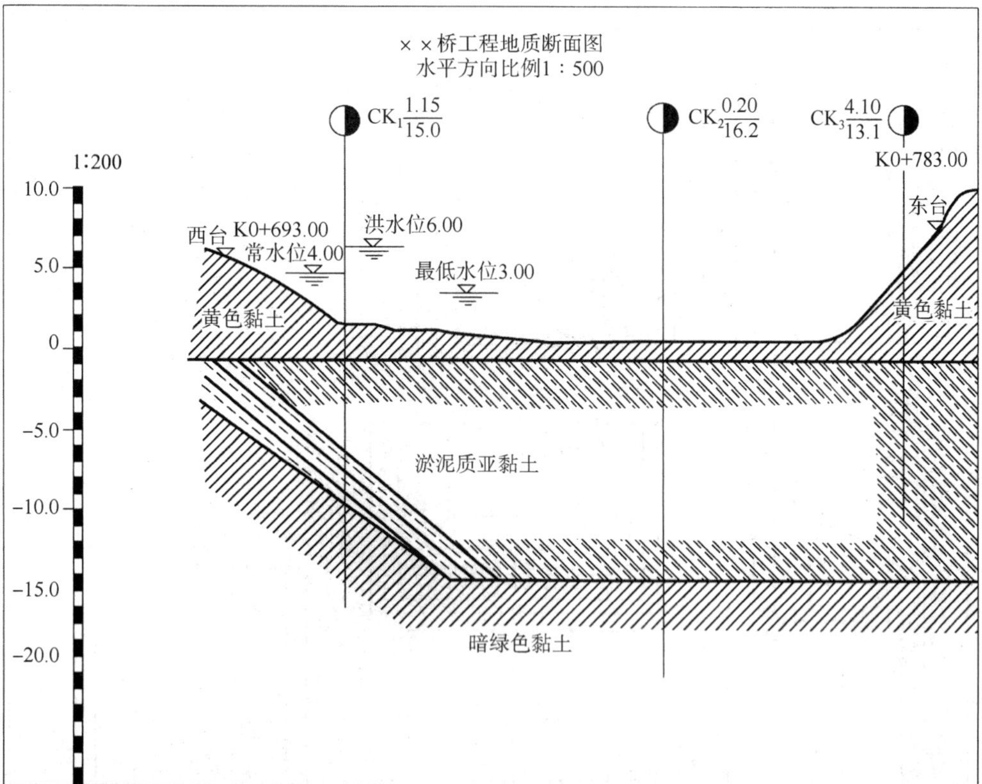

钻孔编号	1		2		3	
孔口标高/m 钻口深度/m	1.15	15.0	0.20	16.2	4.10	13.1
间距/m		40.00		38.00		

图 11-9　某桥桥位地质断面图

件和控制高程的依据。

图 11-10 所示为某桥总体布置图（总长度 30 m）。

1）立面图

立面图可以反映桥梁的特征和桥型，该桥共有 3 孔，三孔跨径各为 10 m，桥梁总长为 30 m。在比例较小时，立面图的人行道和栏杆可不画出。

（1）下部结构两端为重力式桥台。河床中间有 2 个重力式桥墩，它是由桥墩身、墩帽和基础共同组成的。

（2）上部结构为简支梁桥，3 个孔的跨径均为 10 m。

总体布置图还反映了河床地质断面及水文情况，根据高程尺寸可以知道桩和桥台基础的埋置深度、梁底桥台和桥中心的高程尺寸。当混凝土桩埋置深度较大时，为了节省图幅，连同地质资料一起，采用折断画法。图的上方还把桥梁两端和桥墩的里程桩号标注出来，以便读图和施工放样之用。

2）平面图

对照横剖面图可以看出桥面净宽为 7 m，人行道宽两边各为 0. 75 m，还有栏杆、立柱的布置尺寸。平面图从左往右，采用分段揭层画法来表达。

对照立面图，纵向中线右面部分，是把上部结构揭去之后，显示一个桥墩和一个桥台的布置，右端是桥台的平面图，可以看出是 U 形桥台，画图时，通常把桥台背后的回填土揭

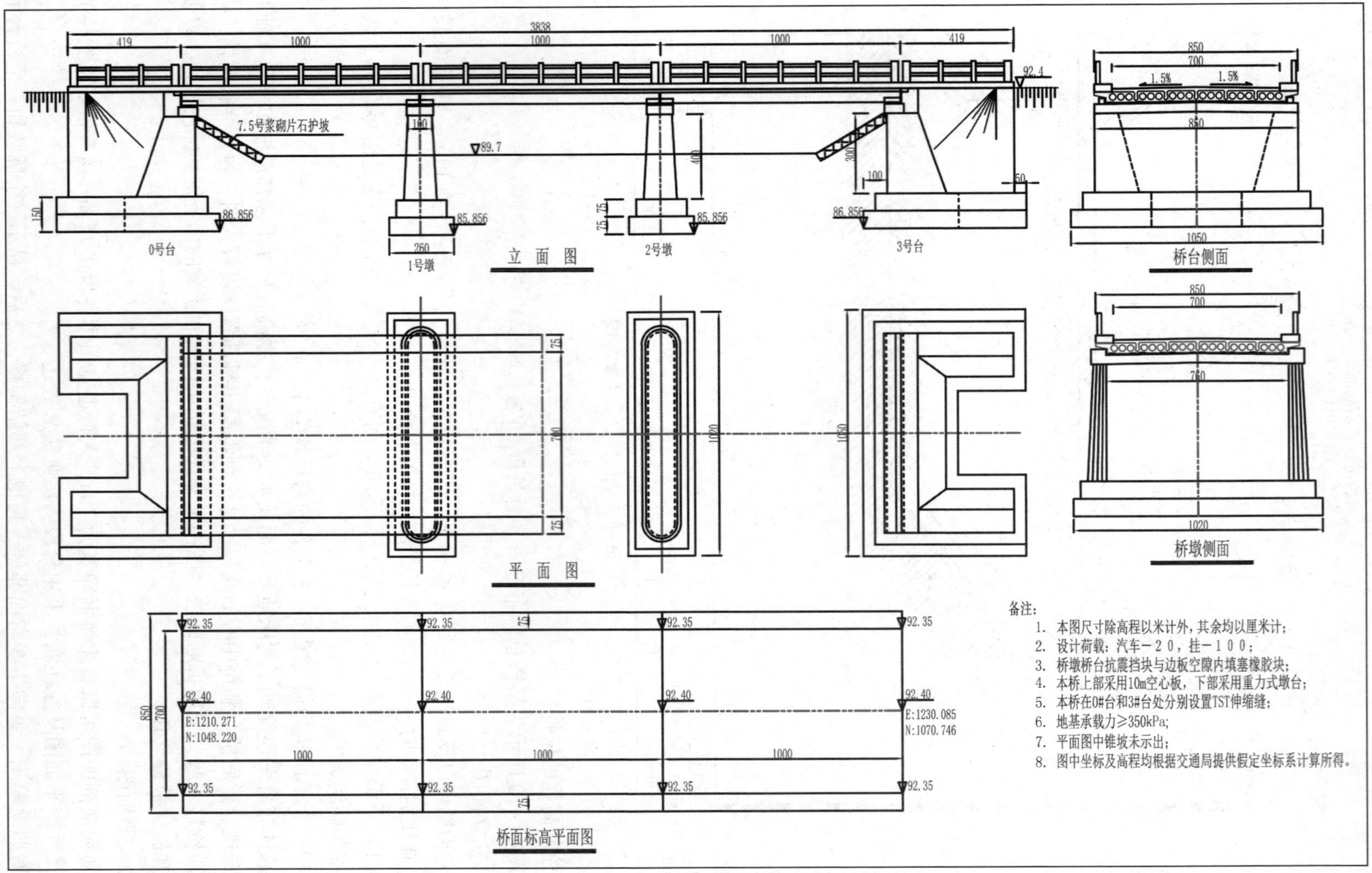

图 11-10　某桥总体布置图

去，两边的锥形护坡也省略不画，目的是使桥台平面图更为清晰。这里为了施工时挖基坑的需要，只注出桥台基础的平面尺寸。

3）横剖面图

对照立面图可以看出跨径为10 m 的简支梁横断面。还可以看到桥面宽、人行道和栏杆的结构，具体尺寸见详图。为了更清楚地表示横剖面图，允许采用比立面图和平面图放大的比例画出。

4. 构件结构图

在总体布置图中，桥梁的构件都没有详细完整地表达出来，因此单凭总体布置图是不能进行制作和施工的，为此还必须根据总体布置图采用较大的比例把构件的形状、大小完整地表达出来，才能作为施工的依据，这种图称为构件结构图，简称构件图，由于采用较大的比例，故也称为详图。如桥台图、桥墩图、主梁图和栏杆图等。构件图的常用比例为1∶10~1∶50。

当构件的某一局部在构件中不能清晰、完整地表达时，则应采用更大的比例如1∶3~1∶10等来画局部放大图。

本书以重力式桥台、重力式桥墩为例，识读板梁、桥墩、桥台构件结构图。板梁结构图如图11-11所示，桥台结构图如图11-12所示，桥墩结构图如图11-13所示。

任务11.3 桥梁图读图步骤

11.3.1 桥梁图读图方法

桥梁虽然是比较庞大和复杂的建筑物，但它依然是由许多构件所组成的，因此前面学过的形体分析法仍是识读桥梁工程图的基本方法。识读时先看总体布置图，了解桥梁概况，然后看构件结构图，了解每一个构件的形状和大小，最后再通过总体布置图把它们联系起来，弄清彼此之间的关系，这样对整个桥梁的形状和大小就清楚了。归纳起来，读图的方法是先由整体到局部，再由局部到整体的反复过程。

读图时，决不能单看一个投影图，而是要同其他有关投影图联系起来，包括总图或详图、钢筋明细表、说明等，再运用投影规律，互相对照，弄清整体。

11.3.2 桥梁图读图步骤

看图步骤可按下列顺序进行。

(1) 先看图纸右下角的标题栏和说明（即附注），了解桥梁名称、种类、主要技术指标、比例、尺寸单位等。读桥位平面图和桥位地质断面图，了解桥的位置、水文地质状况。

(2) 看总体图，弄清各投影图的关系，如有剖、断面图，则要找出剖切线位置和观察方向。看图时，应先看立面图（包括纵剖面图），了解桥型孔数、跨径大小、墩台数目、总长、总高，了解河床断面及地质情况，再对照看平面图和侧面、横剖面等投影图，了解桥的宽度、人行道的尺寸和主梁的断面形式等。这样，对桥梁的全貌便有了一个初步的了解。

(3) 分别阅读构件图和大样图，搞清构件的全部构造。

(4) 了解桥梁各部分所使用的建筑材料，并阅读工程数量表、钢筋明细表及说明等。

(5) 看懂桥梁图后，再看尺寸，进行复核，检查有无错误或遗漏。

(6) 各构件图看懂之后，再重新阅读总体图，了解各构件的相互配置及装置尺寸，直到全部看懂为止。

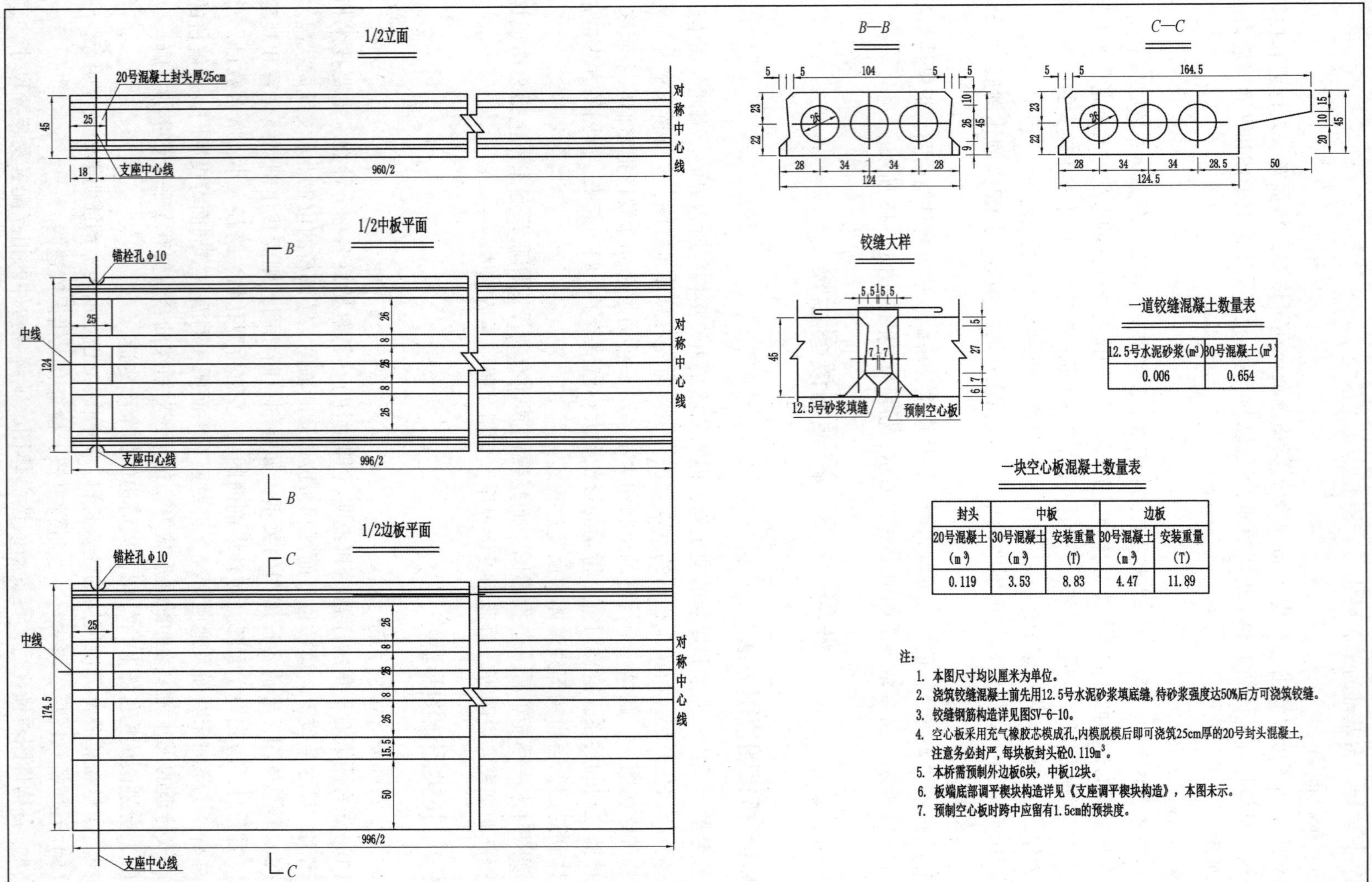

一道铰缝混凝土数量表

12.5号水泥砂浆(m^3)	30号混凝土(m^3)
0.006	0.654

一块空心板混凝土数量表

封头	中板		边板	
20号混凝土(m^3)	30号混凝土(m^3)	安装重量(T)	30号混凝土(m^3)	安装重量(T)
0.119	3.53	8.83	4.47	11.89

注:

1. 本图尺寸均以厘米为单位。
2. 浇筑铰缝混凝土前先用12.5号水泥砂浆填底缝,待砂浆强度达50%后方可浇筑铰缝。
3. 铰缝钢筋构造详见图SV-6-10。
4. 空心板采用充气橡胶芯模成孔,内模脱模后即可浇筑25cm厚的20号封头混凝土,注意务必封严,每块板封头砼$0.119m^3$。
5. 本桥需预制外边板6块,中板12块。
6. 板端底部调平楔块构造详见《支座调平楔块构造》,本图未示。
7. 预制空心板时跨中应留有1.5cm的预拱度。

图 11-11 板梁结构图

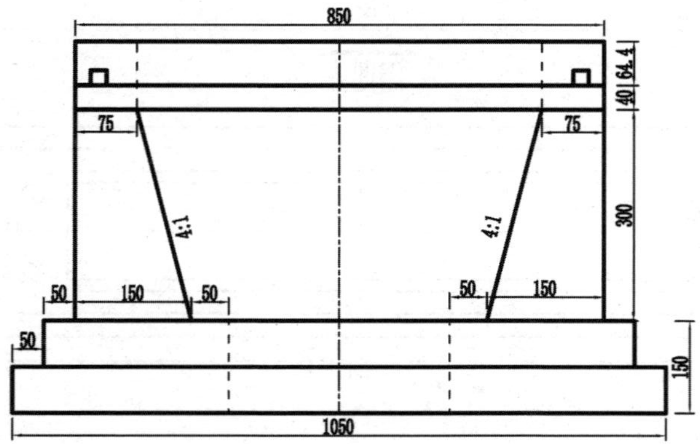

立面图

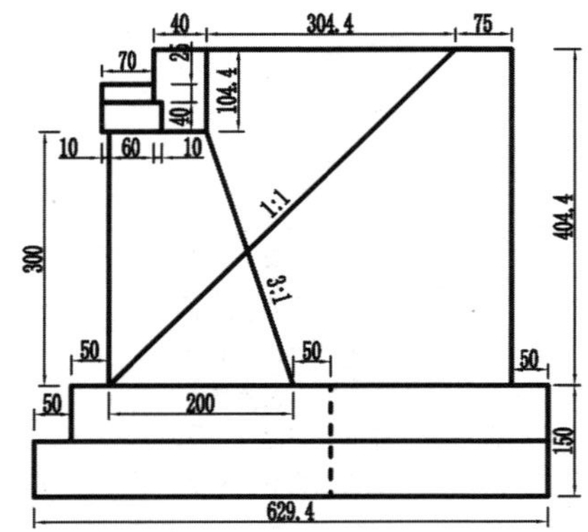

侧面图

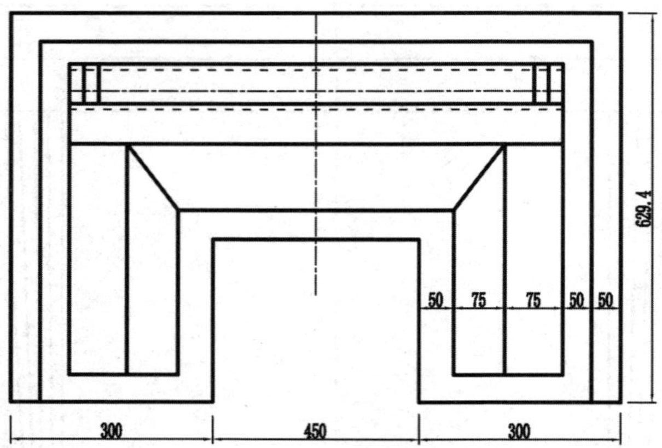

平面图

桥台工程数量表

材料 / 位置	7.5号片石基础 /m^3	30号混凝土台帽 /m^3	30号混凝土背墙 /m^3	7.5号浆砌块石台身及侧墙镶面 /m^3	7.5号浆砌片石台身及侧墙填心 /m^3
0号台	71.99	2.82	3.21	13.21	54.33
3号台	71.99	2.82	3.21	13.21	54.33
合　计	143.98	5.64	6.42	26.42	108.66

备注：

1. **本图尺寸均以厘米为单位；**
2. 地基承载力≥350kPa。
3. 基础采用7.5号浆砌片石，
   台身采用7.5号浆砌块石镶面，
   台帽及背墙采用25号混凝土。

图 11-12　桥台结构图

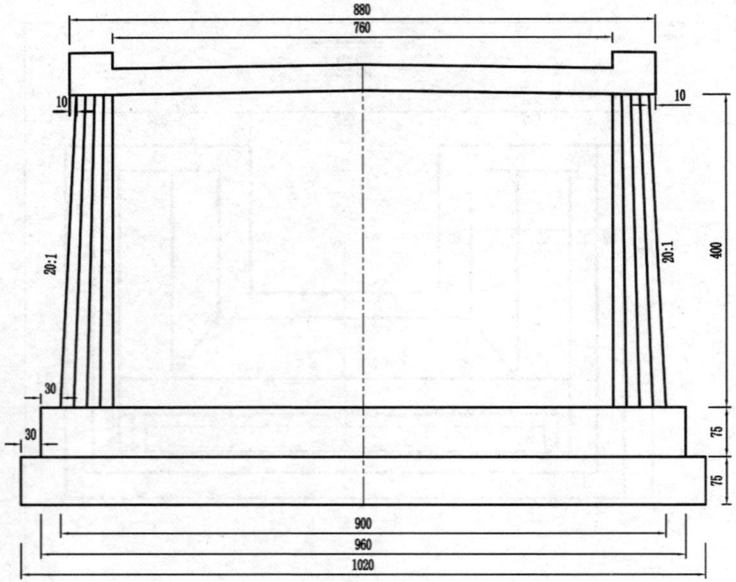

立面图

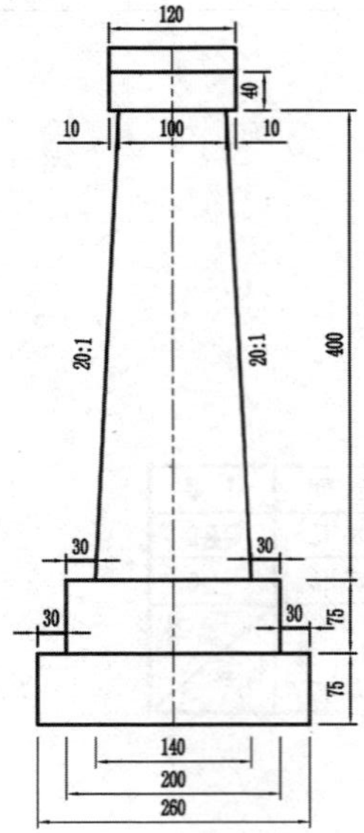

侧面图

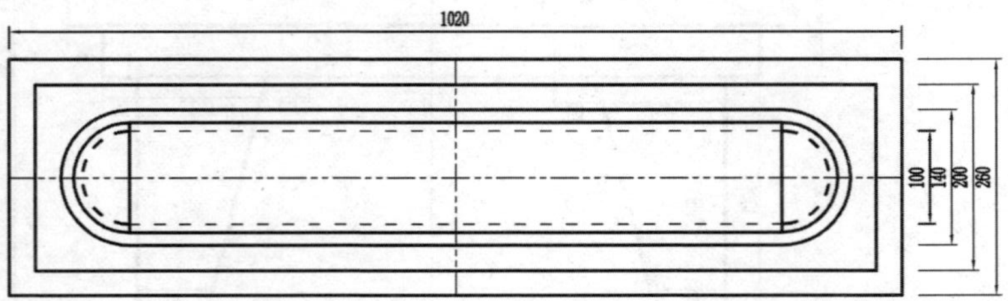

平面图

桥墩工程数量表

材料 位置	7.5号片石 基　础 $/m^3$	7.5号片石 墩　身 $/m^3$	7.5号墩身 块石镶面 $/m^3$
1号墩	34.29	22.94	18.19
2号墩	34.29	22.94	18.19
合　计	68.58	45.88	36.38

备注：

1. 本图尺寸均以厘米为单位；
2. 设计荷载：汽车-20，挂-100；
3. 基础采用7.5号浆砌片石，
   墩身采用7.5号浆砌片石，
   块石镶面；
4. 地基承载力≥350kPa。

图 11-13　桥墩结构图

项目 12　涵洞工程图

【情境引入】

图 12-1 所示为石拱涵，拱涵的施工图纸如何识读呢？本项目讲解涵洞的类型和涵洞图的识读方法。

图 12-1　石拱涵

【知识链接】

任务 12.1　涵洞的类型和图示

12.1.1　涵洞的类型

（1）涵洞按构造形式分圆管涵（见图 12-2）、盖板涵（见图 12-3）、拱涵（见图 12-4）、箱涵（见图 12-5）等。工程上多按此法分类。

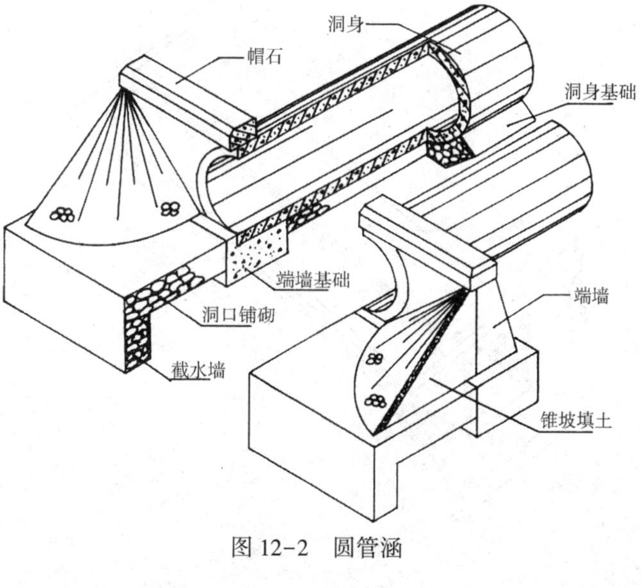

图 12-2　圆管涵

（2）按建筑材料分砖涵、石涵、混凝土涵、钢筋混凝土涵等。

（3）按孔数分单孔涵、双孔涵、多孔涵。

（4）按顶部有无覆土分明涵、暗涵。

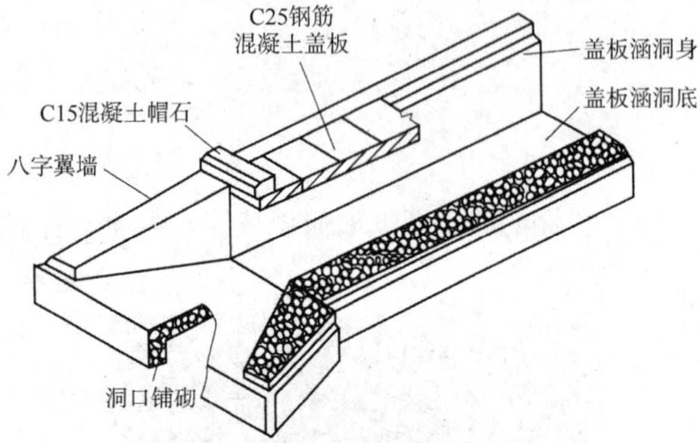

图 12-3　盖板涵

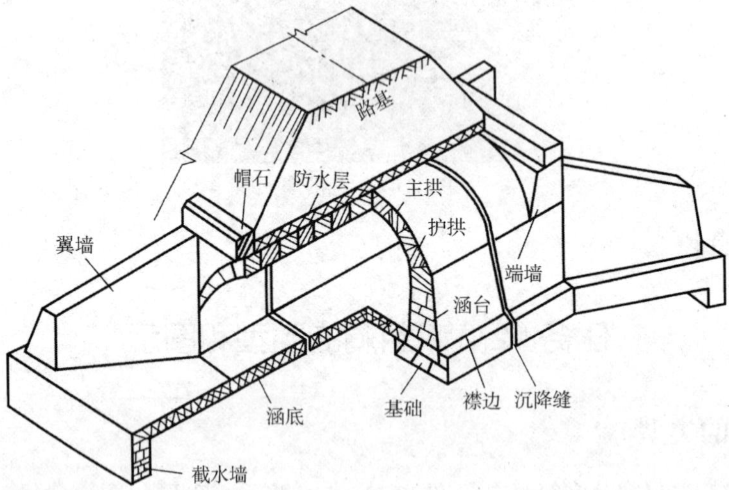

图 12-4　拱涵

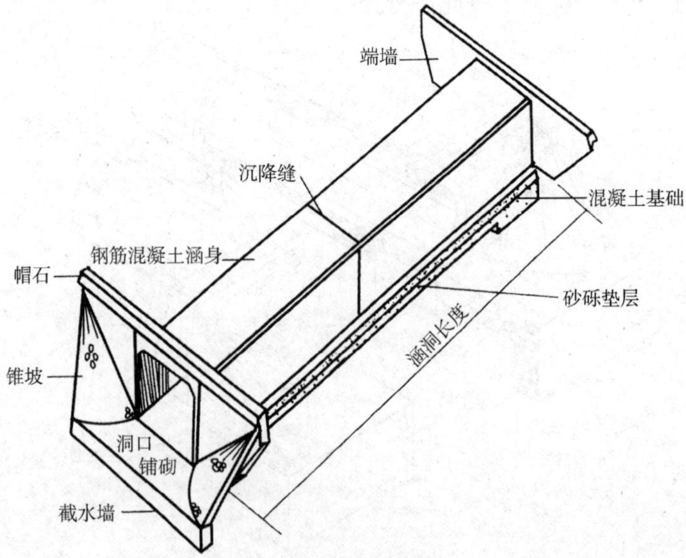

图 12-5　箱涵

12.1.2　涵洞工程图的图示特点

涵洞是窄而长的构筑物，它从路面下方横穿过道路，埋置于路基土层中。尽管涵洞的种类很多，但图示方法和表达内容基本相同。涵洞工程图主要由纵剖面图、平面图、侧面图组成，除上述投影图外，还应画出必要的构造详图，涵洞构造详图必须画出钢筋布置图、翼墙断面图等。

涵洞工程图的立面图以水流方向为纵向（即与路线前进方向垂直布置），并以纵剖面图代替立面图。

平面图一般不考虑涵洞上方的覆土，或假想土层是透明的。有时平面图与侧面图以半剖形式表达，水平剖面图一般沿基础顶面剖切。

洞口正面布置在侧视图位置作为侧面视图。当入口、出口形状一样时，只画出一个侧面图；当入口、出口形状不一样时，则需分别画出其入口、出口布置图。侧面图根据需要也可画半侧面图和半横剖面图，横剖面图由垂直于纵向中心线的剖切平面剖切得到。

任务 12.2　拱涵构造图识读

如图 12-6 所示，拱涵构造图由纵剖面图、平面图、横断面图组成。

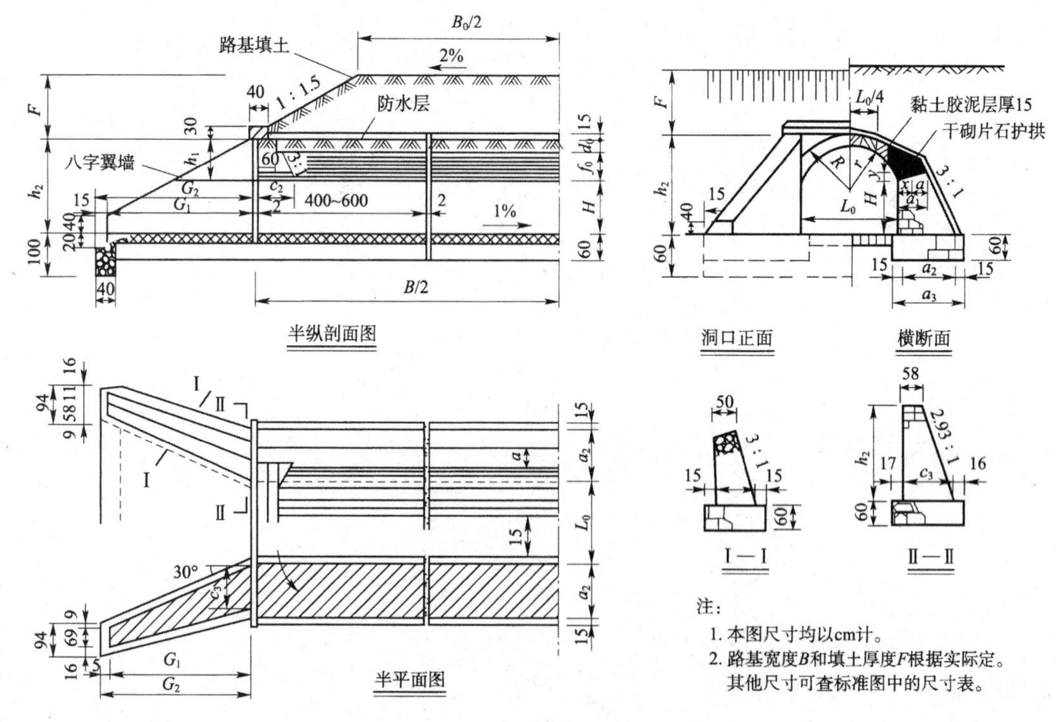

图 12-6　拱涵构造图

1. 纵剖面图

涵洞的纵向是指水流方向即洞身的长度方向。纵剖面图是沿涵洞的中心位置纵向剖切的，纵剖面图包括路基宽度、填土厚度、路基横坡，翼墙的坡度（一般与路基边坡相同）、端部高度，帽石的长和高，沉降缝的设置距离、宽度，涵洞高度，防水层厚度，涵身长度等内容，并画出相应的材料图例。如果进水洞口和出水洞口的构造和形式基本相同，整个涵洞是左右对称的，则纵剖面图可只画一半，如图 12-6 所示。

2. 平面图

由于图 12-6 所示的涵洞左右对称，平面图采用了长度和宽度两个方向的半平面图，前边一半是沿涵台基础的上面（襟边）作水平剖切后画出的剖面图，主要包括翼墙和涵洞的基础宽度。后边一半为涵洞的外形投影图，是移去了顶面上的填土和防水层及护拱等后画出的，拱顶的圆柱面部分也是用一系列疏密有致的细线（素线）表示的，拱顶与端墙背面交线为椭圆曲线。八字翼墙与涵洞纵向成 30°。

3. 侧面图

侧面图采用了半剖画法。

左半部为洞口的外形投影，主要反映洞口的正面形状和翼墙、端墙、帽石、基础等的相对位置，所以习惯上称为洞口正面图；右半部为洞身横断面图，主要表达洞身的断面形状，主拱、护拱和涵洞的连接关系及防水层的设置情况等。

项目 13　隧道工程图

【情境引入】

隧道是公路、铁路穿越山岭、地下或水下而修建的建筑物。根据其所在位置可分为山岭隧道、水下隧道和城市隧道三大类。为缩短路线距离和避免大坡道而从山岭或丘陵下穿越的隧道称为山岭隧道；为穿越河流或海峡而从河底或海底通过的隧道称为水下隧道；为铁路通过大城市的需要而从城市地下穿越的隧道称为城市隧道。这三类隧道中修建最多的是山岭隧道。

图 13-1 所示为山岭隧道，本项目学习隧道工程图的读图方法。

图 13-1　山岭隧道

【知识链接】

任务 13.1　隧道的分类及构造

隧道结构主要由洞身、洞门和附属建筑物组成。

1. 洞身类型及断面图

洞身是隧道结构的主体部分，用洞身衬砌图表示，洞身衬砌图可分为直墙式衬砌断面图（见图 13-2）和曲墙式衬砌断面图（见图 13-3）。

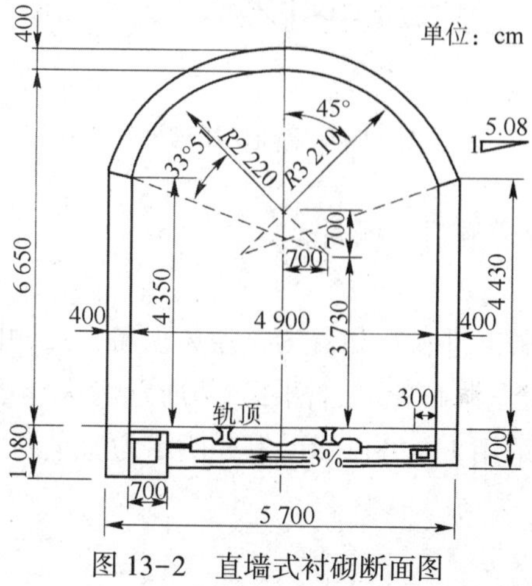

图 13-2　直墙式衬砌断面图

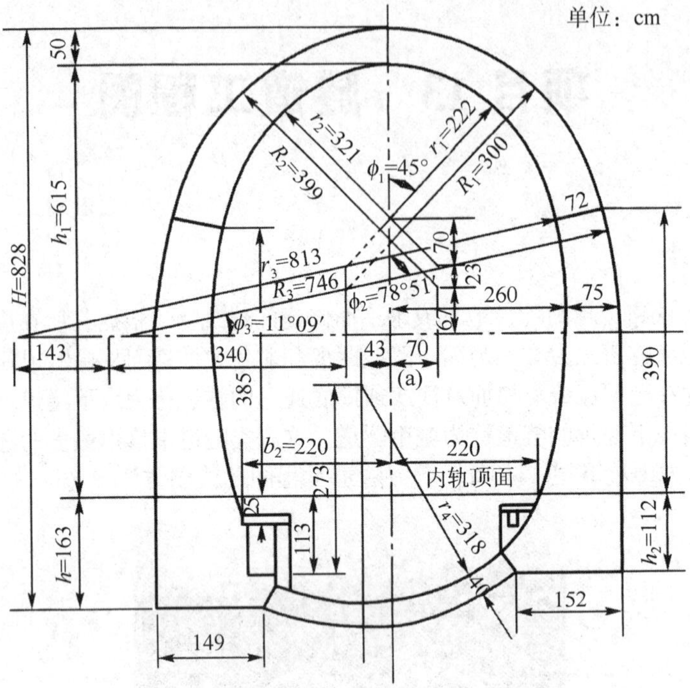

图 13-3　曲墙式衬砌断面图

2. 洞门类型及工程图

如图 13-4 所示，根据洞口的地形和地质条件，可采用的洞门结构类型有端墙式、柱式和翼墙式等。

（a）端墙式　　（b）柱式　　（c）翼墙式

图 13-4　隧道洞门类型

图 13-5 所示为端墙式隧道洞门工程图。

3. 附属建筑物

附属建筑物包括：避车洞，排水沟和盲沟，通风设备，接触网，电缆槽等。

图 13-6 所示为大、小避车洞布置图，图 13-7 所示为大、小避车洞详图，纵向比例常采用 1∶2 000，横向比例常采用 1∶200。图 13-8 所示为避车洞立体图。

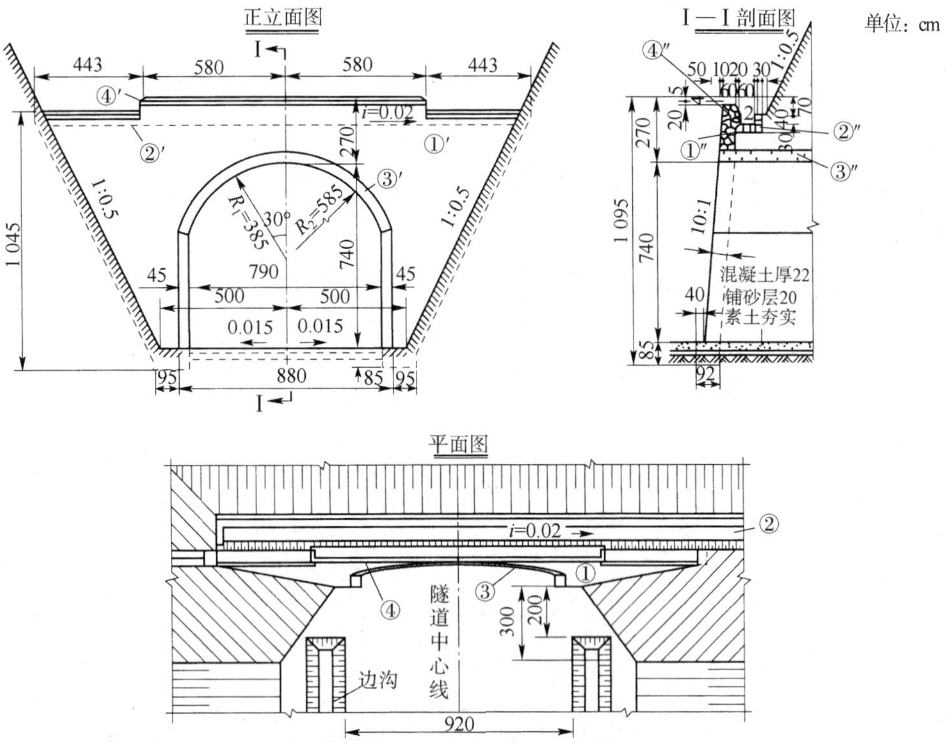

图 13-5　端墙式隧道洞门工程图

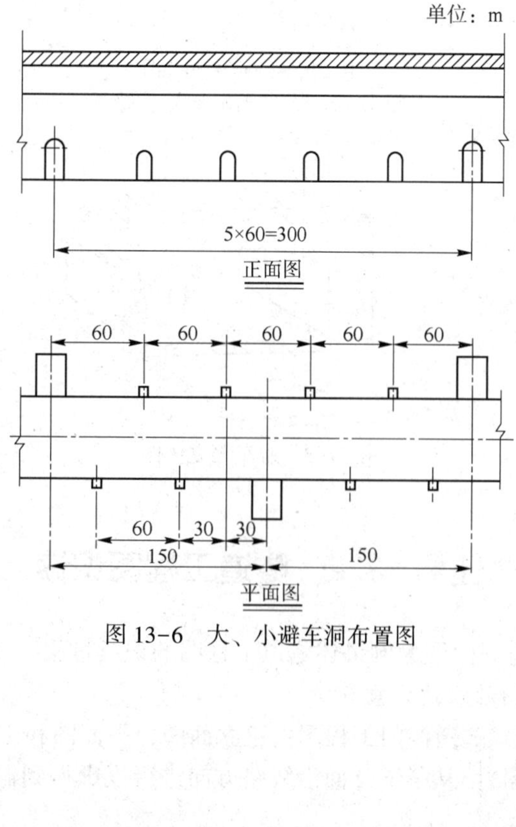

图 13-6　大、小避车洞布置图

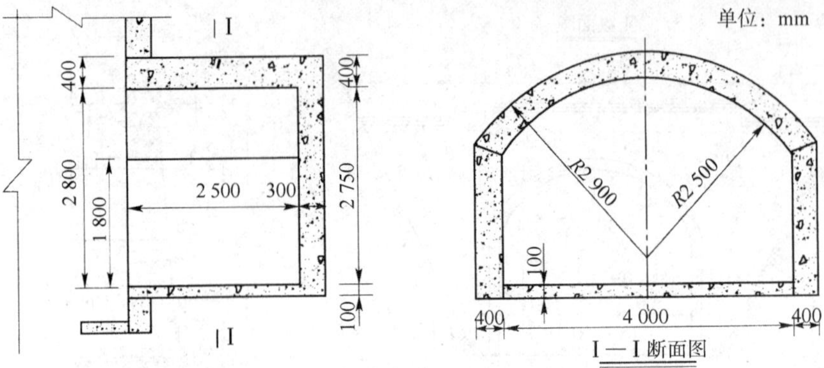

（a）大避车洞的构造详图

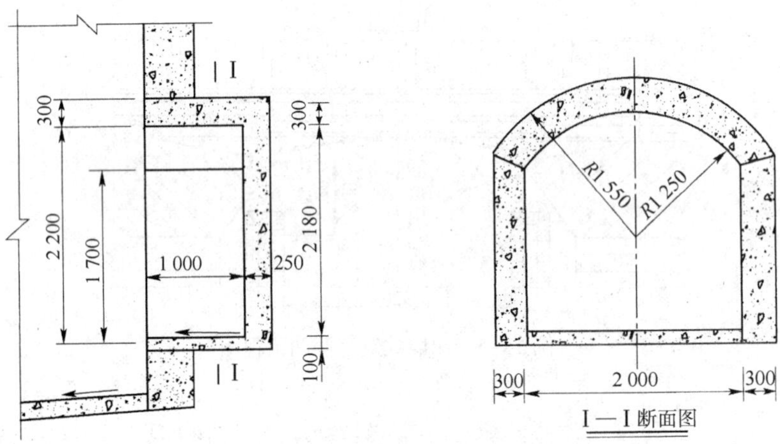

（b）小避车洞的构造详图

图 13-7　大、小避车洞详图

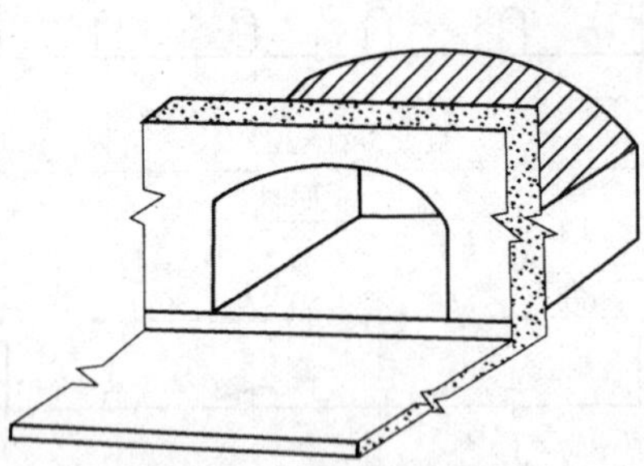

图 13-8　避车洞立体图

任务 13.2　隧道工程图识读

本任务以端墙式隧道洞门图为例讲述隧道工程图的识读过程。

1. 端墙式隧道洞门图的表达方案分析

图 13-5 所示的端墙式隧道洞门工程图由正立面图、平面图和 I — I 剖面图组成。

正立面图（即立面图）：从隧道外面沿线路方向进行投影得到洞门的正立面投影，正立面图反映了洞门墙的样式，洞门墙上面高出的部分为顶帽，同时也表示了洞门衬砌断面类型。洞门墙和隧道底面被洞门前面两侧路堑边坡和公路路面遮住，所以用虚线表示。

平面图：从上向下俯视形成。仰坡及两侧路堑采取高程投影中的示坡线表示，以增强图纸的可读性。整个隧道长度很大，而本工程图样的主要目的是表达隧道洞口的画法，因此采用了折断画法，仅画出洞门外露部分的投影，平面图表达了洞门墙顶帽的宽度、洞顶排水沟的构造及洞门口外两边沟的位置（边沟断面未画出）。

Ⅰ—Ⅰ剖面图：以假想侧平面沿隧道中心线将隧道剖切开，将阻碍视线的部分拿走，从右向左看，即形成了Ⅰ—Ⅰ剖面图，仅画靠近洞门的一小段，图中表示了洞门墙倾斜坡度、洞门墙厚度、排水沟的断面形状及材料、拱圈厚度及材料断面符号、铺底的材料及厚度等。

2. 端墙式隧道洞门图中各组成部分的形状大小分析

为了读图方便，在三个投影图上对不同的构件分别用数字注出。洞门墙为①′、①、①″，洞顶排水沟为②′、②、②″，衬砌为③′、③、③″，顶帽为④′、④、④″。

1）衬砌类型及大小

从正立面图判断洞门衬砌断面类型，它是由两个不同半径的二段圆弧（$R=385$ cm 和 $R=585$ cm）和两直边墙所组成，由于边墙是直的，所以衬砌类型为直墙式衬砌，衬砌厚度为 45 cm。

洞门衬砌净尺寸高为 740 cm，宽为 790 cm。

2）洞门墙的形状及大小

由正立面图和Ⅰ—Ⅰ剖面图可知，洞门墙的形状为一个纵卧的斜柱体，顶部呈中间高两边低的台阶状，上面盖有帽石。洞门墙顶部宽度为 2 046 cm（443 cm+580 cm+580 cm+443 cm），底部宽度为 1 070 cm（95 cm+880 cm+95 cm），中间高度为 1 095 cm，两边高度为 1 045 cm，墙面倾斜坡度为 10∶1，墙厚度为 60 cm。帽石断面为 60 cm×25 cm，前面和两侧有 10 cm×5 cm 的抹角。

3）顶水沟

由正立面图可知，洞门墙的顶部后面有条左高右低的倾斜虚线，为顶水沟的底部，并注有 $i=0.02$ 箭头，这表明顶水沟坡度为 2%，箭头表示流水方向。由Ⅰ—Ⅰ剖面图可知，顶水沟的断面为直角梯形，沟深为 40 cm，沟底宽度为 60 cm，前壁为直的，后壁倾斜，前壁厚度为60 cm，后壁厚度为 30 cm，底部厚度为 30 cm。

4）洞顶仰坡及两边路堑坡度

由正立面图知，两边路堑坡度为 1∶0.5；由Ⅰ—Ⅰ剖面图知，洞顶仰坡坡度为 1∶0.5。

模块 4　AutoCAD 绘图基础

能力目标：

（1）具备基本绘图环境的设置能力。

（2）能熟练运用基本绘图命令绘制图形。

（3）能熟练运用编辑命令提升绘图速度。

（4）具备综合分析图纸的能力，具备快速找到并运用 AutoCAD 命令绘图的能力。

知识目标：

（1）熟悉 AutoCAD 的基本工作界面、绘图环境、辅助绘图工具。

（2）掌握直线、构造线、圆、椭圆、圆弧等基本绘图命令和图层设置命令。

（3）掌握复制、镜像、阵列、旋转、平移等图形的快速编辑命令。

（4）熟练掌握用 AutoCAD 快速绘制工程图的方法。

素质目标：

（1）通过大量 AutoCAD 命令练习，做到熟能生巧，培养做重复性劳动的耐心、严谨的工作态度和精益求精的职业素养。

（2）通过绘制工程图，树立读图的安全意识，培养学生“读图无小事”，“见微知著”的理念。

（3）通过分析工程图的画图步骤，锻炼学生分析问题、解决问题的能力。

（4）培养团队精神和沟通协调能力。

项目 14　AutoCAD 绘图环境

【情境引入】

AutoCAD 具有强大的功能，能够快速绘制平面图形与三维图形、标注图形尺寸、渲染图形、打印输出图纸。图 14-1 所示的图纸，若用手工绘制大约要一天的时间，但用 AutoCAD 计算机绘制，一位绘图员 2 h 即可完成，由此可见，用 AutoCAD 绘图具有快速成图、保存便捷等特点。

本项目学习 AutoCAD 的基本绘图环境。

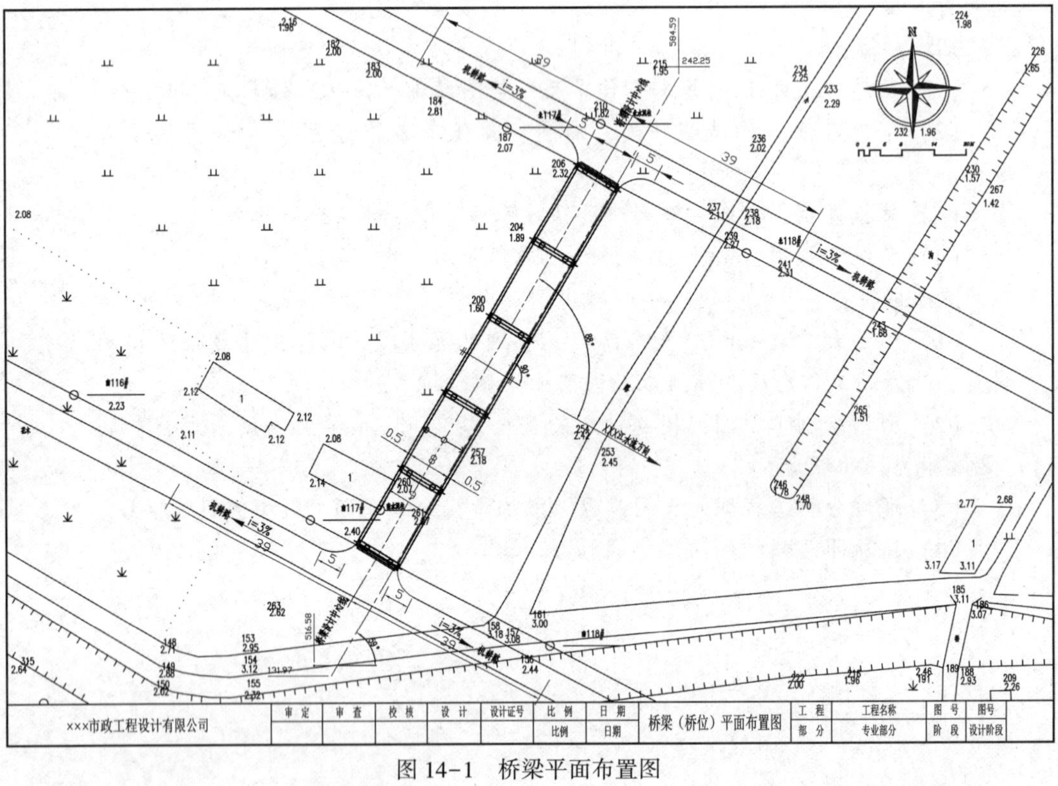

图 14-1　桥梁平面布置图

【知识链接】

任务 14.1　AutoCAD 使用快速入门

近期版本的 AutoCAD 的操作界面和风格与 Windows 系统和 Office 等软件基本一致，使用更为直观方便，比较符合人体视觉要求。熟悉绘图环境并掌握基本操作方法，是学习、使用 AutoCAD 的基础。

14.1.1 AutoCAD 打开方式

图 14-2 AutoCAD 桌面快捷方式图标

可用下列方式打开 AutoCAD。

① 双击 AutoCAD 桌面快捷方式图标。双击 AutoCAD 桌面快捷方式图标可打开该程序，AutoCAD 桌面快捷方式图标如图 14-2 所示。

② 在“开始”菜单（Windows XP）上依次单击【程序】→【Autodesk】→【AutoCAD】（注：箭头“→”表示操作前后顺序，本书之后的表述同此）。

③ 在 AutoCAD 的安装位置文件夹内，单击【acad】图标。

14.1.2 AutoCAD 绘图操作界面

安装了 AutoCAD 以后，单击其桌面快捷方式图标即可进入 AutoCAD 绘图操作界面，AutoCAD 初始界面默认为“草图与注释”绘图空间模式（该模式界面操作区域显示颜色为黑色，可以将其修改为白色或其他颜色）及“欢迎”对话框，AutoCAD 操作界面（AutoCAD 2010 版本）如图 14-3 所示。AutoCAD 提供的操作界面非常友好，与 Windows 风格一致，功能强大。初次启动 AutoCAD 时使用系统默认的相关参数即可。

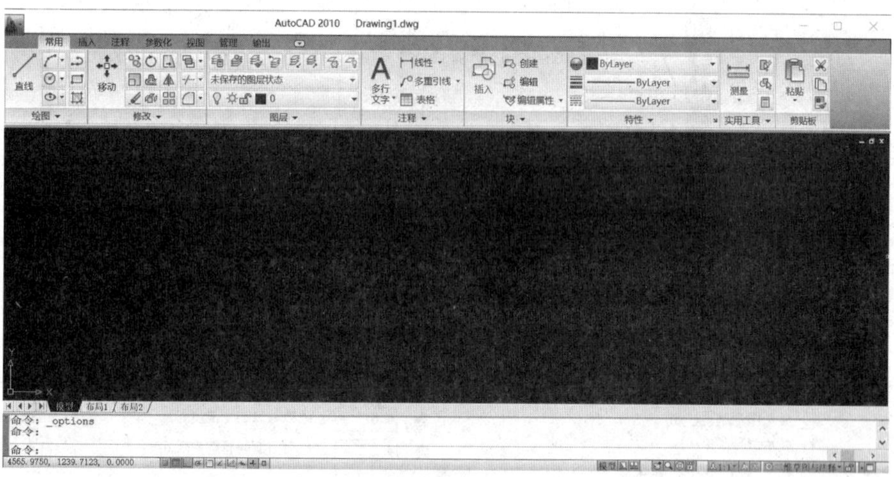

图 14-3 AutoCAD 操作界面（AutoCAD 2010 版本）

AutoCAD 2010 版本的“草图与注释”绘图空间模式，与传统版本的布局样式有所不同。如图 14-4 所示，可以单击左上角或右下角的选择框切换工作空间，在弹出的菜单中选择【AutoCAD 经典】模式，即可得到与传统版本一样的操作界面。

（a）界面左上角

（b）界面右下角

图 14-4 “切换工作空间”操作界面

工作空间是由菜单、工具栏、选项板和功能区控制面板组成的集合，用户可以在专门的、面向任务的绘图环境中工作；使用工作空间时，只会显示与任务相关的菜单、工具栏和选项板。

为便于与各种传统版本的衔接，本书仍采用“AutoCAD 经典”模式进行讲述，掌握这种基本模式，其他各种模式操作是类似的，很容易掌握、使用。图 14-5 所示为 AutoCAD 经典绘图模式，模式的操作区域界面显示默认为黑色，为清晰起见，已改为白色界面，修改方法是将鼠标放置于绘图区→鼠标右键单击【选项】，弹出“选项”对话框，→如图 14-6（a）所示，单击【显示】，弹出“显示”对话框→单击【颜色】，弹出“图形窗口颜色”对话框，→如图 14-6（b）所示，在“图形窗口颜色”中将【颜色】改为白色→单击【应用并关闭】。

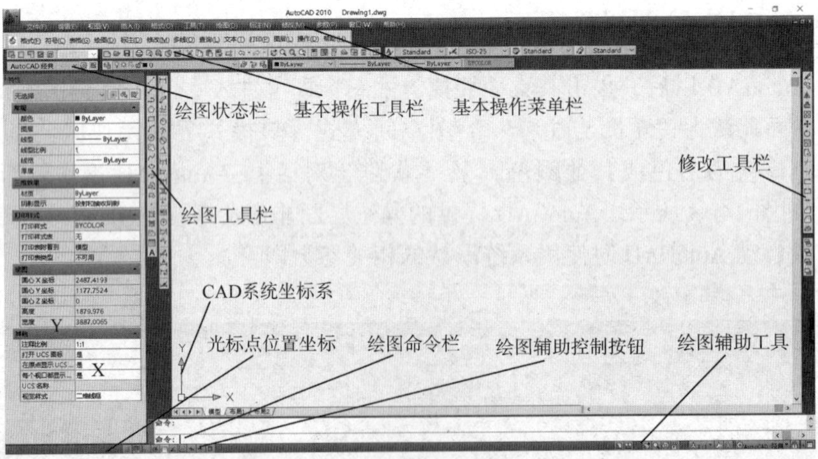

图 14-5　AutoCAD 经典绘图模式

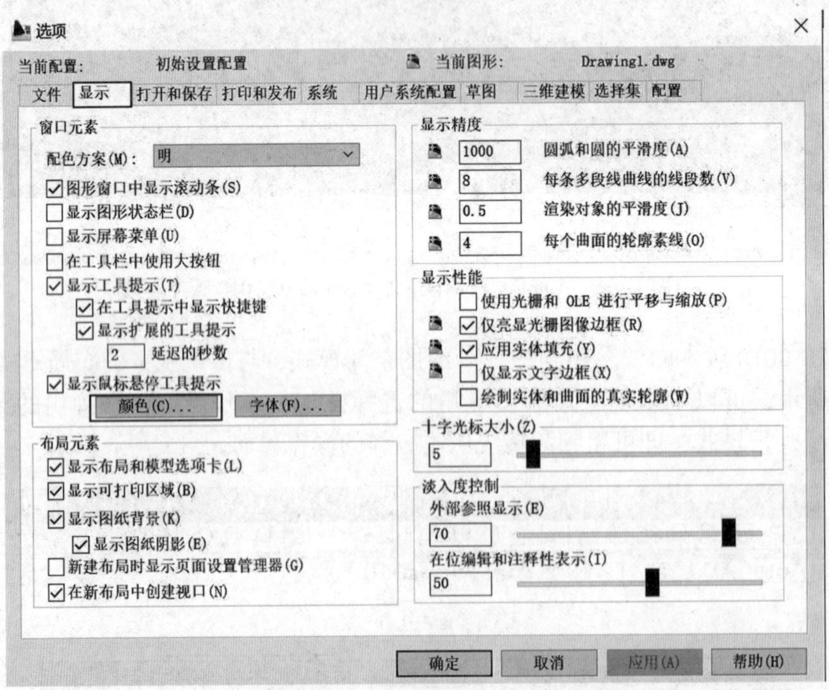

（a）

图 14-6　背景颜色设置

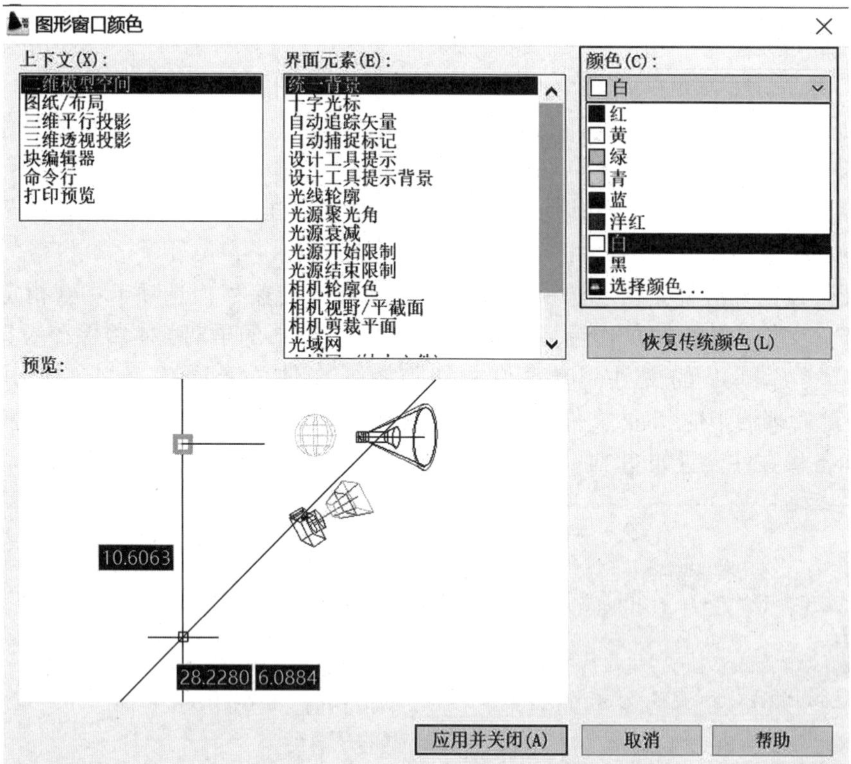

(b)

图 14-6　背景颜色设置（续）

若操作界面上出现的一些默认工具面板一时还使用不到，可以先将其逐一关闭。若需使用，可通过【工具】下拉菜单中的【选项板】将其打开。关闭、启动工具面板如图 14-7 所示。

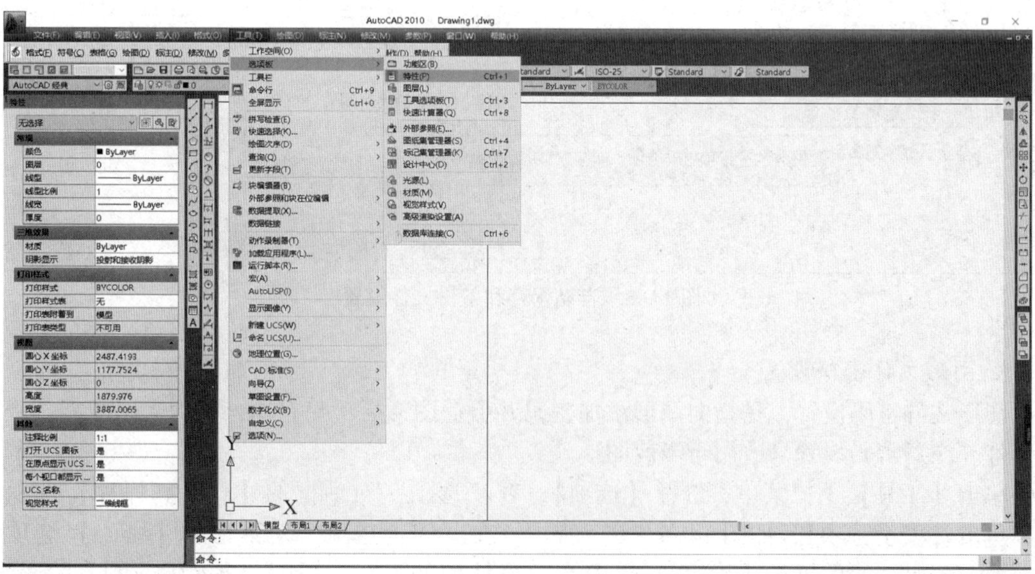

图 14-7　关闭、启动工具面板

14.1.3 AutoCAD 绘图环境基本设置

1. 操作区域背景显示颜色设置

上文已介绍，背景显示颜色可根据个人绘图习惯设置，一般设置为白色或黑色。

2. 自动保存和备份文件设置

AutoCAD 提供了图形文件自动保存和备份功能（即创建备份副本），这有助于确保图形数据的安全，出现问题时，用户可以恢复图形备份文件。

备份文件设置方法是，在“选项”对话框的【打开和保存】选项卡中，指定在保存图形时创建备份文件。执行此操作后，每次保存图形时，图形的早期版本将保存为具有相同名称并带有扩展名 .bak 的文件，该备份文件与图形文件位于同一个文件夹中。通过将 Windows 资源管理器中的 .bak 文件重命名为带 .dwg 扩展名的文件，可以恢复为备份版本。自动保存和备份文件设置如图 14-8 所示。

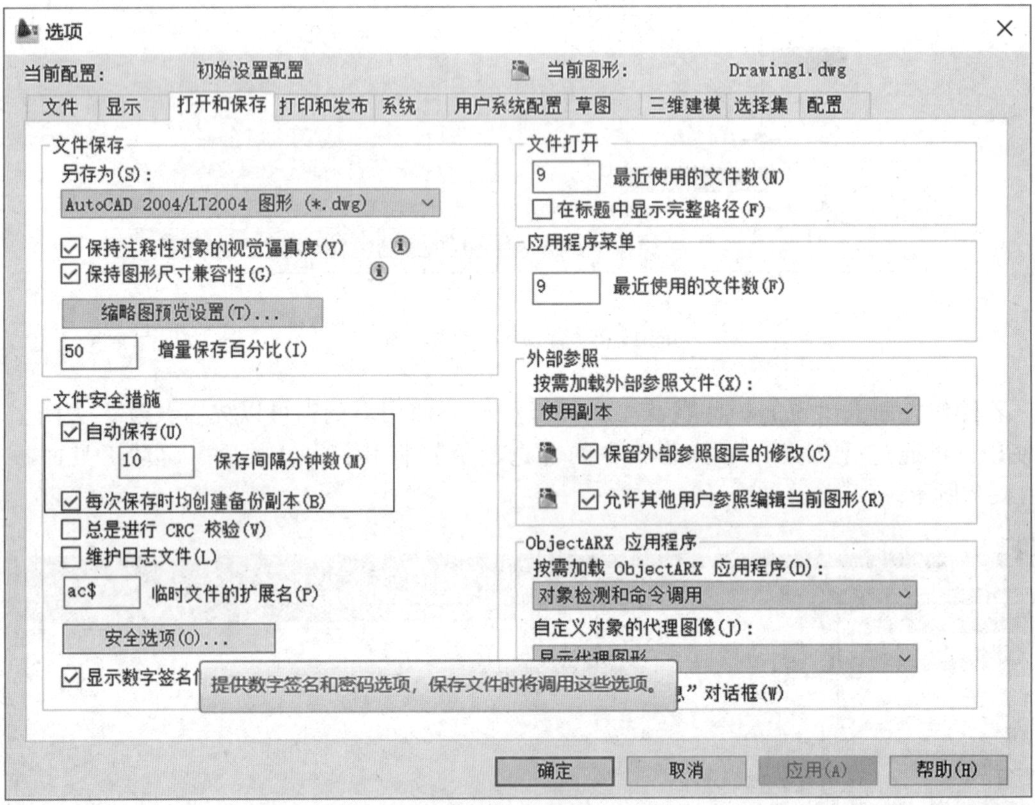

图 14-8　自动保存和备份文件设置

3. 图形文件密码设置

图形文件密码设置，是指向图形添加密码并保存图形后，只有输入正确密码才能打开图形文件。注意密码设置只适用于当前图形。

单击【工具】下拉菜单，选择【选项】，在“选项”对话框的【打开和保存】选项卡中，单击【安全选项】，如图 14-9（a）所示。在“安全选项”对话框的【密码】选项卡中，输入密码，然后单击【确定】。接着在“确认密码”对话框中，再次输入刚才的密码，之后单击【确定】。保存图形文件后，密码生效。

如图 14-9（b）所示，要打开、使用该图形文件，需输入密码。如果密码丢失，将无法重新获得该图形文件，因此在向图形添加密码之前，应该创建一个不带密码保护的备份。

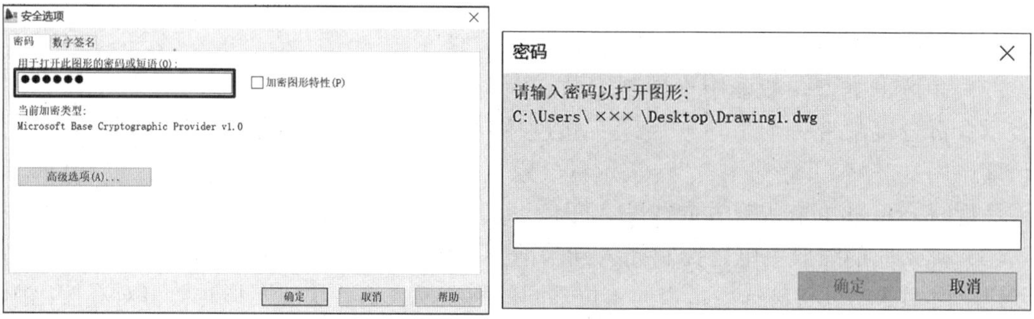

（a）　　（b）

图 14-9　图形文件的加密和使用

4. 图形单位设置

开始绘图前，必须基于要绘制的图形确定一个图形单位代表的实际大小，创建的所有对象都是根据图形单位进行测量的。然后据此约定创建实际大小的图形。例如，一个图形单位的距离通常表示实际单位的 1 mm（毫米）、1 cm（厘米）、1in（英寸）或 1ft（英尺）。

图形单位设置如图 14-10 所示。图形单位设置方法：单击【格式】下拉菜单，选择【单位】。在弹出的“图形单位”对话框中可设置长度、角度和插入时的缩放单位等相关单位和精度数值。

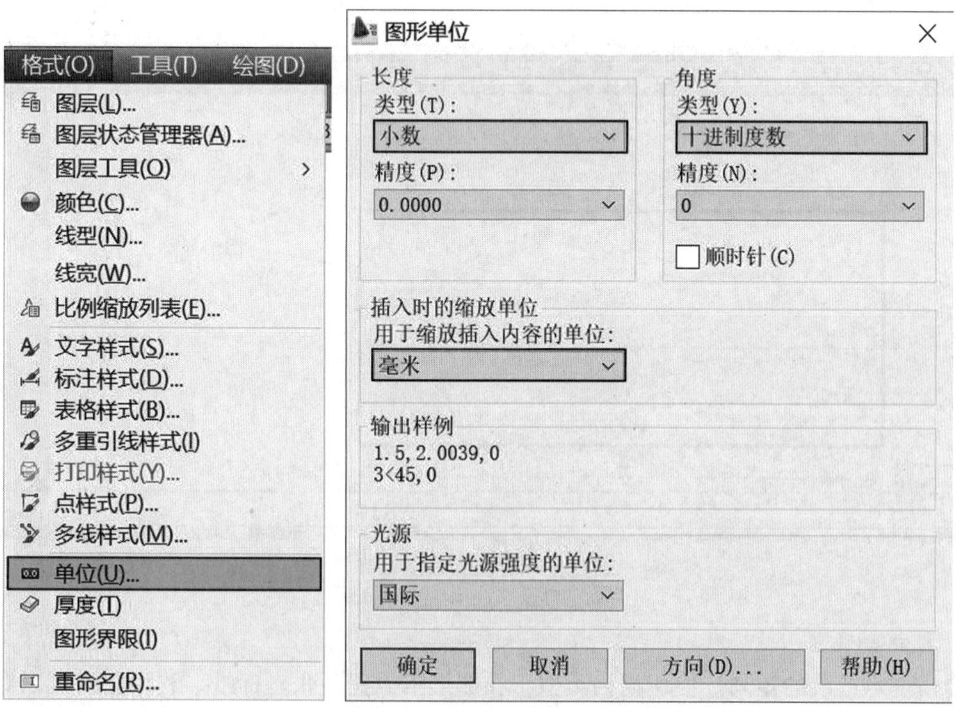

（a）　　（b）

图 14-10　图形单位设置

（1）长度的类型一般设置为小数，长度精度数值为0。“类型”栏下可以设置当前绘图环境下测量单位的格式，该值包括【建筑】【小数】【工程】【分数】【科学】。其中，【工程】和【建筑】格式提供英尺和英寸显示，并假定每个图形单位表示一英寸，其他格式可表示任何真实世界单位，如m（米）、mm（毫米）等。

（2）角度的类型一般采用十进制度数，也可以采用其他类型。十进制度数以十进制数表示，百分度附带一个小写g后缀，弧度附带一个小写r后缀。度/分/秒格式用“°”表示度，用“′”表示分，用“″”表示秒。默认的正角度方向是逆时针方向。当提示用户输入角度时，可以单击所需方向或输入角度，而不必考虑“顺时针”设置。

（3）插入时的缩放单位是控制插入到当前图形中的块和图形的测量单位。如果块或图形创建时使用的单位与该选项指定的单位不同，则在插入这些块或图形时，将对其按比例缩放。插入比例是源块或图形使用的单位与目标图形使用的单位之比。如果插入块时不按指定单位缩放，请选择“无单位”。

（4）光源选项用于指定当前图形中光源强度的单位，此选项不常用，使用默认值即可。

（5）方向选项主要是设置零角度的方向作为基准角度。

5. 图形界限设置

图形界限设置是指设置并控制栅格显示的界限，而非设置绘图区域边界。一般来说，AutoCAD的绘图区域是无限的，可以任意绘制图形，不受边界约束。

图形界限设置的方法是单击【格式】下拉菜单，选择【图形界限】，或在命令提示下输入limits。然后指定界限的左下角点和右上角点即完成设置。该图形界限具体仅是1个图形辅助绘图点阵显示范围。图形界限设置如图14-11所示。

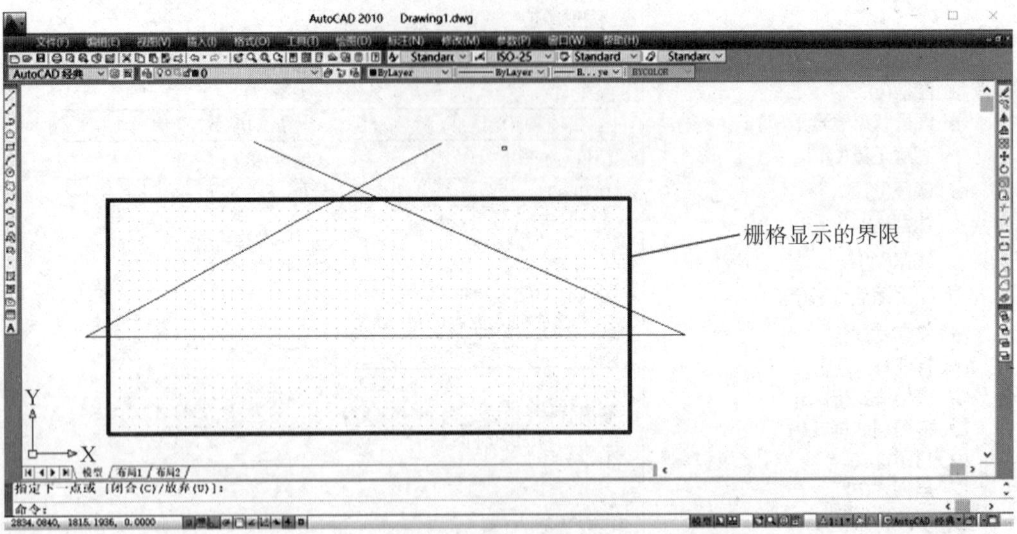

图14-11 图形界限设置

6. 栅格的设置

栅格是点或线的矩阵。使用栅格类似于在图形下放置一张坐标纸。利用栅格可以对齐对象并直观显示对象之间的距离。可以将栅格显示为点矩阵或线矩阵。对于所有视觉样式，栅格均显示为线。仅在当前视觉样式设定为“二维线框”时栅格才显示为点格栅。默认在二维和三维环境中工作时都会显示栅格。打印图纸时不打印栅格。如果栅格以线而非点显示，则颜色较深的线（称为主栅格线）将间隔显示。在以小数单位或英尺和英寸绘图时，主栅格线对于快速测量距离尤其有用。可以在“草图设置”对话框中控制主栅格线的频率。栅格的设置如图 14-12 所示。

要关闭主栅格线的显示，可将主栅格线的频率设定为 1。

栅格设置方法：右键单击屏幕左下角【栅格】，单击设置，显示“草图设置”对话框，选择栅格间距，启用栅格，单击【确定】。

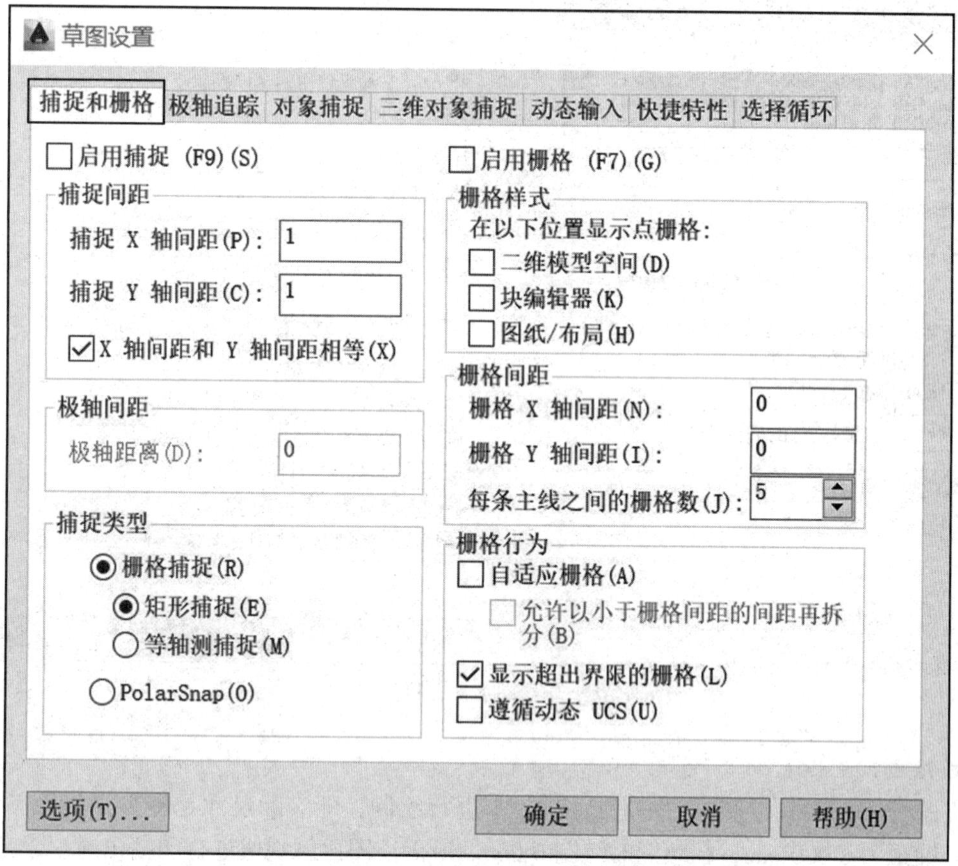

图 14-12　栅格的设置

7. 文件自动保存格式设置

在对图形进行处理时，应当经常进行保存。图形文件的文件扩展名为 .dwg，除非更改保存图形文件所使用的默认文件格式，否则将使用最新的图形文件格式保存图形。AutoCAD 默认文件格式是“AutoCAD 2010 图形（＊.dwg）”，这个格式版本较高，若使用低于 AutoCAD 2010 版本的软件如 AutoCAD 2004 版本，图形文件不能打开。因此可以将图形文件设置为稍低版本格式，如“AutoCAD 2000 图形（＊·dwg）”。

图形保存格式设置如图 14-13 所示。具体设置方法是：单击【格式】下拉菜单，选择【选项】命令，在弹出的“选项”对话框选择【打开和保存】栏，对“文件保存”下方【另存为】进行选择即可设置不同的格式，然后单击【确定】按钮。AutoCAD 图形保存默认文件格式将改变为所设置的格式。

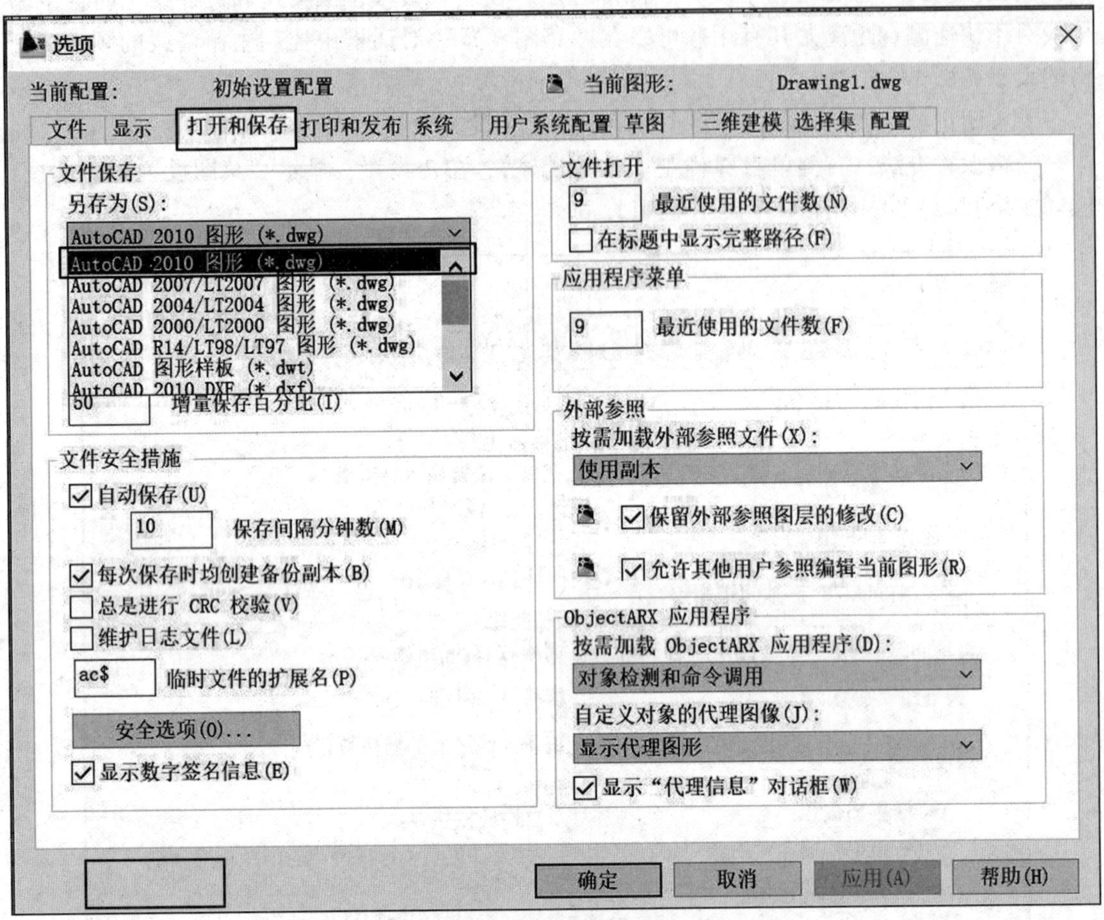

图 14-13 图形保存格式设置

8. 绘图比例设置

在进行 AutoCAD 绘图时，一般是按 1∶1 进行绘制，即实际尺寸是多少，就绘制多少，例如：轴距为 6 000 mm，在绘图时绘制 6 000。所需绘图比例则通过打印输出时，设定所需要的打印比例的大小。对于详图或节点大样图，可以先将其放大相同的倍数后再进行绘制，例如细部为 6 mm，在绘图时可以放大 10 倍，绘制 60 mm，然后在打印时按相应比例控制输出即可。图纸打印比例设置如图 14-14 所示。

9. 当前文字样式设置

在图形中输入文字时，当前的文字样式决定输入文字的字体、高度、倾斜角度、宽度因子和其他文字特征，图形中的所有文字都具有与之相关联的文字样式。输入文字时，程序将使用当前文字样式。当前文字样式用于设置字体、高度、倾斜角度、宽度因子和其他文字特征。如果要使用其他文字样式来创建文字，可以将其他文字样式置于当前。

文字样式设置如图 14-15 所示，具体设置方法是：单击【格式】下拉菜单，选择【文字样式】命令，在弹出“文字样式”对话框中进行设置，包括样式、字体、高度等，单击【应用】按钮即可。

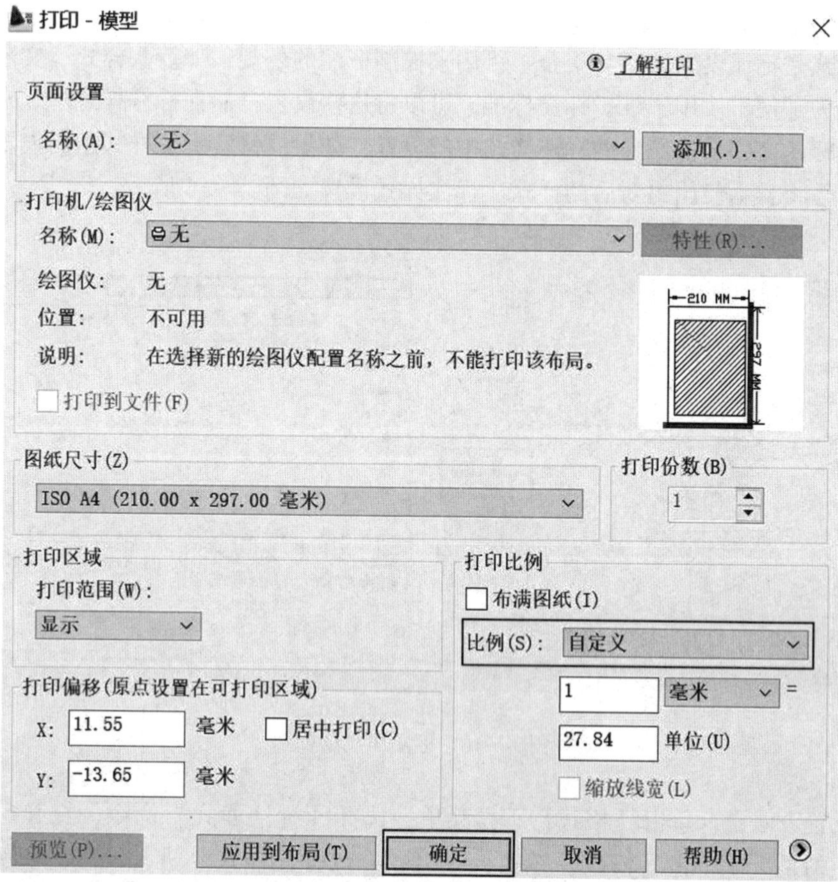

图 14-14 图纸打印比例设置

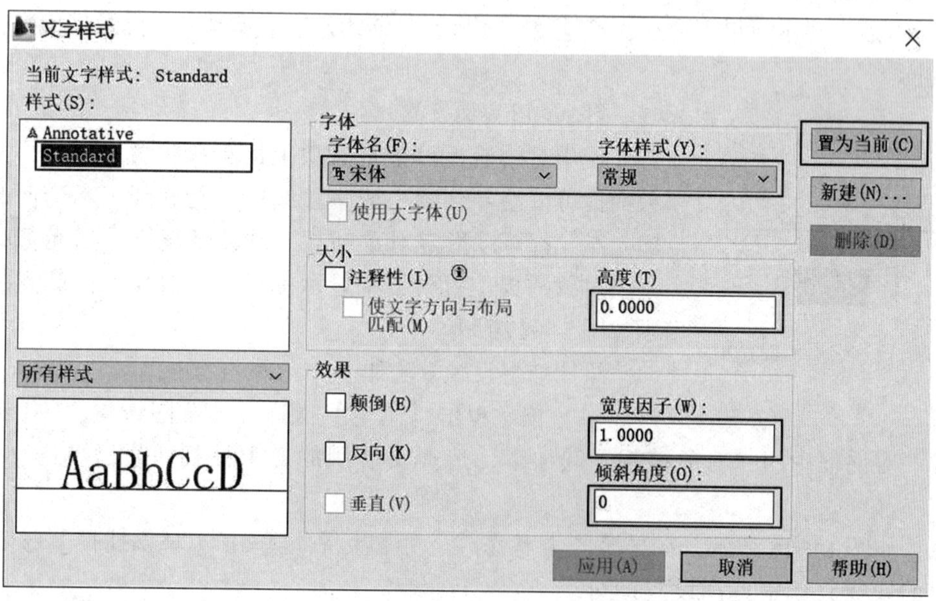

图 14-15 文字样式设置

10. 当前标注样式设置

标注样式是标注设置的命名集合，可用来控制标注的外观，如箭头样式、文字位置和尺寸公差等。为了便于使用、维护标注标准，可以将这些设置存储在标注样式中。在进行尺寸标注时，所标注文字将使用当前标注样式中的设置；如果要修改标注样式中的设置，则图形中的所有标注将自动使用更新后的样式，标注样式设置如图 14-16 所示。

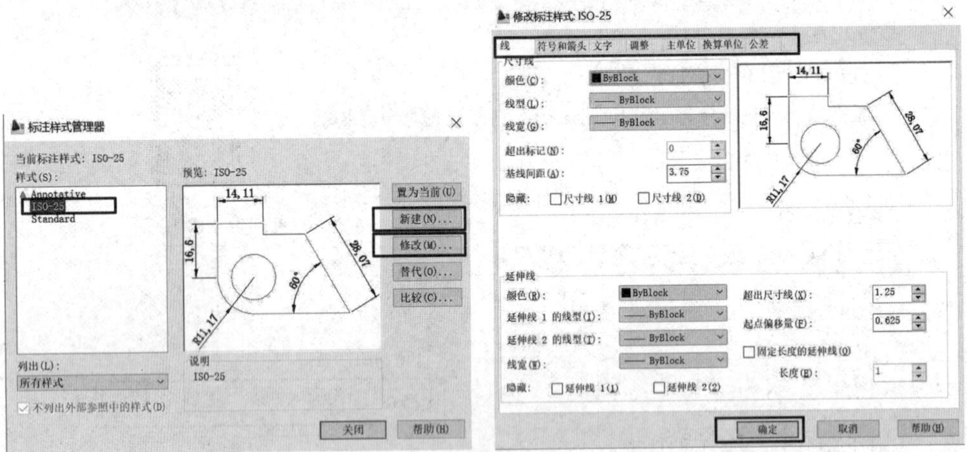

（a）　　　　　　　　　　　　　（b）

图 14-16　标注样式设置

具体设置方法是：单击【格式】下拉菜单，选择【标注样式】命令，在弹出“标注样式管理器”对话框中单击【修改】按钮，弹出“修改标注样式”进行设置，依次单击相应的栏，包括线、符号和箭头、文字、主单位等，根据图幅大小设置合适的数值，然后单击【确定】按钮返回上一窗口，依次单击【置为当前】、【关闭】按钮即可。

若修改后，显示效果不合适，可重复上述操作，继续修改、调整其中的数据参数，直至合适为止。

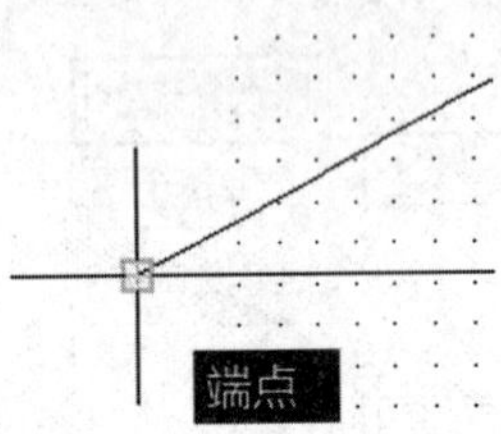

图 14-17　端点捕捉显示

11. 绘图捕捉设置

使用对象捕捉可指定对象上的精确位置。例如，使用对象捕捉可以绘制到圆心或多段线中点的直线。不论何时提示输入点，都可以指定对象捕捉。默认情况下，当光标移到对象的对象捕捉位置时，将显示标记和工具提示。端点捕捉显示如图 14-17 所示。

绘图捕捉设置方法如下。

（1）依次单击【工具】菜单、【草图设置】，找到“草图设置”对话框中的“对象捕捉”选项卡，选择要使用的对象捕捉，最后单击【确定】即可。

（2）如图 14-18 所示，在屏幕下方状态栏，用鼠标右键单击【对象捕捉】按钮，再在弹出的快捷菜单中选择设置即可。

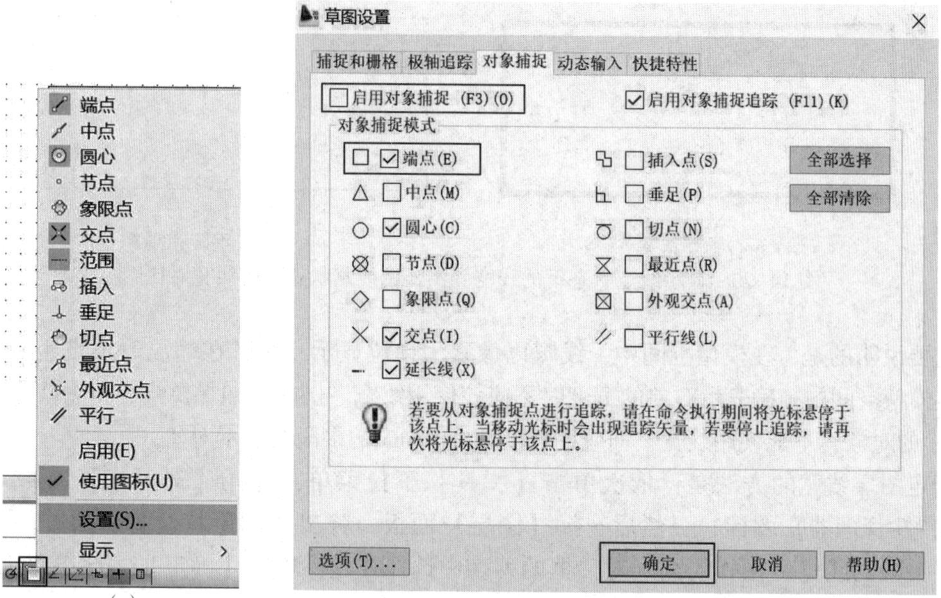

(a)　　　　　　　　(b)

图 14-18　对象捕捉功能的显示

12. 线宽设置

线宽设置即指定图形对象及某些类型文字的宽度值。使用线宽，可以用粗线和细线清楚地表现各种不同线条，以及细节上的不同，也可以通过为不同的图层指定不同的线宽，轻松得到不同的图形线条效果。一般情况下，需要选择状态栏上的“显示/隐藏线宽”按钮进行开启，否则屏幕上将不显示线宽。

线宽设置方法如下。

（1）如图 14-19（a）所示，用鼠标右键单击左下角【线宽】图标→单击设置→弹出“线宽设置”对话框→设置相关参数→单击【确定】。

（2）也可以单击【格式】下拉菜单，选择【线宽】命令→在弹出“线宽设置”对话框中选择相关按钮进行设置。如图 14-19（b）所示，若勾取【显示线宽】选项，屏幕将显示线条宽度，包括各种相关线条。图 14-20 所示为显示线宽状态下的线宽和不显示线宽状态下的线宽对比图。具有线宽的对象将以指定线宽值的精确宽度打印。

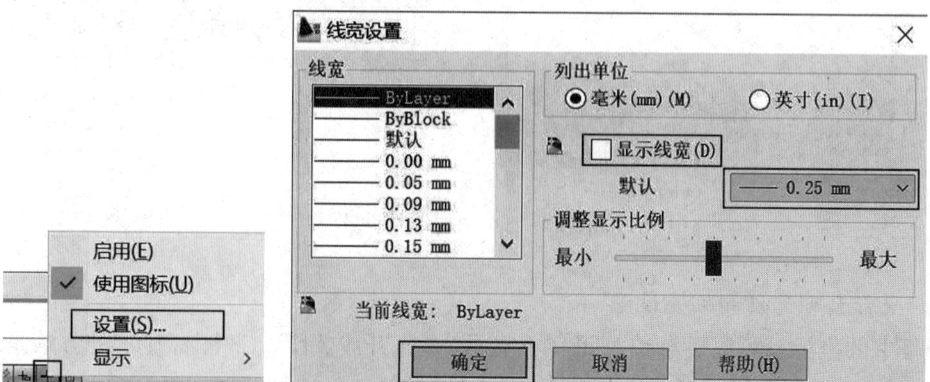

(a)　　　　　　　　(b)

图 14-19　线宽设置过程显示

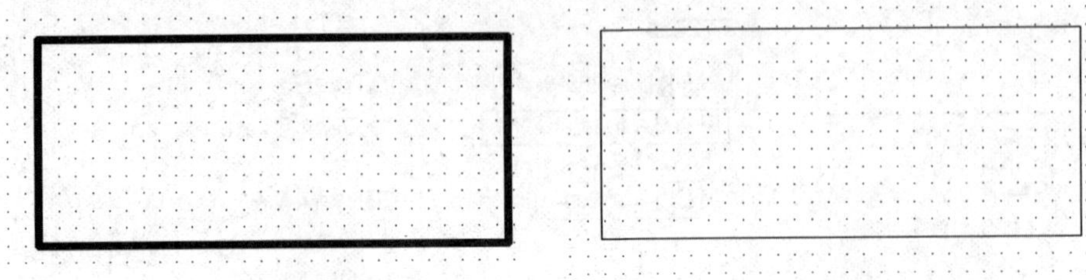

（a）显示线宽　　（b）不显示线宽

图 14-20　显示线宽状态下的线宽和不显示线宽状态下的线宽对比图

需要说明的是，在模型空间中，线宽以像素为单位显示，并且在缩放时不发生变化。因此，在模型空间中精确表示对象的宽度时不应该使用线宽。例如，如果要绘制一个实际宽度为 0.5 mm 的对象，不能使用线宽，而应用宽度为 0.5 mm 的多段线表示对象。

指定图层线宽的方法是：依次单击【工具】下拉菜单，选择【选项板】（或者双击【图层特性管理器】图标）→然后选择【图层】面板→弹出“图层特性管理器”→单击与该图层关联的线宽→在“线宽”对话框的列表中选择线宽→单击【确定】关闭各个对话框。图层线宽设置如图 14-21 所示。

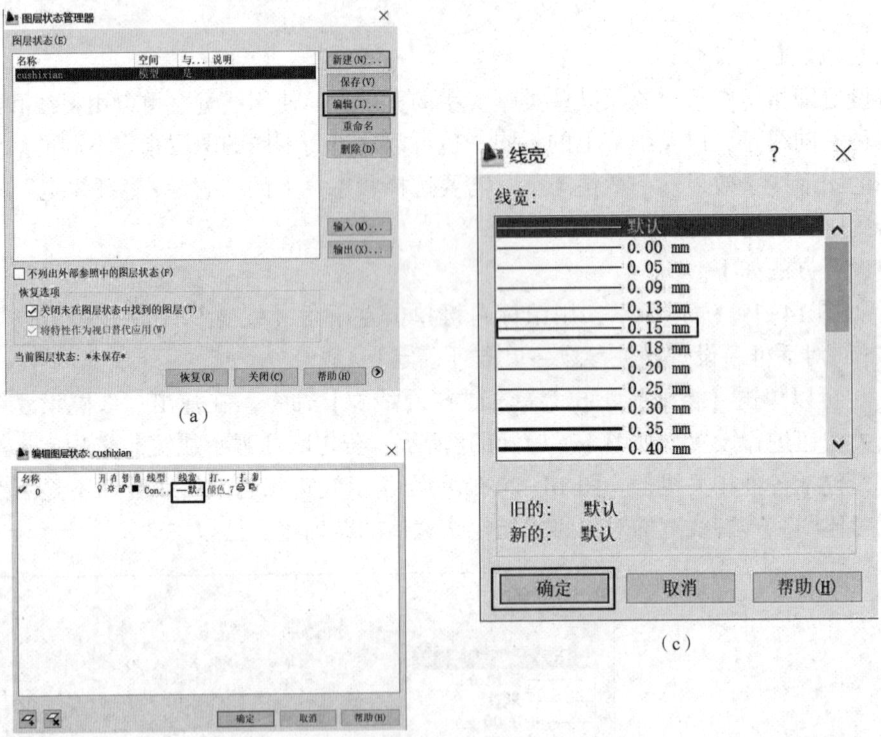

（a）　（b）　（c）

图 14-21　图层线宽设置

13. 坐标系可见性和位置设置

屏幕中的坐标系可以显示或关闭（不显示）。打开或关闭 UCS 图标显示的方法是依次单击【视图】→【显示】→【UCS 图标】→【开】，复选标记指示图标是开还是关。

UCS 坐标系一般将在 UCS 原点或当前视口的左下角显示 UCS 图标，要在这两者之间进行位置切换，可以通过依次单击【视图】→【显示】→【UCS 坐标】→【原点】进行切换。如果图标显示在当前 UCS 的原点处，则图标中有一个加号（+）。如果图标显示在视口的左下角，则图标中没有加号。坐标系位置设置如图 14-22 所示。

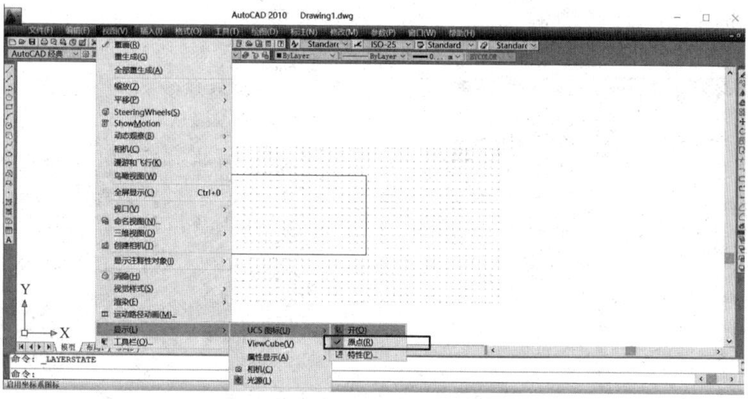

图 14-22　坐标系位置设置

任务 14.2　AutoCAD 绘图文件操作基本方法

14.2.1　建立新 AutoCAD 图形文件

启动 AutoCAD 后，可以通过以下几种方式创建一个新的 AutoCAD 图形文件。

（1）【文件】下拉菜单：选择【文件】下拉菜单的【新建】命令选项。

（2）在命令行里输入 NEW（或 new）或 N（或 n），不区分大小写。

（3）使用【标准】工具栏：单击左上【新建】或【标准】工具栏中的【新建】命令图标按钮。

（4）直接使用 Ctrl+N 快捷键。

执行上述操作后，将弹出“选择样板”对话框，可以选取“acad”文件或使用默认样板文件，直接单击【打开】按钮即可。新建文件过程如图 14-23 所示。

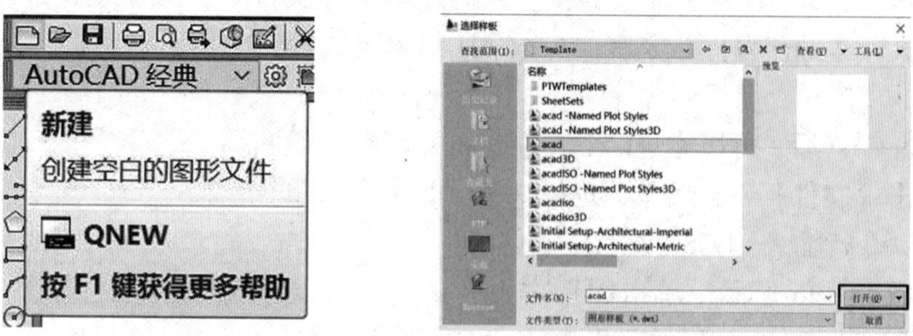

（a）　　（b）

图 14-23　新建文件过程

14.2.2　打开已有 AutoCAD 图形

打开已有文件过程如图 14-24 所示，启动 AutoCAD 后，可以通过以下几种方式打开一个已有的 AutoCAD 图形文件。

（1）打开【文件】下拉菜单，选择【打开】命令选项。

（2）使用【标准】工具栏：单击【标准】工具栏中的【打开】命令图标。

（3）在命令行输入 OPEN 或 open。

（4）直接使用 Ctrl+O 快捷键。

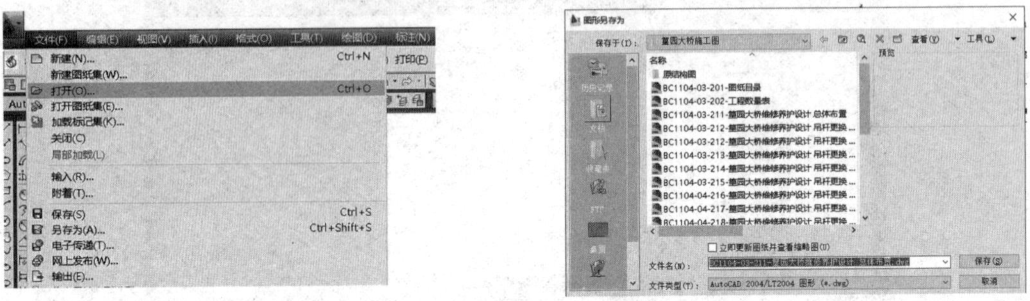

（a）　　　　　　　　　　（b）

图 14-24　打开已有文件过程

执行上述操作后，将弹出“选择文件”对话框，在【查找范围】中单击选取文件所在位置，然后选中要打开的图形文件，最后单击【打开】按钮即可。

14.2.3　保存 AutoCAD 图形

启动 AutoCAD 后，可以通过以下几种方式保存绘制好的 AutoCAD 图形文件。

（1）单击【文件】下拉菜单，选择【保存】命令选项。

（2）使用【标准】工具栏，单击【标准】工具栏中的【保存】命令图标。

（3）在命令行下输入 SAVE 或 save。

（4）直接使用 Ctrl+S 快捷键。

执行上述操作后，将弹出“图形另存为”对话框，在【保存于】中单击要保存文件位置，然后输入图形文件名称，最后单击【保存】按钮即可。对于非首次保存的图形，AutoCAD 不再提示上述内容，而是直接保存图形。

若以另外一个名字保存图形文件，可以通过单击【文件】下拉菜单，选择【另存为】命令选项。执行【另存为】命令后，AutoCAD 将弹出图 14-25 所示对话框，操作与前述保存操作相同。

启动 AutoCAD 后，可以通过以下几种方式关闭图形文件。

（1）单击【文件】下拉菜单，选择【关闭】命令选项。

（2）在命令行输入 CLOSE 或 close。

（3）如图 14-26 所示，单击图形右上角的“×”。通常右上角有两个“×”，上面的“×”表示关闭 AutoCAD，下面的“×”表示关闭当前文件。

执行“关闭”命令后，若该图形没有存盘，AutoCAD 将弹出警告“是否将改动保存到 ×××. dwg?”，提醒需不需要保存图形文件。选择【是】，将保存当前图形并关闭它，选择【否】将不保存图形而直接关闭它，选择【取消】表示取消关闭当前图形的操作。AutoCAD 关闭询问提示如图 14-27 所示。

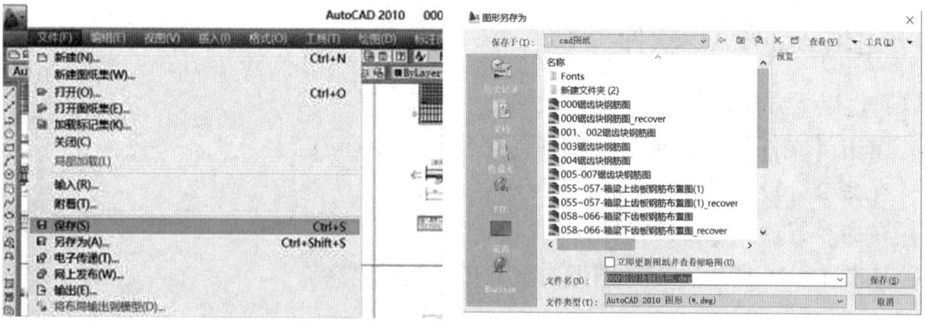

（a）　　　　　　　　　　　　　　（b）

图 14-25　保存图形过程

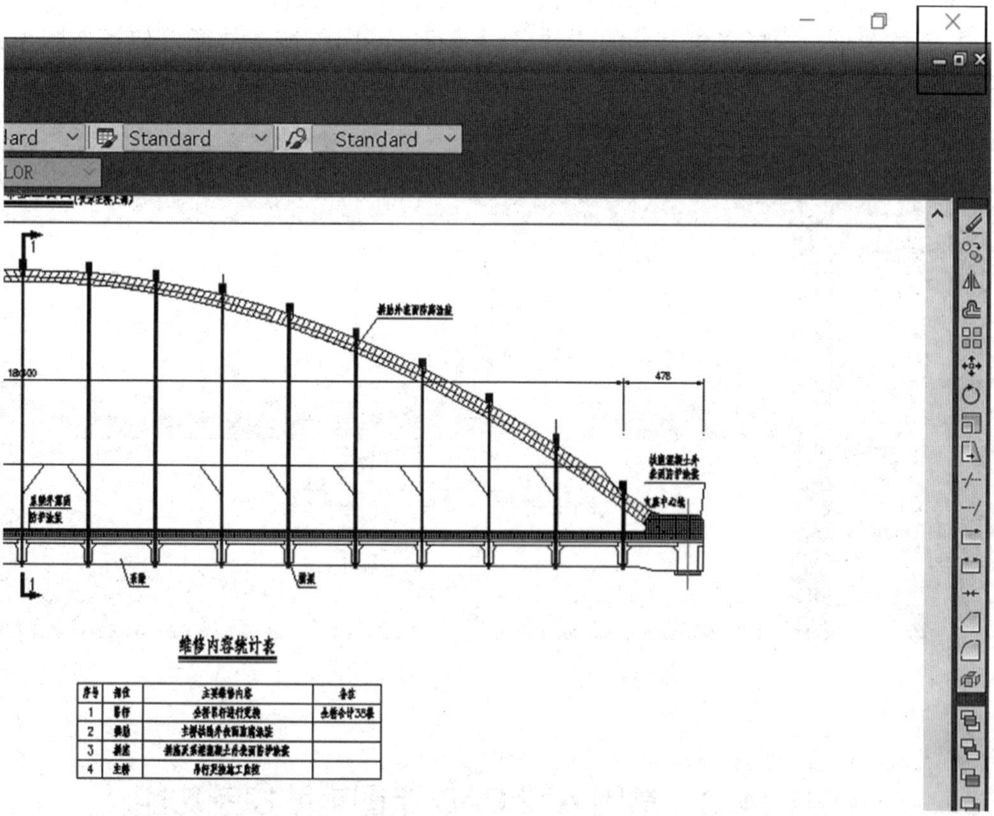

图 14-26　关闭文件

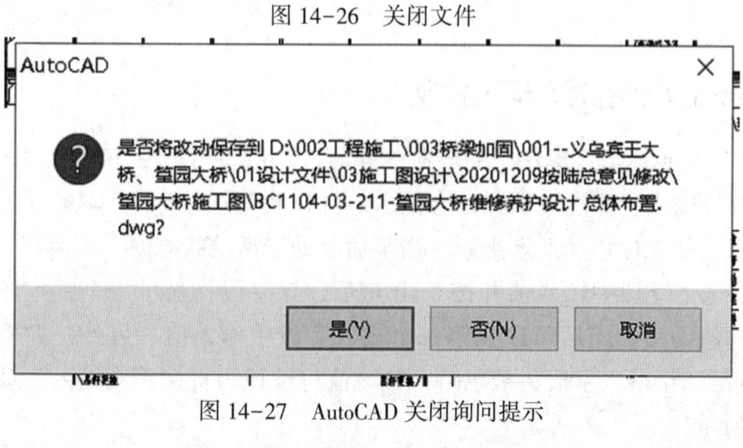

图 14-27　AutoCAD 关闭询问提示

14.2.4 退出 AutoCAD 软件

可以通过以下方法退出 AutoCAD 软件。

(1) 单击【文件】下拉菜单，选择【退出】命令选项。

(2) 在命令行输入 EXIT 或 exit 后回车。

(3) 在命令行输入 QUIT（退出）或 quit 后回车。

(4) 如图 14-26 所示，单击图形右上角最上边的“×”。

14.2.5 同时打开多个 AutoCAD 图形文件

AutoCAD 支持同时打开多个图形文件，若需在不同图形文件窗口之间切换，可以打开【窗口】下拉菜单，选择需要打开的文件名称即可。不同图形文件窗口切换如图 14-28 所示。

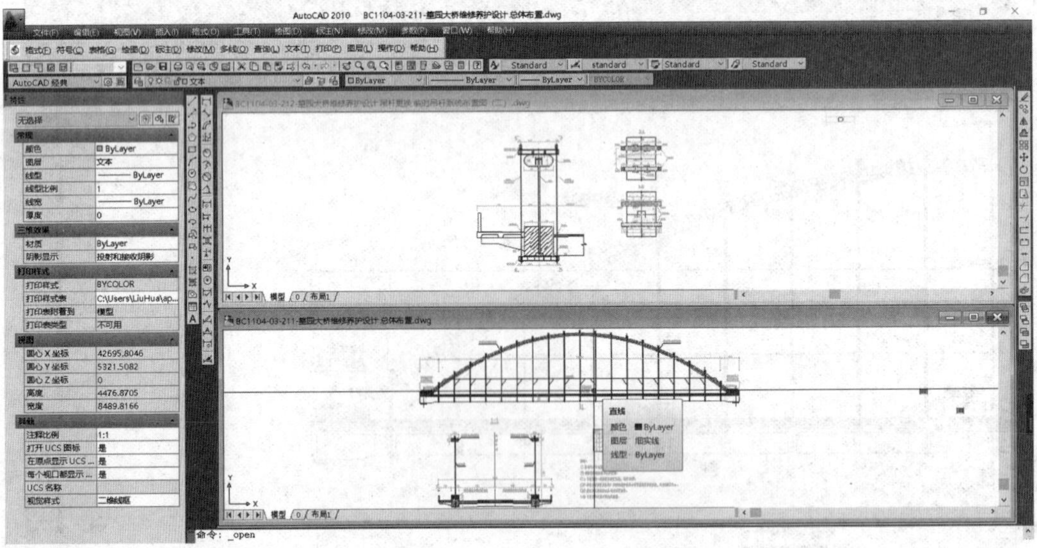

图 14-28　不同图形文件窗口切换

任务 14.3　常用 AutoCAD 绘图辅助控制功能

14.3.1 AutoCAD 绘图动态输入控制

“动态输入”在光标附近提供了一个命令界面，以帮助用户专注于绘图区域。动态输入有 3 个组件：指针输入、标注输入和动态提示。打开动态输入时，工具提示将在光标旁边显示信息，该信息会随光标移动动态更新。当某命令处于活动状态时，工具提示将为用户提供输入的位置。在输入字段中输入值并按 TAB 键后，该字段将显示一个锁定图标，并且光标会受用户输入的值约束。随后可以在第二个输入字段中输入值。另外，如果用户输入值后按 Enter 键，则第二个输入字段将被忽略，且该值将被视为直接距离输入。动态输入命令显示如图 14-29 所示。

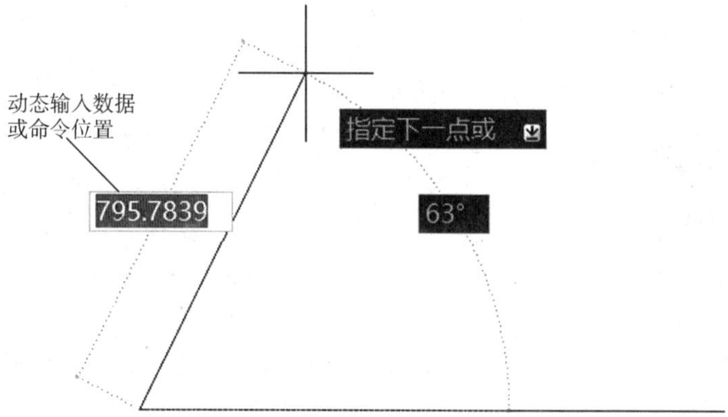

图 14-29　动态输入命令显示

单击底部状态栏上的【动态输入】按钮图标以打开和关闭动态输入，也可以按下“F12”键临时关闭/启动动态输入。

对于动态显示可以通过设置进行控制：在底部状态栏上的【动态输入】按钮图标上单击鼠标右键→单击【设置】以控制在启用“动态输入”时每个部件所显示的内容→可以设置指针输入、标注输入、动态提示等事项内容→单击【确定】。“动态输入”控制对话框如图 14-30 所示。

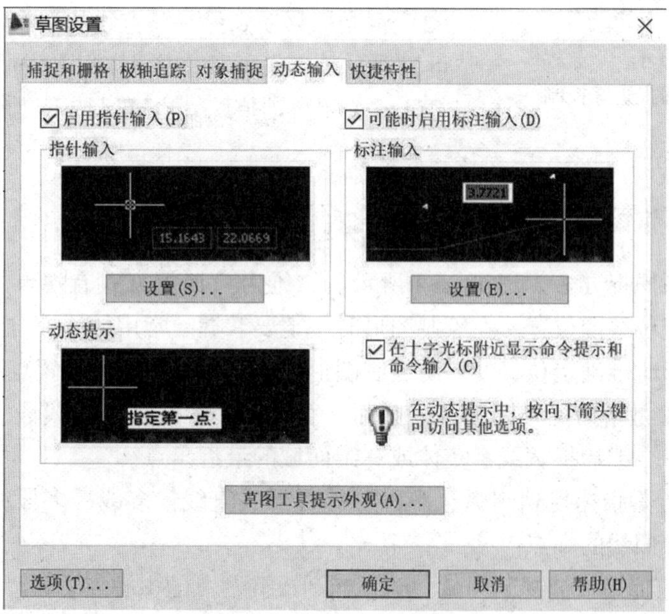

图 14-30　动态输入控制对话框

14.3.2　正交模式控制

系统可约束光标在水平方向或垂直方向移动。在正交模式下，光标移动限制在水平或垂直方向上（相对于当前 UCS 坐标系，将平行于 UCS 的 X 轴的方向定义为水平方向，将平行于 Y 轴的方向定义为垂直方向）。

在绘图和编辑过程中，可以随时打开或关闭“正交”。输入坐标或指定对象捕捉时将忽略“正交”模式。要临时打开或关闭“正交”模式，可按住临时替代键 Shift（使用临时替代键时，无法使用直接距离输入方法）。要控制“正交”模式，单击底部状态栏上的【正交模式】按钮图标以启动和关闭“正交”模式，启动“正交”模式如图 14-31 所示。也可以按下“F8”键临时打开/关闭“正交模式”。

图 14-31　启动正交模式

注意事项：

“正交”模式在画三视图时使用率较高，通常用快捷键“F8”打开/关闭。

14.3.3　对象捕捉追踪控制

对象捕捉追踪是指可以按照指定的角度或按照与其他对象的特定关系绘制对象，自动追踪包括两个追踪选项：极轴追踪和对象捕捉追踪。需要注意必须设置对象捕捉，才能从对象的捕捉点进行追踪，对象捕捉追踪控制如图 14-32 所示。

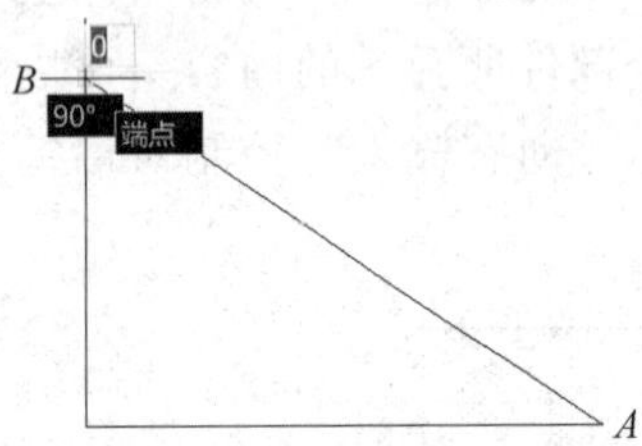

图 14-32　对象捕捉追踪控制

（1）单击直线的起点 A 开始绘制直线。

（2）将光标移动到另一条直线的端点 B 处获取该点。

可以通过单击底部状态栏上的【极轴】或【对象追踪】按钮打开或关闭自动追踪。也可以按下“F11”键临时打开/关闭“对象追踪”。

14.3.4　二维对象绘图捕捉方法（精确定位方法）

二维对象绘图捕捉方式如图 14-33 所示。二维对象捕捉方式有端点、中点、圆心等多种，其可以精确定位绘图位置，在绘制图形时一定要掌握。常用的捕捉方法如下。捕捉方式可以用于绘制图形时准确定位，使得所绘制图形快速定位于相应的位置点。

（1）端点捕捉是指捕捉到圆弧、椭圆弧、直线、多线、多段线线段、样条曲线、面域或射线最近的端点，或捕捉宽线、实体或三维面域的最近角点。

（2）中点捕捉是指捕捉到圆弧、椭圆、椭圆弧、直线、多线、多段线线段、面域、实体、样条曲线或参照线的中点。

（3）中心点捕捉是指捕捉到圆弧、圆、椭圆或椭圆弧的中心点。

（4）交点捕捉是指捕捉到圆弧、圆、椭圆、椭圆弧、直线、多线、多段线、射线、面域、样条曲线或参照线的交点。延伸捕捉是当光标经过对象的端点时，显示临时延长线或圆弧，以便用户在延长线或圆弧上指定点。“延伸交点”不能用于执行对象捕捉模式。“交点”和“延伸交点”不能和三维实体的边或角点一起使用。外观交点捕捉是指不在同一平面但在当前视图中看起来可能相交的两个对象的视觉交点。“延伸外观交点”不能用于执行对象捕捉模式。“外观交点”和“延伸外观交点”不能和三维实体的边或角点一起使用。

（5）象限捕捉是指捕捉到圆弧、圆、椭圆或椭圆弧的象限点。

（6）垂足捕捉是指捕捉圆弧、圆、椭圆、椭圆弧、直线、多线、多段线、射线、面域、实体、样条曲线或构造线的垂足。

（7）当正在绘制的对象需要捕捉多个垂足时，将自动打开“递延垂足”捕捉模式。可以用直线、圆弧、圆、多段线、射线、参照线、多行或三维实体的边作为绘制垂直线的基础对象。可以用“递延垂足”在这些对象之间绘制垂直线。当靶框经过“递延垂足”捕捉点时，将显示 AutoSnap 工具提示和标记。

（8）切点捕捉是指捕捉到圆弧、圆、椭圆、椭圆弧或样条曲线的切点。当正在绘制的对象需要捕捉多个垂足时，将自动打开“递延垂足”捕捉模式。可以使用“递延切点”来绘制与圆弧、多段线圆弧或圆相切的直线或构造线。当靶框经过“递延切点”捕捉点时，将显示标记和 AutoSnap 工具提示。当用自选项结合“切点”捕捉模式来绘制除开始于圆弧或圆的直线以外的对象时，第一个绘制的点是与在绘图区域最后选定的点相关的圆弧或圆的切点。

（9）最近点捕捉是指捕捉到圆弧、圆、椭圆、椭圆弧、直线、多线、点、多段线、射线、样条曲线或参照线距离当前光标位置的最近点。

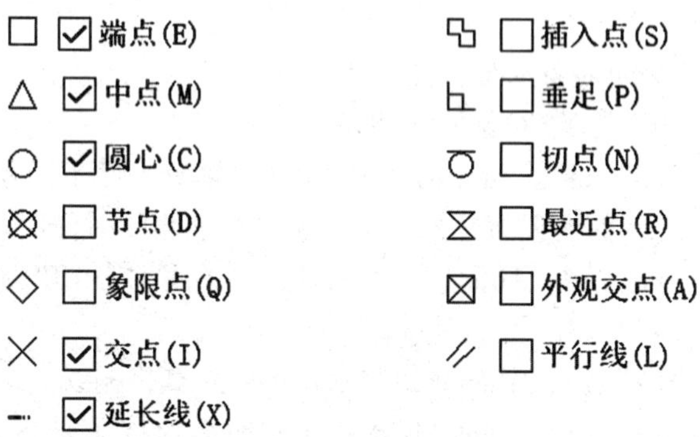

图 14-33　二维对象绘图捕捉方式

任务 14.4　AutoCAD 绘图快速操作方法

14.4.1　全屏显示方法

“全屏显示”是指屏幕上仅显示菜单栏、“模型”选项卡和“布局”选项卡（位于图形底部）、状态栏和命令行。

“全屏显示”操作方法如下。

（1）用鼠标左键单击应用程序状态栏右下角的全屏显示（）图标，即可实现打开或关闭。

（2）单击【视图】下拉菜单，选择【全屏显示】即可。

14.4.2　视图控制方法

视图控制只是对图形在屏幕上显示的位置进行改变及控制，并不更改图形中对象的位置和大小等。可以通过以下方法缩放或移动视图。

(1) 缩放屏幕视图范围：前后转动鼠标中间的轮子即可；或者不选定任何对象，在绘图区域单击鼠标右键，在弹出的快捷菜单中选择【缩放】，然后拖动鼠标即可进行。

(2) 平移屏幕视图范围：不选定任何对象，在绘图区域单击鼠标右键，在弹出的快捷菜单中选择【平移】(然后拖动鼠标即可进行)。

(3) 在命令行：输入“ZOOM 或 Z”（缩放视图）、“PAN 或 P”（平移视图）。

(4) 单击【标准】工具栏上的【实时缩放】或【实时平移】按钮，也可以单击底部状态栏上的【缩放】、【平移】(即图标 )。

要随时停止平移视图或缩放视图，可按 Enter 键或 Esc 键。

14.4.3 键盘 F1~F12 功能键使用方法

AutoCAD 软件设置了 F1~F12 键的功能。

(1) F1 键：按下“F1”键，AutoCAD 提供帮助窗口，可以查询功能命令、操作指南等帮助说明文字。

(2) F2 键：按下“F2”键，AutoCAD 弹出显示命令文本窗口，可以查看操作命令历史记录过程。

(3) F3 键：打开、关闭对象捕捉功能。

(4) F4 键：打开、关闭三维对象捕捉功能。

(5) F5 键：按下“F5”键，AutoCAD 提供切换等轴测平面不同视图，包括等轴测平面俯视、等轴测平面右视、等轴测平面左视。其在绘制等轴测图时使用。

(6) F6 键：按下“F6”键，AutoCAD 控制打开或关闭动态 UCS 坐标系。其在绘制三维图形时使用。

(7) F7 键：按下“F7”键，AutoCAD 控制显示或隐藏格栅线。

(8) F8 键：按下“F8”键，AutoCAD 控制绘图时图形线条是否为水平/垂直方向或倾斜方向（即正交模式控制）。

(9) F9 键：按下“F9”键，AutoCAD 控制绘图时通过指定栅格距离大小进行捕捉。与“F3”键不同，“F9”键控制捕捉位置是不可见矩形栅格距离位置，以限制光标仅在指定的 X 和 Y 间隔内移动。打开或关闭此种捕捉模式，可以通过单击状态栏上的“捕捉模式”、按“F9”键，或使用 Snapmode 系统变量，来进行操作。

(10) F10：按下“F10”键，AutoCAD 控制打开或关闭极轴追踪模式（极轴追踪是指光标将按指定的极轴距离增量进行移动）。

(11) F11：按下“F11”键，AutoCAD 控制打开或关闭对象捕捉追踪模式。

(12) F12：按下“F12”键，AutoCAD 控制打开或关闭动态输入模式。

14.4.4 AutoCAD 功能命令别名（简写或缩写形式）

AutoCAD 软件绘图的各种功能命令使用英语单词形式，即使是 AutoCAD 中文版也是如此，不能使用中文命令进行输入操作。例如，绘制直线的功能命令是“line”，要输入“line”，不能使用中文“直线”作为命令输入。

另外，AutoCAD 软件的各种功能命令不区分大小写，功能相同，在输入功能命令时可以使用大写字母，也可以使用小写字母。例如，输入绘制直线的功能命令时，可以使用“LINE”，也可以使用“line”，输入形式如下。

“命令：LINE”或“命令：line”

AutoCAD 软件提供多种方式启动各种功能命令。一般可以通过以下 3 种方式执行相应的功能命令。

（1）打开下拉菜单选择相应的功能命令选项。

（2）单击相应工具栏上的相应功能命令图标。

（3）在命令行直接输入相应功能命令的英文字母（不能使用中文汉字作为命令输入）。

命令别名是在命令提示下代替整个命令名而输入的缩写或简写。例如，可以输入“c”代替“circle”来启动 CIRCLE 命令。别名与键盘快捷键不同，快捷键是多个按键的组合，例如 SAVE 的快捷键是 Ctrl+S。

具体地说，在使用 AutoCAD 软件的各种功能命令时，部分绘图、编辑等功能命令可以使用其缩写形式代替，二者作用完全相同。例如，绘制直线的功能命令“line”，其缩写形式为“L”，在输入时可以使用“LINE”或“line”，也可以使用“L”或“l”，它们作用完全相同。

注意事项：

L 命令是 AutoCAD 软件使用最频繁的命令之一。

AutoCAD 软件常用的绘图和编辑功能命令别名（缩写形式）如表 14-1 所示。

表 14-1　AutoCAD 软件常用的绘图和编辑功能命令别名（缩写形式）

序号	功能命令全称	命令缩写形式	功能作用
1	ALIGN	AL	在二维和三维空间中将对象与其他对象对齐
2	ARC	A	创建圆弧
3	AREA	AA	计算对象或所定义区域的面积和周长
4	ARRAY	AR	创建图形中对象的多个副本
5	BHATCH	H 或 BH	使用填充图案或渐变填充来填充封闭区域或选定对象
6	BLOCK	B	从选定的对象中创建一个块定义
7	BREAK	BR	在两点之间打断选定对象
8	CHAMFER	CHA	给对象加倒角
9	CHANGE	CH	更改现有对象的特性
10	CIRCLE	C	创建圆
11	COPY	CO 或 CP	在指定方向上按指定距离复制对象
12	DDEDIT	ED	编辑单行文字、标注文字、属性定义和功能控制边框
13	DDVPOINT	VP	设置三维观察方向
14	DIMBASELINE	DBA	从上一个标注或选定标注的基线处创建线性标注、角度标注或坐标标注
15	DIMALIGNED	DAL	创建对齐线性标注
16	DIMANGULAR	DAN	创建角度标注
17	DIMCENTER	DCE	创建圆和圆弧的圆心标记或中心线

续表

序号	功能命令 全称	命令 缩写形式	功能作用
18	DIMCONTINUE	DCO	创建从先前创建的标注尺寸界线开始的标注
19	DIMDIAMETER	DDI	为圆或圆弧创建直径标注
20	DIMEDIT	DED	编辑标注文字和尺寸界线
21	DIMLINEAR	DLI	创建线性标注
22	DIMRADIUS	DRA	为圆或圆弧创建半径标注
23	DIST	DI	测量两点之间的距离和角度
24	DIVIDE	DIV	创建沿对象的长度或周长等间隔排列的点对象或块
25	DONUT	DO	创建实心圆或较宽的环
26	DSVIEWER	AV	打开“鸟瞰视图”窗口
27	DVIEW	DV	使用相机和目标来定义平行投影或透视视图
28	ELLIPSE	EL	创建椭圆或椭圆弧
29	ERASE	E	从图形中删除对象
30	EXPLODE	X	将复合对象分解为其组件对象
31	EXPORT	EXP	以其他文件格式保存图形中的对象
32	EXTEND	EX	扩展对象以与其他对象的边相接
33	EXTRUDE	EXT	通过延伸对象的尺寸创建三维实体或曲面
34	FILLET	F	给对象加圆角
35	HIDE	HI	重生成不显示隐藏线的三维线框模型
36	IMPORT	IMP	将不同格式的文件输入当前图形中
37	INSERT	I	将块或图形插入当前图形中
38	LAYER	LA	管理图层和图层特性
39	LEADER	LEAD	创建连接注释与特征的线
40	LENGTHEN	LEN	更改对象的长度和圆弧的包含角
41	LINE	L	创建直线段
42	LINETYPE	LT	加载、设置和修改线型
43	LIST	LI	为选定对象显示特性数据
44	LTSCALE	LTS	设定全局线型比例因子
45	LWEIGHT	LW	设置当前线宽、线宽显示选项和线宽单位
46	MATCHPROP	MA	将选定对象的特性应用于其他对象
47	MIRROR	MI	创建选定对象的镜像副本
48	MLINE	ML	创建多条平行线
49	MOVE	M	在指定方向上按指定距离移动对象
50	MTEXT	MT 或 T	创建多行文字对象
51	OFFSET	O	创建同心圆、平行线和平行曲线

续表

序号	功能命令全称	命令缩写形式	功能作用
52	PAN	P	将视图平面移到屏幕上
53	PEDIT	PE	编辑多段线和三维多边形网格
54	PLINE	PL	创建二维多段线
55	POINT	PO	创建点对象
56	POLYGON	POL	创建等边闭合多段线
57	PROPERTIES	CH	控制现有对象的特性
58	PURGE	PU	删除图形中未使用的项目，例如块定义和图层
59	RECTANG	REC	创建矩形多段线
60	REDO	U	恢复上一个用 UNDO 或 U 命令放弃的效果
61	REDRAW	R	刷新当前视口中的显示
62	REVOLVE	REV	通过绕轴扫掠对象创建三维实体或曲面
63	ROTATE	RO	绕基点旋转对象
64	SCALE	SC	放大或缩小选定对象，使缩放后对象的比例保持不变
65	SECTION	SEC	使用平面和实体的交集创建面域
66	SLICE	SL	通过剖切或分割现有对象，创建新的三维实体和曲面
67	SOLID	SO	创建实体填充的三角形和四边形
68	SPLINE	SPL	创建通过拟合点或接近控制点的平滑曲线
69	SPLINEDIT	SPE	编辑样条曲线或样条曲线拟合多段线
70	STRETCH	S	拉伸与选择窗口或多边形交叉的对象
71	STYLE	ST	创建、修改或指定文字样式
72	SUBTRACT	SU	通过减法操作来合并选定的三维实体或二维面域
73	TORUS	TOR	创建圆环形的三维实体
74	TRIM	TR	修剪对象以与其他对象的边相接
75	UNION	UNI	通过加操作来合并选定的三维实体、曲面或二维面域
76	UNITS	UN	控制坐标和角度的显示格式和精度
77	VIEW	V	保存和恢复命名视图、相机视图、布局视图和预设视图
78	VPOINT	VP	设置图形的三维可视化观察方向
79	WBLOCK	W	将对象或块写入新图形文件
80	WEDGE	WE	创建三维实体楔体

任务 14.5　AutoCAD 图形坐标系

在命令行提示输入点时，可以使用定点设备指定点，也可以在命令行提示下输入坐标值。打开动态输入时，可以在光标旁边的工具提示中输入坐标值。可以按照笛卡尔坐标

（*X*，*Y*）或极坐标输入二维坐标。笛卡尔坐标系有三个轴，即 *X*、*Y* 和 *Z* 轴。输入坐标值时，需要指示沿 *X*、*Y* 和 *Z* 轴相对于坐标系原点（0，0，0）的距离（以单位表示）及其方向（正或负）。在二维中，在 *XY* 平面（也称为工作平面）上指定点。工作平面类似于平铺的网格纸。笛卡尔坐标的 *X* 值指定水平距离，*Y* 值指定垂直距离。原点（0，0）表示两轴相交的位置。极坐标使用距离和角度来定位点。使用笛卡尔坐标和极坐标，均可以基于原点（0，0）输入绝对坐标，或基于上一指定点输入相对坐标。输入相对坐标的另一种方法是：通过移动光标指定方向，然后直接输入距离。此方法称为直接距离输入。可以用科学、小数、工程、建筑或分数格式输入坐标。可以使用百分度、弧度、勘测单位或度/分/秒输入角度。UNITS 命令控制了单位的格式。

AutoCAD 图形的位置是由坐标系来确定的，AutoCAD 环境下使用 2 个坐标系，即世界坐标系、用户坐标系。

一般地，如图 14-34（a）所示，AutoCAD 以屏幕的左下角为坐标原点 *O*（0，0，0），*X* 轴为水平轴，向右为正；*Y* 轴为垂直轴，向上为正；*Z* 轴则根据右手规则确定，垂直于 *XOY* 平面，指向使用者。这样的坐标系称为世界坐标系（world coordinate system），简称 WCS，有时又称通用坐标系，世界坐标系是固定不变的。AutoCAD 允许根据绘图时的不同需要，建立自己专用的坐标系，即用户坐标系（user coordinate system），简称 UCS，用户坐标系主要在三维绘图时使用。如果图标显示在当前 UCS 的原点处，则图标中有一个加号（+）。如果图标显示在视口的左下角，则图标中没有加号。常见的 AutoCAD 的 UCS 图标如图 14-34（b）所示。

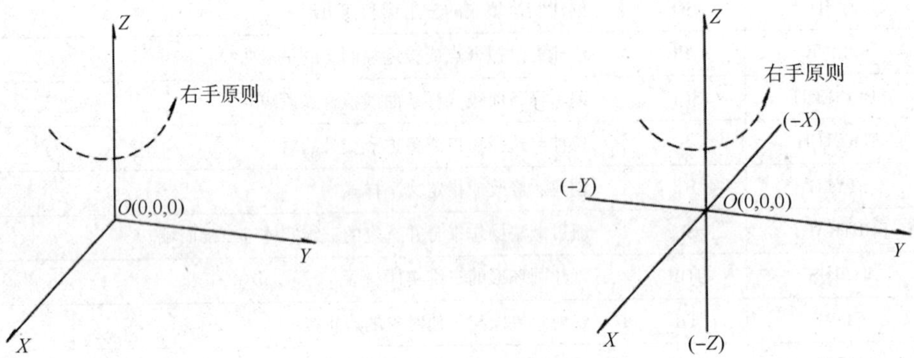

（a）AutoCAD方向确定原则

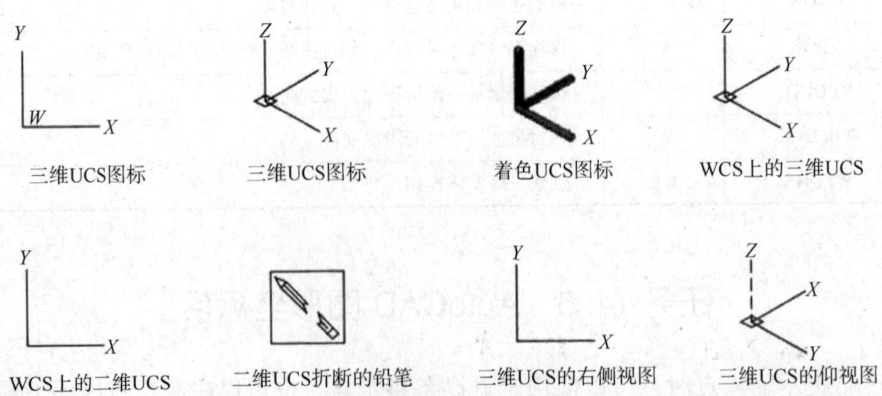

（b）常见UCS图标

图 14-34　AutoCAD 坐标系

14.5.1 AutoCAD 坐标系设置

1. 坐标系的形式

AutoCAD 中的坐标系显示如图 14-35 所示。在 AutoCAD 环境下进行图形绘制时，可以采用绝对直角坐标、相对直角坐标、相对极坐标、球坐标或柱坐标等方法确定点的位置，后两种坐标在三维坐标系中使用，在此不详细阐述。

可以使 AutoCAD 显示或隐藏其坐标系图标。坐标显示的设置可由如下两种方法实现。

(1) 在"命令:"下输入 UCSICON 命令。

命令：UCSICON（控制坐标系图标显示）

输入选项［开（ON）/关（OFF）/全部（A）/非原点（N）/原点（OR）/特性（P）］<开>：（输入 ON 或 OFF 控制显示）

(2) 打开【视图】下拉菜单，选择【显示】命令。接着选择【UCS 图标】命令，最后选择【开】命令在开/关之间进行切换。

2. 坐标显示

如图 14-35 所示，在屏幕的左下角状态栏中，AutoCAD 提供了一组用逗号隔开的数字，从左至右分别代表 *X* 轴、*Y* 轴和 *Z* 轴的坐标值。当移动鼠标时，坐标值将随之变化，状态栏中所显示的坐标值是光标的当前位置。在二维坐标系下，随着光标的移动，(*X*，*Y*) 数值不断发生变化，而 *Z* 值保持为 0.0000。

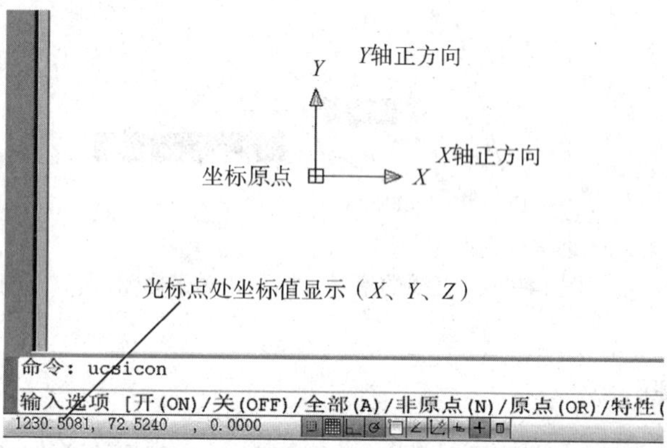

图 14-35 AutoCAD 中的坐标系显示

14.5.2 绝对直角坐标

AutoCAD 通过直接输入坐标值（*X*、*Y*、*Z*）在屏幕上确定唯一的点位置，该坐标（*X*、*Y*、*Z*）是相对于坐标系原点（0，0，0）的，称为绝对直角坐标。在二维平面条件下，只需考虑 *X*、*Y* 的坐标值即可，*Z* 的值恒为 0，即（*X*，*Y*）。

AutoCAD 绝对直角坐标的输入方法为：在命令行提示后通过键盘直接以"*X*、*Y*"形式输入，例如图 14-36 所示的直线 *AB*。若坐标数值为负，则直线的方向与正值相反。注意，若 AutoCAD 输入绝对坐标时，显示的却是相对坐标，这时需要修改动态输入→草图设计→指针输入→绝对坐标→按【确定】即可。

命令：LINE（输入绘制直线 *AB* 命令）

指定第一点：5，5（输入直线起点 A 的坐标值）

指定下一点或［放弃（U）］：10，20（输入直线终点 B 的坐标值）

指定下一点或［放弃（U）］：（回车结束）

14.5.3 相对直角坐标

除了绝对直角坐标，AutoCAD 还可以利用“@ X，Y，Z”精确地设定点的位置。“@ X，Y，Z”表示相对于上一个点分别在 X、Y、Z 方向的距离。这样的坐标称为相对直角坐标。在二维平面环境（XOY 平面）下绘制图形对象，可以不考虑 Z 坐标，AutoCAD 将 Z 坐标保持为 0 不变，也即以“@ X，Y”形式来表示。

AutoCAD 相对直角坐标的输入方法为：在命令行提示后通过键盘直接以“@ X，Y”形式输入。若坐标数值为正，则直线的方向与正值相同。若坐标数值为负，则直线的方向与正值相反。例如，以前述 B 为起点，绘制 C 点，且 C 点对 B 点的相对坐标为（5，-15）。直线的绝对坐标和相对坐标输入如图 14-36 所示。

命令：LINE（输入绘制直线 BC 命令）

指定第一点：（直线起点捕捉端点 B）

指定下一点或［放弃（U）］：@ 5，-15（输入直线终点 C 相对于 B 点的坐标值）

指定下一点或［放弃（U）］：（回车）

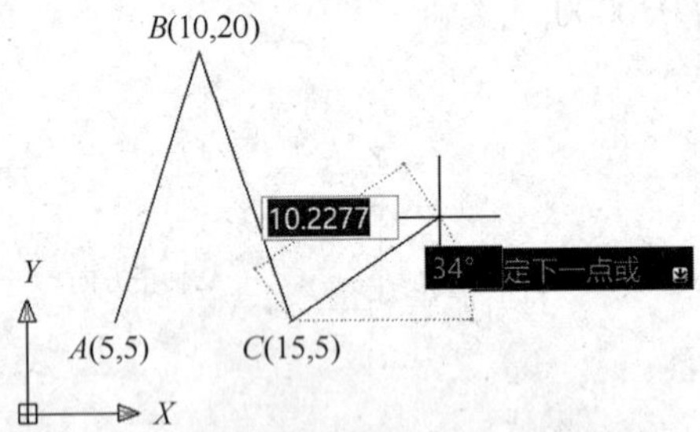

图 14-36 直线的绝对坐标和相对坐标输入

14.5.4 相对极坐标

相对极坐标是指相对于某一个固定位置点的距离和角度而确定新的位置所使用的坐标。在 AutoCAD 中默认的角度方向为逆时针方向，用极坐标进行点的定位总是相对于前一个点，而不是原点。

AutoCAD 相对极坐标的输入方法为：在命令行提示后通过键盘直接以“@ X<Y”形式输入，其中 X 表示相对于前一个点的距离大小，Y 表示与坐标系水平 X 轴直线的角度大小。若坐标数值或角度为负，则直线的方向与正值相反，角度方向为逆时针方向。用相对极坐标法绘制直线如图 14-37 所示。

命令：LINE（输入绘制直线命令）

指定第一点：（直线起点捕捉端点 A）

指定下一点或［放弃（U）］：@ 20<30（输入直线终点 D 相对于 A 点的距离 20，与水平轴线的角度 30°）

指定下一点或［放弃（U）］：（回车）

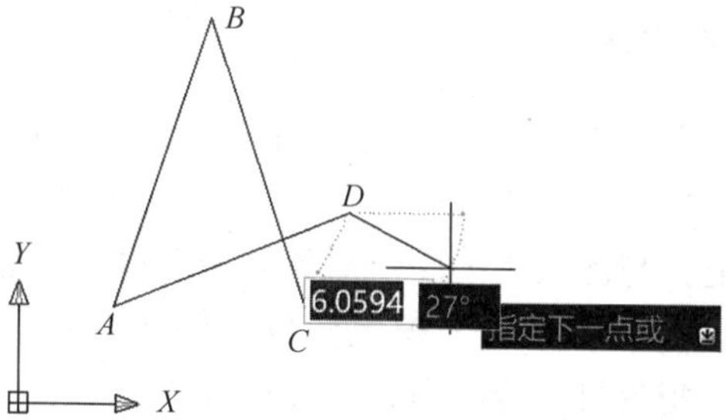

图 14-37 用相对极坐标法绘制直线

任务 14.6 图层常用操作

为便于对图形中不同元素对象进行控制，AutoCAD 提供了图层（layer）功能，即不同的透明存储层，可以存储图形中不同元素对象。每个图层都有一些相关联的属性，包括图层名、颜色、线型、线宽和打印样式等。图层是绘制图形时最为有效的图形对象管理手段和方式，其极大地方便了图形的操作。此外，图层的建立、编辑和修改也简洁明了，操作极为便利。

14.6.1 建立新图层

可通过以下几种方式建立 AutoCAD 新图层。

（1）在“命令:”提示下输入 LAYER 或 La 命令。

（2）打开【格式】下拉菜单，选择【图层】命令。

（3）单击【图层】工具栏上的【图层特性管理器】图标。

执行上述操作后，系统将弹出“图层特性管理器”对话框。单击其中的【新建图层 】按钮，在当前图层选项区域下将以“图层 1，图层 2……”的名称建立相应的图层，即为新的图层，该图层的各项参数采用系统默认值。单击“图层特性管理器”对话框左上角按钮关闭或自动隐藏。每一个图形都有 1 个 0 层，其名称不可更改，且不能删除该图层。其他所建立的图层各项参数是可以修改的，包括名称、颜色等属性参数。图层特性管理器如图 14-38 所示。

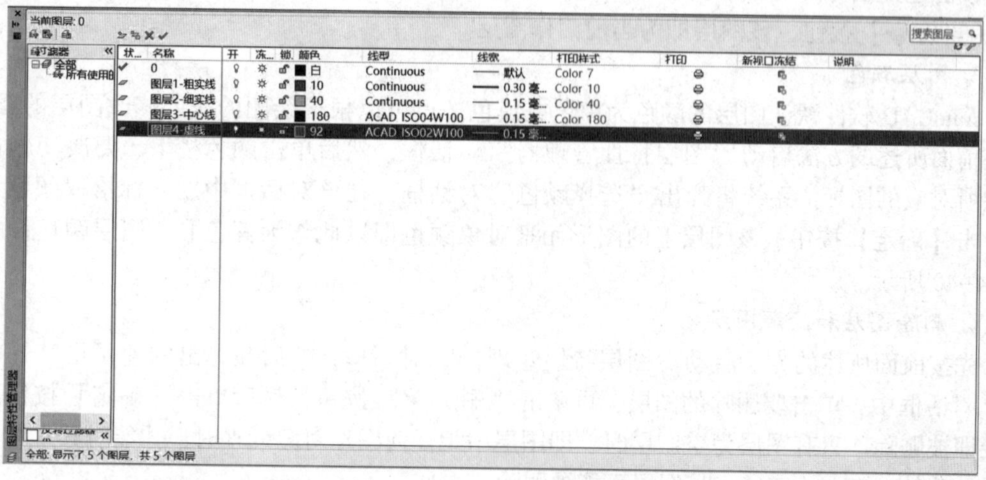

图 14-38 图层特性管理器

14.6.2 图层相关参数的修改

可以对 AutoCAD 图层的以下属性参数进行编辑与修改。

1. 图层名称

图层的名称应简单易记，与图层中的图形对象紧密关联。图层名称的修改很简单，按前述方法打开“图层特性管理器”对话框，把鼠标放在图层名称上，单击图层名称，该图层的名称会出现一个矩形框，变为可修改状态，可以进行修改。也可以单击右键，在弹出的菜单中选择“重命名图层”即可修改。修改图层名如图 14-39 所示。AutoCAD 软件对图层名称有一定的限制条件，不能采用“<、\、?、=、*、:”等符号作为图层名，图层名长度须小于 255 个字符。

2. 设置为当前图层

当前图层是指正在进行图形绘制的图层，即当前工作层，所绘制的图线将存放在当前图层中。因此，要绘制某类图形对象元素时，最好先将该类图形对象元素所在的图层设置为当前图层。

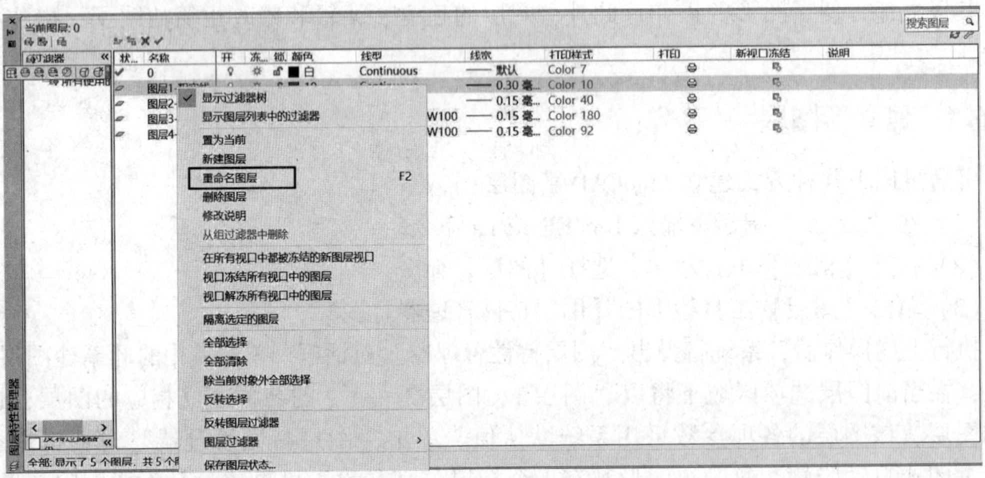

图 14-39　修改图层名

按前述方法打开“图层特性管理器”对话框，单击要设置为当前图层的图层，再单击【置为当前 ✔】按钮，该图层即为当前工作图层。

3. 图层颜色

AutoCAD 软件默认图层的颜色为白色或黑色。也可以根据绘图的需要修改图层的颜色。先按前面所述的方法启动“图层特性管理器”对话框，然后单击颜色栏下、要改变颜色的图层所对应的图标。系统将弹出“选择颜色”对话框，在该对话框中用光标拾取颜色，最后单击【确定】按钮。该图层上的图形元素对象颜色即以此作为其色彩。图层颜色设置如图 14-40 所示。

4. 删除图层和隐藏图层

先按前面所述的方法启动“图层特性管理器”对话框，然后在弹出的“图层特性管理器”对话框中，单击要删除的图层，再单击“删除 ✖”按钮，最后单击【确定】按钮。该图层即被删除。只有图层为空图层时，即图层中无任何图形对象元素时，才能对其进行删除操作。此外“0”“defpoints”图层不能被删除。

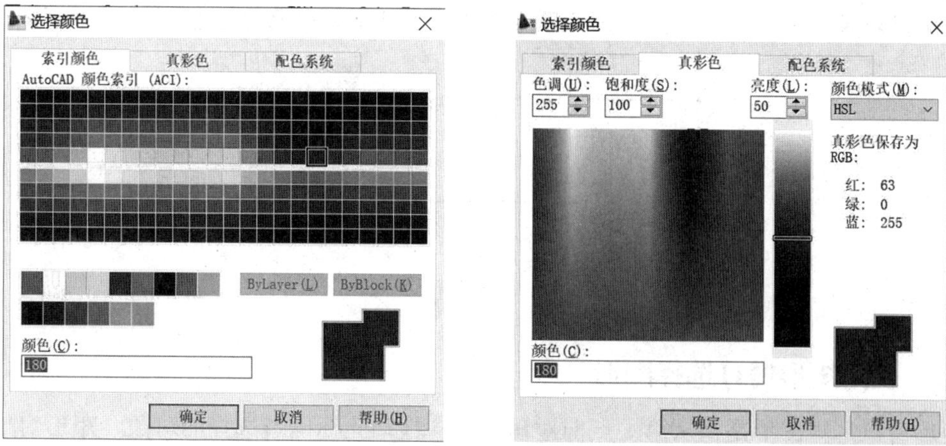

图 14-40　图层颜色设置

隐藏图层操作是指将该图层上的所有图形对象元素隐藏起来，不在屏幕中显示出来，但图形对象元素仍然保存在图形文件中。

要隐藏图层，先按前面所述的方法启动“图层特性管理器”对话框，然后单击“开”栏下要隐藏的图层所对应的图标，该图标将填充颜色“”，即为隐藏，该图层上的图形元素对象不再在屏幕中显示出来。要重新显示该图层图形对象，只需单击对应图标，使其变空即可。

5. 冻结与锁定图层

冻结图层是指将图层设置为既不在屏幕上显示，也不能对其进行删除等编辑操作的状态。注意当前图层不能进行冻结操作，冻结图层操作与隐藏图层相似。先按前面所述的方法启动，然后单击“冻结/解冻”栏下要冻结的图层所对应的解冻图标，使该图标变成冻结状态。要重新显示该图层并对其进行删除等编辑操作时，只需单击冻结图标，使图标发生改变即可。

锁定图层与冻结图层的不同之处在于锁定后的图层仍然在屏幕上显示，但不能删除。锁定图层的操作为单击“锁定/解锁”栏下的要锁定的图层所对应的解锁图标，使该图标变成锁定状态。要重新对该图层图形对象进行编辑操作，只需单击锁定图标，使图标发生改变即可。

注意事项：

图层命令是提高绘图效率的重要命令。它可以实现线型特性的批量修改，因此如何通过图层设置将线型分类是一个重要问题。

任务 14.7　AutoCAD 图形常用选择方法

在进行绘图时，需要经常选择图形对象进行操作。AutoCAD 提供了多种图形选择方法，其中最为常用的方法如下。

14.7.1　使用拾取框光标

拾取框光标放在要选择对象的位置时，单击鼠标左键即可选择图形对象。按住 Shift 键并再次选择对象，可以将其从当前选择集中删除。使用光标选择图形如图 14-41 所示。

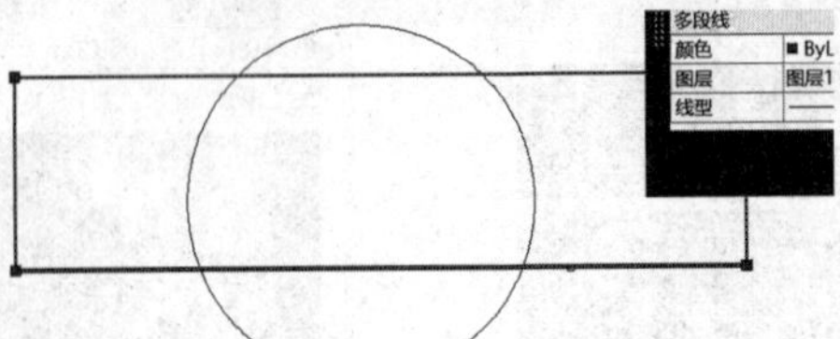

图 14-41　使用光标选择图形

14.7.2　使用矩形窗口选择图形

矩形窗口选择图形是指从第一点向对角点方向拖动光标确定选择的对象。矩形窗口选择图形包括“窗口选择”和“窗交选择”。使用“窗口选择”选择对象时，通常整个对象都要包含在矩形选择区域中才能选中。使用“窗交选择”时，矩形窗口包围或相交的对象都可以被选择。

1. 窗口选择

如图 14-42 所示，从左向右拖动光标，以选择完全位于矩形区域中的对象（自左向右方向，即从第 1 点至第 2 点方向进行选择）。采用“窗口选择”方式选择对象时要将矩形框覆盖所有想选择的图形。

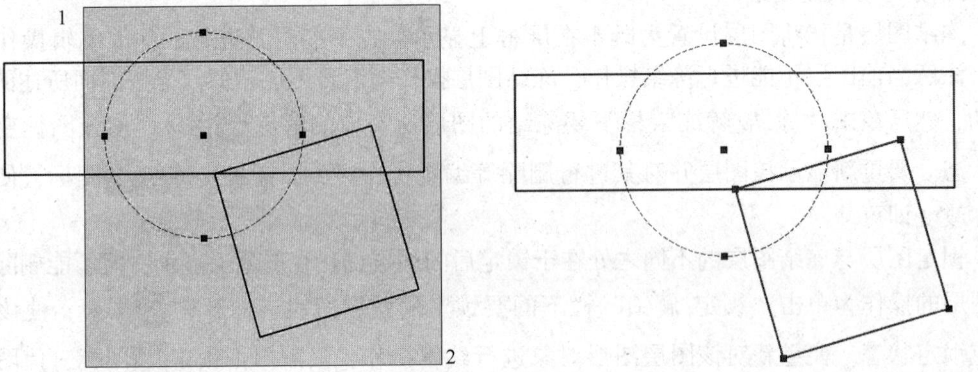

图 14-42　窗口选择

2. 窗交选择

如图 14-43 所示，从右向左拖动光标，以选择矩形窗口包围的或相交的对象（自右向左方向，即从第 1 点至第 2 点方向进行选择）。

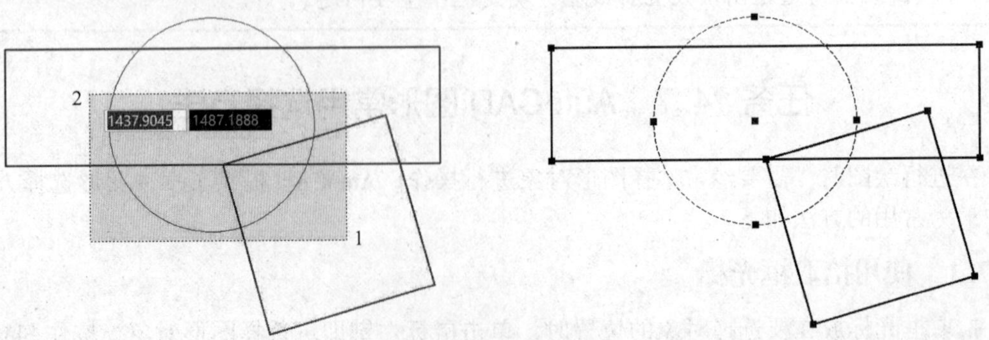

图 14-43　窗交选择

任务 14.8 常用 AutoCAD 绘图快速操作技巧

在进行绘图操作时，有一些技巧是个人在实践中总结出来的，本任务将介绍一些实用的 AutoCAD 操作技巧，这些技巧对绘图大有益处。熟能生巧，多加练习是最为有效的学习方法。

14.8.1 图形线型快速修改

AutoCAD 图形线型是由虚线、点和空格组成的重复图案，显示为直线或曲线。可以通过图层将线型指定给对象，也可以不依赖图层而明确指定线型。在工程开始时加载工程所需的线型，以便在需要时使用。

1. 加载线型

加载线型的步骤如下。

（1）依次单击【常用】选项卡→【特性】面板→【线型】。

（2）在【线型】下拉列表中，单击【其他】。然后，在“选择线型”对话框中，单击【加载】。

（3）在“加载或重载线型”对话框中，选择一种线型。单击【确定】。

如果未列出所需线型，可单击【文件】。在“选择线型文件”对话框中，选择一个要列出其线型的文件，然后单击该文件。此对话框将显示存储在选定的 lin 文件中的线型定义，选择一种线型，单击【确定】。

可以按住 Ctrl 键来选择多个线型，或者按住 Shift 键来选择一个范围内的线型。

单击【确定】。加载线型如图 14-44 所示。

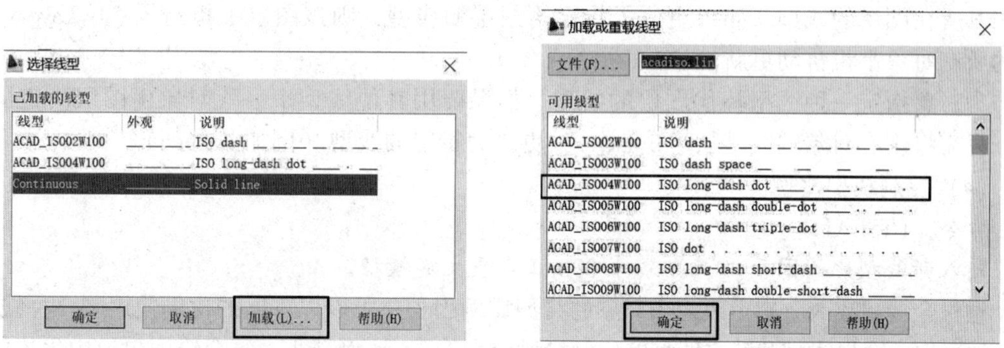

（a）　　　　（b）

图 14-44　加载线型

2. 设定和更改当前线型

所有对象都是使用当前线型（显示在【特性】工具栏上的【线型】控件中）创建的。可以使用【线型】控件设定当前的线型。如果将当前线型设定为“ByLayer”，则将使用指定给当前图层的线型来创建对象。如果将当前线型设定为“ByBlock”，则将对象编组到块中之前，将使用“Continuous”线型来创建对象。将块插入图形中时，此类对象将采用当前线型设置。如果不希望当前线型成为指定给当前图层的线型，则可以明确指定其他线型。AutoCAD 软件中某些对象（文字、点、视口、图案填充和块）不显示线型。

(1) 为全部新图形对象设定线型的步骤如下。

① 依次单击【常用】选项卡→【特性】面板→【线型】。

② 在【线型】下拉列表中，单击【其他】→在“线型管理器”对话框中，单击【加载】。可以按住 Ctrl 键来选择多个线型，或者按住 Shift 键来选择一个范围内的线型。

③ 在“线型管理器”对话框中，执行以下操作之一。

选择一个线型并选择【当前】，以该线型绘制所有的新对象。

选择【ByLayer】以使用指定给当前图层的线型来绘制新对象。

选择【ByBlock】以使用当前线型来绘制新对象，直到将这些对象编组为块。将块插入图形中时，块中的对象将采用当前线型设置。

④ 单击【确定】。

(2) 更改指定给图层的线型的步骤如下。

① 依次单击【常用】选项卡→【图层】面板→【图层特性管理器】。

② 在“图层特性管理器”中，选择要更改的线型名称。

③ 在“选择线型”对话框中，选择所需的线型，单击【确定】。

④ 再次单击【确定】。

(3) 更改图形对象的线型方法如下。

选择要更改其线型的对象。依次单击【常用】选项卡→【选项板】面板→【特性】。在【特性】选项板上，单击【线型】控件，选择要指定给对象的线型。可以通过以下三种方案更改对象的线型。

将对象重新指定给具有不同线型的其他图层。如果将对象的线型设定为“ByLayer”，并将该对象重新指定给其他图层，则该对象将采用新图层的线型。

更改指定给该对象所在图层的线型。如果将对象的线型设定为“ByLayer”，则该对象将采用其所在图层的线型。如果更改了指定给图层的线型，则该图层上指定了“ByLayer”线型的所有对象都将自动更新。

为对象指定一种线型替代图层的线型。如果要用其他线型来替代对象由图层决定的线型，只需将现有对象的线型从“ByLayer”更改为特定的线型（例如 Dashed）。

(4) 控制线型比例。

命令：LTSCALE

输入新线型比例因子<1.000>：1.000 正在重生成模型。

通过全局更改或分别更改每个对象的线型比例因子，可以以不同的比例使用同一种线型。默认情况下，全局线型和独立线型的比例均设定为 1.0。比例越小，每个绘图单位中生成的重复图案数越多。例如，若设定为 1 时，每个图形单位在线型定义中显示两个重复图案。设定为 0.5 时，每个图形单位在线型定义中显示四个重复图案。对于太短的线段，如不能显示一条虚线的直线，为了看到合适比例的线型，要根据全局比例设置合理的线型比例，可以使用更大的线型比例。不同全局比例因子显示效果如图 14-45 所示。

“全局比例因子”的值控制 LTSCALE 系统变量，该系统变量可以全局更改新建对象和现有对象的线型比例。“当前对象缩放比例”的值控制 CELTSCALE 系统变量，该系统变量可以设定新建对象的线型比例。将 LTSCALE 的值与 CELTSCALE 的值相乘可以获得显示的线型比例，可以轻松地分别更改或全局更改图形中的线型比例。在布局中，可以通过 PSLTSCALE 调节各个视口中的线型比例。

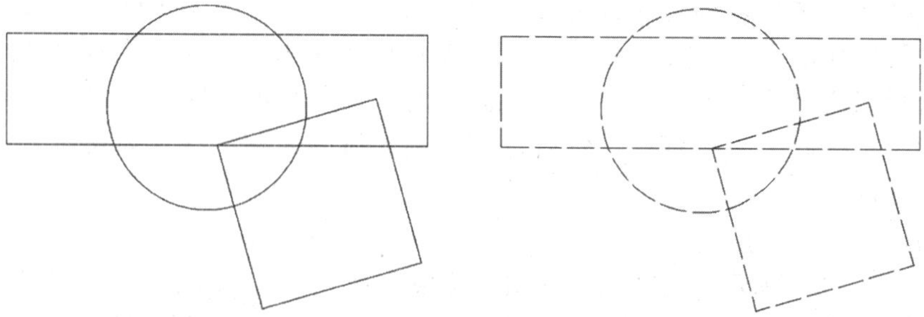

（a）LTSCALE=1.0　　（b）LTSCALE=10.0

图 14-45　不同全局比例因子显示效果

14. 8. 2　快速准确定位复制方法

要将图形准确复制到指定位置，可以使用“带基点复制”的功能，即将选定的对象与指定的基点一起复制到剪贴板，然后将图形准确粘贴到指定位置。将图形准确复制到指定位置如图 14-46 所示。具体操作方法如下。

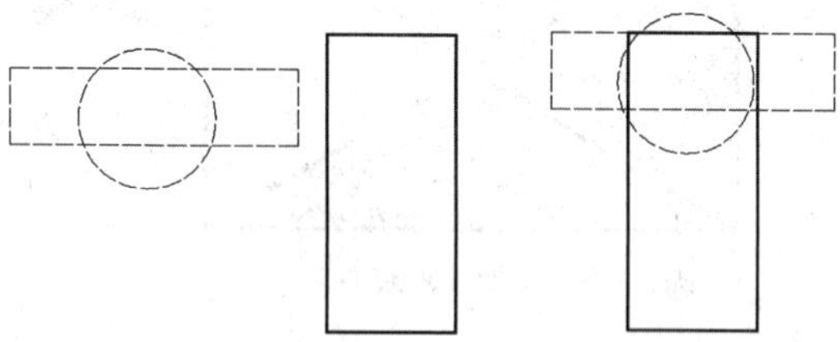

（a）　（b）

图 14-46　将图形准确复制到指定位置

菜单方法：打开【编辑】下拉菜单→【带基点复制】。

快捷菜单方法：终止所有活动命令，按 Esc 键在绘图区域中单击鼠标右键，然后从剪贴板中选择“带基点复制”。

14. 8. 3　图形面积和长度快速计算方法

1. 使用 AREA 功能命令

计算对象或所定义区域的面积和周长，可以使用 AREA 命令。操作步骤是【工具】下拉菜单→【查询】→【面积】。

命令：AREA

指定第一个角点或[对象(O)/增加面积(A)/减少面积(S)] <对象(O)>:

选择对象：

面积=1 707 409. 6105，周长=5 650. 668 7

其中：

(1)“对象”选项。

可以计算选定对象的面积和周长。可以计算圆、椭圆、样条曲线、多段线、多边形、面域和三维实体的面积。如果选择开放的多段线，将假设从最后一点到第一点绘制了一条直线，然后计算所围区域中的面积。计算周长时，将忽略该直线的长度；计算面积和周长时将使用宽多段线的中心线。

(2)“增加面积”选项。

如图 14-47 (a) 所示，打开“加”模式后，继续定义新区域时应保持总面积平衡。可以使用“增加面积”选项计算各个定义区域和对象的面积、周长，以及所有定义区域和对象的总面积。也可以进行选择以指定点，将显示第一个指定的点与光标之间的线。要加上的面积以绿色亮显，按 Enter 键，AREA 将计算面积和周长，并返回打开“加”模式后通过选择点或对象定义的所有区域的总面积。如果不闭合这个多边形，将假设从最后一点到第一点绘制了一条直线，然后计算所围区域的面积。计算周长时，该直线的长度也会计算在内。

(3)“减少面积”选项。

如图 14-47（b）所示，与“增加面积”选项类似，减少面积和周长，可以使用“减少面积”选项从总面积中减去指定面积。也可以通过点指定要减去的区域，将显示第一个指定的点与光标之间的线。指定要减去的面积以红色亮显。

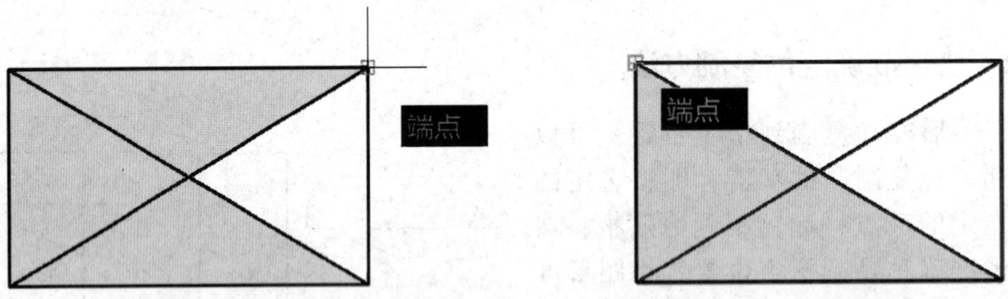

（a）增加面积　　（b）减少面积

图 14-47　AREA 命令

计算由指定点所定义的面积和周长。所有点必须都在与当前用户坐标系（UCS）的 *XY* 平面平行的平面上。将显示第一个指定的点与光标之间的橡皮线。指定第二个点后，将显示具有绿色填充的直线段和多段线。继续指定点以定义多边形，然后按 Enter 键完成周长定义。如果不闭合这个多边形，将假设从最后一点到第一点绘制了一条直线，然后计算所有域中的面积。计算周长时，该直线的长度也会计算在内。

2. 使用 PLINE 和 LIST 命令计算面积

可使用 PLINE 创建闭合多段线。然后选择闭合图形使用 LIST 或【特性】选项卡来查找面积，按下 F2 可以看到面积等提示。使用 PLINE 和 LIST 命令计算面积如图 14-48 所示。

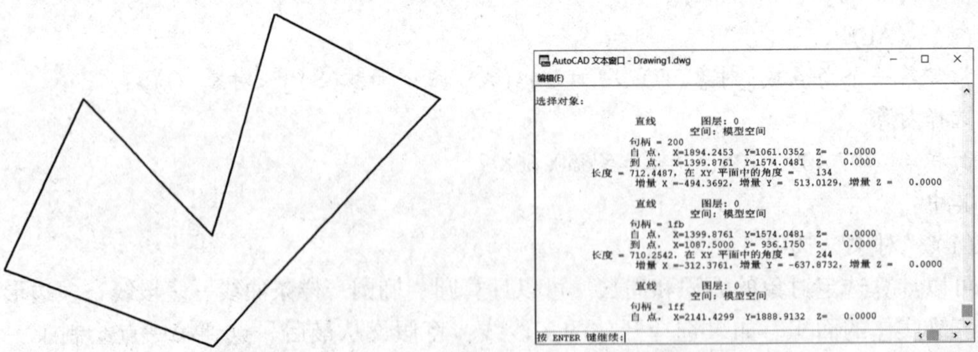

（a）　　（b）

图 14-48　使用 PLINE 和 LIST 命令计算面积

3. 使用 BOUNDARY 和 LIST 命令计算面积

使用 BOUNDARY 从封闭区域创建面域或多段线，然后使用 LIST 计算面积，按下 F2 键可以看到面积等提示。使用 BOUNDARY 和 LIST 命令计算面积如图 14-49 所示。

命令：BOUNDARY

拾取内部点：正在选择所有对象…

正在选择所有可见对象…

正在分析所选数据…

正在分析内部孤岛…

拾取内部点：

BOUNDARY 已创建 1 个多段线

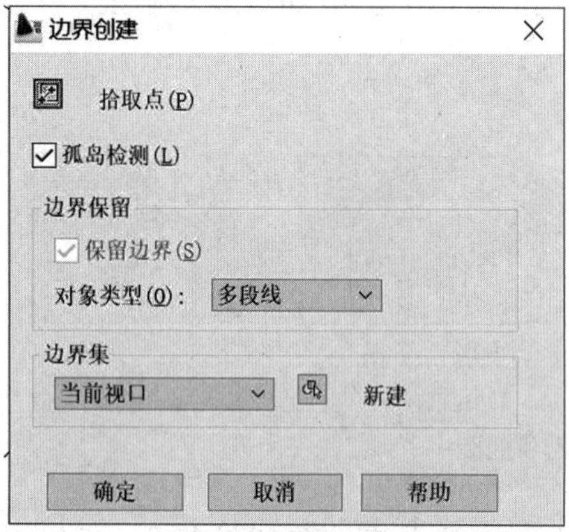

（a）

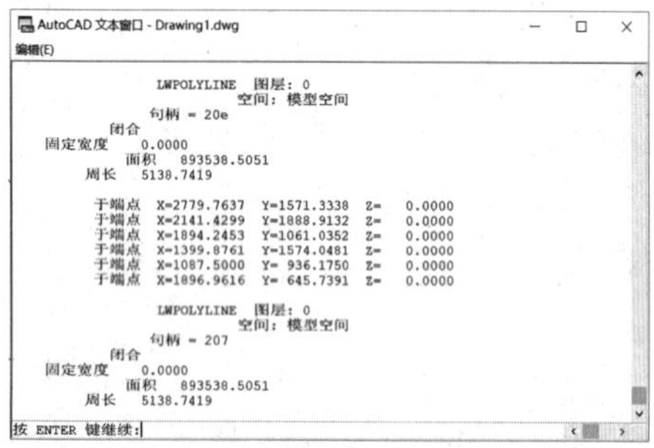

（b）

图 14-49 使用 BOUNDARY 和 LIST 命令计算面积

项目 15　AutoCAD 基本图形绘制

【情境引入】

在手工绘图中，圆弧和椭圆的画法是较难的知识点，但运用 AutoCAD 画图，一分钟就能快速准确画出来，如图 15-1 所示。

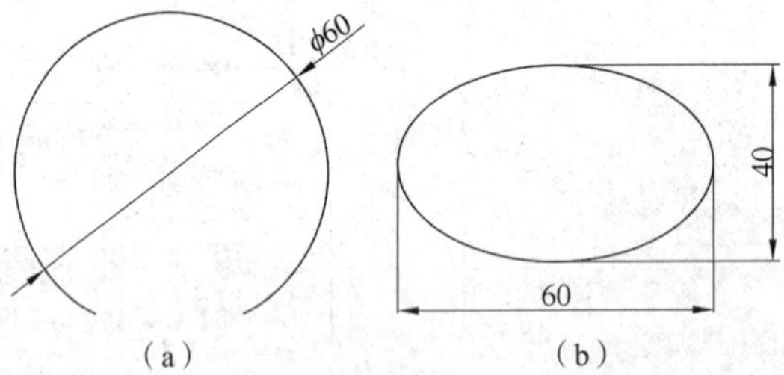

图 15-1　绘制圆弧和椭圆

本项目主要介绍使用 AutoCAD 绘制基本图形的方法和技巧，包括：直线、折线、弧线和曲线等各种线条绘制；圆形和矩形、多边形、表格等各种规则和不规则图形绘制；较为复杂的图形绘制思路和方法。AutoCAD 的绘图功能十分强大，其使用方便，用途广泛，能够应对各种图形的绘制，是工程绘图及文件制作的有力助手。

【知识链接】

任务 15.1　AutoCAD 线条绘制

AutoCAD 中的点、线（包括直线、曲线）等是最基本的图形元素。其中线的绘制包括直线与多段线、射线与构造线、弧线与椭圆弧线、样条曲线与多线等各种形式的线条。

15.1.1　点的绘制

在点、线、面三种类型的图形对象中，点无疑是 AutoCAD 中最基本的组成单位元素。点可以作为捕捉对象的节点。点的 AutoCAD 功能命令为 POINT（简写形式为 PO）。其绘制方法是在提示输入点的位置时，直接输入点的坐标或者使用鼠标选择点的位置即可。

启动 POINT 命令可以通过以下 3 种方式。

（1）打开【绘图】下拉菜单，选择命令【点】选项中的【单点】或【多点】命令。

（2）单击【绘图】工具栏上的点“·”命令图标。

（3）在命令行提示下直接输入 POINT 或 PO 命令（不能使用“点”作为命令输入）。

打开【格式】下拉菜单，选择【点样式】命令选项，就可以选择点的图案形式和图标的大小。设置点样式如图 15-2 所示。点的形状和大小也可以由系统变量 PDMODE 和 PDSIZE 控制，其中变量 PDMODE 用于设置点的显示图案形式（如果 PDMODE 的值为 1，则指定不显示任何图形），变量 PDSIZE 则用来控制图标的大小（如果 PDSIZE 设置为 0，将按绘图区域高度的 5%生成点对象）。正的 PDSIZE 值指定点图形的绝对尺寸。负值将解释为视口尺寸的百分比。修改 PDMODE 和 PDSIZE 之后，AutoCAD 下次重生成图形时改变现有点的外观。重生成图形时将重新计算所有点的尺寸。进行点绘制操作的方法如下。

命令：POINT（输入画点命令）

当前点模式：PDMODE = 99 PDSIZE = 25.0000（系统变量的 PDMODE、PDSIZE 设置数值）

指定点：(使用鼠标选择屏幕上直接指定的位置，或直接输入点的坐标 *X*，*Y*，*Z* 数值)

点的功能一般不单独使用，常常在进行线段等分时作为等分标记使用。最好先选择点的样式，要显示其位置最好不使用“.”的样式，因为该样式不易看到。利用点标记等分线段如图 15-3 所示。具体操作如下。

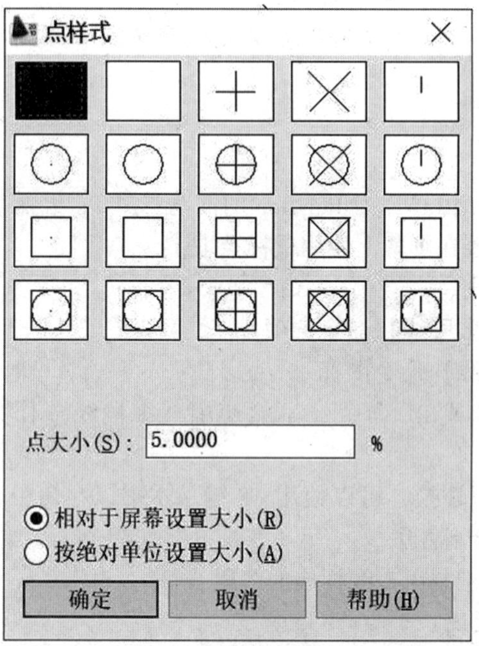

图 15-2 设置点样式

图 15-3 利用点标记等分线段

命令：DIVIDE（打开【绘图】下拉菜单，选择【点】命令选项，再选择【定数等分或定距等分】）

选择要定数等分的对象：

输入线段数目或［块（B）］：4

15.1.2 直线与多段线绘制

1. 绘制直线

直线的 AutoCAD 功能命令为 LINE（简写形式为 L），绘制直线可通过直接输入端点坐标（*X*，*Y*）或直接在屏幕上使用鼠标点取。可以绘制一系列连续的直线段，但每条直线段都是一个独立的对象，按 ENTER 键结束命令。

启动 LINE 命令可以通过以下 3 种方式。

(1) 打开【绘图】下拉菜单，选择【直线】命令选项。

(2) 单击【绘图】工具栏上的【直线】命令图标。

(3) 在命令行提示下直接输入 LINE 或 L 命令，绘制直线如图 15-4 所示。

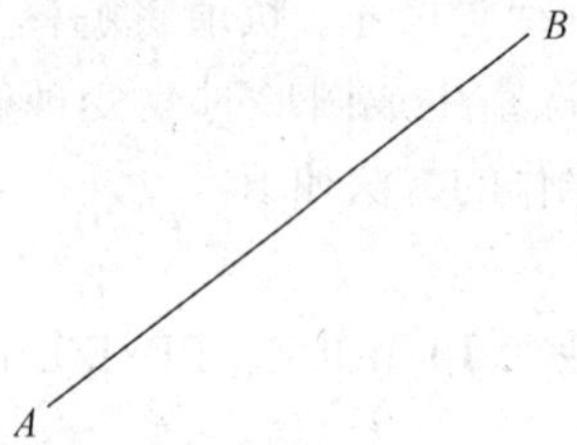

图 15-4　绘制直线

要绘制斜线、水平和垂直的直线，可以结合使用“F8”按键。反复按下“F8”键即可在斜线与水平或垂直方向之间切换。

特别说明：在绘制图形时，图形的端点定位一般采用在屏幕上捕捉直接点取其位置，或输入相对坐标数值进行定位，通常不直接输入其坐标数值 (X, Y) 或 (X, Y, Z)，因为使用坐标数值比较烦琐。本书后面的表述同此。

命令：LINE（输入绘制直线命令）

指定第一点：175，125（指定直线起点 A 或输入端点坐标）

指定下一点或［放弃（U）］：275，185（按下“F8”后指定直线终点 B 或输入端点坐标 275，185）

指定下一点或［放弃（U）］：（回车）

2. 绘制多段线

多段线的 AutoCAD 功能命令为 PLINE（PLINE 为 Polyline 的简写形式），绘制多段线同样可通过直接输入端点坐标 (X, Y) 或直接在屏幕上使用鼠标点取。

启动 PLINE 命令可以通过以下 3 种方式。

(1) 打开【绘图】下拉菜单，选择【多段线】命令选项。

(2) 单击【绘图】工具栏上的【多段线】命令图标。

(3) 在命令行提示下直接输入 PLINE 或 PL 命令（不能使用“多段线”作为命令输入）。

绘制时要在斜线、水平和垂直之间进行切换，可以使用 F8 键。本书以在命令行直接输入 PLINE 或 PL 命令为例，说明多段线的绘制方法。

① 如图 15-5 (a) 所示，使用 PLINE 绘制由直线构成的多段线。

命令：PLINE（绘制由直线构成的多段线）

指定起点：10，150（确定起点 A 位置）

当前线宽为 0.0000

指定下一个点或［圆弧(A)/半宽(H)/长度(L)/放弃(U)/宽度(W)］：10，95（依次输入多段线端点的坐标或直接在屏幕上使用鼠标点取）

指定下一点或［圆弧(A)/闭合(C)/半宽(H)/长度(L)/放弃(U)/宽度(W)］：40，83（下一点 C）

指定下一点或［圆弧(A)/闭合(C)/半宽(H)/长度(L)/放弃(U)/宽度(W)］：66，133（下一点 D）

指定下一点或［圆弧(A)/闭合(C)/半宽(H)/长度(L)/放弃(U)/宽度(W)］：82，64（下一点 E）

……

指定下一点或［圆弧(A)/闭合(C)/半宽(H)/长度(L)/放弃(U)/宽度(W)］：(回车结束操作)

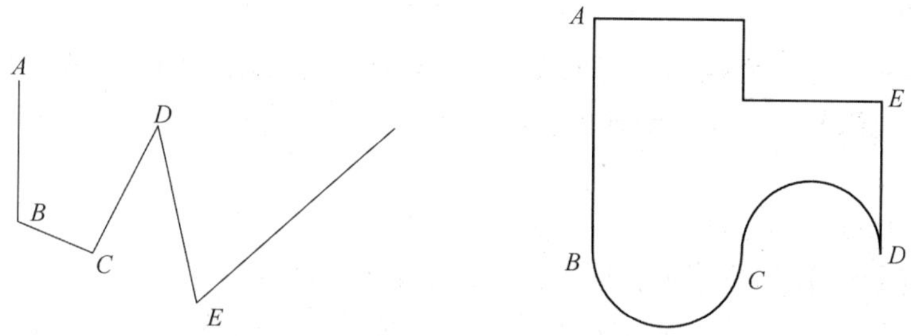

(a) 纯直线多段线　　(b) 直线与弧线混合多段线

图 15-5　绘制多段线

② 如图 15-5 (b) 所示，使用 PLINE 绘制由直线与弧线构成的多段线。

命令：PLINE (绘制由直线与弧线构成的多段线)

指定起点：7，143 (确定起点 A 位置)

当前线宽为 0.0000

指定下一个点或［圆弧(A)/半宽(H)/长度(L)/放弃 (U) 宽度(W)］：7，91 (输入多段线端点 B 的坐标或直接在屏幕上使用鼠标点取)

指定下一点或［圆弧(A)/闭合(C)/半宽(H)/长度(L)/放弃(U)/宽度(W)］：A (输入 A 绘制圆弧段造型)

指定圆弧的端点或［角度(A)/圆心(CE)/闭合(CL)/方向(D)/半宽(H)/直线(L)/半径 (R)/第二个点(S)/放弃(U)/宽度(W)］：41，91 (指定圆弧的第 1 个端点 C)

指定圆弧的端点或［角度(A)/圆心(CE)/闭合(CL)/方向(D)/半宽(H)/直线(L)/半径 (R) 第二个点(S)/放弃(U)/宽度(W)］73，91 (指定圆弧的第 2 个端点 D)

指定圆弧的端点或［角度(A)/圆心(CE)/闭合(CL)/方向(D)/半宽(H)/直线(L)/半径 (R)/第二个点(S)/放弃(U)/宽度(W)］：L (输入 L 切换回绘制直线段造型)

指定下一点或［圆弧(A)/闭合(C)/半宽(H)/长度(L)/放弃(U)/宽度(W)］：73，125 (下一点 E)

指定下一点或［圆弧(A)/闭合(C)/半宽(H)/长度(L)/放弃(U)/宽度 (W)］：(下一点)

……

指定下一点或［圆弧(A)/闭合(C)/半宽(H)/长度(L)/放弃(U)/宽度(W)］：C (闭合多段线)

注意事项：

直线命令是 AutoCAD 使用最频繁的命令之一，学会用快捷键对直线进行绘制、复制、偏移、镜像等操作可极大地提高绘图效率。

15.1.3 射线与构造线绘制

1. 绘制射线

射线指沿着一个方向无限延伸的直线，是主要用来定位的辅助绘图线。射线具有一个确定的起点并单向无限延伸。绘制射线的 AutoCAD 命令为 RAY，也可直接在屏幕上使用鼠标点取。

启动 RAY 命令可以通过以下 2 种方式。

(1) 打开【绘图】下拉菜单，选择【射线】命令选项。

(2) 在命令行提示下直接输入 RAY 命令（不能使用“射线”作为命令输入）。

AutoCAD 绘制一条射线并继续提示输入通过点以便创建多条射线。起点和通过点定义了射线延伸的方向，射线在此方向上延伸到显示区域的边界。按 ENTER 键结束命令。以在命令行提示下直接输入 RAY 命令为例，说明射线的绘制方法。绘制射线如图 15-6 所示。

命令：RAY（输入绘制射线命令）

指定起点：8，95（指定射线起点 A 的位置）

指定通过点：62，139（指定射线通过点的位置 B）

指定通过点：112，121（指定射线通过点的位置 C）

……

指定通过点：(回车)

2. 绘制构造线

构造线指两端方向是无限长的直线，其主要用来定位辅助绘图线，即用来定位、对齐边角点的辅助绘图线。绘制构造线的 AutoCAD 功能命令为 XLINE（简写形式为 XL），或直接在屏幕上使用鼠标点取。

启动 XLINE 命令可以通过以下 3 种方式。

(1) 打开【绘图】下拉菜单选择【构造线】命令选项。

(2) 单击【绘图】工具栏上的【构造线】命令图标。

(3) 在命令行提示下直接输入 XLINE 或 XL 命令（不能使用“构造线”作为 命令输入）。

使用两个通过点指定构造线（无限长线）的位置。以在命令行提示下直接输入 XLINE 命令为例，说明构造线的绘制方法。绘制构造线如图 15-7 所示。

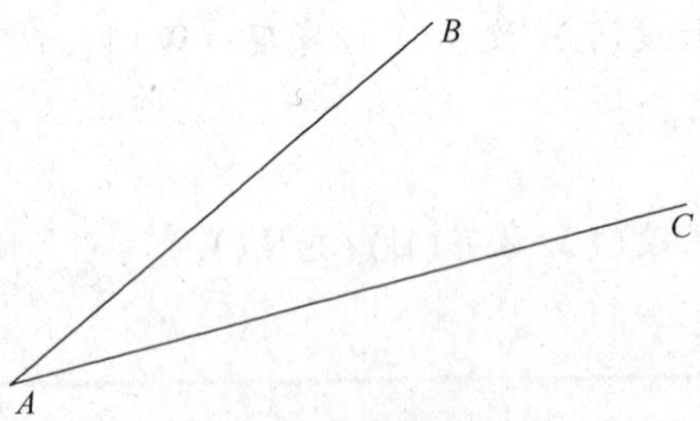

图 15-6 绘制射线

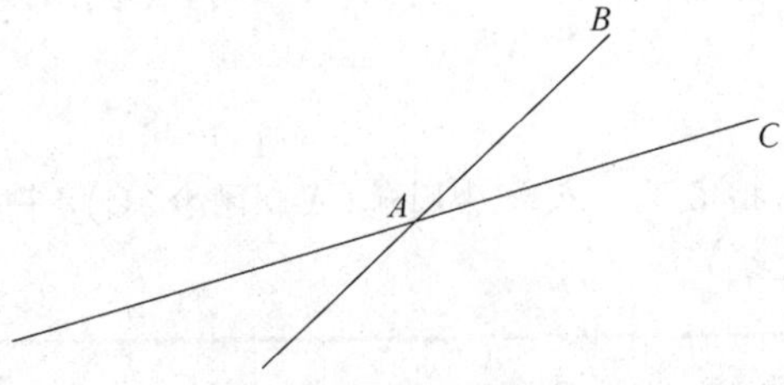

图 15-7 绘制构造线

命令：XLINE（绘制构造线）

指定点或［水平（H）/垂直（V）/角度（A）/等分（B）/偏移（O）］：8，95（指定构造直线起点 A 位置）

指定通过点：62，139（指定构造直线通过点位置 B）

指定通过点：112，121（指定下一条构造直线通过点位置 C）

指定通过点：（指定下一条构造直线通过点位置）

……

指定通过点：（回车）

15.1.4 圆弧线与椭圆弧线绘制

1. 绘制圆弧线

圆弧线可以通过输入端点坐标进行绘制，也可以直接在屏幕上使用鼠标点取。绘制圆弧线的 AutoCAD 功能命令为 ARC（简写形式为 A）。在进行绘制时，如果未指定点就按 ENTER 键，AutoCAD 将把最后绘制的直线或圆弧的端点作为起点，并立即提示指定新圆弧的端点。这将创建一条与最后绘制的直线、圆弧或多段线相切的圆弧。

启动 ARC 命令可以通过以下 3 种方式。

（1）打开【绘图】下拉菜单，选择【圆弧】命令选项。

（2）单击【绘图】工具栏上的【圆弧】命令图标。

（3）在命令行提示下直接输入 ARC 或 A 命令（不能使用“圆弧”作为命令输入）。以在命令行提示下直接输入 ARC 命令为例，说明弧线的绘制方法。绘制圆弧线如图 15-8 所示。

命令：ARC（绘制圆弧线）

指定圆弧的起点或［圆心（C）］：20，102（指定起始点位置 A）

指定圆弧的第二个点或［圆心（C）/端点（E）］：61，139（指定中间点位置 B）

指定圆弧的端点：81，109，回车（确定圆弧终点 C）

2. 绘制椭圆弧线

绘制椭圆弧线的 AutoCAD 功能命令为 ELLIPSE（简写形式为 EL），与绘制椭圆是一致的，只是在执行 ELLIPSE 命令后再输入 A 进行椭圆弧线绘制。一般根据两个端点定义椭圆弧的第 1 条轴，第 1 条轴的角度确定了整个椭圆的角度。第 1 条轴既可定义椭圆的长轴也可定义椭圆的短轴。

启动 ELLIPSE 命令可以通过以下 3 种方式。

（1）打开【绘图】下拉菜单，选择【椭圆】命令选项，再执行子命令选项【圆弧】。

（2）单击【绘图】工具栏上的【椭圆弧】命令图标。

（3）在命令行提示下直接输入 ELLIPSE 或 EL 命令后再输入 A（不能使用“椭圆弧”作为命令输入）。

以在命令行提示下直接输入 ELLIPSE 命令为例，说明椭圆弧线的绘制方法。绘制椭圆弧线如图 15-9 所示。

命令：ELLIPSE（绘制椭圆弧线）

指定椭圆的轴端点或［圆弧（A）/中心点（C）］：A（输入 A 绘制椭圆弧线）

指定椭圆弧的轴端点或［中心点（C）］：（指定椭圆轴线端点 A）

指定轴的另一个端点：50（指定另外一个椭圆轴线端点 B 也可以输入轴的长度）

指定另一条半轴长度或［旋转（R）］：30（指定与另外一个椭圆轴线距离 OC 或输入轴的长度）

指定起始角度或［参数（P）］：0（指定起始角度位置D）

指定终止角度或［参数（P）/角度（I）］：270（指定终点角度位置E），（角度的起始边默认为椭圆的长轴）

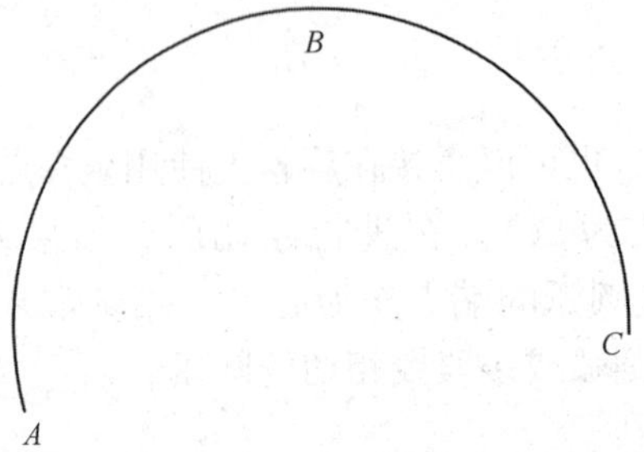

图 15-8　绘制圆弧线

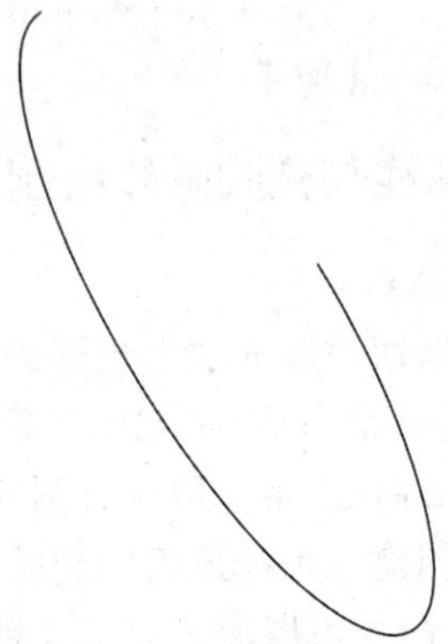

图 15-9　绘制椭圆弧线

15.1.5　样条曲线与多线绘制

1. 绘制样条曲线

样条曲线是一种拟合不同位置点的曲线，绘制样条曲线的 AutoCAD 功能命令为 SPLINE（简写形式为 SPL）。样条曲线与使用 ARC 命令连续绘制的多段曲线图形不同之处：样条曲线是一体的，且曲线光滑流畅，而使用 ARC 命令连续绘制的多段曲线图形则是由几段组成的。SPLINE 可在指定的允差范围内把光滑的曲线拟合成一系列的点。AutoCAD 使用 NURBS（非均匀有理 B 样条曲线）数学方法，其存储和定义了一类曲线和曲面数据。

启动 SPLINE 命令可以通过以下 3 种方式。

（1）打开【绘图】下拉菜单，选择【样条曲线】命令选项。

（2）单击【绘图】工具栏上的【样条曲线】命令图标。

（3）在命令行提示下直接输入 SPLINE 或 SPL 命令（不能使用“样条曲线”作为命令输入）。

以在命令行提示下直接输入 SPLINE 命令为例，说明样条曲线的绘制方法。绘制样条曲线如图 15-10 所示。

命令：SPLINE（输入绘制样条曲线命令）

当前设置：方式=拟合 节点=弦

指定第一个点或［方式（M）/节点（K）/对象（O）］：（指定样条曲线的第 1 点A或选择对象进行样条曲线转换）

输入下一个点或［起点切向（T）/公差（L）］：（指定下一点B位置或选择备选项）

输入下一个点或［端点相切（T）/公差（L）/放弃（U）/闭合（C）］：（指定下一点C位置或选择备选项）

输入下一个点或［端点相切（T）/公差（L）/放弃（U）/闭合（C）］：（指定下一点D位置或选择备选项）

输入下一个点或［端点相切（T）/公差（L）/放弃（U）/闭合（C）］：（回车）

指定切向：(回车)

……

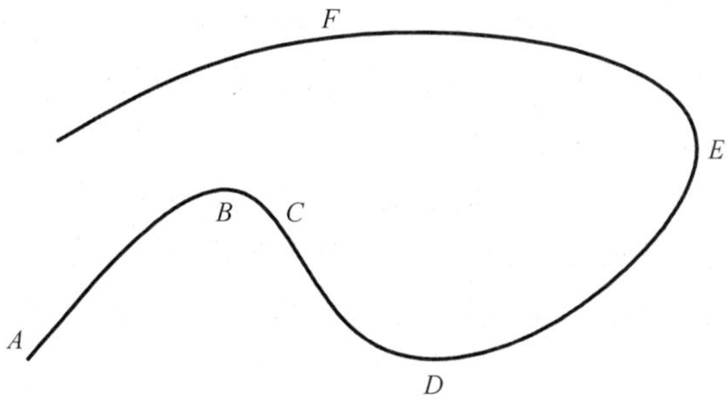

图 15-10 绘制样条曲线

2. 绘制多线

多线也称多重平行线，指由两条相互平行的直线构成的线型。绘制多线的 AutoCAD 绘制命令为 MLINE（简写形式为 ML）。其中的比例因子参数 Scale 是控制多线的全局宽度（这个比例不影响线型比例），该比例基于在多线样式定义中建立的宽度。比例因子为 2 绘制多线时，其宽度是样式定义的宽度的两倍。负比例因子将翻转偏移线的次序，即当从左至右绘制多线时，偏移最小的多线绘制在顶部。负比例因子的绝对值也会影响比例。比例因子为 0 将使多线变为单一的直线。

启动 MLINE 命令可以通过以下 3 种方式。

(1) 打开【绘图】下拉菜单，选择【多线】命令选项。

(2) 单击【绘图】工具栏上的【多线】命令图标。

(3) 在命令行提示下直接输入 MLINE 或 ML 命令（不能使用“多线”作为命令输入）。

多线的样式，打开【格式】下拉菜单，选择命令【多线样式】选项。在弹出的对话框中就可以新建多线样式、修改名称、设置特性和加载新的多线的样式等，多线样式设置如图 15-11 所示。

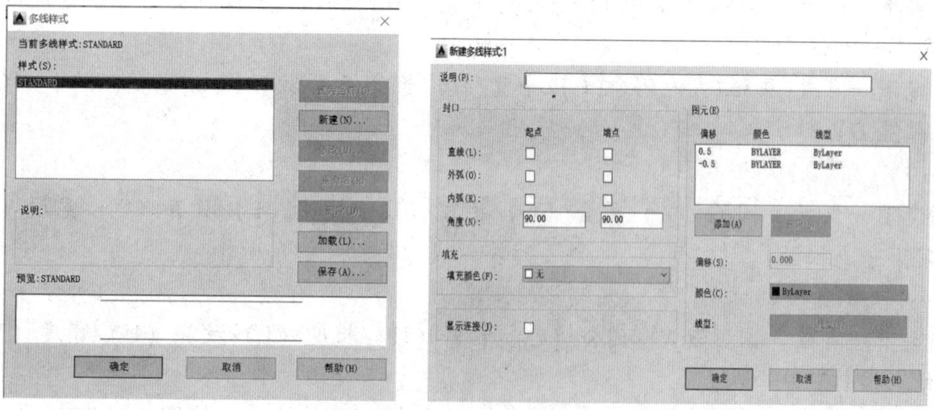

(a)　　　　　　　　(b)

图 15-11 多线样式设置

以在命令行提示下直接输入 MLINE 命令为例，说明多线的绘制方法。

命令：MLINE（绘制多线）

当前设置：对正=上，比例=20.00，样式=STANDARD

指定起点或［对正例（S）/样式（ST）］：S（输入S设置多线宽度）

输入多线比例<20.00>：120（输入多线宽度）

当前设置：对正=上，比例=120.00，样式=STANDARD

指定起点或［对正例（S）/样式（ST）］：（指定多线起点位置）

指定下一点：（指定多线下一点位置）

指定下一点或［放弃（U）］：（指定多线下一点位置）

指定下一点或［闭合（C）/放弃（U）］：（指定多线下一点位置）

指定下一点或［闭合（C）/放弃（U）］：（指定多线下一点位置）

15.1.6 其他特殊线绘制

AutoCAD 提供了绘制具有宽度的线条的功能，可以绘制等宽度和不等宽度的线条。

1. 绘制等宽度的线条

绘制等宽度的线条，可以使用 PLINE、TRACE 命令来实现，具体绘制方法如下。

（1）如图 15-12 所示，可使用 PLINE 命令绘制等宽度的线条。

命令：PLINE（使用 PLINE 命令绘制等宽度的线条）

指定起点：（指定等宽度的线条起点 A）

当前线宽为 0.0000

指定下一个点或［圆弧（A）/半宽（H）/长度（L）/放弃（U）/宽度（W）］：W（输入W设置线条宽度）

指定起点宽度<0.0000>：15（输入起点宽度）

指定端点宽度<15.0000>：15（输入端点宽度）

打开正交（快捷键 F8）

指定下一个点或［圆弧（A）/半宽（H）/长度（L）/放弃（U）/宽度（W）］：50（依次输入多段线端点坐标或直接在屏幕上使用鼠标点取 B）

指定下一点或［圆弧（A）/闭合（C）/半宽（H）/长度（L）/放弃（U）/宽度（W）］：40（指定下一点位置 C）

指定下一点或［圆弧（A）/闭合（C）/半宽（H）/长度（L）/放弃（U）/宽度（W）］：16（指定下一点位置 D）

……

指定下一点或［圆弧（A）/闭合（C）/半宽（H）/长度（L）/放弃（U）/宽度（W）］：30（指定下一点位置）

……

指定下一点或［圆弧（A）/闭合（C）/半宽（H）/长度（L）/放弃（U）/宽度（W）］：（回车结束操作）

（2）如图 15-13 所示，使用 TRACE 命令绘制等宽度的线条。使用 TRACE 命令时，只有下一个线段的终点位置确定后，上一段的线段才在屏幕上显示出来。宽线的端点在宽线的中心线上，而且总是被剪切成矩形。TRACE 自动计算连接到邻近线段的合适倒角。直到指定下一线段或按 Enter 键之后才画出每条线段。考虑到倒角的处理方式，TRACE 没有放弃选项。如果“填充”模式打开，则宽线是实心的。如果“填充”模式关闭，则只显示宽线的轮廓。

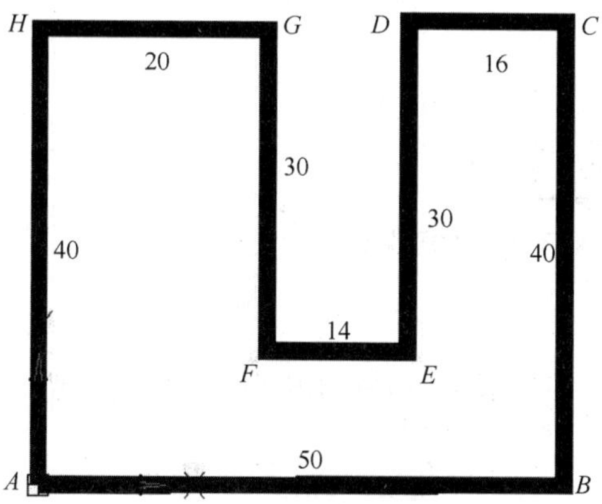

图 15-12　使用 PLINE 命令绘制等宽度的线条

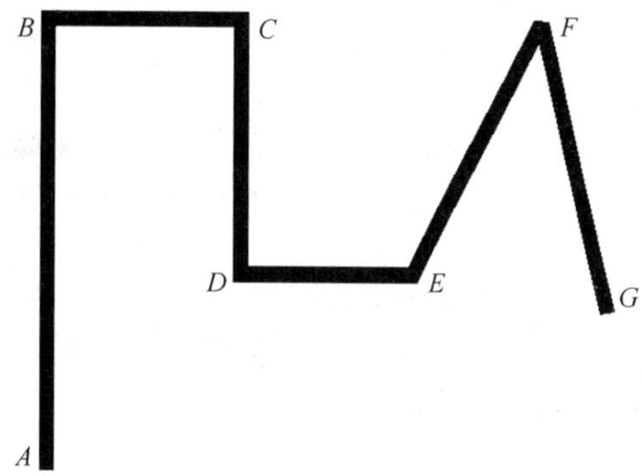

图 15-13　使用 TRACE 命令绘制等宽度的线条

命令：TRACE（使用 TRACE 绘制等宽度的线条）

指定宽线宽度<1.2000>：10

指定起点：（指定起点位置 *A*）

打开正交（快捷键 F8）

指定下一点：35（指定下一点位置 *B*）（此时，将光标移动到起点上方）

指定下一点：18（指定下一点位置 *C*）

指定下一点：22（指定下一点位置 *D*）

指定下一点：15（指定下一点位置 *E*）

指定下一点：@8，20（指定下一点位置 *F*）

指定下一点：@8，-20（指定下一点位置 *G*）

指定下一点：（回车）

2. 绘制不等宽度的线条

如图 15-14 所示，绘制不等宽度的线条，可以使用 PLINE 命令来实现，具体绘制方法如下。

命令：PLINE（使用 PLINE 命令绘制不等宽度的线条）

指定起点：（指定等宽度的线条起点 *A*）

当前线宽为 0.0000

指定下一个点或［圆弧（A）/半宽（H）/长度（L）/放弃（U）/宽度（W）］：W（输入 W，设置线条宽度）

指定起点宽度<0.0000>：15（输入起点宽度）

指定端点宽度<15.0000>：3（输入线条宽度与前面不一致）

指定下一个点或［圆弧（A）/半宽（H）/长度（L）/放弃（U）/宽度（W）］：（依次输入多段线端点坐标或直接在屏幕上使用鼠标点取 *B*）

指定下一点或［圆弧（A）/闭合（C）/半宽（H）/长度（L）/放弃（U）/宽度（W）］：W（输入 W 设置线条宽度）

指定起点宽度<3.0000>：5（输入起点宽度）

指定端点宽度<5.0000>：1（输入线条宽度与前面不一致）

指定下一点或［圆弧（A）/闭合（C）/半宽（H）/长度（L）/放弃（U）/宽度（W）］：（指定下一点位置 *C*）

指定下一点或［圆弧（A）/闭合（C）/半宽（H）/长度（L）/放弃（U）/宽度（W）］：

回车（结束操作）

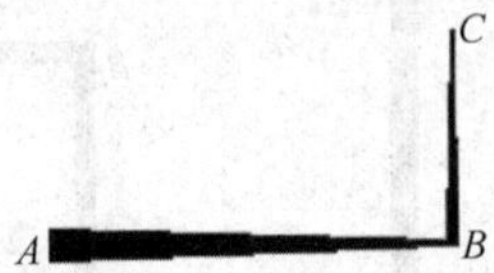

图 15-14　使用 PLINE 命令绘制不等宽度的线条

3. 带箭头的注释引线

如图 15-15 所示，绘制带箭头的注释引线，可以使用 LEADER 命令快速实现，具体绘制方法如下。

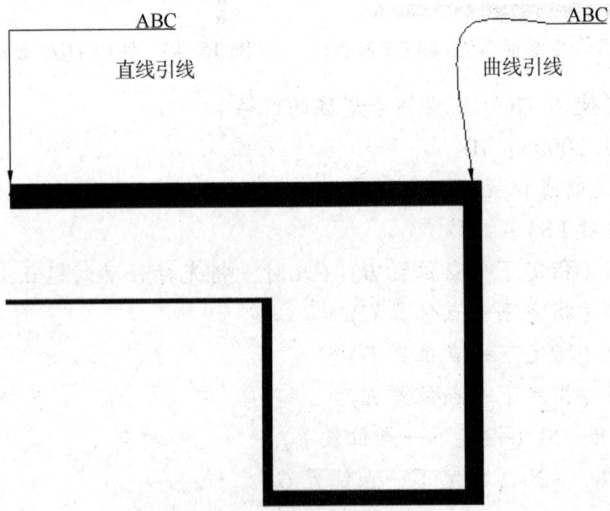

图 15-15　绘制带箭头的注释引线

（1）直线引线绘制。

命令：LEADER

指定引线起点：

指定下一点：光标拾取一点

指定下一点或［注释（A）/格式（F）/放弃（U）］<注释>：光标拾取一点（回车）

指定下一点或［注释（A）/格式（F）/放弃（U）］<注释>：（回车）

输入注释文字的第一行或 <选项>：（回车）

输入注释选项［公差（T）/副本（C）/块（B）/无（N）/多行文字（M）］<多行文字>：（回车输入文字内容“ABC”）

（2）曲线引线绘制。

命令：LEADER

指定引线起点：

指定下一点：光标拾取点

指定下一点或［注释（A）/格式（F）/放弃（U）］<注释>：F（输入 F）

输入引线格式选项［样条曲线（S）/直线（ST）/箭头（A）/无（N）］<退出>：S（输入 S）

指定下一点或［注释（A）/格式（F）/放弃（U）］<注释>：（回车）

输入注释文字的第一行或 <选项>：（回车）

输入注释选项［公差（T）/副本（C）/块（B）/无（N）/多行文字（M）］<多行文字>：（回车输入文字内容"ABC"）

任务 15.2　AutoCAD 平面图形绘制

AutoCAD 提供了一些可以直接绘制得到的基本的平面图形，包括圆形、矩形、椭圆形和正多边形等基本图形。

15.2.1　圆形和椭圆形绘制

1. 绘制圆形

绘制圆形的 AutoCAD 命令是 CIRCLE（简写形式为 C）。启动 CIRCLE 命令可以通过以下 3 种方式。

（1）打开【绘图】下拉菜单，选择【圆形】命令选项。

（2）单击【绘图】工具栏上的【圆形 ⊙】命令图标。

（3）在命令行提示下直接输入 CIRCLE 或 C 命令。

可以通过中心点或圆周上三点中的一点创建圆，还可以选择与圆相切的对象。以在命令行提示下直接输入 CIRCLE 命令为例，说明圆形的绘制方法。绘制圆形如图 15-16 所示。

命令：CIRCLE（绘制圆形）

指定圆的圆心或［三点（3P）/两点（2P）/相切、相切、半径（T）］：光标拾取点或输入圆心坐标（指定圆心点位置 O）

指定圆的半径或［直径（D）］<20.000>：25（输入圆形半径或在屏幕上直接点取）

2. 绘制椭圆形

绘制椭圆形的 AutoCAD 命令与椭圆曲线是一致的，均是 ELLIPSE（简写形式为 EL）命令。启动 ELLIPSE 命令可以通过以下 3 种方式。

（1）打开【绘图】下拉菜单，选择【椭圆形】命令选项。

（2）单击【绘图】工具栏上的【椭圆形】命令图标。

（3）在命令行提示下直接输入 ELLIPSE 或 EL 命令。

以在命令行提示下直接输入 ELLIPSE 命令为例，说明椭圆形的绘制方法。绘制椭圆形如图 15-17 所示。

命令：ELLIPSE（绘制椭圆形）

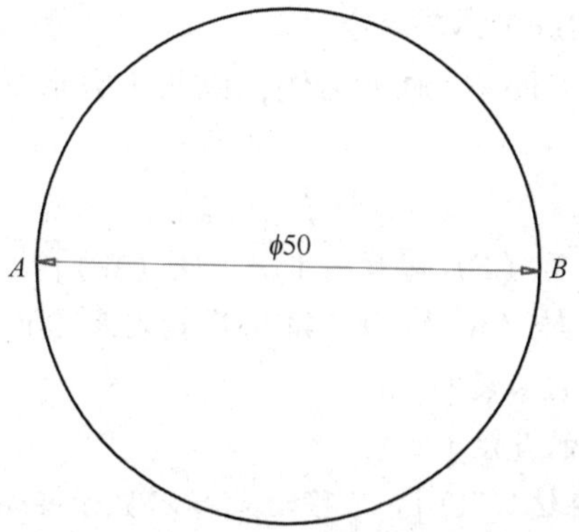

图 15-16　绘制圆形

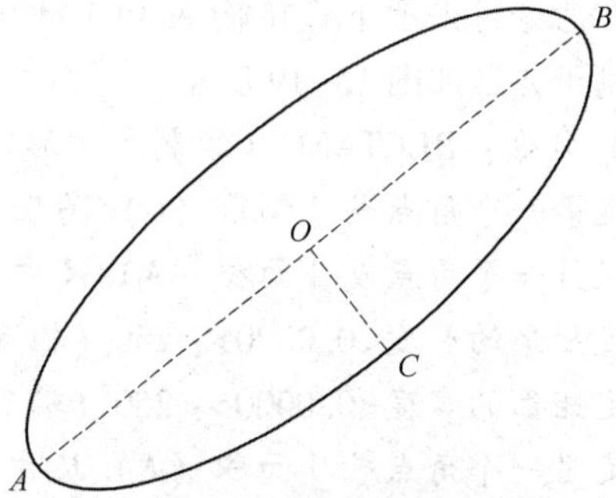

图 15-17　绘制椭圆形

指定椭圆的轴端点或［圆弧（A）/中心点（C）］：（指定一个椭圆形轴线端点A）

指定轴的另一个端点：（指定该椭圆形轴线另外一个端点B）

指定另一条半轴长度或［旋转（R）］：（指定与另外一个椭圆轴线长度距离OC）

15.2.2 矩形和正方形绘制

1. 绘制矩形

矩形是最为常见的基本图形，绘制矩形的 AutoCAD 命令是 RECTANG 或 RECTANGLE（简写形式为 REC）。当使用指定的点作为对角点创建矩形时，矩形的边与当前 UCS 的 X 轴或 Y 轴平行。

启动 RECTANG 命令可以通过以下 3 种方式。

（1）打开【绘图】下拉菜单，选择【矩形】命令选项。

（2）单击【绘图】工具栏上的【矩形】命令图标。

（3）在命令行提示下直接输入 RECTANG 或 REC 命令。

使用长和宽创建矩形时，第 2 个指定点将矩形定位在与第一角点相关的四个象限区间之一的内部。以在命令行提示下直接输入 RECTANG 命令为例，说明矩形的绘制方法。绘制矩形如图 15-18 所示。

命令：RECTANG（绘制矩形）

指定第一个角点或［倒角（C）/高程（E）/圆角（F）/厚度（T）/宽度（W）］：

指定另一个角点或［面积（A）/尺寸（D）/旋转（R）］：D（输入 D 指定以尺寸方式确定矩形形状）

指定矩形的长度<0.0000>：375（输入矩形的长度）

指定矩形的宽度<0.0000>：250（输入矩形的宽度）

指定另一个角点或［面积（A）/尺寸（D）/旋转（R）］：（移动光标以显示矩形可能的四个位置之一并单击需要的一个位置）

2. 绘制正方形

绘制正方形可以使用 AutoCAD 绘制正多边形的命令 POLYGON 或绘制矩形命令 RECTANG。启动这两种命令可以通过以下 3 种方式。

（1）打开【绘图】下拉菜单选择【正多边形】或【矩形】命令选项。

（2）单击【绘图】工具栏上的【正多边形】或【矩形】命令图标。

（3）在命令行提示下直接输入 POLYGON 或 RECTANG 命令。

以在命令行提示下直接输入 POLYGON 或 RECTANG 命令为例，说明正方形的绘制方法。绘制正方形如图 15-19 所示。

（1）命令：RECTANG（绘制正方形）

指定第一个角点或［倒角（C）/高程（E）/圆角（F）/厚度（T）/宽度（W）］：

指定另一个角点或［面积（A）/尺寸（D）/旋转（R）］：D（输入 D 指定尺寸）

指定矩形的长度<0.0000>：250（输入正方形的长度）

指定矩形的宽度<0.0000>：250（输入正方形的宽度）

指定另一个角点或［面积（A）/尺寸（D）/旋转（R）］：（移动光标以显示矩形可能的四个位置之一并单击需要的一个位置）

(2) 命令：POLYGON（绘制正方形）

输入边的数目<4>：4（输入正方形边数）

指定正多边形的中心点或［边（E）］：E（输入 E 绘制正方形）

指定边的第一个端点：(在屏幕上指定边的第一个端点位置)

指定边的第二个端点：250（输入正方形边长长度，若输入负值，则其位置相反）

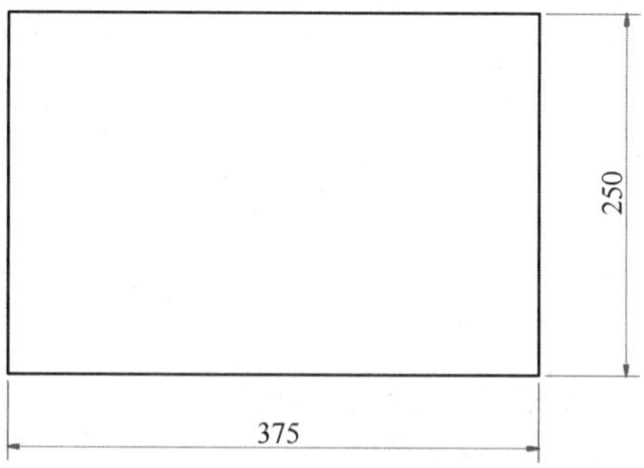

图 15-18 绘制矩形

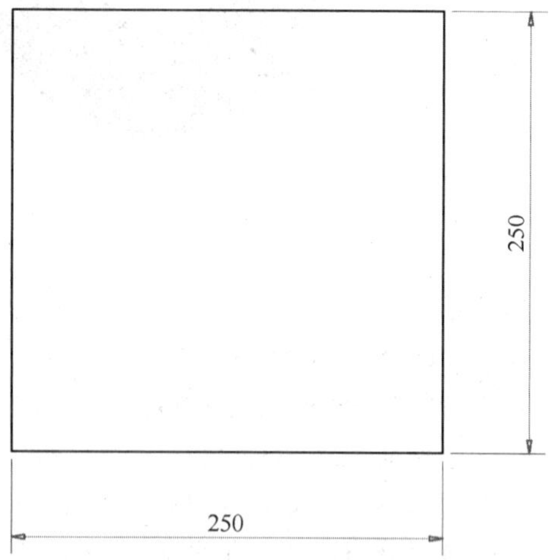

图 15-19 绘制正方形

15.2.3 圆环和螺旋线绘制

1. 绘制圆环

圆环是由宽弧线段组成的闭合多段线构成的。圆环是具有内径和外径的图形，其可以被认为是圆形的一种特例，如果指定内径为零，则圆环成为填充圆，绘制圆环的 AutoCAD 命令是 DONUT。圆环内的填充图案取决于 FILL 命令的当前设置。

启动 DONUT 命令可以通过以下 2 种方式。

(1) 打开【绘图】下拉菜单，选择【圆环】命令选项。

(2) 在命令行提示下直接输入 DONUT 命令。

如图 15-20（a）所示，AutoCAD 根据中心点来设置圆环的位置。指定内径和外径之后，AutoCAD 提示用户输入绘制圆环的位置。以在命令行提示下直接输入 DONUT 命令为例，说明圆环的绘制方法。

命令：DONUT（绘制圆环）

指定圆环的内径<0.5000>：20（输入圆环内半径）

指定圆环的外径<1.0000>：50（输入圆环外半径）

指定圆环的中心点或<退出>：(在屏幕上点取圆环的中心点位置 O)

指定圆环的中心点或<退出>：(指定下一个圆环的中心点位置)

指定圆环的中心点或<退出>：(回车)

如图 15-20（b）所示，若先将填充（FILL）命令关闭，再绘制圆环，则圆环以线框显示。

(1) 关闭填充命令。

命令：FILL（填充控制命令）

输入模式［开（ON）/关（OFF）］<开>：OFF（输入 OFF 关闭填充）

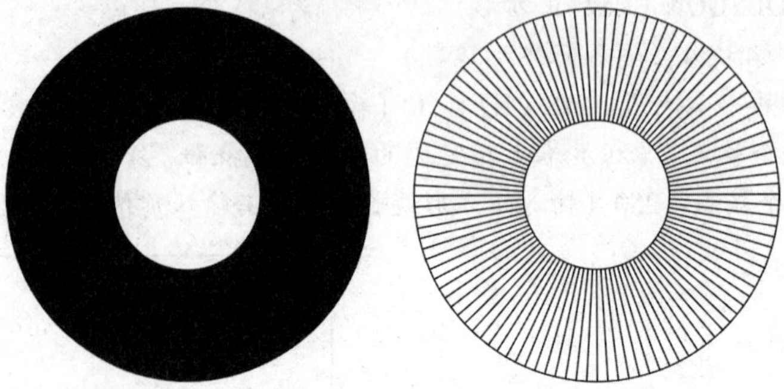

（a）圆环以面显示　　（b）圆环以线框显示

图 15-20　绘制圆环

（2）绘制圆环。

命令：DONUT（绘制圆环）

指定圆环的内径<10. 5000>：20（输入圆环内半径）

指定圆环的外径<15. 0000>：50（输入圆环外半径）

指定圆环的中心点或 <退出>：（在屏幕上点取圆环的中心点位置 O）

指定圆环的中心点或 <退出>：（指定下一个圆环的中心点位置）

……

指定圆环的中心点或 <退出>：（回车）

注意事项：

重新打开 AutoCAD 时，圆有时会显示为多边形，此时在命令栏输入 Re 命令，就会显示为圆。

2. 绘制螺旋

螺旋就是开口的二维线。绘制螺旋的 AutoCAD 命令是 HELIX。

如果指定一个值同时作为底面半径和顶面半径，将创建圆柱形螺旋。默认情况下，为顶面半径和底面半径设置的值相同。不能指定 0 来同时作为底面半径和顶面半径。如果指定不同的值作为顶面半径和底面半径，将创建圆锥形螺旋。如果指定的高度值为 0，则将创建扁平的二维螺旋。

启动 HELIX 命令可以通过以下 2 种方式。

（1）打开【绘图】下拉菜单，选择【螺旋】命令选项。

（2）在命令行提示下直接输入 HELIX 命令。

如图 15-21 所示，以在命令行提示下直接输入 HELIX 命令为例，说明二维螺旋的绘制方法。

命令：HELIX（绘制二维螺旋）

圈数 = 3. 0000 扭曲 = CCW

指定底面的中心点：

指定底面半径或［直径（D）］<14. 3880>：15

指定顶面半径或［直径（D）］<15. 0000>：50

指定螺旋高度或［轴端点（A）/圈数（T）/圈高（H）/扭曲（W）］<40.2430>：T（输入T设置螺旋圈数）

输入圈数<3.0000>：6

指定螺旋高度或［轴端点（A）/圈数（T）/圈高（H）/扭曲（W）］<40.2430>：H（输入H指定的高度值）

指定圈间距<13.4143>：0（指定的高度值为0，则将创建扁平的二维螺旋）：（回车）

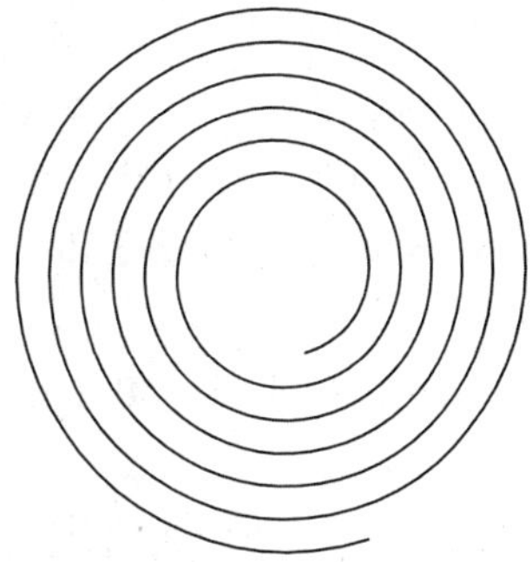

图15-21　绘制二维螺旋

15.2.4　正多边形绘制

正多边形也称等边多边形。绘制正多边形的AutoCAD命令是POLYGON，可以绘制包括正方形、等边六边形等图形。当正多边形边数无限大时，其形状逼近圆形。正多边形是一种多段线对象，AutoCAD以零宽度绘制多段线。可以使用PEDIT命令修改这些值。

启动POLYGON命令可以通过以下3种方式。

（1）打开【绘图】下拉菜单，选择【正多边形】命令选项。

（2）单击【绘图】工具栏上的【正多边形】命令图标。

（3）在命令行提示下直接输入POLYGON命令。

以在命令行提示下直接输入POLYGON命令为例，说明等边多边形的绘制方法。

①如图15-22所示，以内接于圆确定等边多边形，内接于圆是指定正多边形外接圆的半径，正多边形的所有顶点都在此圆周上。

命令：POLYGON（绘制等边多边形）

输入边的数目<4>：6（输入等边多边形的边数）

指定正多边形的中心点或［边（E）］：（指定等边多边形中心点位置O）

输入选项［内接于圆（I）/外切于圆（C）］<I>：I（输入I以内接于圆确定等边多边形）

指定圆的半径：60（指定圆半径）

②如图15-23所示，以外切于圆确定等边多边形，外切于圆是指定从正多边形中心点到各边中点的距离。

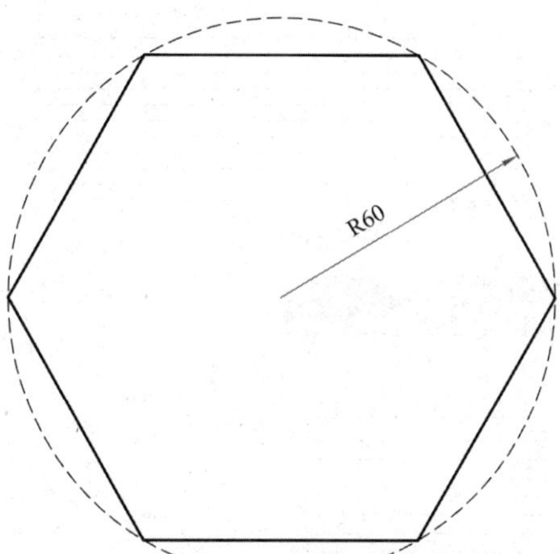

图15-22　使用内接于圆确定等边多边形

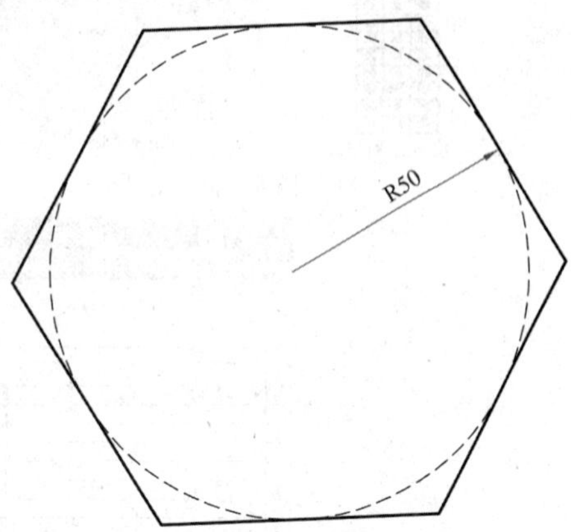

图15-23　使用外切于圆确定等边多边形

命令：POLYGON（绘制等边多边形）

输入边的数目<4>：6（输入等边多边形的边数）

指定正多边形的中心点或［边（E）］：（指定等边多边形中心点位置 O）

输入选项［内接于圆（I）/外切于圆（C）］<I>：C（输入 C 以外切于圆确定等边多边形）

指定圆的半径：50（指定圆半径）

任务 15.3　常见 AutoCAD 表格图形快速绘制

AutoCAD 提供了多种方法绘制表格。一般可以通过以下两种方法完成表格绘制，即表格功能命令及组合功能命令两种方法。

15.3.1　利用表格功能命令绘制表格

利用表格功能命令绘制表格的方法是使用 TABLE 等 AutoCAD 命令进行绘制。

启动表格功能命令可以通过以下 3 种方式。

（1）打开【绘图】下拉菜单，选择【表格】命令选项。

（2）单击【绘图】工具栏上的【表格 ▦】命令图标。

（3）在命令行提示下直接输入 TABLE 命令。

以在命令行提示下直接输入 TABLE 命令为例，说明表格的绘制方法。

①如图 15-24（a）所示，执行 TABLE 功能命令后，弹出“插入表格”对话框，设置相关的数值，包括表格的列数、列宽、行数、行高、单元样式等各种参数。

②如图 15-24（b）所示，单击【确定】后，要求在屏幕上指定表格位置，单击表格放置位置后要求输入表格标题栏文字内容，然后单击【确定】得到表格。

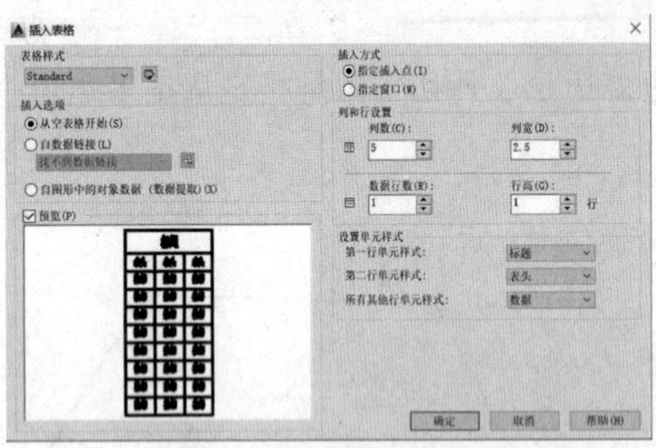

（a）“插入表格”对话框

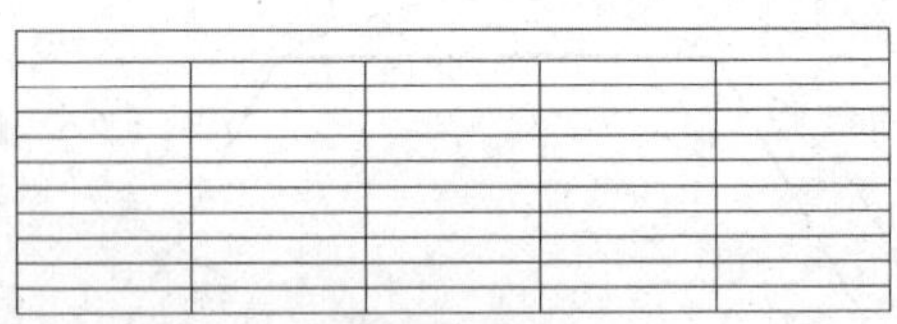

（b）所绘制的表格

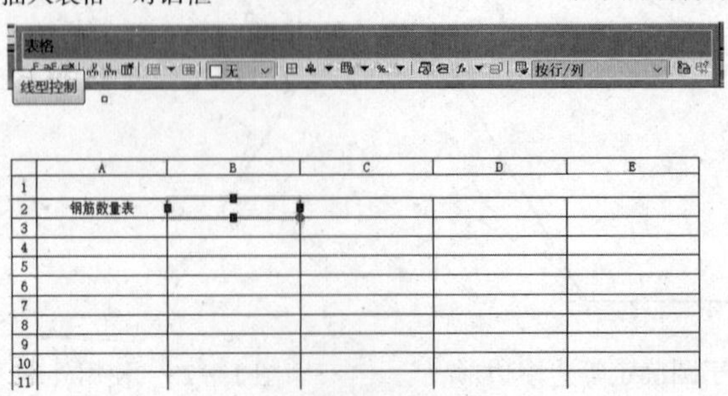

（c）标注文字

图 15-24　绘制表格

③如图 15-24（c）所示，单击表格任意单元格，该单元格显示黄色，可以输入文字内容。

④如图 15-25 所示，在“表格样式”对话框中，可以单击【修改】，在弹出的“修改表格样式”对话框中对表格进行修改。

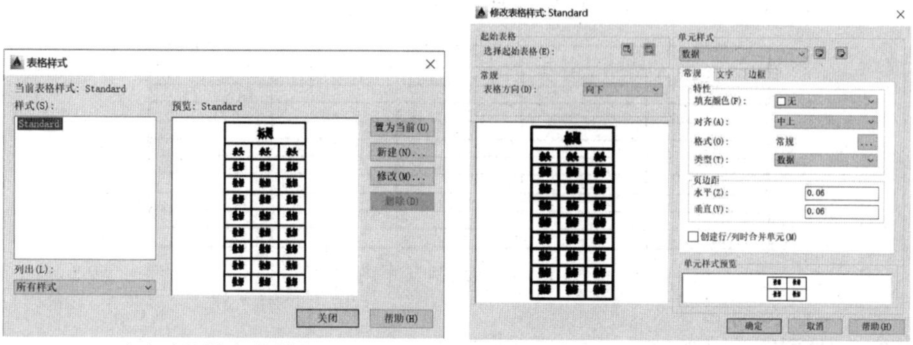

（a）表格样式对话框　　（b）修改表格样式对话框

图 15-25　修改表格样式

15.3.2　利用组合功能命令绘制表格

利用组合功能命令绘制表格的方法是使用 LINE（或 PLINE）、OFFSET、TRIM 及 MOVE、TEXT、MTEXT、SCALE 等 AutoCAD 命令进行绘制（注：其中文字标注 MTEXT 等编辑命令的使用方法参考后面任务的介绍）。

（1）先使用 LINE 命令绘制水平和竖直方向的表格定位线。再按表格宽度、高度要求使用 OFFSET/TRIM 等进行偏移、修剪等。绘制表格线条如图 15-26 所示。

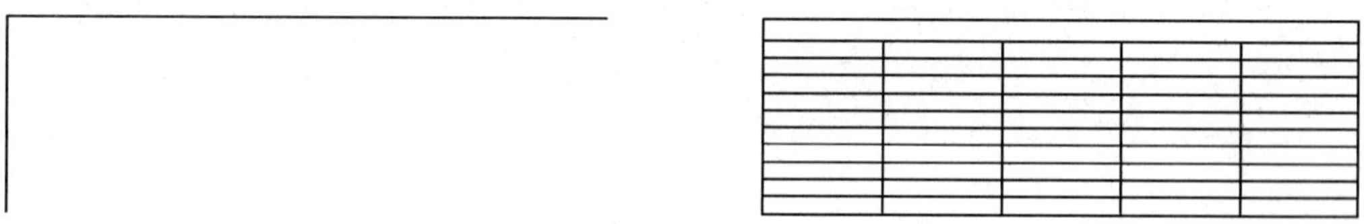

（a）　　（b）

图 15-26　绘制表格线条

①命令：LINE（回车）

指定第一点：

指定下一点或［放弃（U）］：<正交 开>

指定下一点或［放弃（U）］：（回车）

②命令：OFFSET（回车）

当前设置：删除源=否　图层=源　OFFSETGAPTYPE = 0

指定偏移距离或［通过（T）/删除（E）/图层（L）］<通过>：150

选择要偏移的对象，或［退出（E）/放弃（U）］<退出>：（回车）

指定要偏移的那一侧上的点，或［退出（E）/多个（M）/放弃（U）］<退出>：光标指定一点

选择要偏移的对象，或［退出（E）/放弃（U）］<退出>：光标点取对象

……

指定要偏移的那一侧上的点，或［退出（E）/多个（M）/放弃（U）］<退出>：光标指定一点选择要偏移的对象，或［退出（E）/放弃（U）］<退出>：（回车）

（2）使用 MTEXT 或 TEXT 功能命令标注文字内容即可。文字的大小可以使用 SCALE 进行调整，文字的位置可以使用 MOVE 功能命令调整。绘制文字内容如图 15-27 所示。

钢筋数量表				

图 15-27　绘制文字内容

①命令：MTEXT（回车）

当前文字样式：”Standard”　文字高度：2. 5　注释性：否

指定第一角点：

指定对角点或［高度（H）/对正（J）/行距（L）/旋转（R）/样式（S）/宽度（W）/栏（C）］：（在对话框中输入文字等）

②命令：MOVE（回车）

选择对象：找到 1 个

选择对象：（回车）

指定基点或［位移（D）］<位移>：

指定第二个点或<使用第一个点作为位移>：（点取位置后回车）

项目 16 AutoCAD 图形修改和编辑命令

【情境引入】

如图 16-1 所示，如果每条线都要绘制，每个尺寸都要标注，需要几十次命令操作，而用 AutoCAD 的编辑命令，可减少绘图命令的操作次数，尤其对于轴对称图形或成阵列的图形，会提高绘图效率。

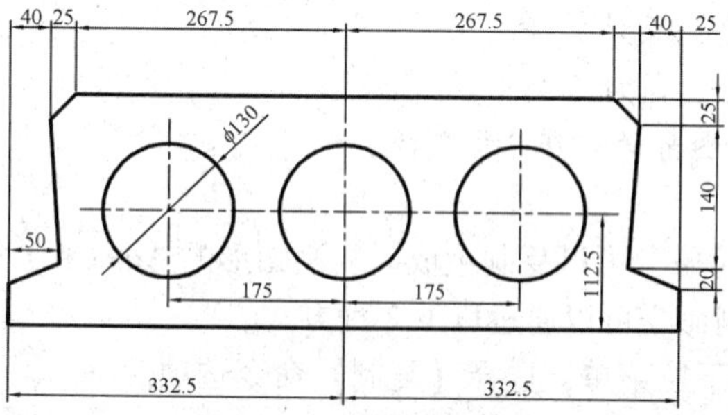

图 16-1 板梁横断面图

本项目将详细讲解使用 AutoCAD 进行图形修改和编辑的基本方法，包括删除、复制、移动、旋转、镜像和剪切等各种操作。AutoCAD 的编辑修改功能与其绘图功能一样强大，该功能使用方便，用途广泛，是工程绘图及文件制作的好帮手。

【知识链接】

任务 16.1 AutoCAD 图形常用编辑与修改命令

16.1.1 删除和复制图形

1. 删除图形

删除图形的 AutoCAD 命令为 ERASE（简写形式为 E）。启动删除命令可以通过以下 3 种方式。

（1）打开【修改】下拉菜单，选择【删除】命令选项。

（2）单击【修改】工具栏上的【删除 】命令图标。

（3）在命令行提示下直接输入 ERASE 或 E 命令。

选择图形对象后，按 Delete 键同样可以删除图形对象，作用与 ERASE—样。以在命令行提示下直接输入 ERASE 或 E 命令为例，说明相关功能的使用方法。图形删除功能如图 16-2 所示。

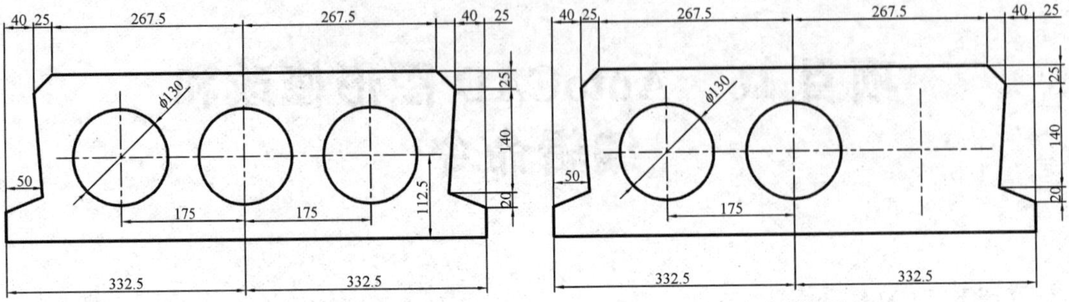

（a）删除前　　（b）删除后

图 16-2　图形删除功能

命令：ERASE（执行删除编辑功能）

选择对象：找到 1 个（依次选择要删除的图线）

选择对象：找到 1 个，总计 2 个

选择对象：找到 1 个，总计 3 个

选择对象：（回车，图形的一部分被删除）

2. 复制图形

要获得相同的图形对象，可以复制生成。复制图形的 AutoCAD 命令为 COPY（简写形式为 CO 或 CP）。启动复制命令可以通过以下 3 种方式。

（1）打开【修改】下拉菜单，选择【复制】命令选项。

（2）单击【修改】工具栏上的【复制 】命令图标。

（3）在命令行提示下直接输入 COPY 或 CP 命令。

复制编辑操作有两种方式，即只复制一个图形对象和复制多个图形对象。以在命令行提示下直接输入 COPY 或 CP 命令为例，说明复制编辑功能的使用方法。图形复制功能如图 16-3 所示。

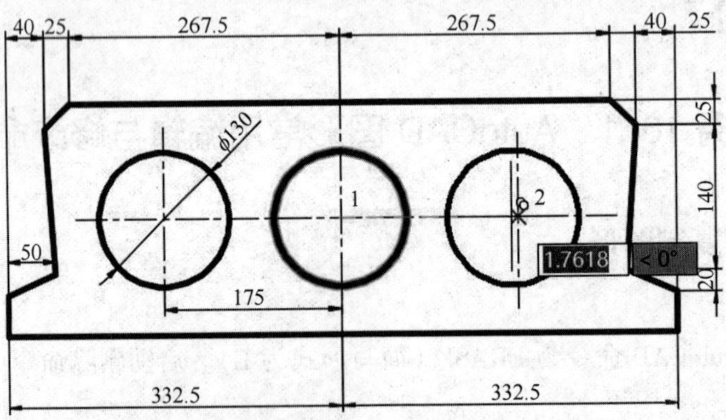

图 16-3　图形复制功能

命令：COPY（进行图形对象单一复制）

选择对象：找到 1 个选择对象：

当前设置：复制模式 = 多个

指定基点或［位移（D）/模式（O）］<位移>：光标拾取点 1

指定第二个点或［阵列（A）］<使用第一个点作为位移>：光标拾取点2

指定第二个点或［阵列（A）/退出（E）/放弃（U）］<退出>：回车

16.1.2　镜像和偏移图形

1. 镜像图形

镜像图形功能的AutoCAD命令为MIRROR（简写形式为MI）。镜像生成的图形对象与原图形对象呈某种对称关系（如左右对称、上下对称）。启动MIRROR命令可以通过以下3种方式。

（1）打开【修改】下拉菜单，选择【镜像】命令选项。

（2）单击【修改】工具栏上的【镜像】命令图标。

（3）在命令行提示下直接输入MIRROR或MI命令。

镜像操作有两种方式，即镜像后将源图形对象删除和镜像后将源图形对象保留。以在命令行提示下直接输入MIRROR或MI命令为例，说明镜像图形功能的使用方法。镜像图形功能如图16-4所示。

命令：MIRROR（进行镜像得到一个对称部分）

选择对象：找到11个（选择图形）

选择对象：（回车）

指定镜像线的第一点：（指定镜像第一点位置）光标拾取点1

指定镜像线的第二点：（指定镜像第二点位置）光标拾取点2

要删除源对象吗？［是（Y）/否（N）］<N>：N（输入N保留原有图形，输入Y删除原有图形）

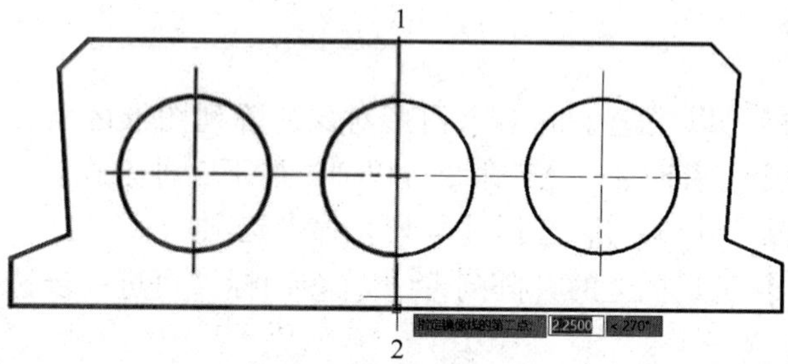

图16-4　镜像图形功能

2. 偏移图形

偏移图形功能主要用来创建平行的图形对象，其命令为OFFSET（简写形式为O）。启动OFFSET命令可以通过以下3种方式。

（1）打开【修改】下拉菜单，选择【偏移】命令选项。

（2）单击【修改】工具栏上的【偏移】命令图标。

（3）在命令行提示下直接输入OFFSET或O命令。

以在命令行提示下直接输入OFFSET或O命令为例，说明偏移图形功能的使用方法。偏移图形功能如图16-5所示。在进行偏移图形操作时，若图形为环形封闭的图形，则偏移命令会使图形沿环向放大或缩小；若图形为直线，则偏移命令会使图形沿要偏移的一侧偏移指定距离。

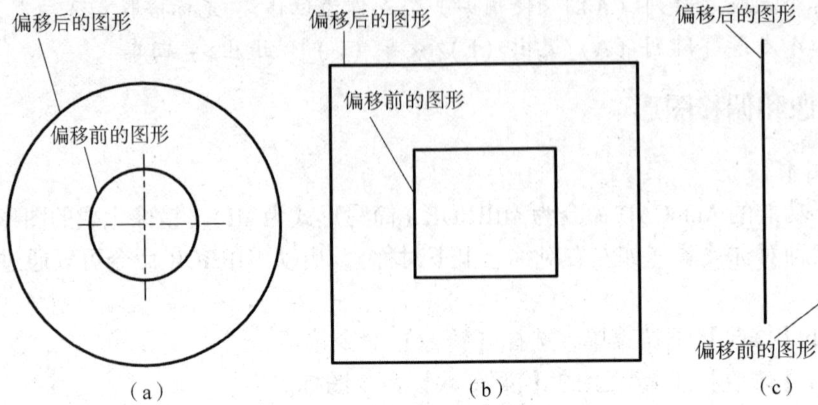

图 16-5　偏移图形功能

命令：OFFSET（偏移生成形状相似的图形）

当前设置：删除源=否　图层=源　OFFSETGAPTYPE = 0

指定偏移距离或［通过（T）/删除（E）/图层（U）］<0.0000>：10（输入偏移距离或指定通过点位置）

选择要偏移的对象，或［退出（E）/放弃（U）］<退出>：（选择要偏移的图形）

指定要偏移的那一侧上的点，或［退出（E）/多个（M）/放弃（U）］<退出>：（指定偏移方向位置）

选择要偏移的对象，或［退出（E）/放弃（U）］<退出>：（回车结束）

16.1.3　阵列与移动图形

1. 阵列图形

利用阵列编辑功能可以快速生成多个图形对象，阵列图形的 AutoCAD 命令为 ARRAY（简写形式为 AR）命令。启动 ARRAY 命令可以通过以下 3 种方式。

（1）打开【修改】下拉菜单，选择【阵列】命令选项。

（2）单击【修改】工具栏上的【阵列 ▦】命令图标（可进一步选择【矩形阵列】【环形阵列】【路径阵列】）。

（3）在命令行提示下直接输入 ARRAY 或 AR 命令。

执行 ARRAY 命令后，AutoCAD 可以按矩形阵列图形对象、按路径阵列图形对象或按环形阵列图形对象。

以在命令行提示下直接输入 ARRAY 或 AR 命令为例，说明阵列编辑功能的使用方法。

①进行环形（极轴可以使用 ARRAYPOLAR 功能命令）阵列图形。环形阵列图形如图 16-6 所示。

命令：ARRAY 或 ARRAYPOLAR

选择对象：找到 3 个

选择对象：

输入阵列类型［矩形（R）/路径（PA）/极轴（PO）］<极轴>：PO

类型=极轴 关联=是

指定阵列的中心点或［基点（B）/旋转轴（A）］：光标拾取一点

输入项目数或［项目间角度（A）/表达式（E）］<4>：6

指定填充角度(“+”=逆时针、“-”=顺时针）或［表达式（EX）］<360>：360

按Enter键接受或［关联（AS）/基点（B）/项目（I）/项目间角度（A）/填充角度（F）/行（ROW）/层（L）/旋转项目（ROT）/退出（X）］〈退出〉：(回车)

②进行矩形阵列（可以使用ARRAYRECT功能命令）图形。矩形阵列如图16-7所示。

命令：ARRAYRECT

选择对象：指定对角点：找到3个

选择对象：

类型=矩形　　关联=是

为项目数指定对角点或［基点（B）/角度（A）/计数（C）］<计数>：C

输入行数或［表达式（E）］<4>：4

输入列数或［表达式（E）］<4>：3

指定对角点以间隔项目或［间距（S）］<间距>：2

按Enter键接受或［关联（AS）/基点（B）/行（R）/列（C）/层（L）/退出（X）］<退出>：(回车)

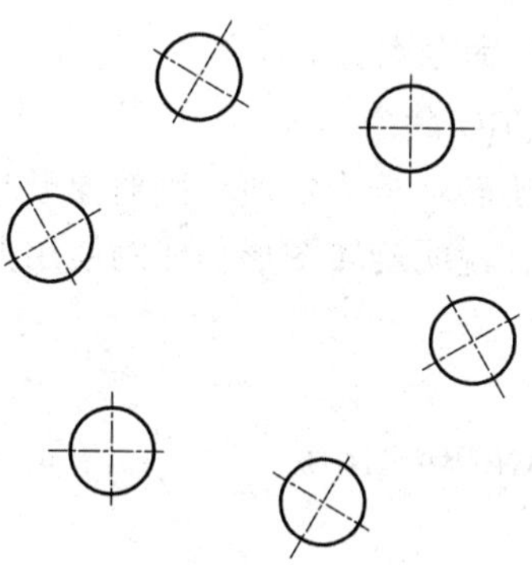

图16-6　环形阵列

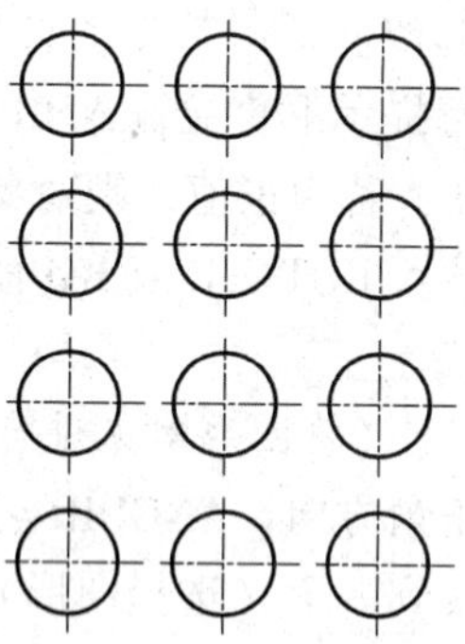

图16-7　矩形阵列

2. 移动图形

移动图形的AutoCAD命令为MOVE（简写形式为M）。启动MOVE命令可以通过以下3种方式。

（1）打开【修改】下拉菜单，选择【移动】命令选项。

（2）单击【修改】工具栏上的【移动 ✥】命令图标。

（3）在命令行提示下直接输入MOVE或M命令。

以在命令行提示下直接输入MOVE或M命令为例，说明移动图形功能的使用方法。移动图形如图16-8所示。

命令：MOVE（移动命令）

选择对象：指定对角点：找到1个（选择对象）

选择对象：(回车)

指定基点或［位移（D）］<位移>：(指定移动基点位置)

指定第二个点或<使用第一个点作为位移>：(指定移动位置)

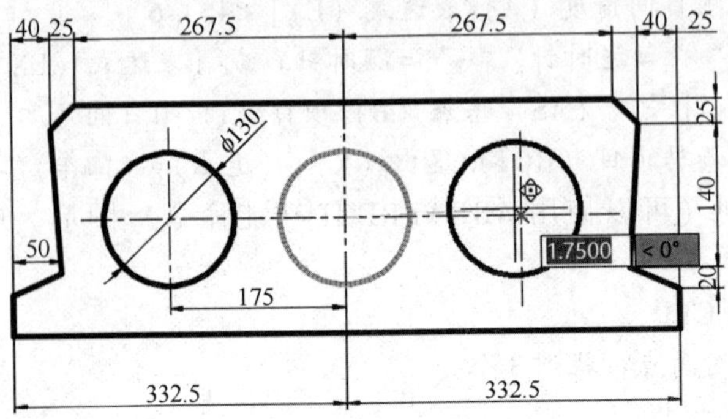

图 16-8　移动图形

16.1.4　旋转与拉伸图形

1. 旋转图形

旋转图形的 AutoCAD 命令为 ROTATE（简写形式为 RO）。启动 ROTATE 命令可以通过以下 3 种方式。

（1）打开【修改】下拉菜单，选择【旋转】命令选项。

（2）单击【修改】工具栏上的【旋转 】命令图标。

（3）在命令行提示下直接输入 ROTATE 或 RO 命令。

输入旋转角度，若为正值，则对象逆时针旋转；若为负值，则对象顺时针旋转。以在命令行提示下直接输入 ROTATE 或 RO 命令为例，说明旋转图形功能的使用方法。旋转图形如图 16-9 所示。

命令：ROTATE（将图形对象进行旋转）

UCS 当前的正角方向：ANGDIR=逆时针 ANGBASE=0

选择对象：找到 8 个（选择图形）

选择对象：（回车）

指定基点：（指定旋转基点）

指定旋转角度，或［复制(C)/参照（R)］<0>：-30

（注：ROTATE 输入旋转角度为负值按顺时针旋转，输入旋转角度为正值则按逆时针旋转）

2. 拉伸图形

拉伸图形的 AutoCAD 命令为 STRETCH（简写形式为 S）。启动 STRETCH 命令可以通过以下 3 种方式。

（1）打开【修改】下拉菜单，选择【拉伸】命令选项。

（2）单击【修改】工具栏上的【拉伸 】命令图标。

（3）在命令行提示下直接输入 STRETCH 或 S 命令。

以在命令行提示下直接输入 STRETCH 或 S 命令为例，说明拉伸图形功能的使用方法，拉伸图形时使用“窗交选择”方式选择图形比较方便。拉伸图形如图 16-10 所示。

命令：STRETCH（将图形对象进行拉伸）

以交叉窗口或交叉多边形选择要拉伸的对象

选择对象：指定对角点，找到 3 个（以“窗交选择”方式选择图形）
选择对象：(回车)
指定基点或［位移（D）］<位移>：(指定拉伸基点)
指定第二个点或 <使用第一个点作为位移〉：(指定拉伸位置点)

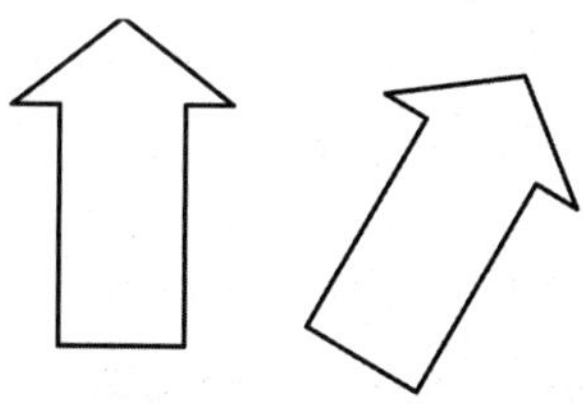
（a）旋转前　（b）旋转后
图 16-9　旋转图形

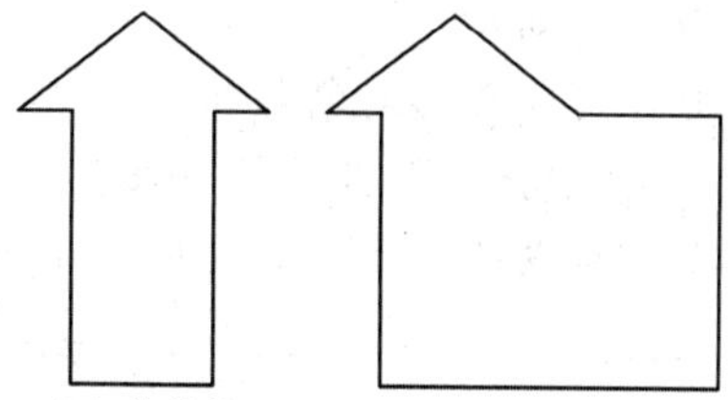
（a）拉伸前　（b）拉伸后
图 16-10　拉伸图形

16.1.5　分解与打断图形

1. 分解图形

AutoCAD 提供了将图形对象分解的功能命令 EXPLODE（其快捷键为 X）。EXPLODE 命令可以将多段线、多行线、图块、填充图案和标注尺寸等从创建时的状态转换或分解为独立的对象。许多图形无法编辑修改时，可以试一试分解功能命令，或许会有帮助。注意若线条是具有一定宽度的多段线，分解后宽度为默认的 0 宽度线条。

启动 EXPLODE 命令可以通过以下 3 种方式。

（1）打开【修改】下拉菜单，选择【分解】命令选项。

（2）单击【修改】工具栏上的【分解】图标按钮。

（3）在命令行提示下输入 EXPLODE 或 X 并回车。

分解图形如图 16-11 所示。按上述方法激活 EXPLODE 命令后，AutoCAD 操作提示如下。

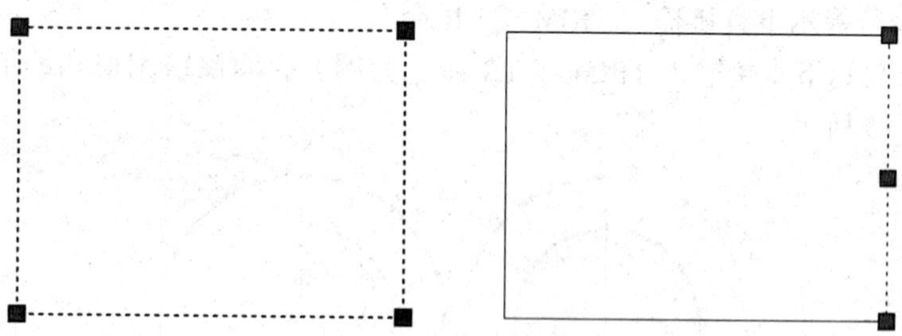
（a）分解前　（b）分解后
图 16-11　分解图形对象

命令：EXPLODE
选择对象：指定对角点，找到 1 个（选择多段线）
选择对象：(选择要分解的多段线对象，回车后选中的多段线对象将被分解为多个直线段)

2. 打断图形

打断图形的 AutoCAD 命令为 BREAK（简写形式为 BR）。启动 BREAK 命令可以通过以下 3 种方式。

(1) 打开【修改】下拉菜单，选择【打断】命令选项。

(2) 单击【修改】工具栏上的【打断 】命令图标。

(3) 在命令行提示下直接输入 BREAK 或 BR 命令。

以在命令行提示下直接输入 BREAK 或 BR 命令为例，说明打断图形功能的使用方法。分解图形如图 16-12 所示。

命令：BREAK（将图形对象打断）

选择对象：(拾取点 1 作为选择对象)

指定第二个打断点或 [第一点 (F)]：(指定第 2 点位置)

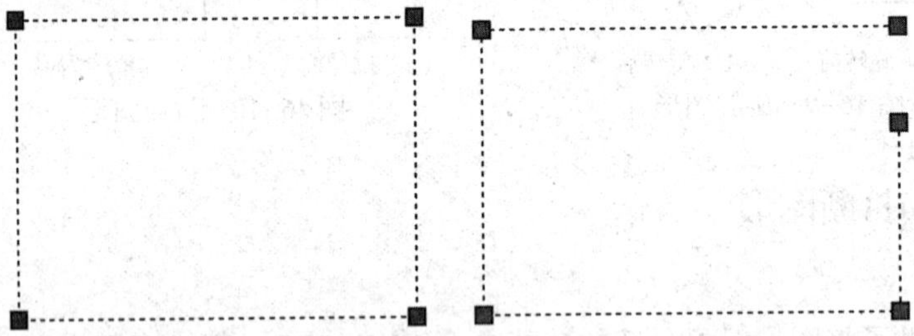

（a）打断前　　（b）打断后

图 16-12　分解图形

16.1.6　修剪与延伸图形

1. 修剪图形

修剪图形的 AutoCAD 命令为 TRIM（简写形式为 TR）。启动 TRIM 命令可以通过以下 3 种方式。

(1) 打开【修改】下拉菜单，选择【修剪】命令选项。

(2) 单击【修改】工具栏上的【修剪 】命令图标。

(3) 在命令行提示下直接输入 TRIM 或 TR 命令。

以在命令行提示下直接输入 TRIM 或 TR 命令为例，说明修剪图形功能的使用方法。修剪图形如图 16-13 所示。

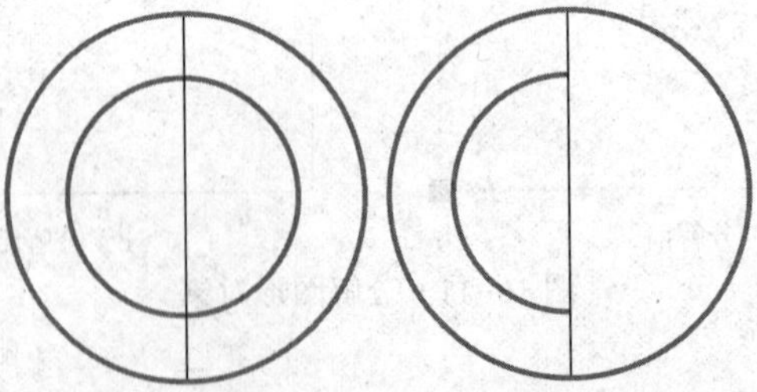

（a）修剪前　　（b）修剪后

图 16-13　修剪图形

命令：TRIM（对图形对象进行修剪）

当前设置：投影=UCS，边=无

选择对象或 <全部选择>：找到 1 个（选择修剪边界）

选择对象：(回车)

选择要修剪的对象，或按住 Shift 键选择要延伸的对象，或

[栏选 (F)/窗交 (C)/投影 (P)/边 (E)/删除 (R)/放弃 (U)]：(选择修剪对象)

选择要修剪的对象，或按住 Shift 键选择要延伸的对象，或 [栏选 (F)/窗交 (C)/投影 (P)/边 (E)/删除 (R)/放弃 (U)]：(回车)

2. 延伸图形

延伸图形的 AutoCAD 命令为 EXTEND（简写形式为 EX）。启动 EXTEND 命令可以通过以下 3 种方式。

(1) 打开【修改】下拉菜单，选择【延伸】命令选项。

(2) 单击【修改】工具栏上的【延伸 --/】命令图标。

(3) 在命令行提示下直接输入 EXTEND 或 EX 命令。

以在命令行提示下直接输入 EXTEND 或 EX 命令为例，说明延伸图形功能的使用方法。延伸图形如图 16-14 所示。

命令：EXTEND（对图形对象进行延伸）

当前设置：投影= UCS，边=无选择边界的边……

选择对象或 <全部选择>：找到 1 个（选择延伸边界）

选择对象：(回车)

选择要延伸的对象，或按住 Shift 键选择要修剪的对象，或 [栏选 (F)/窗交 (C)/投影 (P)/边 (E)/放弃 (U)]：(选择延伸对象)

选择要延伸的对象，或按住 Shift 键选择要修剪的对象，或 [栏选 (F)/窗交 (C)/投影 (P)/边 (E)/放弃 (U)]：(回车)

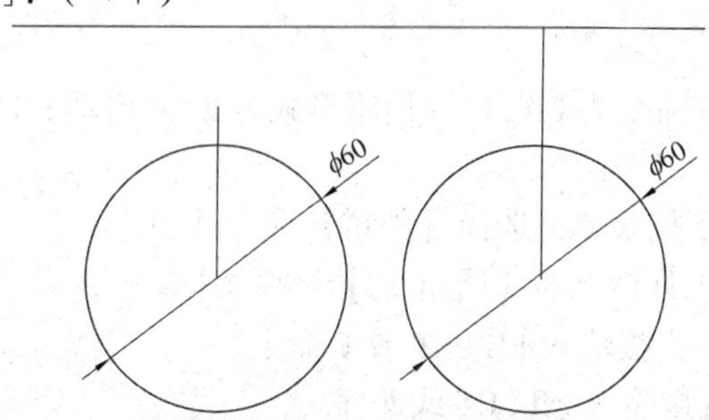

(a) 延伸前　(b) 延伸后

图 16-14　延伸图形

16.1.7　图形倒角与圆角

1. 图形倒角

图形倒角的 AutoCAD 命令为 CHAMFER（简写形式为 CHA）。启动 CHAMFER 命令可以通过以下 3 种方式。

(1) 打开【修改】下拉菜单，选择【倒角】命令选项。

(2) 单击【修改】工具栏上的【倒角 ⌐】命令图标。

(3) 在命令行提示下直接输入 CHAMFER 或 CHA 命令。

以在命令行提示下直接输入 CHAMFER 或 CHA 命令为例，说明图形倒角功能的使用方法。图形倒角如图 16-15 所示。

若倒角距离太大，则不能进行倒角编辑操作。倒角距离可以相同，也可以不相同，可根据图形需要设置；当2条线段还没有相遇在一起，设置倒角距离为0，则执行倒角编辑后将延伸至二者重合。

命令：CHAMFER（对图形对象进行倒角）

（“修剪”模式）当前倒角距离 1 = 0.0000，距离 2 = 0.0000

选择第一条直线或[放弃(U)/多段线(P)/距离(D)/角度(A)/修剪(T)/方式(E)/多个(M)]：D（输入D设置倒角距离大小）

指定第一个倒角距离<0.0000>：25（输入第1个距离）

指定第二个倒角距离<0.0000>：25（输入第2个距离）

选择第一条直线或[放弃(U)/多段线(P)/距离(D)/角度(A)/修剪(T)/方式(E)/多个(M)]：(选择第1条倒直角对象边界)

选择第二条直线，或按住Shift键选择要应用角点的直线：(选择第2条倒角对象边界)，(回车)

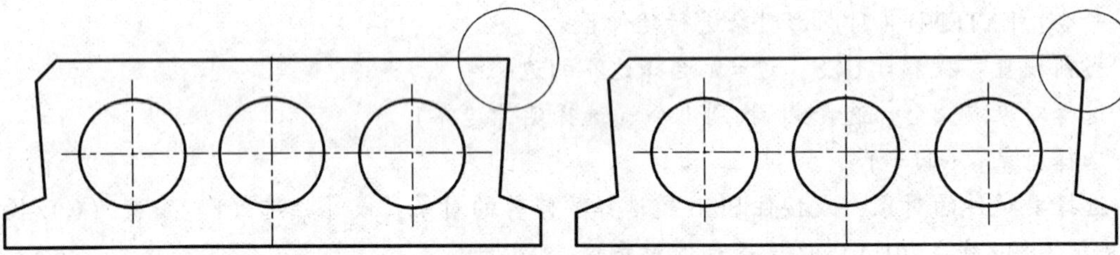

（a）倒角设置前　　（b）倒角设置后

图 16-15　图形倒角

2. 图形圆角

图形圆角的AutoCAD命令为FILLET（简写形式为F）。启动FILLET命令可以通过以下3种方式。

（1）打开【修改】下拉菜单，选择【圆角】命令选项。

（2）单击【修改】工具栏上的【圆角 】命令图标。

（3）在命令行提示下直接输入FILLET或F命令。

以在命令行提示下直接输入FILLET或F命令为例，说明圆角编辑功能的使用方法。若圆角半径太大，则不能进行圆角编辑操作。当2条线段还没有相遇在一起，设置倒角半径为0，执行圆角编辑后将延伸至二者相交。图形圆角修改如图16-16所示。

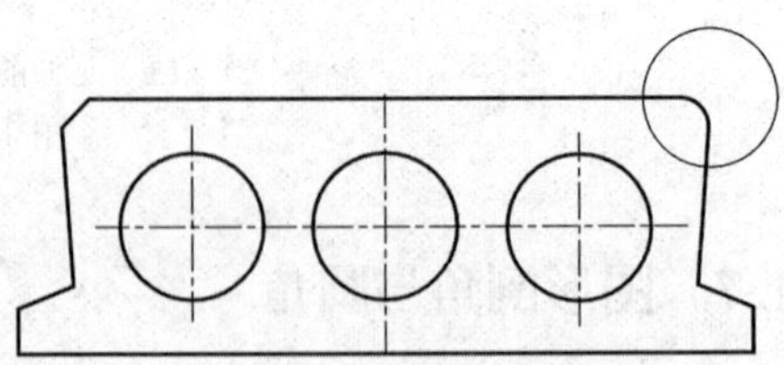

图 16-16　图形圆角修改

命令：FILLET（对图形对象设置圆角）

当前设置：模式=修剪，半径=0.0000

选择第一个对象或［放弃（U）/多段线（P）/半径（R）/修剪（T）/多个（M）]：R（输入R设置圆角半径大小）

指定圆角半径<0.0000>：25（输入半径大小）

选择第一个对象或［放弃（U）/多段线（P）/半径（R）/修剪（T）/多个（M）]：选择第1条圆角对象边界

选择第二个对象，或按住键选择要应用角点的对象：(选择第 2 条倒圆角对象边界)

16.1.8　缩放（放大与缩小）图形

放大与缩小（即缩放）图形功能的 AutoCAD 命令均为 SCALE（简写形式为 SC）。启动 SCALE 命令可以通过以下 3 种方式。

(1) 打开【修改】下拉菜单，选择【缩放】命令选项。

(2) 单击【修改】工具栏上的【缩放 】命令图标。

(3) 在命令行提示下直接输入 SCALE 或 SC 命令。

所有图形在同一操作下是等比例进行缩放的。输入缩放比例小于 1（如 0.6），则对象被缩小相应倍数。输入缩放比例大于 1（如 2.6），则对象被放大相应倍数。以在命令行提示下直接输入 SCALE 或 SC 命令为例，说明缩放编辑功能的使用方法。缩放图形如图 16-17 所示。

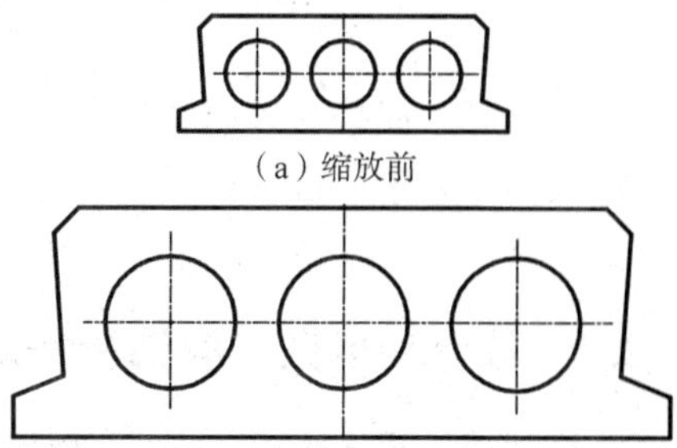

（a）缩放前

（b）缩放后

图 16-17　缩放图形

命令：SCALE（等比例缩放）

选择对象：找到 24 个（选择图形）

选择对象：(回车)

指定基点：(指定缩放基点)

指定比例因子或［复制（C）/参照（R）］<1.5000>：2（输入缩放比例）

16.1.9　拉长图形

拉长图形的 AutoCAD 命令为 LENGTHEN（简写形式为 LEN），可以通过指定百分比、增量、最终长度或角度拉长图形。此功能命令仅适用于 LINE 或 ARC 绘制的线条，对 PLINE、SPLINE 绘制的线条不能使用。启动 SCALE 命令可以通过以下 3 种方式。

(1) 打开【修改】下拉菜单，选择【拉长】命令选项。

(2) 单击【修改】工具栏上的【拉长】命令图标。

(3) 在命令行提示下直接输入 LENGTHEN 或 LEN 命令。

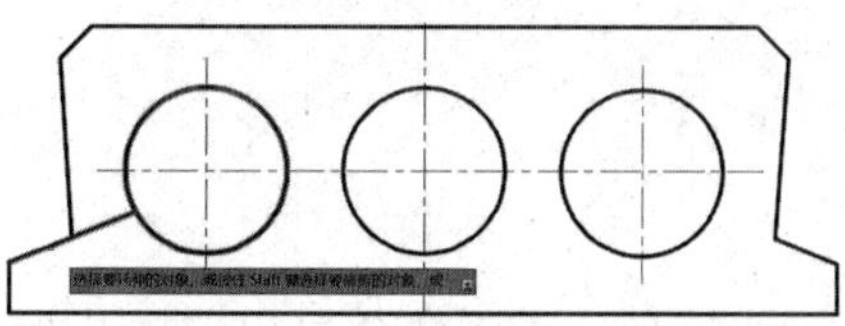

图 16-18　图形按比例伸长

所有图形输入数值小于 1，则对象被缩短相应倍数。输入数值大于 1，则对象被拉长相应倍数。以在命令行提示下直接输入 LENGTHEN 或 LEN 命令为例，说明拉长编辑功能的使用方法。图形按比例伸长如图 16-18 所示。

命令：LENGTHEN（拉长图形）

选择对象或［增量（DE）/百分数（P）/全部（T）/动态（DY）］：P（指定为百分比）

输入长度百分数<0.00000>：200

选择要修改的对象或［放弃（U）］：(选择要修改的图形)

选择要修改的对象或［放弃（U）］：

选择要修改的对象或［放弃（U）］：(回车)

另外，点击方向与拉长或缩短方向有关，单击线段哪端则向该端方向拉长或缩短。

注意事项：

LENGTHEN 和 EXTEND 的区别

LENGTHEN 直接对直线进行拉伸或压缩长度的操作，可以是给定总长度、原长度的百分数或动态伸缩；EXTEND 是以另外的对象为参考边界，延伸直线到参考对象。

任务 16.2　图形其他编辑和修改方法

除了复制、偏移、移动和修剪等基本编辑修改功能外，AutoCAD 提供了一些特殊的编辑与修改图形方法，包括多段线和样条曲线的编辑、取消和恢复操作步骤，对象属性的编辑等方法。

16.2.1　放弃和重做（取消和恢复）操作

在绘制或编辑图形时，常常会遇到错误或不合适的操作要取消或者想返回到前面的操作步骤状态中。AutoCAD 提供了几个相关的功能命令，可以实现以上绘图操作要求。

1. 逐步取消操作（U）

U 命令的功能是取消前一步命令操作及其所产生的结果，同时显示该次操作命令的名称。启动 U 命令可以通过以下 4 种方式。

（1）打开【编辑】下拉菜单，选择【放弃（U）×××】命令选项，其中“×××”代表前一步操作功能命令。

（2）单击【标准】工具栏上的【放弃 】命令图标。

（3）在命令行提示下直接输入操作状态 U 命令。

（4）使用快捷键 Ctr+Z。

按上述方法执行 U 命令后即可取消前一步命令操作及其所产生的结果，若继续按 Enter 按键，则会逐步返回到操作刚打开（开始）时的图形状态。以在命令行提示下直接输入 U 命令为例，说明 U 命令功能的使用方法。

命令：U

RECTANG

2. 限次取消操作（UNDO）

UNDO 命令的功能与 U 命令的功能基本相同，主要区别在于 UNDO 命令可以取消指定数量的前面一组命令操作及其所产生的结果，同时也显示有关操作命令的名称。启动 UNDO 命令可以在命令行提示下直接输入 UNDO 命令。

执行 UNDO 命令后，AutoCAD 提示如下：

命令：UNDO

当前设置：自动=开，控制=全部，合并=是，图层=是

输入要放弃的操作数目或[自动(A)/控制(C)起始(BE)/结束(E)/标记(M)/后退(B)]<1>：2

GROUP ERASE

3. 恢复操作（REDO）

REDO 功能命令允许恢复上一个 U 或 UNDO 命令所作的取消操作。要恢复上一个 U 或 UNDO 命令所作的取消操作，必须在该取消操作进行后立即执行，即 REDO 必须在 U 或 UNDO 命令后立即执行。

启动 REDO 命令可以通过以下 4 种方式。

（1）打开【编辑】下拉菜单，选择【重做（R）×××】命令选项，其中“×××”代表前一步取消的操作功能命令。

（2）单击【标准】工具栏上的【重做】命令图标。

（3）在命令行提示下直接输入 REDO 命令。

（4）使用快捷键 Ctrl+Y。

16.2.2 对象特性的编辑和特性匹配

1. 编辑对象特性

对象特性是指图形对象所具有的全部特点和特征参数，包括颜色、线型、尺寸大小、角度、质量和重心等一系列性质。编辑对象特性的 AutoCAD 命令为 PROPERTIES（简写形式为 PROPS）。启动 PROPERTIES 命令可以通过以下 5 种方式。

（1）打开【修改】下拉菜单，选择【特性】命令选项。

（2）单击【标准】工具栏上的【特性 】命令图标。

（3）在命令行提示下直接输入 PROPERTIES 命令。

（4）使用快捷键 Ctrl+1。

（5）选择图形对象后单击鼠标右键，在屏幕上弹出的快捷菜单中选择【特性】命令选项。

按上述方法执行属性编辑功能命令后，AutoCAD 将弹出 PROPERTIES 对话框。PROPERTIES 对话框如图 16-19 所示，在该对话框中，可以单击要修改的属性参数所在行的右侧，直接进行修改或在出现的一个下拉菜单选择需要的参数。修改参数（颜色）如图 16-20 所示，可以修改的参数包括颜色、图层、线型、线型比例、线宽、坐标和长度、角度等各项相关指标。

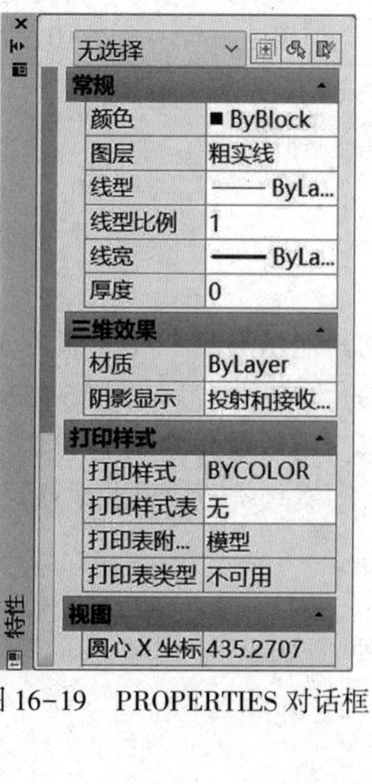

图 16-19 PROPERTIES 对话框

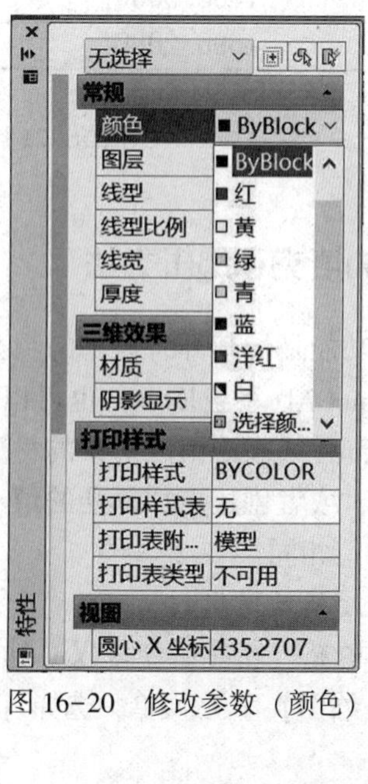

图 16-20 修改参数（颜色）

2. 特性匹配

特性匹配是指将所选图形对象的属性复制到另外一个图形对象上，使其具有相同的某些参数特征。特性匹配编辑功能的 AutoCAD 命令为 MATCHPROP（简写形式为 MA）。启动 MATCHPROP 命令可以通过以下 3 种方式。

(1) 打开【修改】下拉菜单，选择【特性匹配】命令选项。

(2) 单击【标准】工具栏上的【特性匹配】命令图标。

(3) 在命令行提示下直接输入 MATCHPROP 命令。

执行该命令后，光标变为一个刷子，使用该刷子即可进行特性匹配，包括改变为相同的线型、颜色、字高、图层等。

以在命令行提示下直接输入 MATCHPROP 命令为例，说明特性匹配编辑功能的使用方法，进行文字特性匹配如图 16-21 所示。

命令：MATCHPROP（特性匹配）

当前活动设置：颜色/图层/线型/线型比例/线宽/厚度/打印样式/文字标注/填充图案

选择目标对象或［设置（S）］：（使用该刷子选择源特性匹配图形对象）

选择目标对象或［设置（S）］：（使用该刷子即可进行特性匹配）

……

选择目标对象或［设置（S）］：（回车）

钢筋数量表		
每根长度(cm)	数量	共长(kg/m)
1706.9000	6	102.4140
1696.2000	6	101.7720

（a）特性匹配前

钢筋数量表		
每根长度(cm)	数量	共长(kg/m)
1706.9000	6	102.4140
1696.2000	6	101.7720

（b）特性匹配后

图 16-21　进行文字特性匹配

16.2.3　图案的填充和编辑方法

图案的填充功能是指某种有规律的图案填充到其他图形整个或局部区域中，所使用的填充图案一般为 AutoCAD 系统提供，也可以建立新的填充图案。如图 16-22 所示，图案主要用来区分工程的部件或表现组成对象的材质，可以使用预定义的填充图案，用当前的线型定义简单直线图案，或者创建更加复杂的填充图案。图案填充的 AutoCAD 命令包括 BHATCH、HATCH，二者功能相同。

1. 图案填充功能及使用

启动“图案填充”功能命令可以通过以下 3 种方式。

(1) 打开【绘图】下拉菜单，选择【图案填充】命令选项。

（2）单击【绘图】工具栏上的【图案填充 】按钮。

（3）在命令行提示下输入命令 HATCH 或 BHATCH。

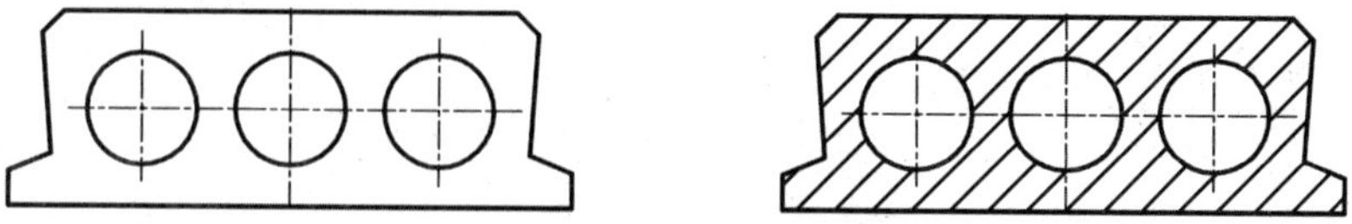

图 16-22 填充图案

按上述方法执行“图案填充”命令后，AutoCAD 弹出一个“图案填充和渐变色”对话框，如图 16-23 所示，通过该对话框可以进行定义边界、图案类型、图案比例、图案角度和图案特性及定制填充图案等参数设置操作。使用该对话框就可以对图形进行图案操作。下面以图 16-24 所示的图形为例，说明有关参数的设置和使用方法。

在进行填充操作时，填充区域的边界必须是封闭的，否则不能进行填充或填充结果错误。

以在命令行提示下直接输入 BHATCH 或 HATCH 命令及图 16-24 所示的椭圆形、多边形为例，说明对图形区域进行图案填充的方法。

① 在命令行提示下输入命令 HATCH。

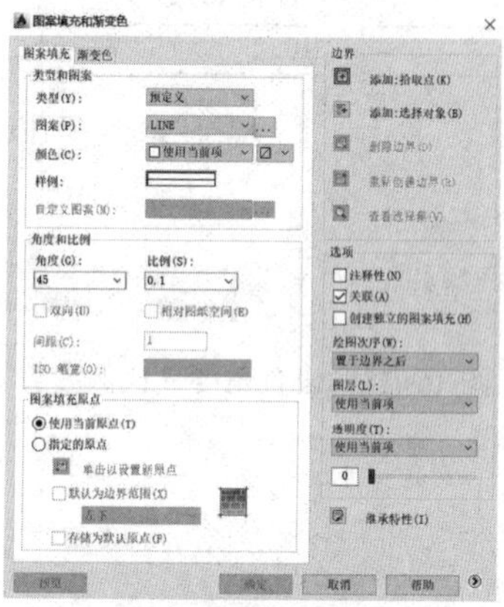

图 16-23 “图案填充和渐变色”对话框

图 16-24 进行图案填充图形

② 在“图案填充和渐变色”对话框中选择图案填充选项，再在类型与图案栏下，单击图案右侧的三角图标选择填充图形的名称，或单击右侧的省略号（…）图标，如图 16-25 所示，弹出“填充图案选项板”对话框，根据图形的直观效果选择要填充图案类型，单击【确定】。

③ 如图 16-26 所示，返回前一步“图案填充和渐变色”对话框，单击右上角边界栏下【添加：拾取点】或【添加：选择对象】图标，AutoCAD 将切换到图形屏幕中，在屏幕上选取图形内部任一位置点或选择图形，该图形边界线变为虚线，表示该区域已选中，然后按下 Enter 键返回对话框，如图 16-27 所示，也可以选择逐个图形对象的边。

④ 如图 16-28 所示，接着在“图案填充和渐变色”对话框中，在角度和参数栏下，设置比例、角度等参数，以此控制所填充图案的密度大小、与水平方向的倾角大小。角度、比例可以直接输入所需的数字。

⑤ 如图 16-29 所示，设置关联的特性参数，在对话框选项栏下，选择勾选关联或不关

联。如图 16-30 所示，关联或不关联是指所填充的图案与图形边界线相互关系的一种特性。若拉伸边界线时，所填充的图形随之紧密变化，则属于关联。反之为不关联。

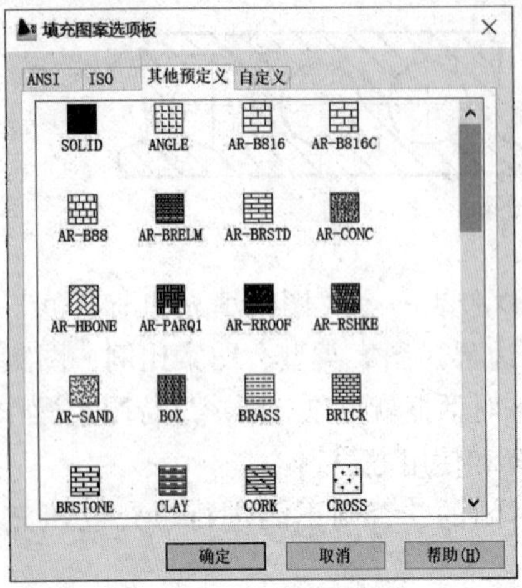

图 16-25　选择填充图形

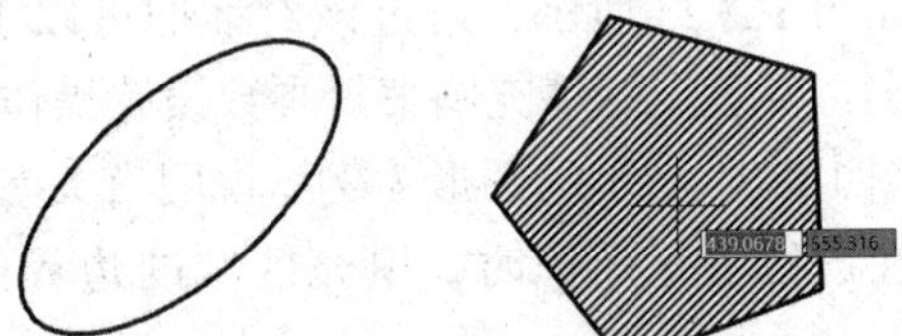

图 16-26　点取选择对象

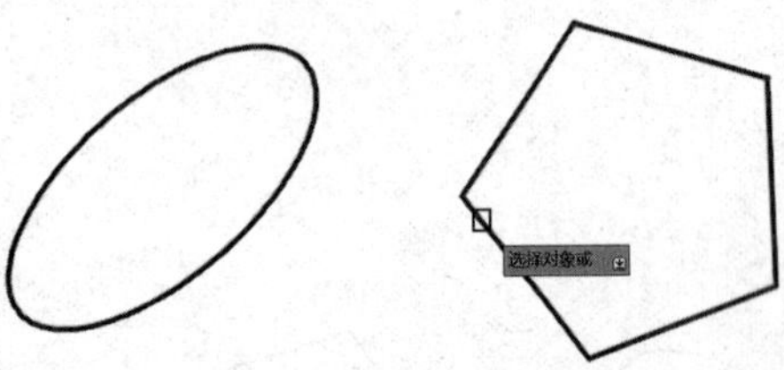

图 16-27　选取图形边界线

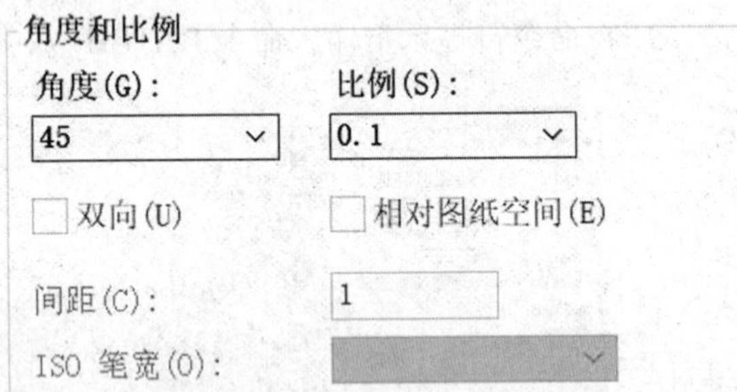

图 16-28　设置角度、比例参数

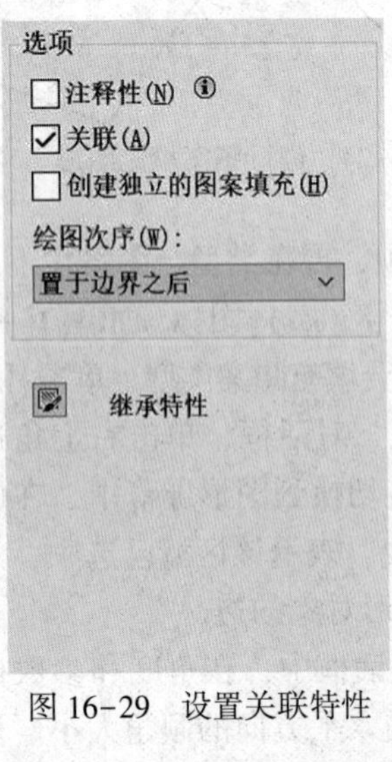

图 16-29　设置关联特性

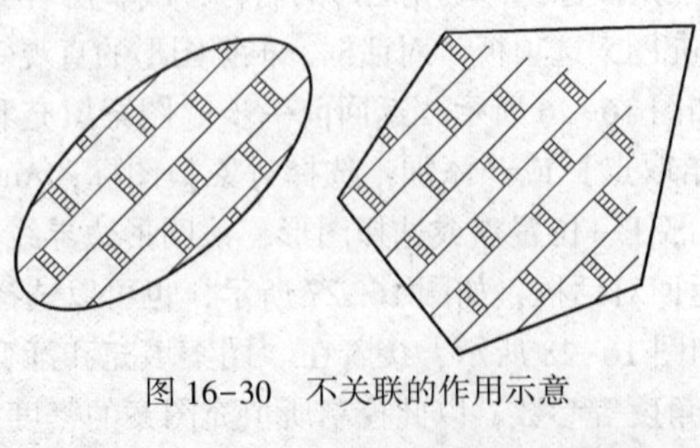

图 16-30　不关联的作用示意

⑥ 如图 16-31 所示，单击【确定】确认进行填充，完成填充操作，若填充区域内有文字时，在选择该区域进行图案填充时，所填充的图案并不穿越文字，文字仍可清晰可见。如

图 16-32 所示，也可以使用“选择对象”分别选取边界线和文字，其图案填充效果一致。

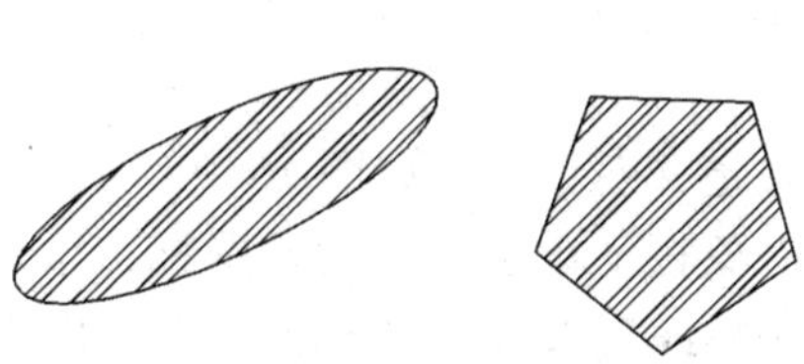

图 16-31 完成填充操作

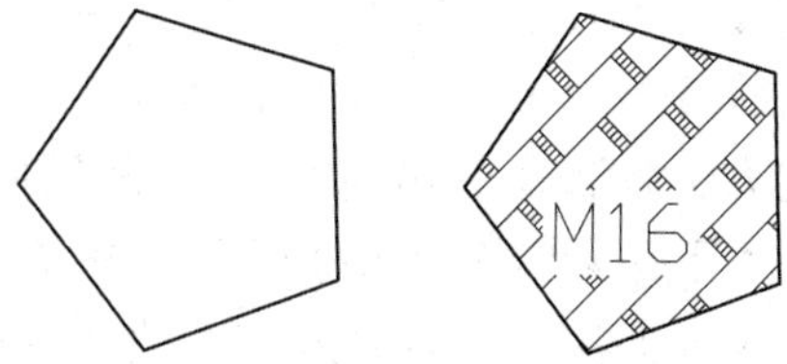

图 16-32 图案与文字关系

2. 编辑图案填充

编辑图案填充的功能是指修改填充图案的一些特性，包括其造型、比例、角度和颜色等。其 AutoCAD 命令为 HATCHEDIT。

启动 HATCHEDIT 编辑命令可以通过以下 3 种方式。

（1）打开【修改】下拉菜单，选择【对象】命令选项，在子菜单中选择【图案填充】命令。

（2）单击【修改】工具栏上的【编辑图案填充】按钮。

（3）在命令行提示下输入命令 HATCHEDIT。

按上述方法执行 HATCHEDIT 编辑命令后，选择要编辑的填充图案，然后弹出一个对话框。填充图案编辑对话框如图 16-33 所示，在该对话框可以进行定义边界、图案类型、图案比例、图案角度和图案特性及定制填充图案等参数修改，其操作方法与进行填充图案操作是一致的。填充图案编辑如图 16-34 所示。

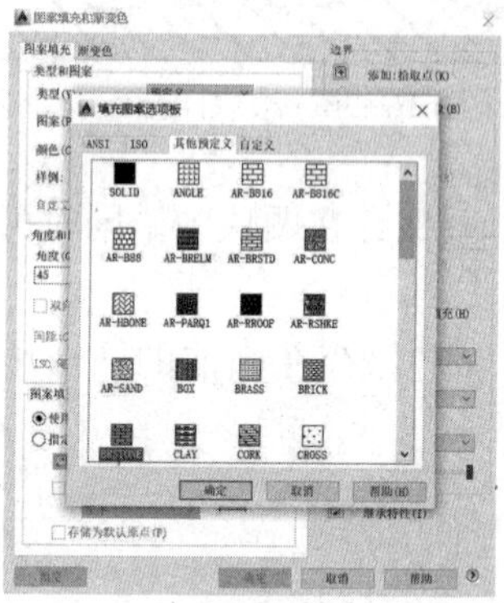

图 16-33 填充图案编辑对话框

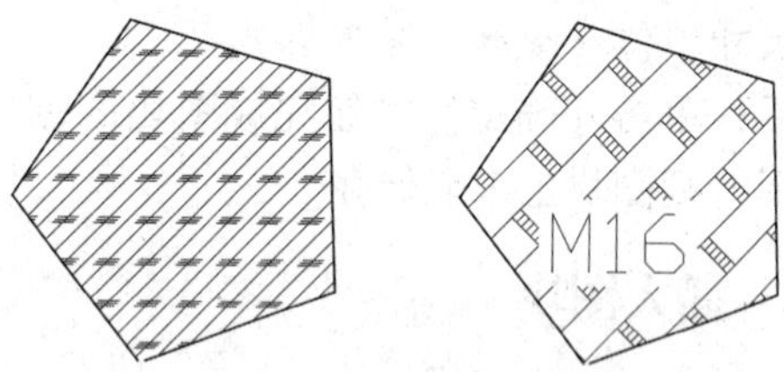

图 16-34 填充图案编辑

任务 16.3 图块功能与编辑

将某个元素或多个元素组成的图形对象定制为一个整体图形，该整体图形即是 AutoCAD 中的图块。图块具有自己的特性，此外组成其中的各个对象有自己的图层、线型和颜色等特性。可以对图块进行复制、旋转、删除和移动等编辑修改操作。图块的作用主要是避免许多重复性的操作，提高设计与绘图效率和质量。

16.3.1 创建图块

AutoCAD 创建图块的命令是 BLOCK。启动 BLOCK 命令可以通过以下 3 种方式。

（1）打开【绘图】下拉菜单，选择【块】命令选项，在子菜单中选择【创建】命令。

（2）单击【绘图】工具栏上的【创建块 】图标按钮。

（3）在命令行提示下输入 BLOCK 并回车。

按上述方法激活 BLOCK 命令后，系统弹出块定义对话框。如图 16-35 所示，在该对话框中的名称栏下输入图块的名称“jx”，接着在对象栏下单击选择对象图标，单击该图标后系统切换到图形屏幕上。如图 16-36 所示，AutoCAD 要求选择图形，可以使用光标直接选取图形，回车后该图形将加入图块中。

选择图形对象后按下 Enter 键，系统将切换到对话框中，在基点栏下单击拾取点图标，指定该图块插入点的位置，也可以在其下面的 X、Y、Z 空白栏中直接输入坐标点（X，Y，Z）。图块插入点的位置为在绘图时插入该图块的基准点和图块的旋转与缩放基点。AutoCAD 默认的基点是坐标系的原点。单击该图标后系统切换到图形屏幕上，AutoCAD 要求选择图块插入点的位置。可以使用光标直接选取位置点，回车确认后将返回块定义对话框中。

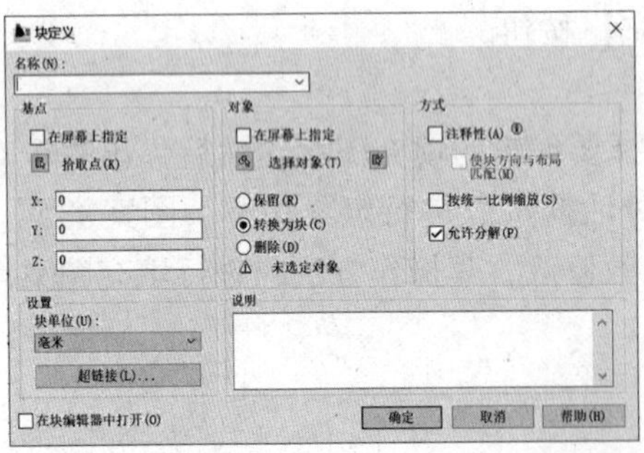

图 16-35　块定义对话框

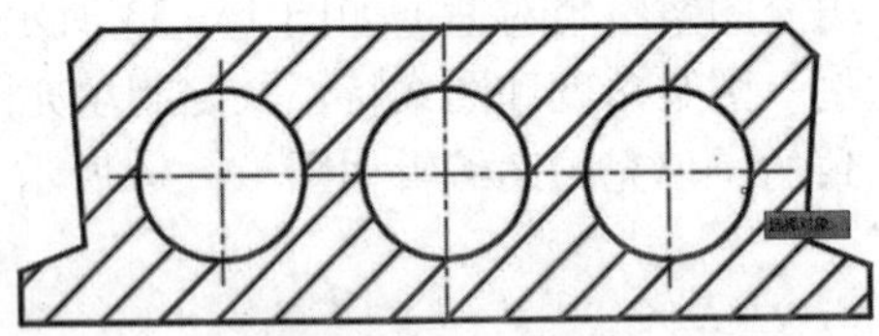

图 16-36　选取图形

此外，在该对话框中，可以为图块设置一个预览图标，并保存在图块中。同时可以设置图块的尺寸单位（毫米、厘米等）。

最后，单击【确定】按钮完成图块的创建操作。该图块将保存在当前的图形中，若未保存图形，则图块也未能保存。

16.3.2　插入图块

1. 插入单个图块

单图块插入是指在图形中逐个插入图块。要在图形中插入图块，需先按前面有关讲解定义图块。AutoCAD 插入图块的功能命令是 INSERT。启动 INSERT 命令可以通过以下 3 种方式。

（1）打开【插入】下拉菜单，选择【块】命令选项。

（2）单击【插入点】工具栏上的【插入块 】图标按钮。

（3）在命令行提示下输入 INSERT 并回车。

按上述方法激活插入图块命令后，系统弹出插入对话框。如图 16-37 所示，在该对话框中的名称选项区域右边选择要插入的图块名称（可以单击小三角图标打开下拉栏选择），例如前面创建的“jx”。在该对话框中还可以设置插入点、缩放比例和旋转角度等。

若勾选对话框中【插入点】【比例】【旋转】等参数对应下侧的“在屏幕上指定”复选

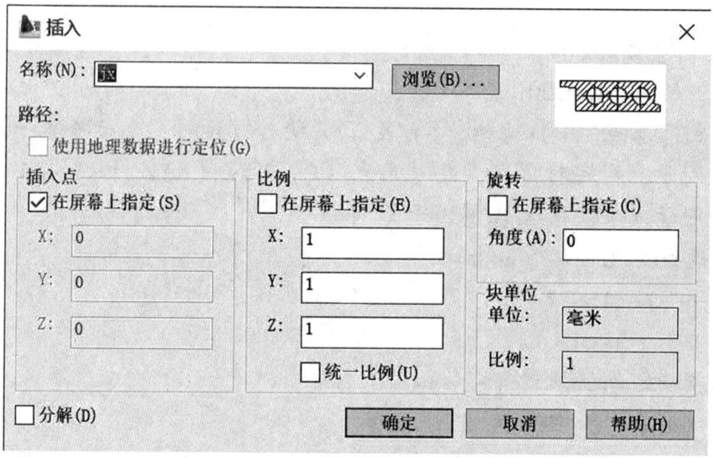

图 16-37 插入图块对话框

框，可以直接在屏幕上使用鼠标进行插入点、比例、旋转角度的控制。

命令：INSERT

输入 X 比例因子，指定对角点，或［角点（C）/XYZ（XYZ）］<1>：1.0

输入 Y 比例因子或<使用 X 比例因子>：1.0

此外，可以将已有的“＊.dwg”图形文件作为图块插入，其插入方法与插入图块完全一致。只需单击对话框右上角的浏览图标，在弹出的选择对话框中选择图形文件后单击【确定】按钮确认返回，即可按前面讲述的方法进行操作，插入图形文件如图 16-38 所示。

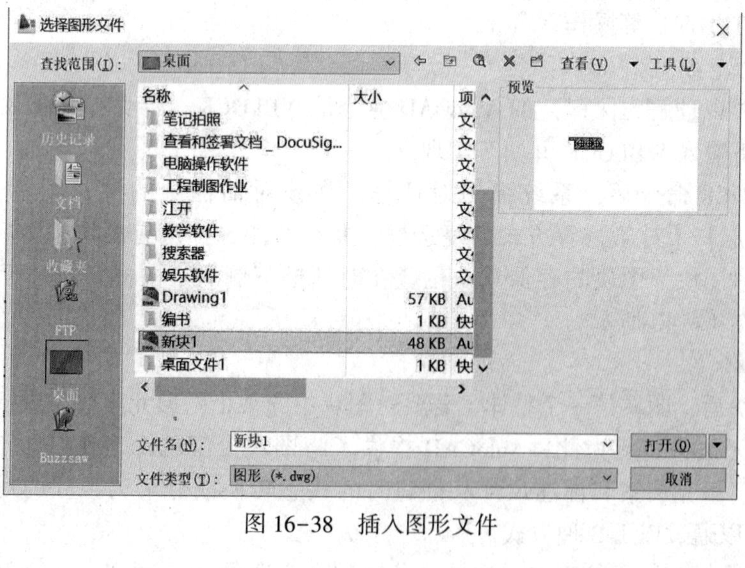

图 16-38 插入图形文件

2. 多图块插入

多图块插入是指在图形中以矩形阵列形式插入多个图块。多图块插入的 AutoCAD 命令为 MINSERT。启动 MINSERT 命令可以通过在命令行提示下输入 MINSERT 并回车实现。在进行多图块插入操作时，插入的图块是整体的。以在命令行提示下直接输入 MINSERT 命令为例，说明多图块插入的方法。注意，采用多图块插入方法，得到的图形是一个整体块。多图块插入如图 16-39 所示。

命令：MINSERT

输入块名或［?］<jx>：jx

单位：英寸　转换：1.0000

指定插入点或［基点（B）/比例（S）/X/Y/Z 旋转（R）］：光标拾取一点

输入 X 比例因子，指定对角点，或［角点（C）/XYZ（XYZ）］<1>：1

输入 Y 比例因子或 <使用 X 比例因子>：1

指定旋转角度<0>：0

输入行数（---）<1>：2

输入列数（| | |）<1>：3

输入行间距或指定单位单元（---）：10

指定列间距（| | |）：30

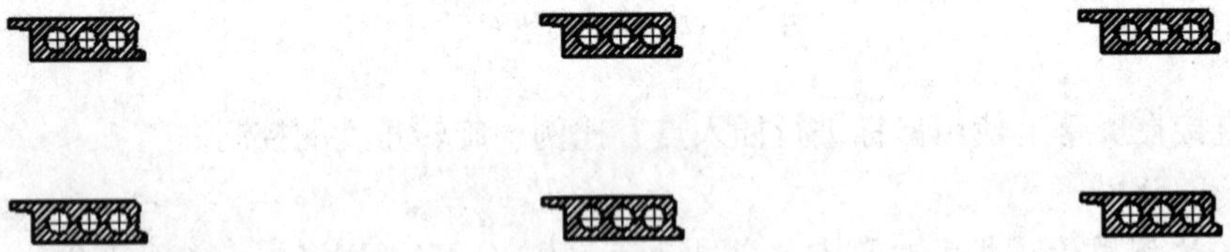

图 16-39　多图块插入

16.3.3　图块编辑

图块编辑功能包括写图块（WBLOCK）、图块分解（EXPLODE）和属性编辑（DDATTE、ATTEDIT）等操作。

1. 写图块

写图块（可以理解为保存）的 AutoCAD 命令是 WBLOCK。启动 WBLOCK 命令可以通过在命令行提示下输入 WBLOCK 并回车实现。

激活 WBLOCK 命令后，系统弹出对话框，在该对话框中的源选项栏下，可以选择【块】【整个图形】【对象】等方式的复选框，并在右侧选择已有图块，然后单击【确定】按钮即可保存该图块，图块的存储默认位置在对话框下侧的空白框，同时可以设置存储位置。写图块如图 16-40 所示。

2. 图块分解

在定义图块后，图块是一个整体，若要对图块中的某个图形元素对象进行修改，在整体组合的图块中无法进行。为此，AutoCAD 提供了将图块分解的命令 EXPLODE。EXPLODE 命令可以将块、填充图案和标注尺寸从创建时的状态转换或分解为独立的对象。启动 EXPLODE 命令可以通过以下 3 种方式。

（1）打开【修改】下拉菜单，选择【分解】命令选项。

（2）单击【修改】工具栏上的【分解 】图标按钮。

命令：EXPLODE

选择对象：指定对角点：找到 1 个选择对象：（回车）

选择要分解的图块对象，回车后选中的图块对象将被分解，分解图块如图 16-41 所示。

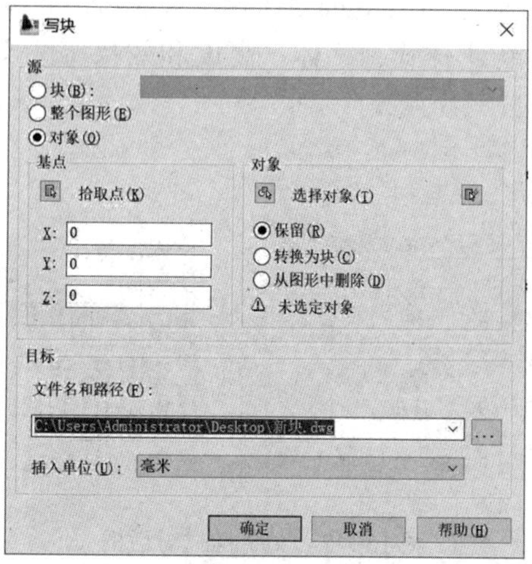

图 16-40　写图块

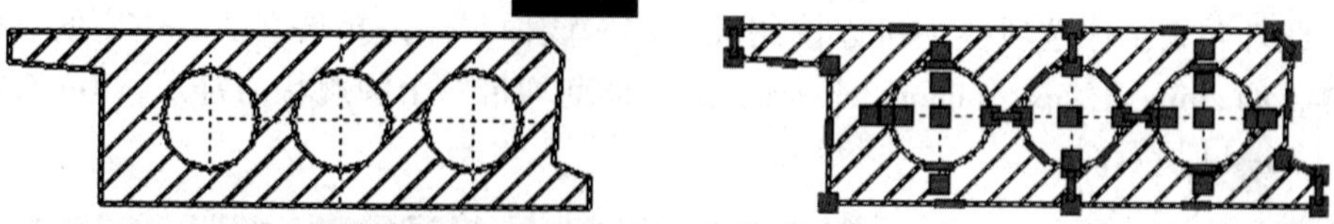

（a）分解前　　（b）分解后

图 16-41　分解图块

任务 16.4　文字与尺寸标注

文字与尺寸标注是图形绘制主要表达的内容之一，也是 AutoCAD 绘制图形的重要内容。

16.4.1　标注文字

标注文字，是工程设计图纸中不可缺少的一部分，文字与图形共同表达完整的设计思想。文字标注包括图形名称、注释、标题和其他图纸说明等。AutoCAD 提供了强大的文字处理功能，如可以设置文字样式、单行标注、多行标注、支持 Windows 字体、兼容中英文字体等。

1. 文字样式设置

AutoCAD 文字样式是指文字字符和符号的外观形式，即字体。AutoCAD 字体除了可以使用 Windows 操作系统的 TrueType 字体外，还有其专用字体（其扩展名为 *. SHX）。AutoCAD 默认的字体为 TXT. SHX，该种字体全部由直线段构成（没有弯曲段），因此存储空间较少，但外观单一不美观。

可以通过文字样式（STYLE 命令）修改当前使用字体。启动 STYLE 命令可以通过以下 3 种方式。

（1）打开【格式】下拉菜单，选择【文字样式】命令选项。

（2）单击【样式】工具栏上的【文字样式 A】图标。

（3）在命令行提示下直接输入 STYLE 或 ST 命令。

按上述方法执行 STYLE 命令后，AutoCAD 弹出文字样式对话框，在该对话框中可以设置相关的参数，包括样式、新建样式、字体、高度和效果等。文字样式对话框如图 16-42 所示。

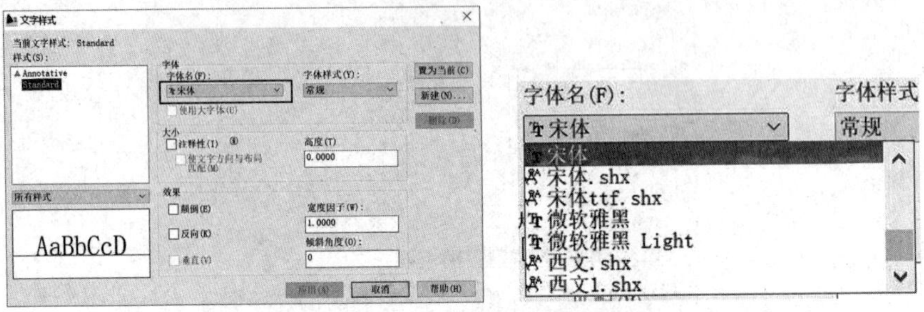

（a）　　　　（b）

图 16-42　文字样式对话框

在字体类型中，带@的字体表示该种字体是水平倒置的。带@的字体文字效果如图 16-43 所示。此外，在字体选项栏中可以使用大字体，该种字体是扩展名为 .SHX 的 AutoCAD 专用字体，如 chineset. shx、bigfont. shx 等，大字体前均带一个圆规状的符号。AutoCAD 专用字体如图 16-44 所示。

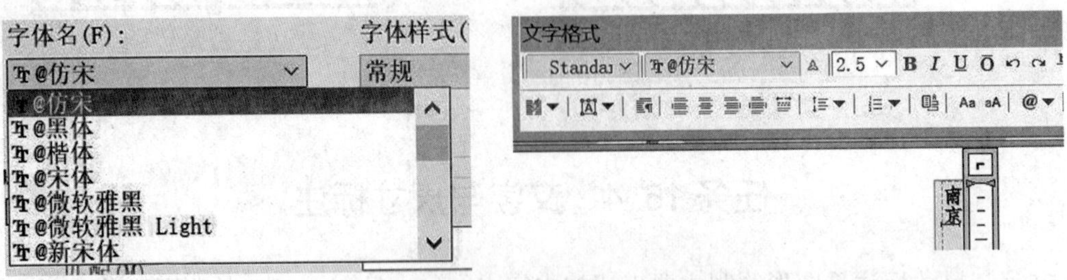

（a）　　　　（b）

图 16-43　带@的字体文字效果

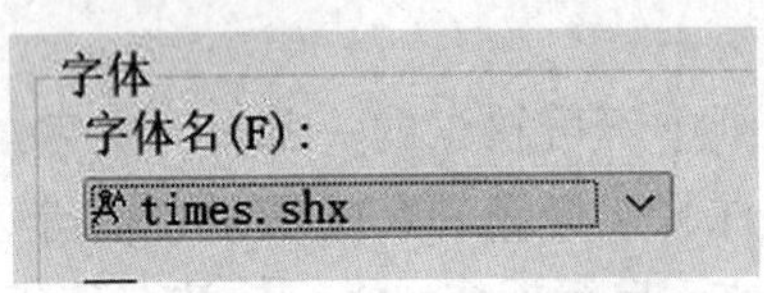

图 16-44　AutoCAD 专用字体

2. 单行文字标注方法

单行文字标注是指进行逐行文字输入。单行文字标注功能的 AutoCAD 命令为 TEXT。启动单行文字标注 TEXT 命令可以通过以下 2 种方式。

（1）打开【绘图】下拉菜单，选择【文字】命令选项，在子菜单中选择【单行文字】命令。

（2）在命令行提示下直接输入 TEXT 命令。

可以使用 TEXT 输入若干行文字，并可进行旋转、对正和大小调整。在“输入文字”提示下输入的文字会同步显示在屏幕中。每行文字是一个独立的对象。要结束一行并开始另一行，可在“输入文字”提示下输入字符后按 Enter 键。要结束 TEXT 命令，可直接按 Enter 键，而不用在“输入文字”提示下输入任何字符。通过对文字应用样式的调整，用户可以使用多种字符图案或字体。这些图案或字体可以在垂直列中拉伸、压缩、倾斜、镜像或排列。

以在命令行提示下直接输入 TEXT 命令为例，说明单行文字标注方法，完成文字输入后回车确认即可。单行标注文字如图 16-45 所示。

命令：TEXT（输入 TEXT 命令）

当前文字样式：“Standard” 文字高度：2. 5000 注释性：否

指定文字的起点或 [对正（J)/样式（S)]：

指定高度<2. 5000>：10

指定文字的旋转角度<0>：0

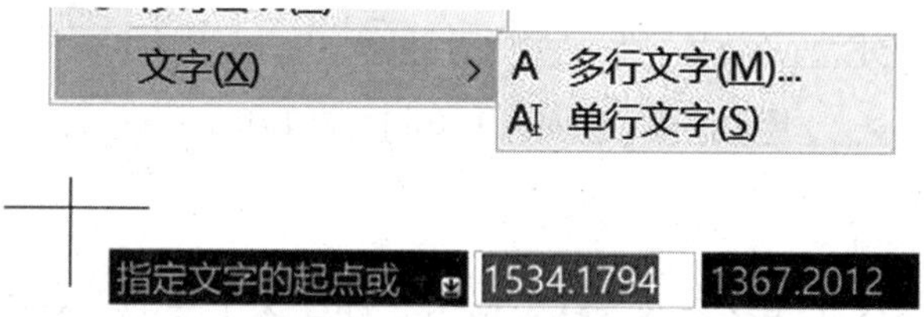

图 16-45 单行标注文字

3. 多行文字标注方法

除了使用 TEXT 进行单行文字标注外，还可以进行多行文字标注。其 AutoCAD 命令为 MTEXT。启动多行文字标注 MTEXT 命令可以通过以下 3 种方式。

（1）打开【绘图】下拉菜单，选择【文字】命令选项，在子菜单中选择【多行文字】命令。

（2）单击【绘图】工具栏上的【多行文字】命令图标。

（3）在命令行提示下直接输入 MTEXT 命令。

激活 MTEXT 命令后，要求在屏幕上指定文字的标注位置，可以使用鼠标直接在屏幕上点取。指定文字位置如图 16-46 所示。指定文字的标注位置后，AutoCAD 弹出文字格式对话框，在该对话框中设置字形、字高、颜色等，然后输入文字，输入文字后单击【确定】按钮，文字将在屏幕上显示出来。输入文字如图 16-47 所示。

以在命令行提示下直接输入 MTEXT 命令为例，说明多行文字标注方法。

命令：MTEXT（标注文字）

当前文字样式：“Standard” 文字高度：10 注释性：否

指定第一角点：(指定文字位置)

指定对角点或 [高度（H)/对正（J)/行距（L)/旋转（R)/样式（S)/宽度（W)/栏（C)]：(指定文字对角位置，在弹出的对话框中可以设置字形、字高、颜色等，并输入文字)

Current text style：//DIM_FONT" Text height：400

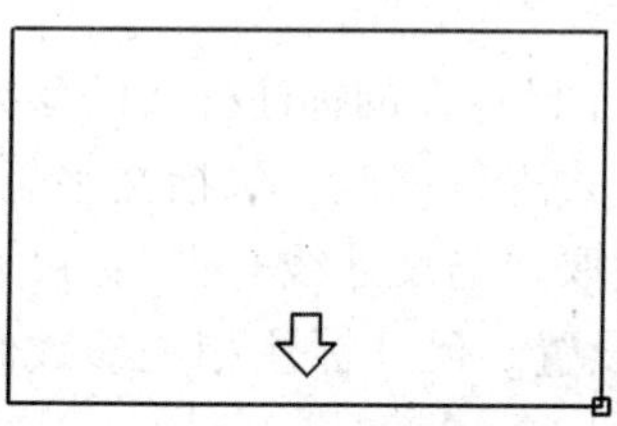

图 16-46 指定文字位置

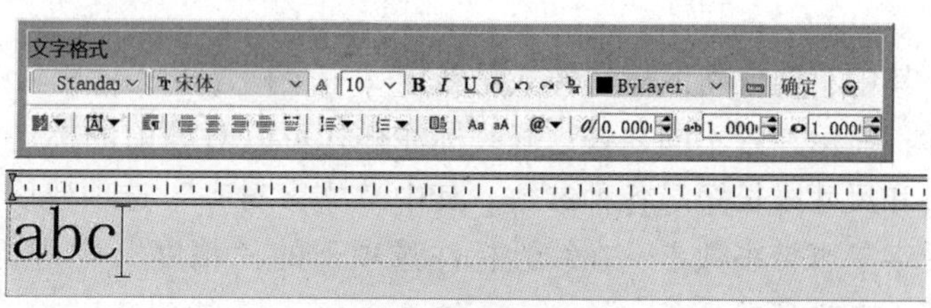

图 16-47 输入文字

16.4.2 尺寸标注

尺寸的标注在工程制图中同样是十分重要的内容。尺寸大小是进行工程建设项目定位的主要依据。AutoCAD 提供了多种尺寸标注方法，以适应不同工程制图的需要。

AutoCAD 提供的尺寸标注形式，与工程设计实际相一致。一个完整的尺寸一般由尺寸界线、尺寸线、箭头、标注文字构成，通常以一个整体出现。AutoCAD 尺寸标注的构成示意如图 16-48 所示。

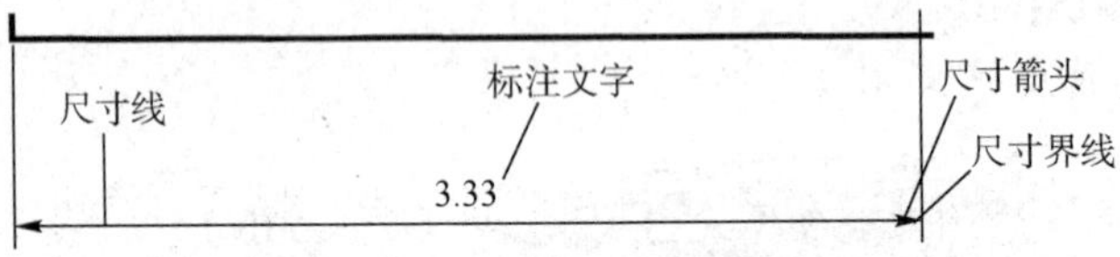

图 16-48　AutoCAD 尺寸标注的构成示意

1. 尺寸标注样式设置

尺寸标注样式是指尺寸界线、尺寸线、箭头、标注文字等的外观形式。通过设置尺寸标注样式，可以有效地控制图形标注尺寸界线、尺寸线、箭头、标注文字的布局和外观形式。

尺寸标注样式设置的 AutoCAD 命令为 DIMSTYLE（简写形式为 DDIM）。启动单行文字标注 DIMSTYLE 命令可以通过以下 3 种方式。

（1）打开【格式】下拉菜单，选择【标注样式】命令选项。

（2）单击【标注】工具栏上的【标注样式 】命令图标 。

（3）在命令行提示下直接输入 DIMSTYLE 或 DDIM 命令。

激活 DIMSTYLE 命令后，在屏幕上弹出标注样式管理器对话框，通过该对话框，可以对尺寸线、标注文字、箭头、尺寸单位、尺寸位置和方向等尺寸样式进行部分或全部设置和修改。标注样式及其修改选项如图 16-49 所示。

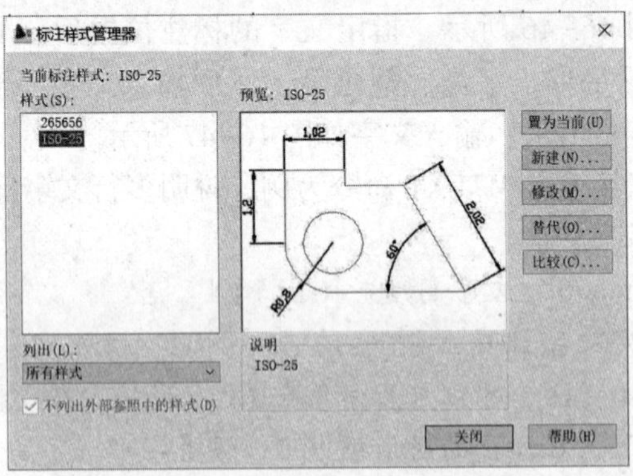

图 16-49　标注样式及其修改选项

其中，创建新的标注样式是新定义一个标注模式；比较 2 个已存在的标注样式的参数及特性，显示二者不同之处；修改标注样式可以对当前的标注样式进行修改，包括文字位置、箭头和尺寸线长短等各种参数。其中“文字对齐”选项建议点取“与尺寸线对齐”；尺寸标注文字是否带小数点，在线性标注选项下的“精度”中进行设置。尺寸标注相关参数修改如图 16-50 所示。

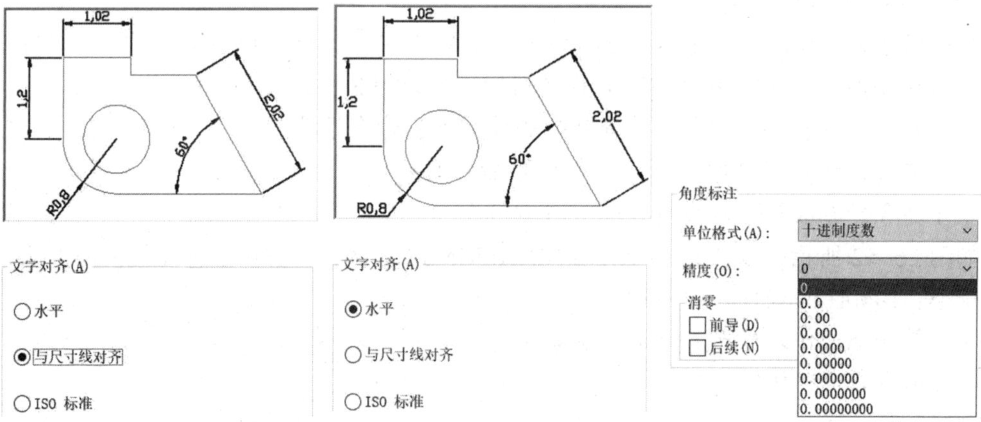

(a)　　(b)

图 16-50　尺寸标注相关参数修改

2. 尺寸标注方法

AutoCAD 提供了多种尺寸标注方法，包括线性、对齐、坐标、半径、直径、角度等。此外，还有快速尺寸标注等其他方式。

(1) 线性尺寸标注。

线性尺寸标注的 AutoCAD 命令是 DIMLINEAR。启动 DIMLINEAR 命令可以通过以下 3 种方式。

① 打开【标注】下拉菜单，选择其中的【线性】命令选项。

② 单击【标注】工具栏上的【线性 ⊢⊣】命令图标。

③ 在命令行提示下输入 DIMLINEAR 并回车。

如图 16-51 所示，以在命令行提示下启动 DIMLINEAR 为例，线性尺寸标注的使用方法如下。

命令：DIMLINEAR

指定第一条延伸线原点或 <选择对象>:

指定第二条延伸线原点：

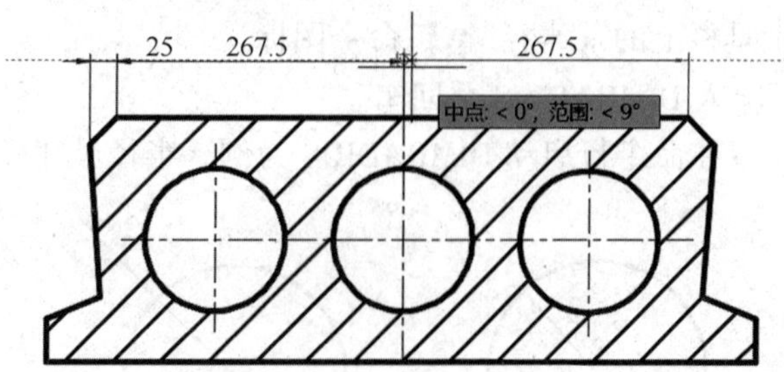

图 16-51　线性尺寸标注样式

创建了无关联的标注

指定尺寸线位置或

[多行文字 (M) 文字 (T)/角度 (A)/水平 (H)/垂直 (V)/旋转 (R)]:

标注文字=267.5 (回车)

（2）对齐尺寸标注。

对齐尺寸标注是指所标注的尺寸线与图形对象相平行，对齐尺寸标注的 AutoCAD 命令是 DIMALIGNED。启动 DIMALIGNED 命令可以通过以下 3 种方式。

①打开【标注】下拉菜单，选择其中的【对齐】命令选项。

②单击【标注】工具栏上的【对齐】命令图标。

③在命令行提示下输入 DIMALIGNED 并回车。

如图 16-52 所示，以在命令行启动 DIMALIGNED 为例，对齐尺寸标注的使用方法如下。

命令：DIMALIGNED

指定第一条延伸线原点或 <选择对象>：

指定第二条延伸线原点：

创建了无关联的标注。

指定尺寸线位置或［多行文字（M）/文字（T）/角度（A）］：

标注文字=0.35

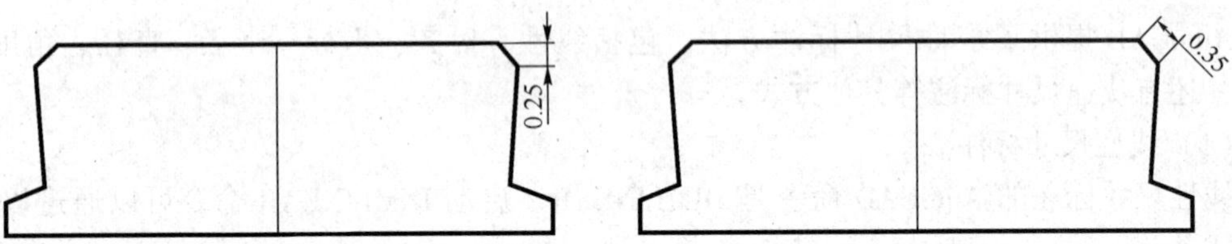

（a）线性标注　　（b）对齐标注

图 16-52　对齐与线性尺寸标注样式对比

（3）半径尺寸标注。

半径标注由一条具有指向圆或圆弧的带箭头的半径尺寸线组成。如果 DIMCEN 系统变量未设置为零，AutoCAD 将绘制一个圆心标记。其 AutoCAD 功能命令是 DIMRADIUS。DIMRADIUS 根据圆或圆弧的大小、“新建标注样式”、“修改标注样式”和“替代当前样式”对话框中的选项及光标的位置绘制不同类型的半径标注。AutoCAD 测量此半径并显示前面带一个字母 R 的标注文字。启动 DIMRADIUS 命令可以通过以下 3 种方式。

①打开【标注】下拉菜单，选择其中的【半径】命令选项。

②单击【标注】工具栏上的【半径】命令图标。

③在命令行提示下输入 DIMRADIUS 并回车。

如图 16-53 所示，以在命令行启动 DIMRADIUS 为例，半径尺寸标注样式如下。

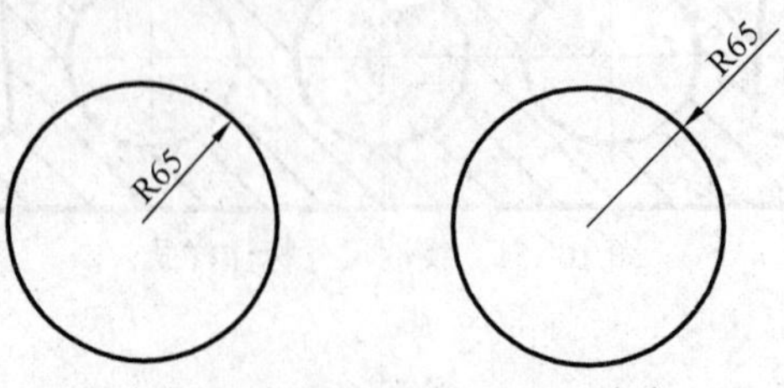

（a）　　（b）

图 16-53　半径尺寸标注样式

命令：DIMRADIUS

选择圆弧或圆：

标注文字=65

指定尺寸线位置或［多行文字（M）/文字（T）/角度（A）］：

（4）直径尺寸标注。

直径尺寸标注是根据圆和圆弧的大小、标注样式的选项设置及光标的位置来绘制不同类型的直径标注。标注样式控制圆心标记和中心线。当尺寸线画在圆弧或圆内部时，AutaCAD不绘制圆心标记或中心线。直径尺寸标注的 AutoCAD 命令是 DIMDIAMETER。

启动 DIMDIAMETER 命令可以通过以下 3 种方式。

① 打开【标注】下拉菜单，选择其中的【直径】命令选项。

② 单击【标注】工具栏上的【直径⊘】命令图标。

③ 在命令行提示下输入 DIMDIAMETER 并回车。

如图 16-54 所示，以在命令行提示下启动 DIMDIAMETER 为例，直径尺寸标注的使用方法如下。

命令：DIMDIAMETER

选择圆弧或圆：

标注文字=130

指定尺寸线位置或［多行文字（M）/文字（T）/角度（A）］：

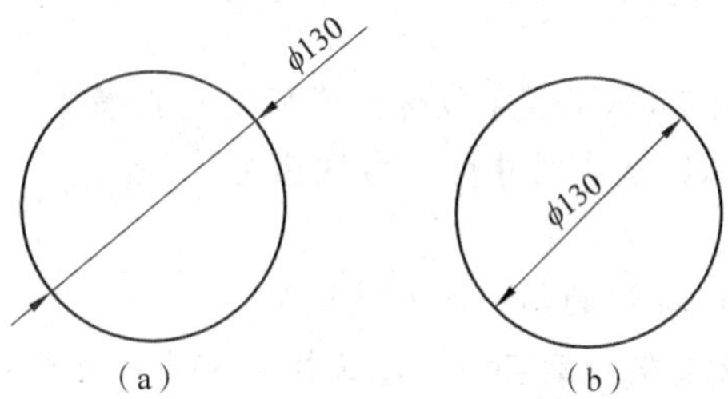

图 16-54　直径尺寸标注样式

（5）角度尺寸标注。

角度尺寸标注是根据 2 条以上的图形对象构成的角度进行标注。角度尺寸标注的 AutoCAD 命令是 DIMANGULAR。启动 DIMANGULAR 命令可以通过以下 3 种方式。

① 打开【标注】下拉菜单，选择其中的【角度】命令选项。

② 单击【标注】工具栏上的【角度】命令图标。

③ 在命令行提示下输入 DIMANGULAR 并回车。

如图 16-55 所示，以在命令行提示下启动 DIMANGULAR 为例，角度尺寸标注的使用方法如下。

命令：DIMANGULAR

选择圆弧、圆、直线或 <指定顶点>：光标拾取角的第一条边

选择第二条直线：光标拾取角的第二条边

指定标注弧线位置或［多行文字（M）/文字（T）/角度（A）/象限点（Q）］：

标注文字=108

（6）基线尺寸标注。

基线尺寸标注是指创建自相同基线测量的一系列相关标注，基线尺寸标注的 AutoCAD

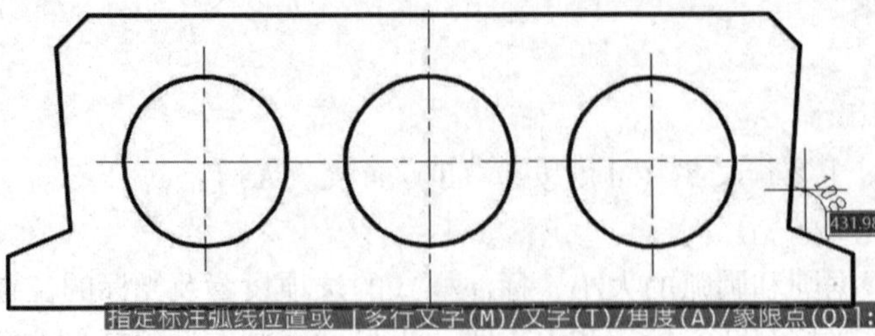

图 16-55　角度尺寸标注样式

命令为 DIMBASELINE。AutoCAD 使用基线增量值偏移每一条新的尺寸线并避免覆盖上一条尺寸线。基线增量值在【新建标注样式】【修改标注样式】【替代标注样式】对话框的“直线和箭头”选项卡上以基线间距指定。如果在当前任务中未创建标注，AutoCAD 将提示用户选择线性标注、坐标标注或角度标注，以用作基线标注的基准。一般情况下，在进行标注前，需使用线性标注、坐标标注或角度标注来确定标注基准线。

启动 DIMBASELINE 命令可以通过以下 3 种方式。

① 打开【标注】下拉菜单，选择其中的【基线】命令选项。

② 单击【标注】工具栏上的【基线标注】命令图标。

③ 在命令行提示下输入 DIMBASELINE 并回车。

如图 16-56 所示，以在命令行提示下启动 DIMBASELINE 为例，基线尺寸标注的使用方法如下。

a）先使用线性标注、坐标标注或角度标注来确定标注基准线。

b）再使用 DIMBASELINE 基线尺寸标注方法进行标注。

命令：DIMBASELINE

选择基准标注：(选择已标注的第一个尺寸线)

指定第二条尺寸界线原点或［放弃（U)/选择（S)］<选择>：

标注文字=364.34（回车）

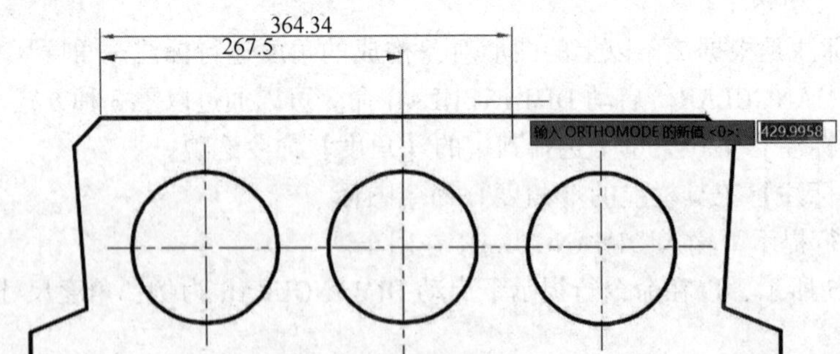

图 16-56　基线尺寸标注样式

(7) 连续尺寸标注。

连续尺寸标注是指绘制一系列相关的尺寸标注，例如添加到整个尺寸标注系统中的一些连续尺寸标注。连续标注也称为链式标注，其 AutoCAD 功能命令为 DIMCONTINUE。创建线性连续标注时，第一条尺寸界线将被禁止，并且文字位置和箭头可能会包含引线。如果在当前任务中未创建标注，AutoCAD 将提示用户选择线性标注、坐标标注或角度标注，以用作连续标注的基准。一般情况下，在进行标注前，需使用线性标注、坐标标注或角度标注来确定标注基准线。

启动 DIMCONTINUE 命令可以通过以下 3 种方式。

① 打开【标注】下拉菜单，选择其中的【连续】命令选项。

② 单击【标注】工具栏上【连续 】命令图标。

③ 在命令行提示下输入 DIMCONTINUE 并回车。

如图 16-57 所示，以在命令行提示下启动 DIMCONTINUE 为例，连续尺寸标注的使用方法如下所述。

a）先使用线性标注、坐标标注或角度标注来确定标注基准线。

b）再使用 DIMCONTINUE 连续尺寸标注方法进行标注。

命令：DIMCONTINUE

指定第二条尺寸界线原点或[放弃(U)/选择(S)]<选择>光标拾取左侧尺寸标注的右尺寸界线

指定第二条尺寸界线原点或[放弃(U)/选择(S)]<选择>:

标注文字=267.5(回车)

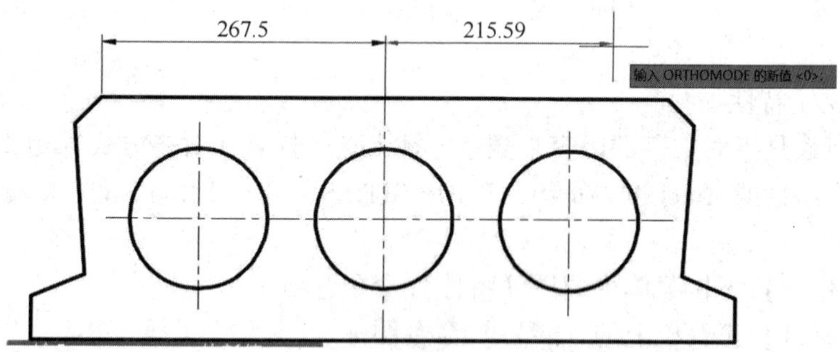

图 16-57　连续尺寸标注样式

16.4.3　文字与尺寸编辑与修改

与其他图形对象一样，AutoCAD 同样提供了对文字和尺寸的编辑与修改功能。

1. 文字编辑与修改方法

除了可以使用移动、复制、删除、旋转和镜像等基本的编辑与修改方法之外，文字对象的编辑与修改方法还包括修改其内容、高度、字体和特性等。AutoCAD 提供了以下几种针对文字的编辑与修改方法。

（1）修改文字内容。

修改文字内容是最为基本的文字编辑与修改功能。修改文字内容的 AutoCAD 命令为 DDEDIT。启动 DDEDIT 命令可以通过以下 3 种方式。

① 打开【修改】下拉菜单，在【对象】子菜单中选择【文字】命令选项中的【编辑】。

② 在命令行提示下输入 DDEDIT 并回车。

③ 单击文字，再单击右键，屏幕将出现快捷菜单，选择【特性】选项，在弹出的对话框中展开【文字】选项，直接单击其内容，输入新文字，可以修改文字。特性-修改文字窗口如图 16-58 所示。

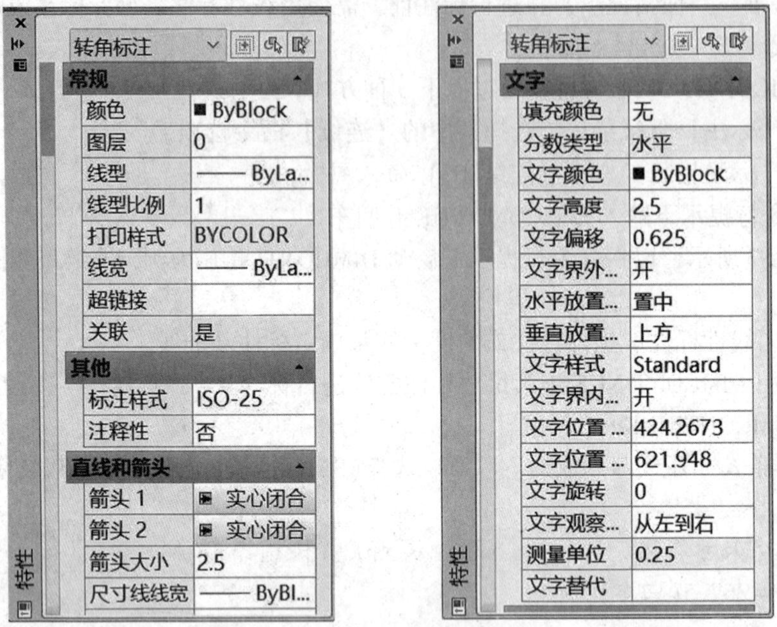

图 16-58　特性-修改文字窗口

（2）修改文字特性。

修改文字特性是指对文字的内容、颜色、插入点、样式和对齐方式等相关性质参数进行修改。修改文字特性的 AutoCAD 命令为 PROPERTIES。启动 PROPERTIES 命令可以通过以下 3 种方式。

① 打开【修改】下拉菜单，选择【特性】命令选项。

② 单击【标准】工具栏上的【特性】命令图标。

③ 使用快捷菜单：选择要查看或修改其特性的对象，在绘图区域单击右键，然后选择【特性】。或者可以在大多数对象上双击以显示【特性】窗口。在特性对话框中可以对文字的高度、字体、颜色等各种特性参数进行修改。

（3）文字编辑系统变量。

AutoCAD 控制文字镜像后效果的系统变量为 MIRRTEXT。在进行文字镜像（MIRROR）时，若系统变量 MIRRTEXT 设置不正确，将使文字倒置。当 MIRRTEXT=0 时，文字镜像后的效果与原文字一致；当 MIRRTEXT=1 时，文字镜像后将倒置。改变系统变量 MIRRTEXT 的值可以通过如下方法。

命令：MIRRTEXT（设置新的系统变量）

输入 MIRRTEXT 的新值<0>：1（输入新的系统变量数值）

设置 MIRRTEXT = 0 后，再进行文字操作，可以保证文字镜像与原文字一致。

2. 尺寸编辑与修改方法

尺寸编辑与修改，包括对尺寸线、标注文字和尺寸界线、箭头形式等的颜色、位置、方向、高度等进行修改。AutoCAD 提供了以下几种尺寸编辑与修改的方法。

1）使用“特性”对话框

利用“特性管理器”对话框，可以方便地管理、编辑尺寸标注的各个组成要素。选择要查看或修改其特性的尺寸对象，在绘图区域单击右键，然后选择【特性】。在【特性】窗口，要修改某个参数，只需单击该项参数右侧的表格栏，展开该特性参数，单击参数选项即可进行修改。

2）使用 DIMEDIT、DIMTEDIT 命令

DIMEDIT 的功能是使用新的文字替换现有的标注文字、旋转文字、将文字移动位置等。DIMEDIT 影响一个或多个标注对象上的标注文字和尺寸界线，其中【默认】【新值】【旋转】选项影响标注文字。【倾斜】选项控制尺寸界线的倾斜角度。DIMTEDIT 命令的功能主要是移动和旋转标注文字和对正标注文字。倾斜功能在轴测图及三维图形尺寸文字标注中使用较合适。

标注编辑修改命令可以通过以下 2 种方式进行。

（1）单击【标注】工具栏上的【编辑标注】或【编辑标注文字】命令图标。

（2）在命令行提示下输入 DIMEDIT 或 DIMTEDIT 并回车。

以在命令行提示下启动 DIMEDIT 为例，使用 DIMEDIT 的编辑与修改方法如下。各种编辑修改效果如图 16-59 和图 16-60 所示。

① 使用 DIMEDIT。

命令：DIMEDIT

输入标注编辑类型［默认（H）/新建（N）/旋转（R）/倾斜（O）］<默认>：O

选择对象：找到 1 个

选择对象：

输入倾斜角度（按 Enter 键表示无）：30

其中上述相关命令选项含义如下。

默认（H）：将旋转标注文字移回默认位置。选中的标注文字移回到由标注样式指定的默认位置和旋转角。

新建（N）：使用多行文字编辑器修改标注文字并进行替换。

旋转（R）：旋转标注文字。

倾斜（O）：调整线性标注尺寸界线的倾斜角度。AutoCAD 可创建尺寸界线与尺寸线方向垂直的线性标注。当尺寸界线与图形的其他部件冲突时“倾斜”选项将很有用处。

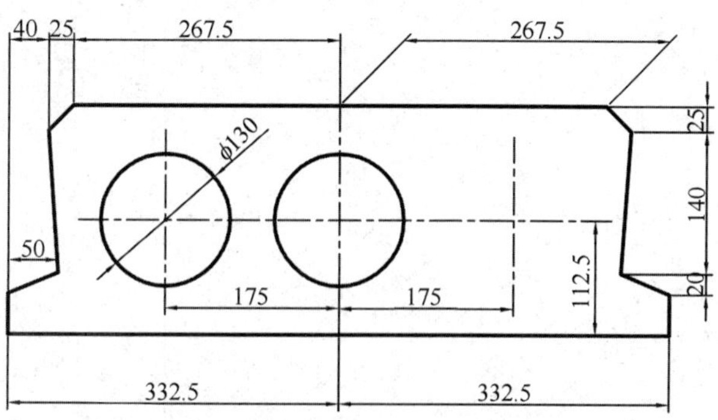

图 16-59　标注编辑（倾斜等）

注意事项：

旋转尺寸界限时，顺时针为+，逆时针为-。

② 使用 DIMTEDIT。

命令：DIMTEDIT

选择标注：

为标注文字指定新位置或 [左对齐 (L)/右对齐 (R)/居中 (C)/默认 (H)/角度 (A)]：L

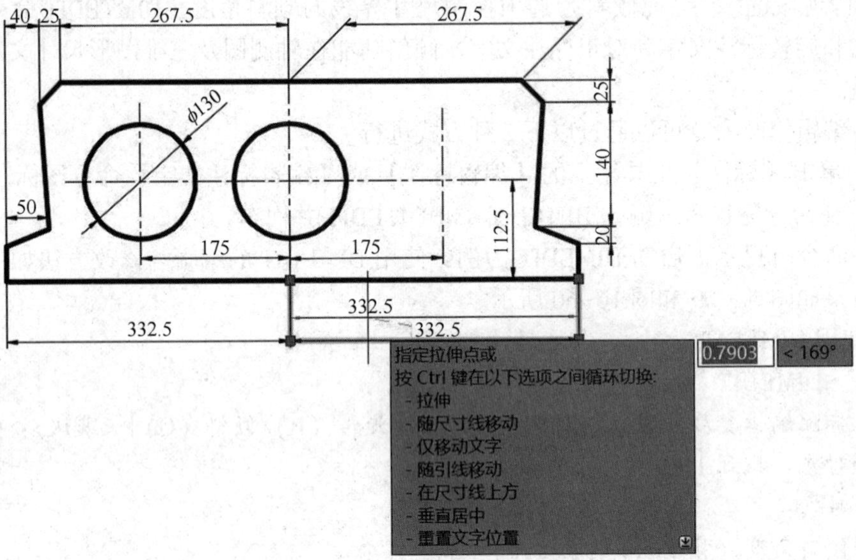

图 16-60 DIMTEDIT 编辑标注（左对齐）

项目 17　AutoCAD 快速绘图案例

【情境引入】

图 17-1 为某桥梁桥台一般构造图，本项目学习如何用 AutoCAD 命令快速绘图。

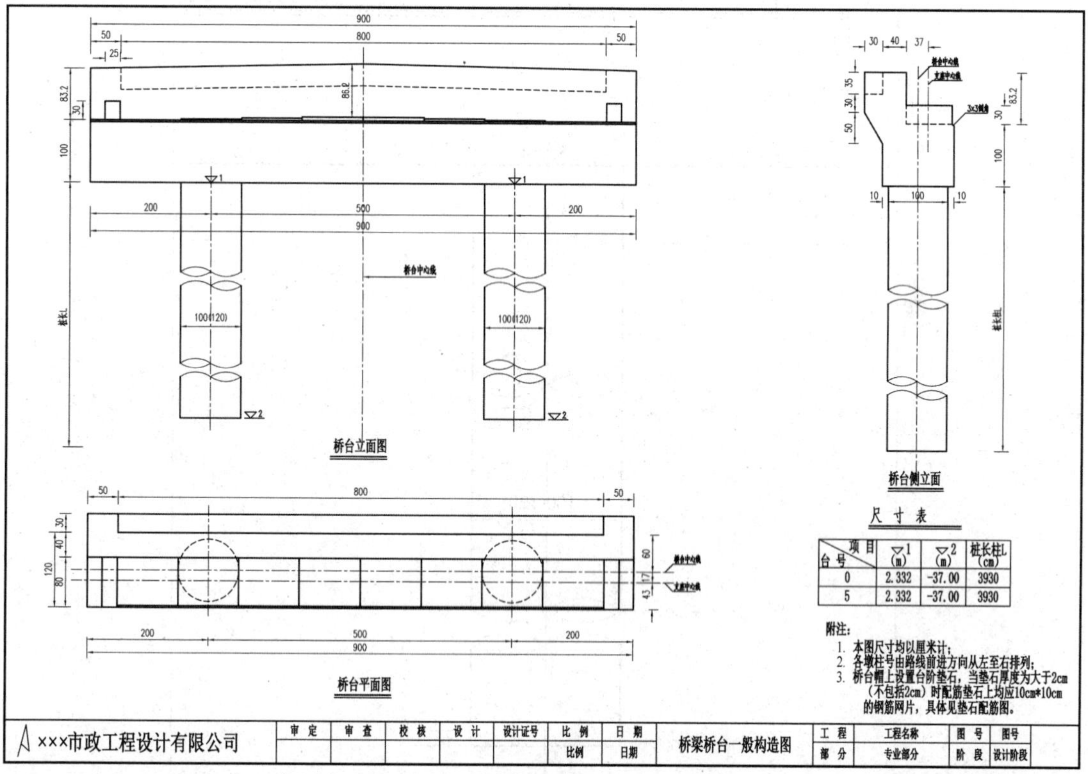

图 17-1　某桥梁桥台一般构造图

【知识链接】

任务 17.1　桥梁桥台构造 AutoCAD 快速绘制

桥梁桥台一般构造图绘图步骤如下。

（1）对桥梁桥台一般构造图进行分析。

【操作方法】

先绘制桥台的立面图，侧面图、平面图绘制方法类似。根据图 17-1，桥梁桥台构造图左右基本对称，绘制其中一半即可，另外一半通过镜像快速修改得到。

【操作命令】

ZOOM 等。

【操作示意】

桥梁桥台构造图分析如图 17-2 所示。

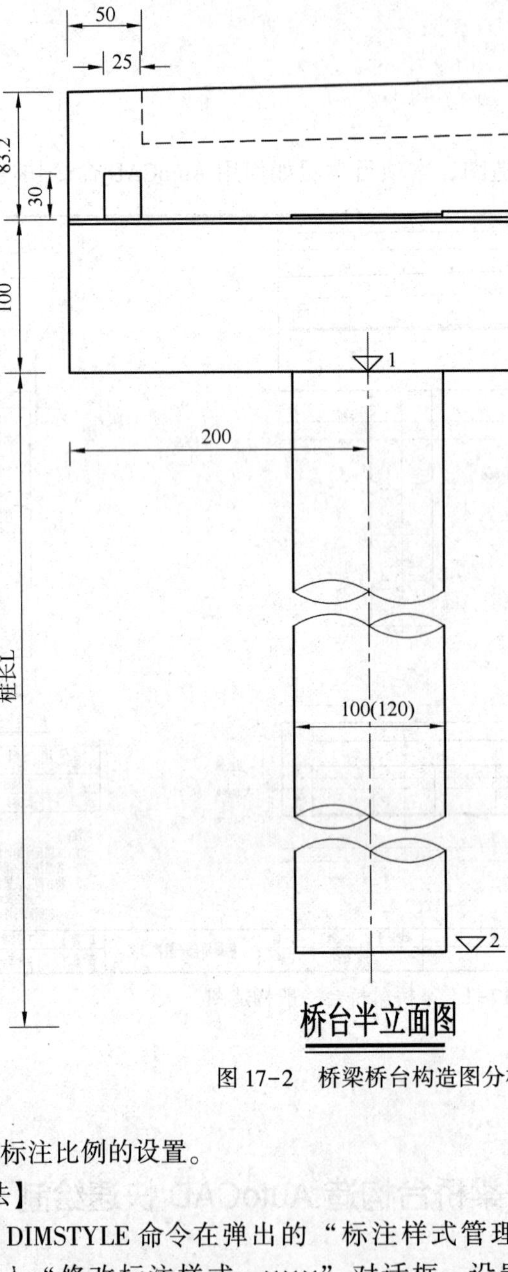

图 17-2 桥梁桥台构造图分析

（2）绘图标注比例的设置。

【操作方法】

可以使用 DIMSTYLE 命令在弹出的“标注样式管理器”对话框中，选择标注样式，单击修改后进入“修改标注样式：×××”对话框，设置不同的标注比例“测量单位比例”，一般情况下设置为“1”，本案例以 cm（厘米）为单位，设置为“0.1”，即绘制长度为“1 000 mm”的直线，输入“100”即可，标注时是“100” cm。

【操作命令】

LINE、DIMSTYLE、DIMLINEAR 等。

命令：Line
指定第一点：光标拾取一点（按 F8 进入正交模式）
指定下一点或［放弃（U）］：1000
……
指定下一点或［放弃（U）］：
■命令：DIMLINEAR
指定第一个尺寸界线原点或 <选择对象>：
指定第二条尺寸界线原点：
指定尺寸线位置或
［多行文字（M）/文字（T）/角度（A）/水平（H）/垂直（V）/旋转（R）］：
标注文字＝100

【操作示意】

桥台标注比例参数设置如图 17-3 所示。

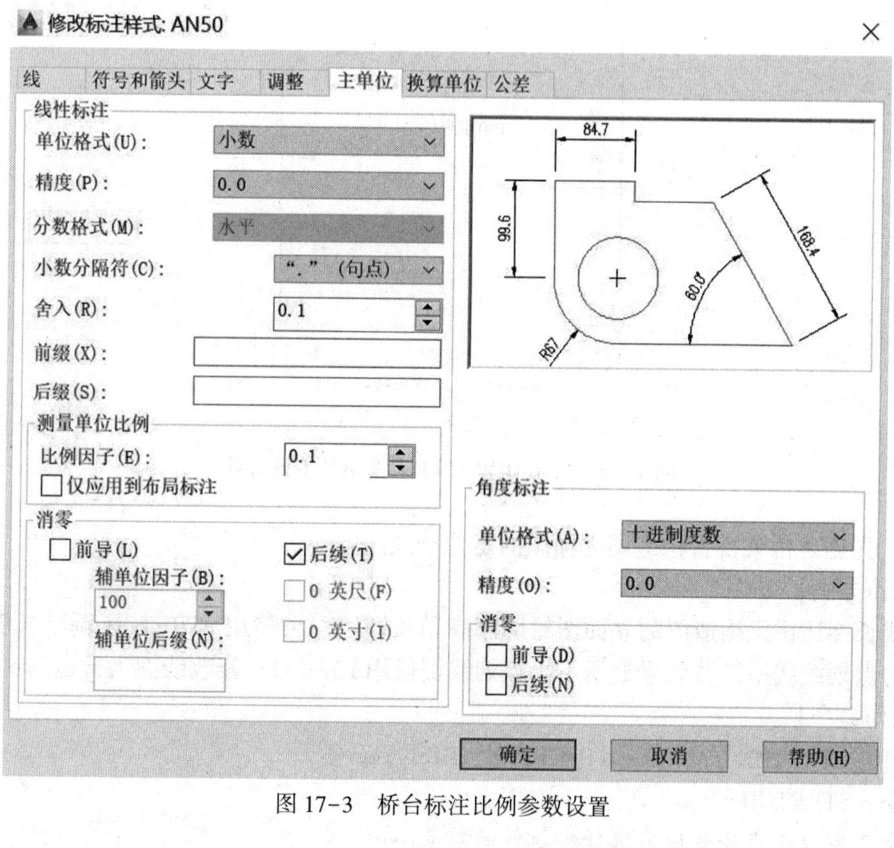

图 17-3　桥台标注比例参数设置

（3）若要在标注的尺寸后面加注单位“m”“cm”等，同样使用 DIMSTYLE 命令进行修改。

【操作方法】

执行 DIMSTYLE 命令，在弹出的“标注样式管理器”对话框中，选择标注样式，单击修改后进入“修改标注样式：×××”对话框中。在“主单位”栏中的“后缀”输入单位“cm”或“厘米”即可。

操作命令：DIMSTYLE、DIMLINEAR 等。

命令：DIMLINEAR

指定第一个尺寸界线原点或 <选择对象>：

指定第二条尺寸界线原点：

指定尺寸线位置或

[多行文字（M）/文字（T）/角度（A）/水平（H）/垂直（V）/旋转（R）]：

标注文字=100

【操作示意】

使用 DIMSTYLE 命令进行修改标注如图 17-4 所示。

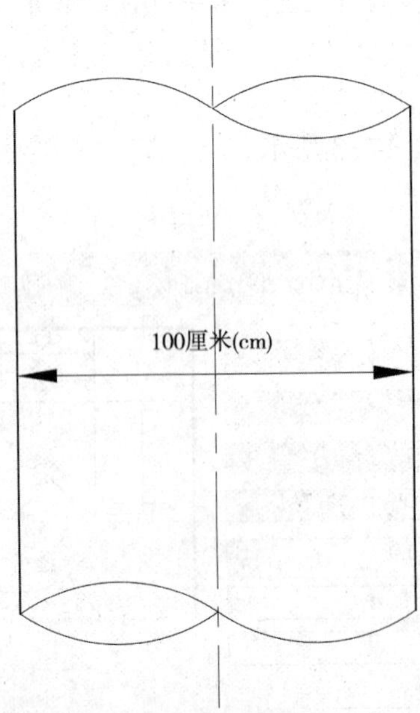

图 17-4　使用 DIMSTYLE 命令进行修改标注

（4）先创建桥梁桥台构造图立面图的定位轴线。

【操作方法】

轴线长度比桥梁构造图的立面图轮廓总高稍长即可，可使用 STRETCH 调整长度。然后改变其为点划线线型。若效果显示不出点划线则使用 LTSCALE 修改线型为合适的比例即可。

【操作命令】

LINE、STRETCH、MOVE、LINETYPE、LTSCALE 等。

命令：STRETCH

以交叉窗口或交叉多边形选择要拉伸的对象……

选择对象：指定对角点：找到 1 个

选择对象：（回车）

指定基点或［位移（D）］<位移>：

指定第二个点或 <使用第一个点作为位移>：

【操作示意】

创建构造图轴线如图 17-5 所示。

（5）偏移创建桥墩柱轴线。

【操作方法】

按桥墩柱位置进行偏移，然后按使用 STRETCH 或 LENGTHEN 进行长度调整。

【操作命令】

OFFSET、STRETCH、MOVE 等。

命令：LENGTHEN

选择对象或［增量（DE)/百分数（P)/全部（T）动态（DY)］：

当前长度：6379

选择对象或［增量（DE)/百分数（P)/全部（T)/动态（DY)］：DE

输入长度增量或［角度（A)］<0.0000>：-1930

选择要修改的对象或［放弃（U)］：

选择要修改的对象或［放弃（U)］：

【操作示意】

偏移创建桥墩柱轴线如图 17-6 所示。

图 17-5　创建构造图轴线

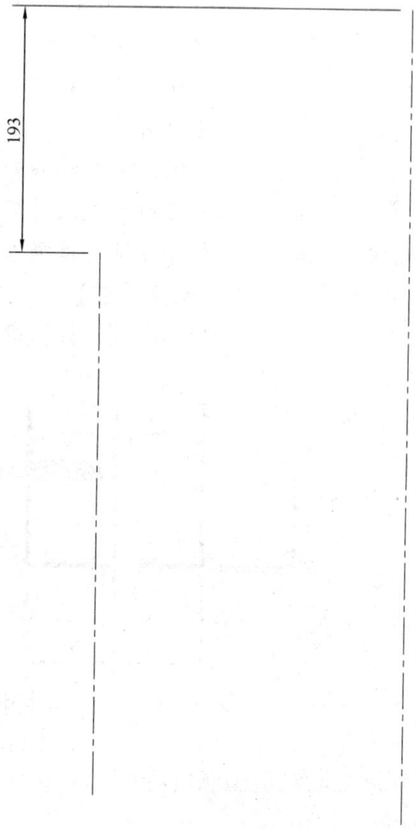

图 17-6　偏移创建桥墩柱轴线

（6）绘制桥梁桥台柱体截面轮廓线。

【操作方法】

先绘制长方形，然后移动至轴线位置。注意绘制直线时输入尺寸仍然是 1：1，即长度为 1 000 mm，输入为“1 000”，标注形式为“100”。

【操作命令】

RECTANG、LINE、OFFSET、MOVE、CHAMFER 等。

命令：RECTANG

指定第一个角点或［倒角（C）/高程（E）/圆角（F）/厚度（T）/宽度（W）］：

指定另一个角点或［面积（A）/尺寸（D）/旋转（R）］：D

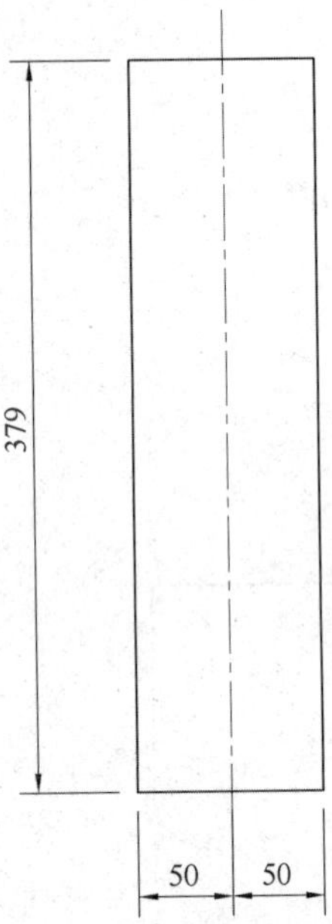

图 17-7　桥梁桥台柱体截面轮廓线绘制

指定矩形的长度<10. 0000>：1000

指定矩形的宽度<10. 0000>：3790

指定另一个角点或［面积（A）/尺寸（D）/旋转（R）］：回车

【操作示意】

桥梁桥台柱体截面轮廓线绘制如图 17-7 所示。

（7）绘制中间柱体截断轮廓线。

【操作方法】

先绘制一段弧线，然后复制、镜像快速得到其他弧线。

【操作命令】

ARC、COPY、MIRROR、MOVE 等。

命令：MIRROR

选择对象：找到 1 个

选择对象：

指定镜像线的第一点：光标拾取 1 点

指定镜像线的第二点：光标拾取 2 点

要删除源对象吗？［是（Y）/否（N）］<N>：N

【操作示意】

绘制中间柱体截断轮廓线如图 17-8 所示。

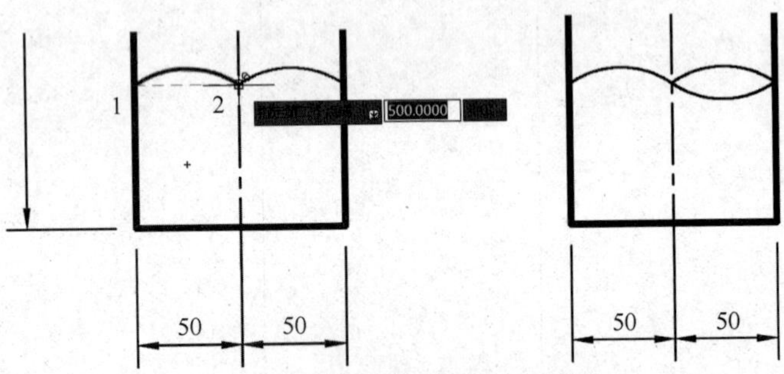

图 17-8　绘制中间柱体截断轮廓线

（8）复制截断线造型然后剪切。

【操作方法】

复制位置根据图形长度适当布置。

【操作命令】

COPY、MOVE、TRIM、ZOOM 等。

【操作示意】

复制截断线造型然后剪切如图 17-9 所示。

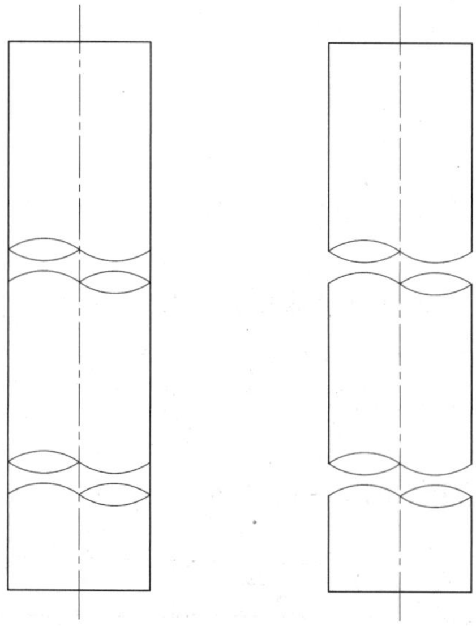

图 17-9 复制截断线造型然后剪切

（9）继续进行桥梁桥台构造图其他位置轮廓线绘制。

【操作方法】

其他位置桥梁桥台构造图的轮廓大小按设计确定，其绘制方法与前述类似。

【操作命令】

LINE、OFFSET、TRIM、MOVE、STRETCH、CHAMFER 等。

【操作示意】

继续进行桥台其他位置轮廓线绘制如图 17-10 所示。

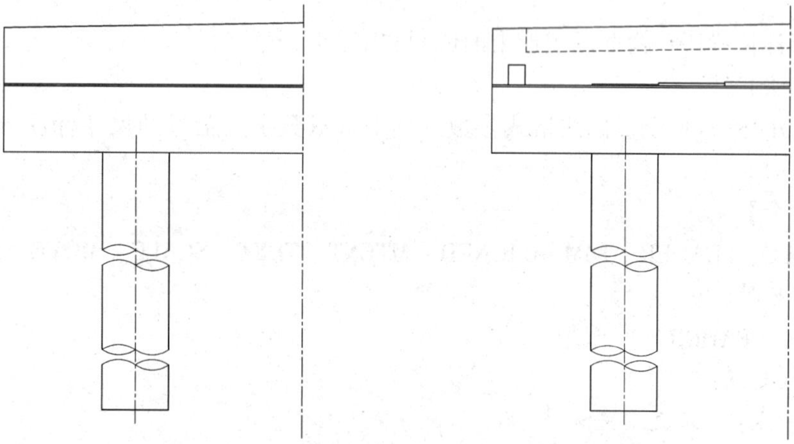

图 17-10 继续进行桥台其他位置轮廓线绘制

（10）进行镜像，得到对称部分桥台轮廓造型。

【操作方法】

以中间的轴线作为镜像位置轴线。

【操作命令】

MIRROR、MOVE、ROTATE 等。

命令：MIRROR

选择对象：找到 1 个

选择对象：找到 11 个，总计 12 个

……

选择对象：找到 21 个，总计 22 个

选择对象：(回车)

指定镜像线的第一点：(光标拾取对称轴上一点)

指定镜像线的第二点：(光标拾取对称轴上另一点)

要删除源对象吗？[是（Y)/否（N)] <N>：N

【操作示意】

镜像得到对称部分桥台轮廓如图 17-11 所示。

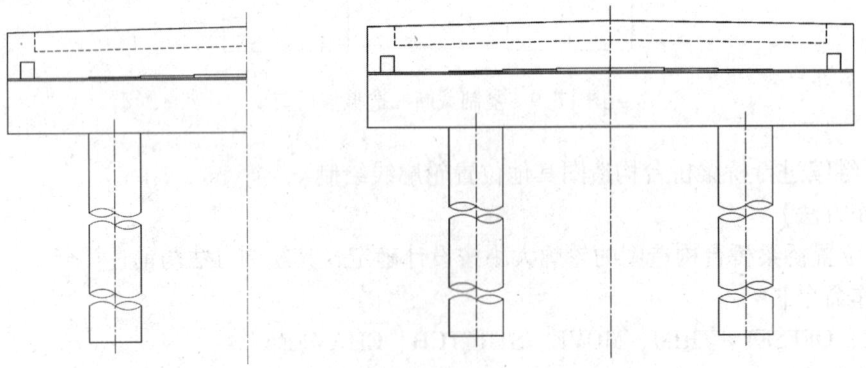

(a)　　　(b)

图 17-11　镜像得到对称部分桥台轮廓

(11) 标注桥梁桥台构造图图形中的说明文字、尺寸等。

【操作方法】

先使用 DIMSTYLE 设置标注格式参数。其中带双数字及括号的尺寸标注方法参见下一步介绍。

【操作命令】

DIMSTYLE、LEADER、DIM ALIGNED、MTEXT、TEXT、SCALE、MOVE、DIMLINEAR、DIMCONTINUE 等。

① 命令：LEADER

指定引线起点：

指定下一点：< 正交　关>

指定下一点或 [注释（A)/格式（F)/放弃（U)] <注释>：<正交　开>

指定下一点或 [注释（A)/格式（F)/放弃（U)] <注释>：

输入注释文字的第一行或 <选项>：桥台中心线（输入文字“桥台中心线”）

输入注释文字的下一行：(回车)

② 命令：DIMCONTINUE

选择连续标注：

需要线性、坐标或角度关联标注。

选择连续标注：
指定第二条尺寸界线原点或［放弃（U）/选择（S）］<选择>：
标注文字＝200
指定第二条尺寸界线原点或［放弃（U）/选择（S）］<选择>：
标注文字＝500
指定第二条尺寸界线原点或［放弃（U）/选择（S）］<选择>：
标注文字＝200
指定第二条尺寸界线原点或［放弃（U）/选择（S）］<选择>：（回车）
选择连续标注：（回车）

【操作示意】

标注桥台说明文字、尺寸等如图 17-12 所示。

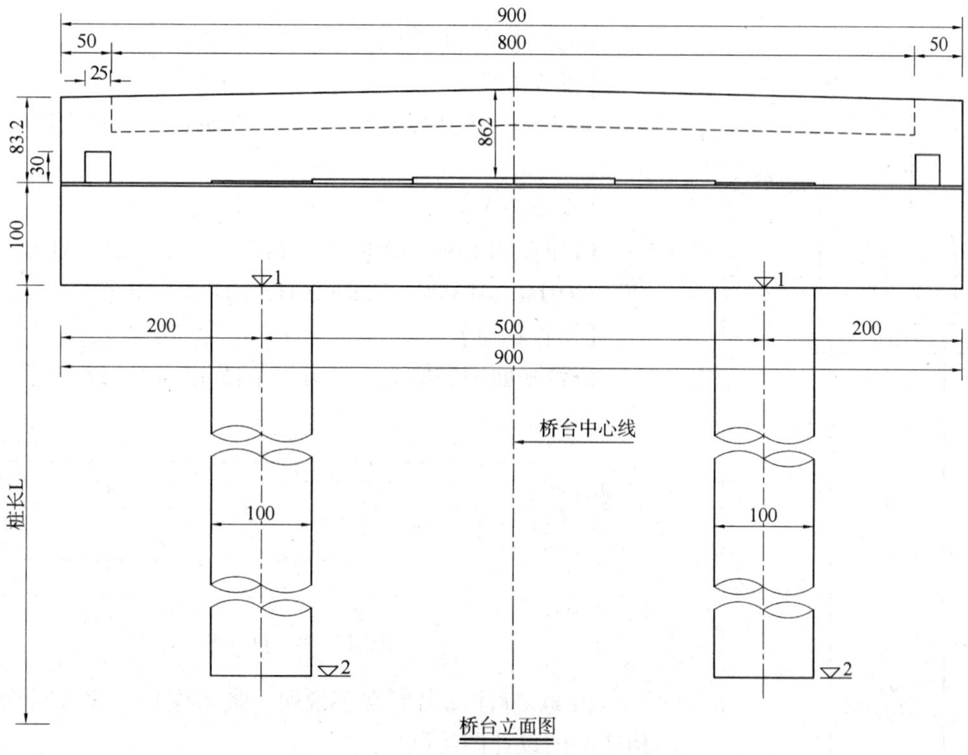

图 17-12　标注桥台说明文字、尺寸等

（12）桥台中带双数字及括号的尺寸标注修改方法。

【操作方法】

先选中要修改的尺寸，然后快速双击鼠标左键，进入“文字格式”对话框进行修改即可。

【操作命令】

TEDIT TEXTEDIT、DDEDIT 等。

命令：DDEDIT
选择注释对象或［放弃（U）］：
选择注释对象或［放弃（U）］：

【操作示意】

桥台带数字及括号尺寸标注如图 17-13 所示。

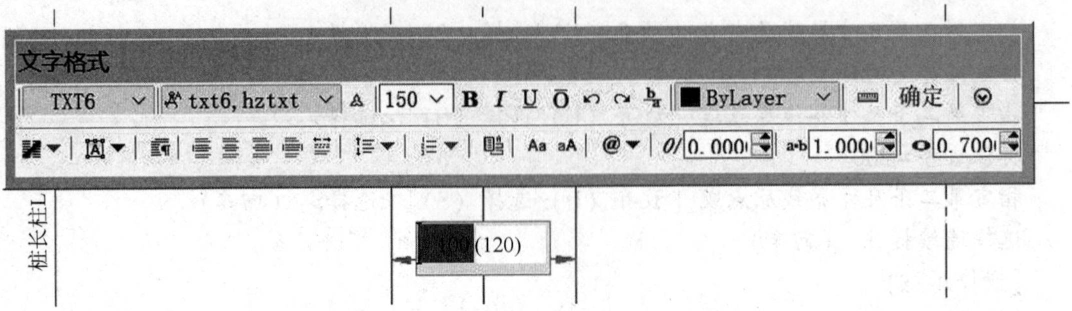

图 17-13 桥台带数字及括号尺寸标注

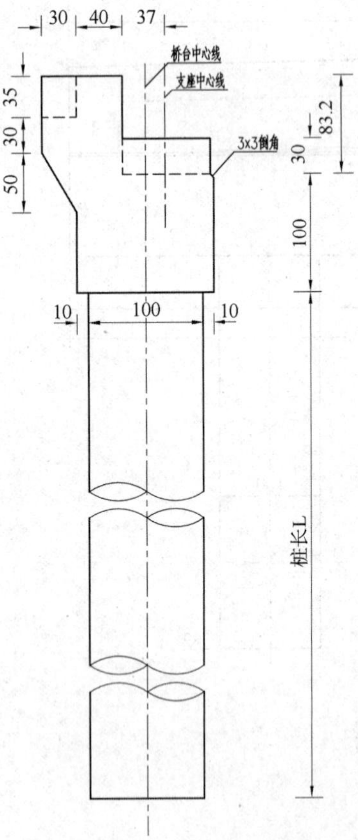

图 17-15 桥台侧立面图

(13) 桥台构造图的其他图形绘制。

【操作方法】

其他桥台构造图如侧立面、平面图等绘制方法与前述类似。

【操作命令】

PLINE、LINE、CIRCLE、LINETYPE、LTSCALE、OFFSET、TRIM、MOVE、STRETCH、CHAMFER 等。

【操作示意】

桥台平面图和侧立面图分别如图 17-14、17-15 所示。

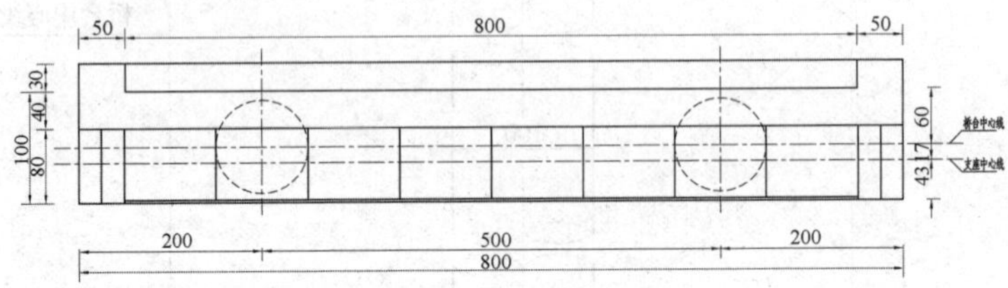

图 17-14 桥台平面图

(14) 标注图名等文字说明，插入图框，完成桥台一般构造图的设计图绘制。

【操作方法】

及时保存绘制的桥台图形。其他桥梁图形绘制方法类似。

【操作命令】

PLINE、MTEXT、MOVE、SCALE、TEXT、SAVE、ZOOM 等。

【操作示意】

完成桥台一般构造图的设计图绘制如图 17-16 所示。

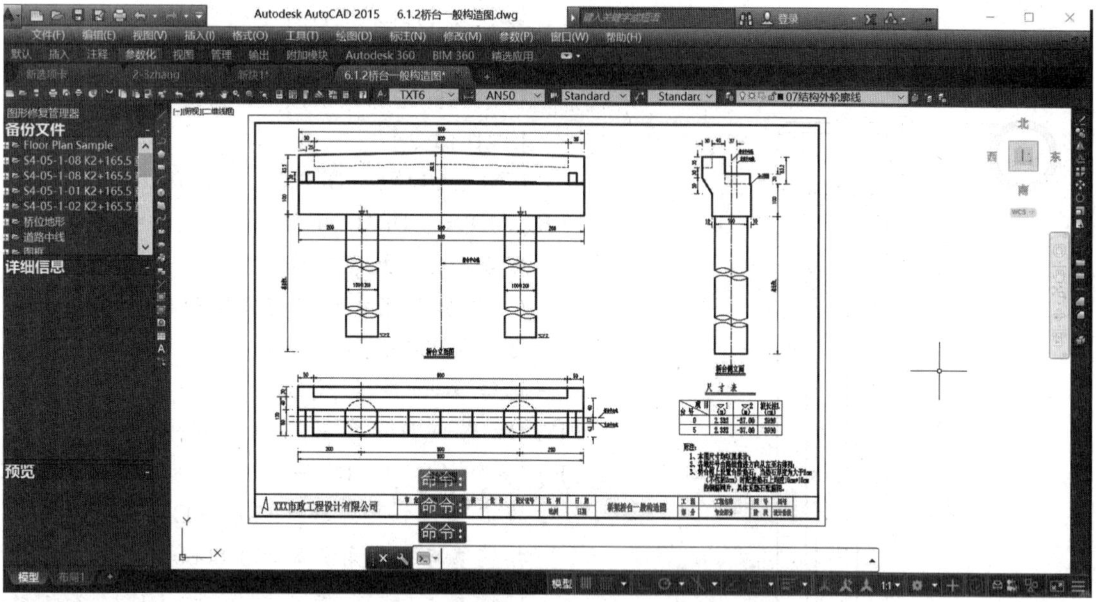

图 17-16 完成桥台一般构造图的设计图绘制

任务 17.2 桥梁大样图 AutoCAD 快速绘制

本任务以图 17-17 所示的某市政桥梁栏杆设计大样图为例，讲解 AutoCAD 快速绘制方法。

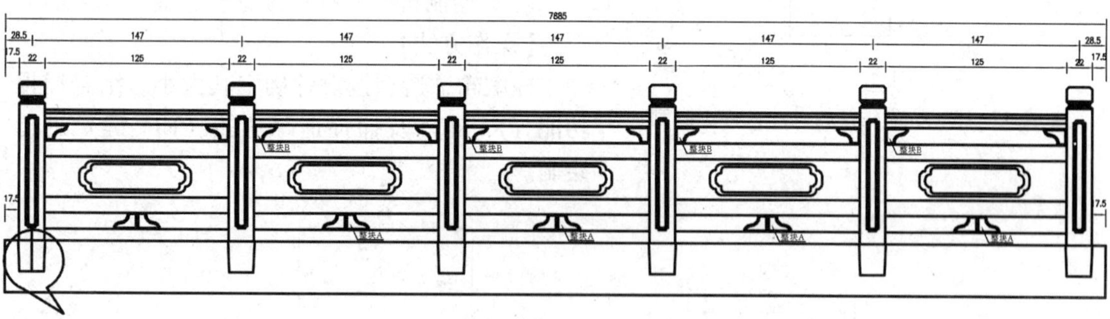

图 17-17 某市政桥梁栏杆设计大样图

(1) 分析。

【操作方法】

桥梁栏杆的设计大样图绘制其中一节即可，其他通过复制得到。

【操作命令】

ZOOM 等。

【操作示意】

桥梁栏杆的设计大样图绘制如图 17-18 所示，设置图形标注比例、单位（设置过程见任务 17.1）。

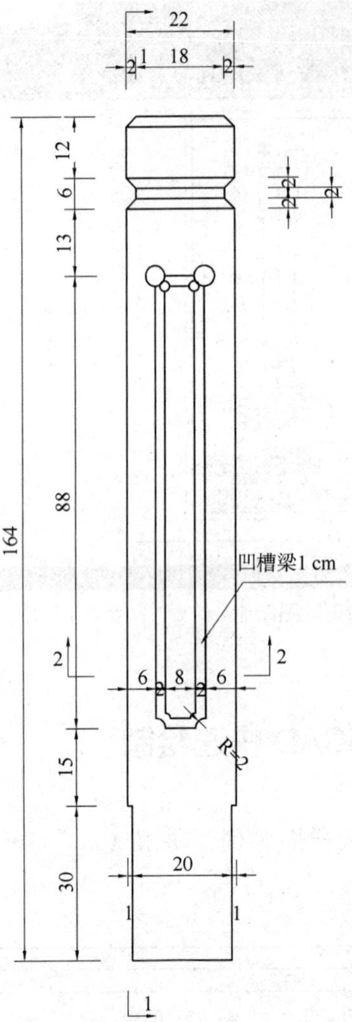

图 17-18　桥梁栏杆的设计大样图绘制

（2）绘制桥梁栏杆柱墩轮廓线。

【操作方法】

桥梁栏杆轮廓大小按设计确定。

【操作命令】

LINE、PLINE、OFFSET、RECTANG、CHAMFER、MOVE、DIMLINEAR 等。

命令：CHAMFER

（“修剪”模式）当前倒角距离 1=50.0000，距离 2=50.0000

选择第一条直线或［放弃（U）/多段线（P）/距离（D）/角度（A）/修剪（T）/方式（E）/多个（M）］：D

指定第一个倒角距离<50.0000>：20

指定第二个倒角距离<50.0000>：20

选择第一条直线或［放弃（U）/多段线（P）/距离（D）/角度（A）/修剪（T）/方式（E）/多个（M）］：

选择第二条直线，或按住 Shift 键选择直线以应用角点或［距离（D）/角度（A）/方法（M）］：

【操作示意】

桥梁栏杆柱墩轮廓线绘制如图 17-19 所示。

（3）绘制桥梁栏杆柱墩轮廓造型。

【操作方法】

柱墩轮廓造型按设计确定其大小。结合捕捉功能（F3 键）及捕捉追踪功能（F11 键）进行绘制。

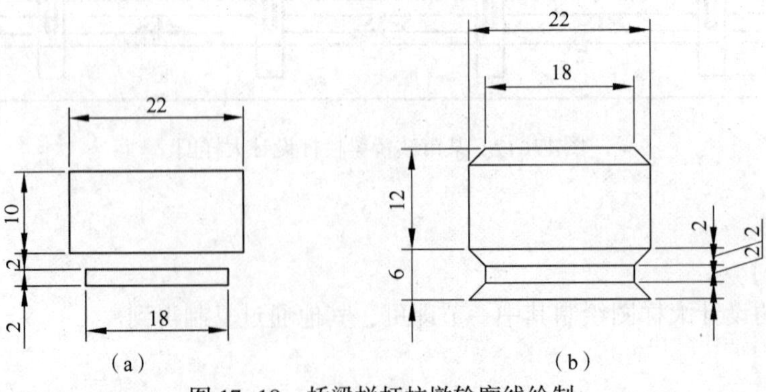

图 17-19　桥梁栏杆柱墩轮廓线绘制

【操作命令】

LINE、OFFSET、STRETCH、MOVE、CHAMFER、LENGTHEN 等。

①命令：STRETCH
以交叉窗口或交叉多边形选择要拉伸的对象……
选择对象：指定对角点：找到 1 个
选择对象：
指定基点或［位移（D）］<位移>：
指定第二个点或<使用第一个点作为位移>：
②命令 LENGTHEN
选择对象或［增量（DE）/百分数（P）/全部（T）/动态（DY）］：
当前长度：17
选择对象或［增量（DE）/百分数（P）/全部（T）/动态（DY）］：DE
输入长度增量或［角度（A）］<0.0000>：150
选择要修改的对象或［放弃（U）］：
选择要修改的对象或［放弃（U）］：

【操作示意】

桥梁栏杆柱墩轮廓造型绘制如图 17-20 所示。

（4）绘制桥梁栏杆柱墩内部轮廓。

【操作方法】

连接内部轮廓线，然后以连接处为圆心绘制小圆形，注意设置合适的半径大小。

【操作命令】

LINE、CIRCLE、COPY、MIRROR、MOVE 等。

【操作示意】

绘制桥梁栏杆柱墩内部轮廓如图 17-21 所示。

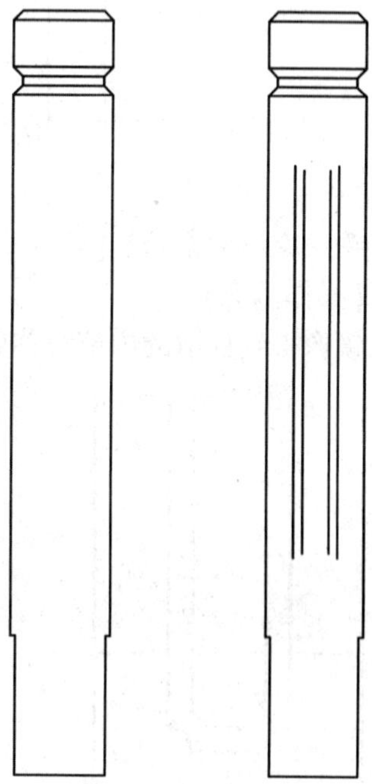

图 17-20　桥梁栏杆柱墩轮廓造型绘制

（5）进行柱墩的内部轮廓剪切。

【操作方法】

注意剪切的边界。

【操作命令】

TRIM 等。

【操作示意】

剪切柱墩的内部轮廓如图 17-22 所示。

（6）进行镜像得到柱墩的内部对称轮廓造型。

【操作方法】

使用 MIRROR 命令快速得到。

【操作命令】

MIRROR、ZOOM 等。

命令：MIRROR
选择对象：指定对角点：找到 6 个
选择对象：
指定镜像线的第一点：光标拾取一点
指定镜像线的第二点：光标拾取另一点

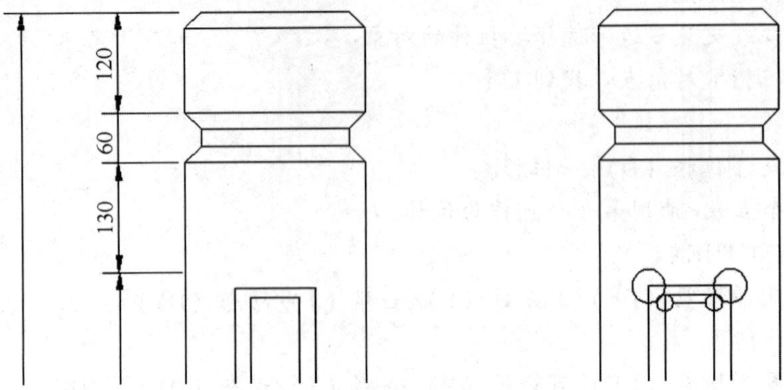

图 17-21　绘制桥梁栏杆柱墩内部轮廓

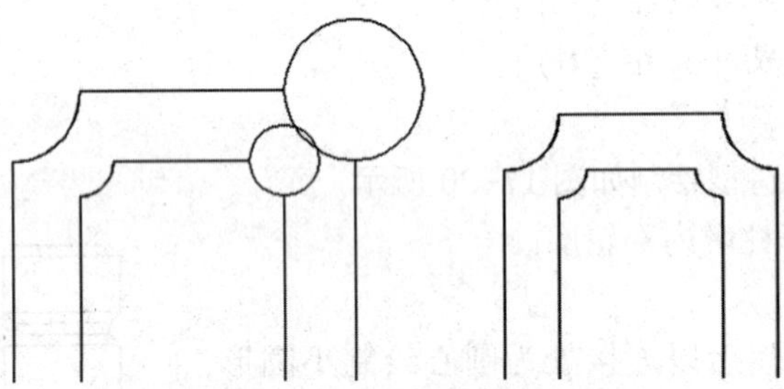

图 17-22　剪切柱墩的内部轮廓

要删除源对象吗？［是（Y）/否（N）］<N>：N

【操作示意】

镜像得到柱墩的内部对称轮廓如图 17-23 所示。

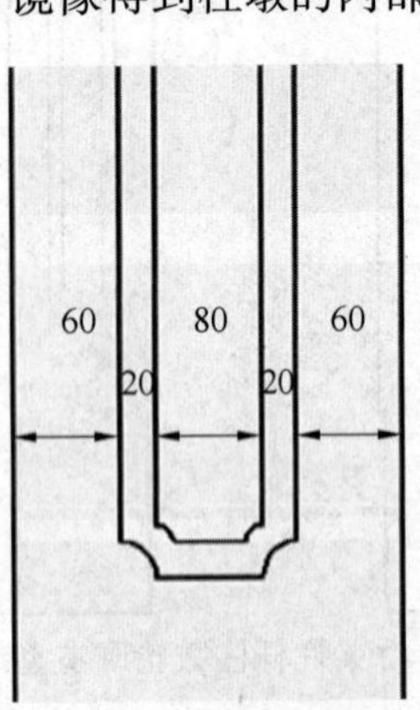

图 17-23　镜像得到柱墩的内部对称轮廓

（7）布置栏杆桥墩。

【操作方法】

桥墩间距大小按设计确定大小。

【操作命令】

COPY、MOVE 等。

【操作示意】

布置栏杆桥墩如图 17-24 所示。

（8）创建桥梁桥墩之间栏板的细部造型。

【操作方法】

按设计确定的造型进行绘制，平行线使用 OFFSET 快速创建。

【操作命令】

LINE、TRIM、MOVE、OFFSET 等。

命令：OFFSET

当前设置：删除源＝否　图层＝源　OFFSETGAPTYPE＝0

指定偏移距离或［通过（T）/删除（E）/图层（L）］<通过>：160

选择要偏移的对象，或［退出/放弃（U）］<退出>：

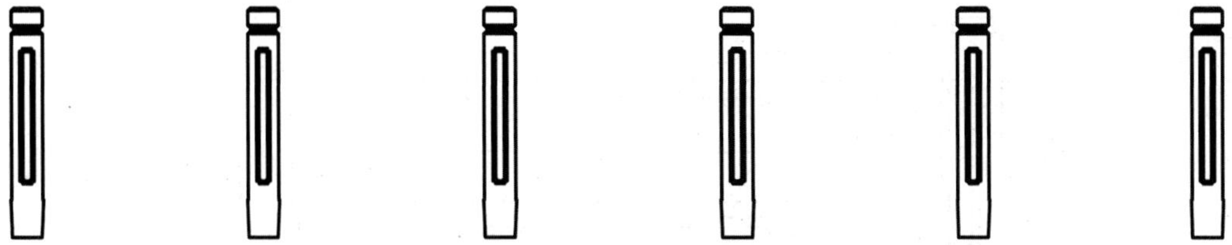

图 17-24　布置栏杆桥墩

指定要偏移的那一侧上的点，或［退出（E）/多个（M）/放弃（U）］<退出>：
选择要偏移的对象，或［退出（E）/放弃（U）］<退出>：（回车）

【操作示意】

创建栏板细部造型如图 17-25 所示。

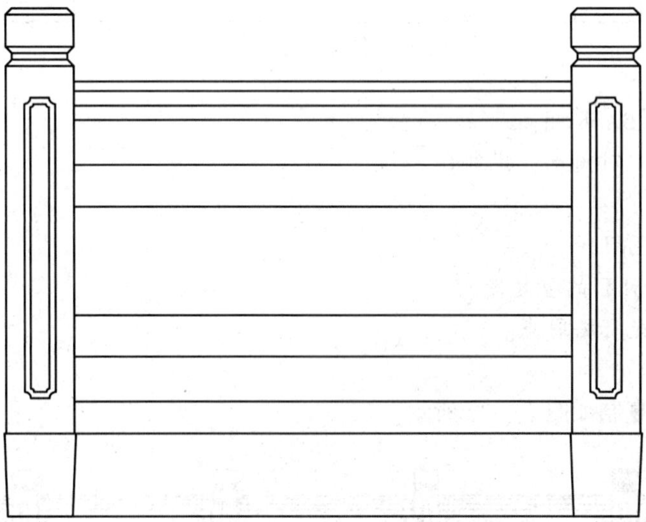

图 17-25　创建栏板细部造型

（9）创建栏板云状细部造型。

【操作方法】

绘制方法参照前面柱墩内部细部造型绘制方法。造型大小按设计确定。

【操作命令】

LINE、OFFSET、CIRCLE、ARC、MIRROR、TRIM、COPY、MOVE 等。

【操作示意】

创建栏板云状细部构造如图 17-26 所示。

（10）进行桥梁栏板复制。

【操作方法】

也可以利用【编辑】下拉菜单中的【带基点复制功能】命令或结合捕捉功能进行复制、准确定位。

【操作命令】

COPY、COPYBASE、PASTECLIP 等。

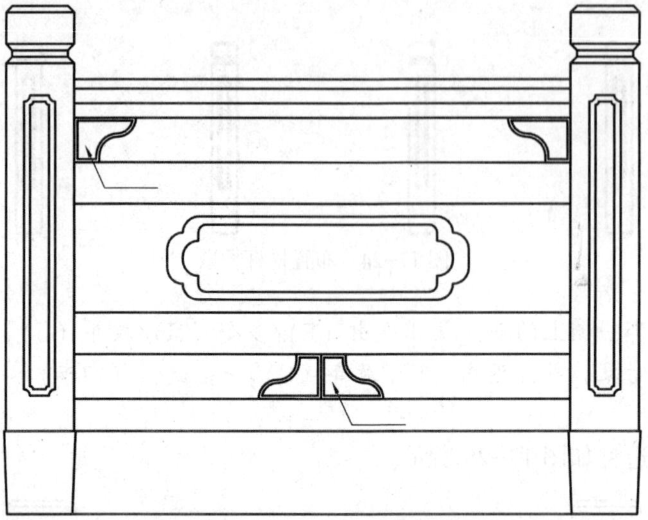

图 17-26　创建栏板云状细部构造

■命令：COPYBASE 指定基点：

选择对象：指定对角点，找到 61 个

选择对象：

■命令：PASTECLIP

忽略块_ OBLIQUE 的重复定义。

指定插入点：光标拾取点。

【操作示意】

进行桥梁栏板复制如图 17-27 所示。

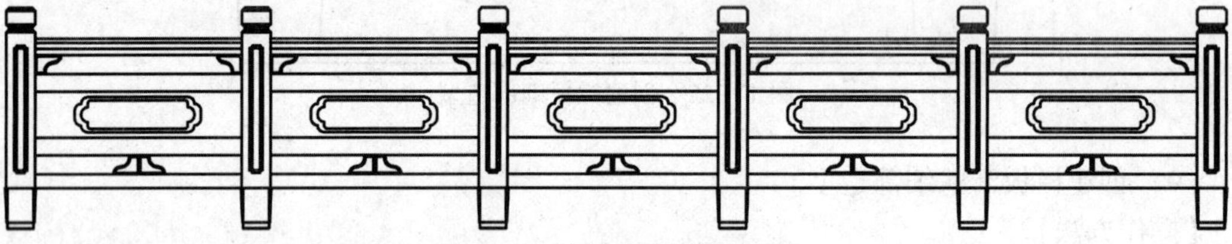

图 17-27　进行桥梁栏板复制

（11）对桥梁栏杆设计图标注文字、尺寸。

【操作方法】

标注文字内容按设计要求。先使用 DIMSTYLE 设置标注格式，然后使用 DIMLINEAR 等进行标注。

【操作命令】

DIMSTYLE、DIMLINEAR、DIMALIGNED、DIMCONTINUE、MTEXT、TEXT、LEADER、SCALE、MOVE、LINE 等。

① 命令：DIMLINEAR

指定第一个尺寸界线原点或 <选择对象>：光标拾取点

指定第二条尺寸界线原点：指定尺寸线位置或

[多行文字(M)/文字(T)/角度(A)/水平(H)/垂直(V)/旋转(R)]:
标注文字=50
② 命令:DIMCONTINUE
指定第二条尺寸界线原点或[放弃(U)/选择(S)]<选择>:
标注文字=285
指定第二条尺寸界线原点或[放弃(U)/选择(S)]<选择>:
标注文字=1470
……
指定第二条尺寸界线原点或[放弃(U)/选择(S)]<选择>:
选择连续标注:

【操作示意】

标注桥梁栏杆文字、尺寸如图17-28所示。

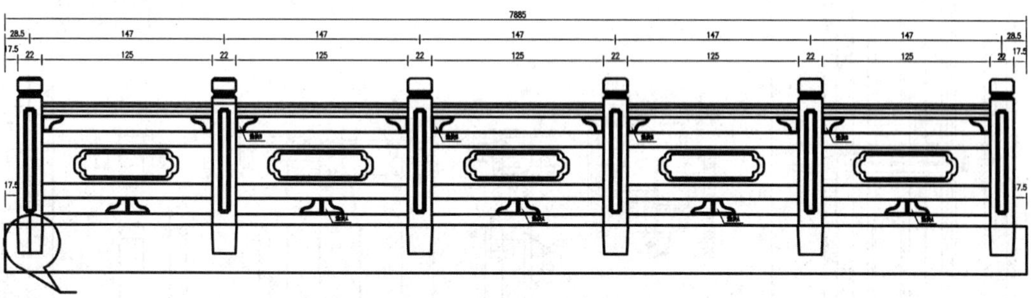

图17-28 标注桥梁栏杆文字、尺寸

(12)完成栏杆构造图。

【操作方法】

绘制方法与前述大样图绘制类似,限于篇幅,具体绘制过程从略,读者可自行练习绘制。

【操作命令】

LINE、OFFSET、CIRCLE、TRIM、STRETCH、CHAMFER、FILLET、HATCH、DIMLINEAR等。

【操作示意】

绘制桥梁栏杆其他详图图形。

【操作方法】

按前述方法标注其他尺寸、文字说明及图名,绘制完成其他桥梁栏杆的大样图,完成整个桥梁栏杆设计大样图绘制。

【操作命令】

MTEXT、LEADER、TEXT、SCALE、MOVE、LINE、TRIM、EXTEND、TEDIT、TEXTEDIT、SAVE等。

【操作示意】

完成整个桥梁栏杆设计大样图绘制如图17-29所示。

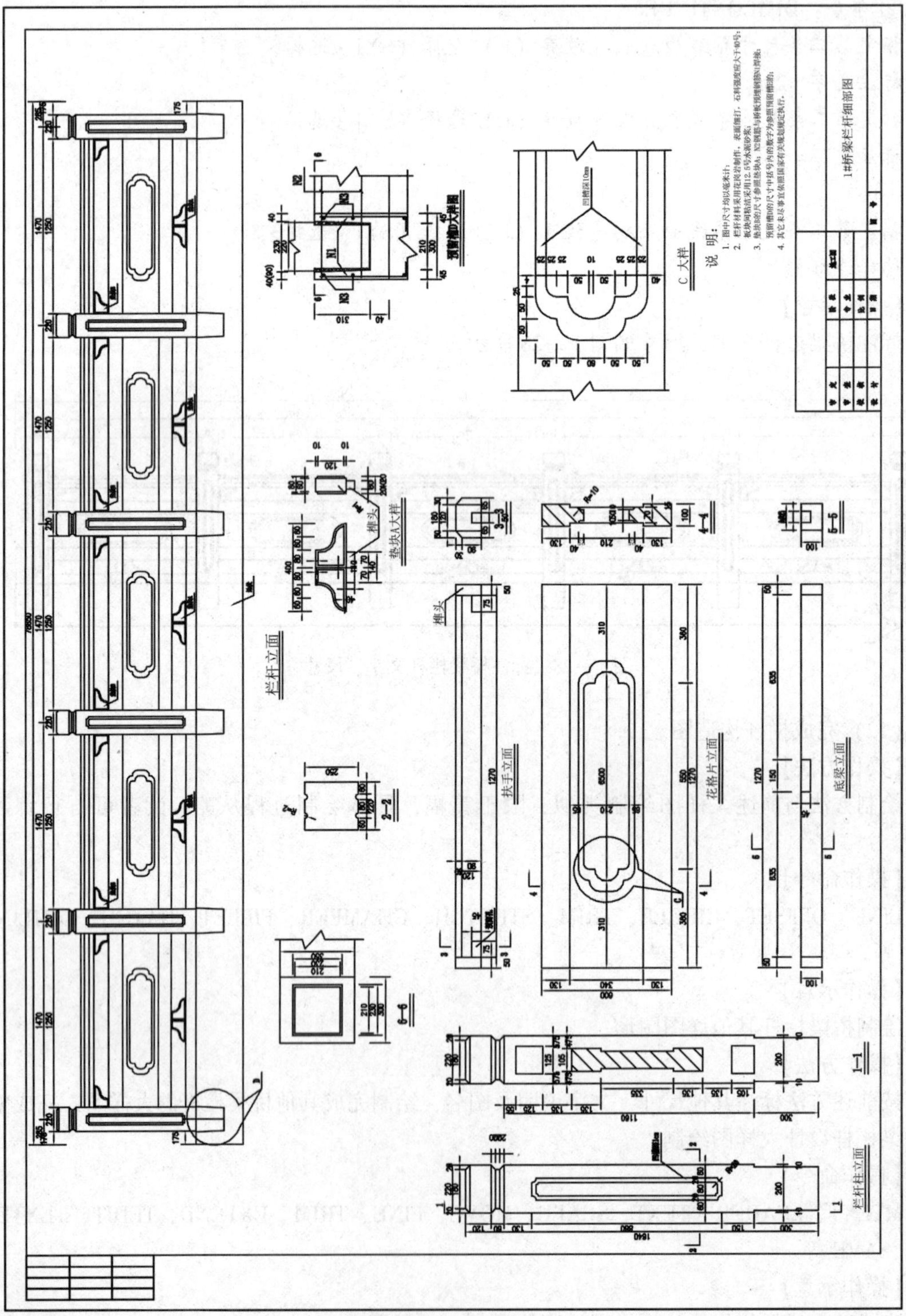

图 17-29 完成整个桥梁栏杆设计大样图绘制

参考文献

[1] 刘松雪，樊琳娟. 道路工程制图［M］. 北京：人民交通出版社，2002.
[2] 汪谷香. 道路工程制图与 CAD［M］. 北京：人民交通出版社，2010.
[3] 曹雪梅，汪谷香. 道路工程计算机绘图［M］. 北京：人民交通出版社，2013.
[4] 刘柳，孙琳. 轨道工程制图与识图［M］. 北京：人民交通出版社，2018.
[5] 董强，刘勇. 路桥施工图识读指南［M］. 北京：人民交通出版社，2012.
[6] 尚久明. 道路工程制图与识图［M］. 北京：高等教育出版社，2012.
[7] 刘松雪，姚青梅. 道路工程制图［M］. 3 版. 北京：人民交通出版社，2012.
[8] 郑国权. 道路工程制图［M］. 3 版. 北京：人民交通出版社，2002.
[9] 杨桂林，王英. 工程制图［M］. 北京：中国铁道出版社，2013.